Günter R. Klotz, Herausgeber

Statistik

Beschreibende Statistik

Wahrscheinlichkeitsrechnung

Anwendungen

Von Karl Bosch, Gisela Jordan-Engeln, Günter R. Klotz

2., durchgesehene Auflage

Vieweg

Dieses Studienbuch ist das Begleitmaterial zum ZDF-Studienprogramm „**Statistik im Medienverbund**". Das Begleitbuch basiert auf den Materialien der zuständigen ZDF-Redaktion.

Verantwortlicher Redakteur: Dr. Günter R. Klotz

Die Nutzungsrechte für das zugrunde liegende Material liegen beim Zweiten Deutschen Fernsehen, Mainz.

Herausgeber:
Dr. Günter R. Klotz, ZDF, Mainz

Autoren:
Prof. Dr. Karl Bosch, Technische Universität Braunschweig
Akad. ORätin Dr. Gisela Jordan-Engeln, Technische Hochschule Aachen
Dr. Günter R. Klotz, ZDF, Mainz

1977   2., durchgesehene Auflage

Satz: Vieweg, Wiesbaden
Druck und buchbinderische Verarbeitung: Mohndruck, Gütersloh
Umschlagentwurf: Hanswerner Klein, Opladen

ISBN-13: 978-3-528-18372-1   e-ISBN-13: 978-3-322-83871-1
DOI: 10.1007/978-3-322-83871-1

II

Vorwort

Immer stärker beeinflussen statistische Verfahren die Behandlung der verschiedensten Probleme in unserer modernen Welt. Von der Festsetzung von Krankenkassenbeiträgen bis hin zu Entscheidungen über Einlagen beim Weltwährungsfonds, von der Freigabe von Medikamenten bis hin zu Entscheidungen über den Bau weiterer Autobahnen — hier und bei vielen anderen Fragestellungen — ist die Statistik mit im Spiel.

Immer häufiger sehen wir uns mit Statistiken und den Ergebnissen statistischer Untersuchungen konfrontiert. Immer mehr Menschen müssen sich im Zuge dieser allgemeinen Entwicklung Kenntnisse in Statistik aneignen. In Schulen werden die Grundlagen der Statistik zum Lehrfach. Viele Ausbildungsgänge schließen bereits Statistik-Kurse ein. Und viele Menschen, die schon im Beruf stehen, müssen sich in Statistik weiterbilden, um ihren beruflichen Aufgaben gewachsen zu bleiben.

Das vorliegende Studienbuch stellt das Begleitbuch zur Fernsehreihe „Statistik im Medienverbund" des ZDF dar.

Ziel des Kurses „Statistik im Medienverbund" ist es, ein Material zum Selbststudium anzubieten, das durch eine Abstufung des Anspruchsniveaus, durch einheitliche Gliederung, durch wechselseitige Unterstützung seiner verschiedenen Teile den Zugang zu den Grundlagen erschließt. Fernsehsendungen und Studientext sind gleich aufgebaut und behandeln denselben Stoff.

Die Sendungen des Studienprogramms bieten den Stoff in einer Form, wie sie dem Medium Fernsehen möglich ist: Zahlreiche, real im Bild dargestellte Beispiele und experimentelle Demonstrationen wecken Aufmerksamkeit und Interesse und stellen gedankliche Verbindungen zu den behandelten abstrakten Lerninhalten her.

Der Studientext führt zunächst im Einleitungskapitel durch Herstellung eines gewissen Überblicks und durch eine exemplarische Behandlung einiger ausgewählter wichtiger Begriffe in statistische Fragestellungen ein. Die Darstellung, die hier noch weitgehend auf mathematische Formulierungen verzichtet, soll heranführen. Die eigentliche Aneignung der Stoffinhalte hat sich auf die anschließenden Kapitel zu stützen.

Hier wurde vor allem auf eine korrekte mathematische Darstellung Wert gelegt. Dies hat zur Folge, daß im Fortgang der Darstellung das Anspruchsniveau in dem Sinne steigt, daß zunehmend abstraktere Denkoperationen vom Kursteilnehmer verlangt werden.

Zunächst sind die Anforderungen noch bescheiden. Denn in der „Beschreibenden Statistik" sind die entwickelten Begriffe noch verhältnismäßig leicht mit Hilfe allgemein vorhandener Vorstellungen zu verstehen. Gewisse Anforderungen an das Abstraktionsvermögen treten mit der Entwicklung des Begriffs *Wahrscheinlichkeit* auf. Hier muß sich der Kursteilnehmer bereits weitgehend von Vorstellungen lösen, die er aus dem Alltag mitbringt. Die sich anschließende Behandlung der Wahrscheinlichkeitsrechnung erfordert dann, daß der Kursteilnehmer bereit ist, abstrakte Denkoperationen auszuführen, und dies mit der notwendigen Gründlichkeit und Sorgfalt.

Wenn der Kursteilnehmer den Fernsehsendungen mit Aufmerksamkeit folgt, wenn er sich auf die Fernsehsendungen mit Hilfe des Begleitbuches vorbereitet und wenn er die in den Fernsehsendungen dargebotenen Lerninhalte im Studientext intensiv nacharbeitet, stellen die zunehmenden Anforderungen keine unüberwindlichen Schwierigkeiten dar.

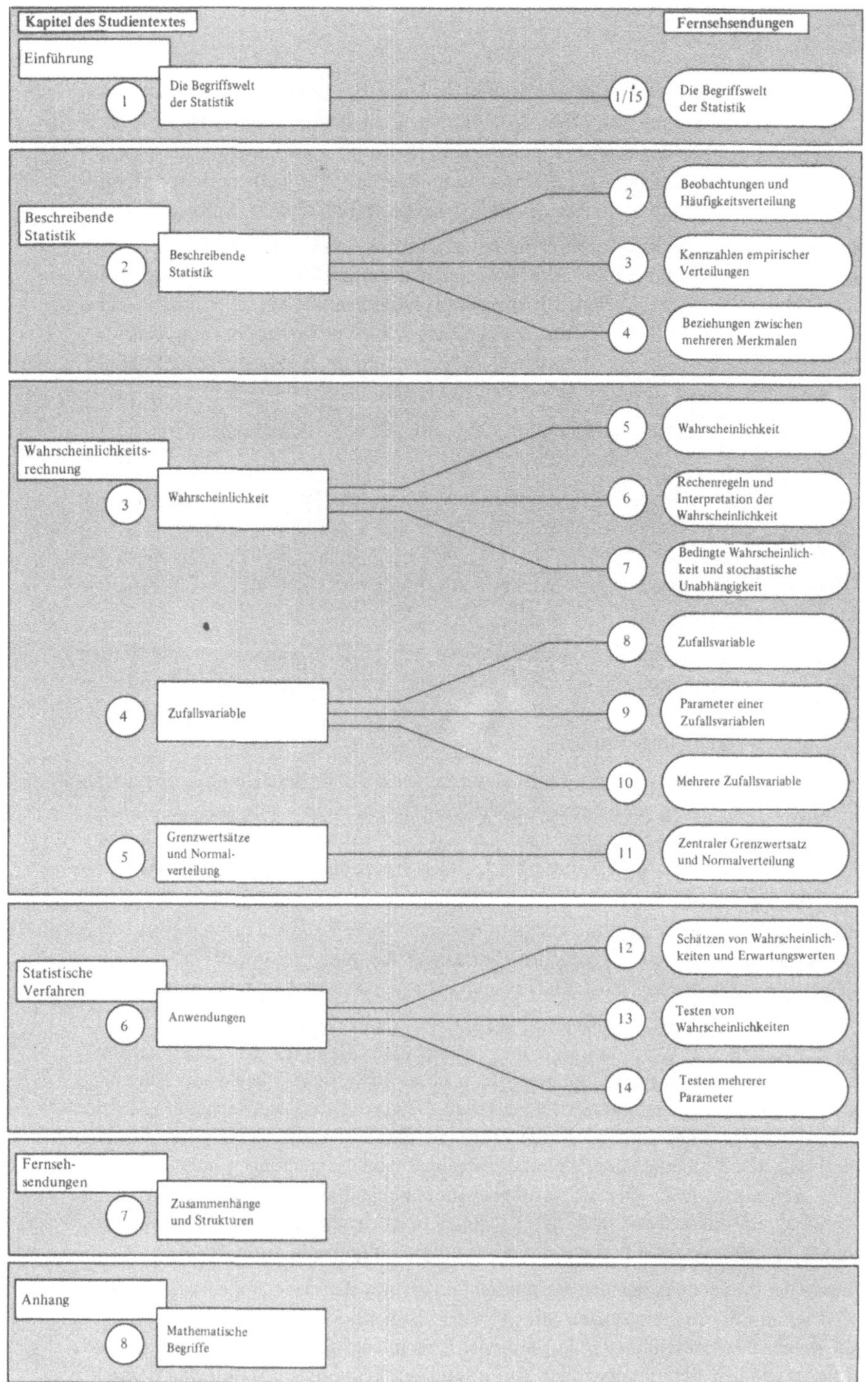

Bild 0-1

Medienverbund. Die Beziehungen zwischen den Fernsehsendungen und den Kapiteln des Studientextes.

IV

Dem Kursteilnehmer wird dringend angeraten, sich mit Hilfe des Begleitbuches auf die Sendungen vorzubereiten. Das Kapitel 7 — Zusammenhänge und Strukturen / Die Sendungen — bietet ihm hierzu die Möglichkeit: Er kann sich rasch einen Überblick verschaffen, wenngleich er allein anhand der Kurzbeschreibungen der Sendungen die Inhalte noch nicht verstehen kann. (Der Kursteilnehmer sollte unbedingt sogleich noch die Vorbemerkungen am Anfang von Kapitel 7 lesen.) Kurzbeschreibungen und Strukturdiagramme zum Ablauf der Sendungen ermöglichen ihm, sich rasch die Gliederung der einzelnen Sendungen einzuprägen. Hiernach ist ein erstes Durchlesen des zugehörigen Kapitels bzw. Abschnitts selbstverständlich von weiterem Vorteil.

Anhand des nebenstehenden Diagramms (Bild 0-1) kann sich der Kursteilnehmer über den Aufbau des Kurs„paketes" und die zwischen den Sendungen und den Kapiteln bestehenden Beziehungen rasch orientieren. Außerdem wird er durch das Symbol ⟨φ⟩, das er auf dem Rand neben dem Text findet, auf die Stellen und Inhalte aufmerksam gemacht, für die eine besonders enge wechselseitige Unterstützung zwischen Fernsehsendungen und Begleitbuch gegeben ist.

Die Kapitel sind auf ein Durcharbeiten in mehreren Lernetappen angelegt. Schwierige mathematische Darstellungen sind durch einen *Strich* markiert und können zunächst übersprungen werden. Auch alle Abschnitte (Unterkapitel), die mit einem *Stern* versehen sind, können ausgelassen werden. Sie sind nur für den Kursteilnehmer gedacht, der tiefer eindringen und breitere Kenntnisse erwerben will. Unter Umständen kann auf ein Durcharbeiten dieser Abschnitte also ganz verzichtet werden. Ähnliches gilt für die Beweise, die der mathematisch weniger geschulte Kursteilnehmer nicht sämtliche durchzuarbeiten braucht.

Für das Verständnis des behandelten Grundstoffes (ohne Abschnitte mit Stern) reicht die sichere Beherrschung der vier Grundrechenarten aus. Soweit noch weitere Kenntnisse erforderlich sind, findet diese der Kursteilnehmer im Anhang in Kapitel 8 in knapper Form dargestellt. Auf jeden Fall empfiehlt sich für jeden Kursteilnehmer, seine mathematischen Vorkenntnisse mit Hilfe dieses Kapitels zu überprüfen.

Dem Zweiten Deutschen Fernsehen danken Herausgeber und Autoren, daß es die Entwicklung dieser Konzeption eines Medienverbundprogrammes ermöglichte und den Autoren dieses Studientextes sämtliche innerhalb der zuständigen Redaktion entwickelten Materialien zur Verfügung stellte. Den Drehbüchern der Fernsehsendungen und dem Studientext liegt ein gemeinsames Basismaterial zugrunde, erarbeitet von einem vom ZDF für dieses Projekt berufenen wissenschaftlichen Beirat und verfaßt von den Autoren Prof. Dr. H. P. Kinder und Dr. J. Lehn. Ihnen sei an dieser Stelle gedankt.

Gedankt sei außerdem Herrn Dipl. Math. Werner Schmidt, Drehbuchautor und Moderator der Sendungen, der den Autoren des Studientextes immer wieder bereitwillig zur Verfügung stand und auch am Entwurf der Kurzbeschreibungen und Strukturdiagramme der Fernsehsendungen beteiligt war.

Schließlich gebührt besonderer Dank dem Verlag, der eine große Bereitschaft und viel Verständnis bei der Realisierung dieser didaktischen Konzeption gezeigt hat.

Günter R. Klotz

Mainz, im März 1976

V

Vorwort zur zweiten Auflage

Das große Interesse für eine mathematisch ausreichend eingebundene, jedoch mathematisch nicht zu schwierige Darstellung der Anfangsgründe der Statistik, der Verbund mit dem Medium Fernsehen und nicht zuletzt die vorzügliche Ausstattung des Buches durch den Verlag hatten bereits wenige Wochen nach Beginn der Ausstrahlungen des ZDF-Studienprogramms „Statistik im Medienverbund" einen Nachdruck erforderlich gemacht. Nachdem die Erstauflage einschließlich Nachdruck restlos vergriffen ist, legen Verlag und Herausgeber die um Fehler berichtigte zweite Auflage vor.

Das Buch, das als begleitender Studientext konzipiert und ausgearbeitet wurde, hat sich inzwischen auch als selbständige Einführung in die Statistik vor allem an Schulen und in Volkshochschulkursen, aber auch in Statistikkursen an Universitäten, Erziehungswissenschaftlichen Hochschulen und Fachhochschulen bewährt.

Verlag und Herausgeber sind sich darin einig, daß eine ausführliche Darstellung der statistischen Verfahren über die bisher gebotene Behandlung der Anwendungen hinaus wünschenswert wäre. Dies muß einer späteren, erweiterten Auflage vorbhalten bleiben.

Günter R. Klotz

Mainz, im Dezember 1976

Inhalt

Symbolregister   IX

1   Die Begriffswelt der Statistik   1
Günter R. Klotz

1.1   Vorbemerkung   1
1.2   Die geschichtliche Entwicklung der Statistik   1
1.3   Statistische Fragestellungen   4
1.4   Einige Beispiele für Begriffsbildungen   10

2   Beschreibende Statistik   17
Gisela Jordan-Engeln

2.1   Begriffsbildungen   17
2.2   Ein Merkmal   21
2.3   Zwei Merkmale   48

3   Wahrscheinlichkeit   71
Gisela Jordan-Engeln

3.1   Zufallsexperiment, Ereignis   71
3.2   Definition der Wahrscheinlichkeit   80
3.3   Rechenregeln und Interpretation der Wahrscheinlichkeit   86
3.4   Bedingte Wahrscheinlichkeit und stochastische Unabhängigkeit   95
3.5   Binomialverteilung   101

4   Zufallsvariable   109
Karl Bosch

4.1   Definition einer Zufallsvariablen   109
4.2   Diskrete Zufallsvariable und deren Verteilungsfunktion   111
4.3   Erwartungswert und Varianz einer diskreten Zufallsvariablen   121
*4.4   Stetige Zufallsvariable   134
*4.5   Die Ungleichung von Tschebyscheff   146
*4.6   Median und Quantile einer beliebigen Zufallsvariablen   148
4.7   Gemeinsame Verteilung mehrerer Zufallsvariablen   152
*4.8   Mehrdimensionale Zufallsvariable   164
4.9   Summen und Produkte von Zufallsvariablen   165
4.10   Der Korrelationskoeffizient   171

5	**Grenzwertsätze und Normalverteilung**	173
	Karl Bosch	
5.1	Der zentrale Grenzwertsatz und die $N(0,1)$-Normalverteilung	173
5.2	Allgemeine Normalverteilung	185
5.3	Das schwache Gesetz der großen Zahlen	191
6	**Anwendungen**	203
	Karl Bosch	
6.1	Schätzen einer unbekannten Wahrscheinlichkeit $p = P(A)$	203
6.2	Schätzen eines unbekannten Erwartungswertes $\mu = E(X)$	209
6.3	Testen einer Hypothese über eine Wahrscheinlichkeit p	211
6.4	Gleichzeitiges Testen mehrerer Wahrscheinlichkeiten	216
6.5	Wahrscheinlichkeitsrechnung und Statistik	220
7	**Zusammenhänge und Strukturen / Die Sendungen**	223
	Günter R. Klotz	
Sendung 1	Die Begriffswelt der Statistik	223
Sendung 2	Beobachtungen und Häufigkeitsverteilung	226
Sendung 3	Kennzahlen empirischer Verteilungen	228
Sendung 4	Beziehungen zwischen mehreren Merkmalen	230
Sendung 5	Wahrscheinlichkeit	232
Sendung 6	Rechenregeln und Interpretation der Wahrscheinlichkeit	235
Sendung 7	Bedingte Wahrscheinlichkeit und Unabhängigkeit	237
Sendung 8	Zufallsvariable	240
Sendung 9	Parameter einer Zufallsvariablen	243
Sendung 10	Mehrere Zufallsvariable	245
Sendung 11	Zentraler Grenzwertsatz und Normalverteilung	247
Sendung 12	Schätzen von Wahrscheinlichkeiten und Erwartungswerten	250
Sendung 13	Testen von Wahrscheinlichkeiten	253
Sendung 14	Testen mehrerer Parameter	256

Anhang

8	**Mathematische Begriffe**	259
	Gisela Jordan-Engeln	
8.1	Grundbegriffe der Mengenlehre	259
8.2	Funktionen einer unabhängigen Veränderlichen	266

Tafeln	275
Literatur	278
Sachwortverzeichnis	280

Symbolregister

$<$ $\leq$	kleiner; kleiner oder gleich
$>$ $\geq$	größer; größer oder gleich
$\approx$	ungefähr gleich
$\sim$	proportional
$\in$ ($\notin$)	ist Element von (ist nicht Element von)
$\subset$	Inklusion (enthalten)
$\cap$	Durchschnitt
$\cup$	Vereinigung
$A \setminus B$	Differenz (zweier Mengen A und B)
$A \times B$	Kreuzprodukt, Mengenprodukt, kartesisches Produkt (zweier Mengen A und B)
$\emptyset$	leere Menge
$\{a, b, c, \ldots\}$	Menge der Elemente a, b, c, …
(a, b)	offenes Intervall von a bis b, $a < b$
$[a, b]$	abgeschlossenes Intervall von a bis b, $a < b$
$(a, b]$	halboffenes Intervall von a bis b (links offen bzw. rechts abgeschlossen), $a < b$
$[a, b)$	halboffenes Intervall von a bis b (links abgeschlossen bzw. rechts offen), $a < b$
$\mathbb{N}$	Menge der natürlichen Zahlen
$\mathbb{Z}$	Menge der ganzen Zahlen
$\mathbb{Q}$	Menge der rationalen Zahlen
$\mathbb{R}$	Menge der reellen Zahlen
(x, y)	geordnetes Paar
$\rightarrow$	Abbildung
$\mapsto$	Zuordnung von Elementen bei einer Abbildung
$\Rightarrow$	Subjunktion (wenn, so)
$\Leftrightarrow$	Bijunktion (genau dann, wenn)
$c := d$	c wird definiert durch d, und es ist $c = d$
$c =: d$	d wird definiert durch c, und es ist $d = c$
$\lim$	Limes, Grenzwert
$\sum$	Summe
$\displaystyle\sum_{i=1}^{n} a_i$	endliche Summe über a_i, $i = 1, 2, \ldots, n$
$\displaystyle\sum_{i=1}^{\infty} a_i$	unendliche Summe über a_i, $i = 1, 2, \ldots$

f', $\dfrac{dy}{dx}$, $f^{(n)}$, $\dfrac{d^{(n)}y}{dx^n}$ Ableitung

$\dfrac{\partial f}{\partial x_i}$, f_{x_i} partielle Ableitung

$\int$ Integral

$\int\int$ Doppelintegral

$|a|$ Absolutbetrag von a

$n!$ n-Fakultät

$\binom{n}{k}$ Binomialkoeffizient

R^n n-dimensionaler euklidischer Raum

1 Die Begriffswelt der Statistik

von Günter R. Klotz, Mainz

1.1 Vorbemerkung

Wer sich mit Statistik beschäftigt, sollte einiges über ihre Ursprünge und ihre geschichtliche Entwicklung wissen. Dies trägt zu einem besseren Verständnis bei: Man erkennt, daß die Statistik sich aus praktischen Bedürfnissen entwickelt hat und auch ihre heutige Bedeutung auf ihrem Wert für die Praxis beruht.

Darüberhinaus sollte man von Anfang an etwas von der Eigenart statistischen Denkens zu verstehen versuchen. Die im folgenden vorgestellten Begriffe dienen hierzu: Zwischen im allgemeinen bereits bekannten Kenntnissen und verschiedenen statistischen Fragestellungen und Begriffsbildungen stellen sie eine Verbindung her. Darüberhinaus bereiten sie auf Formen der Abstraktion vor, die der Kursteilnehmer in den Sendungen und in den nachfolgenden Kapiteln ständig mitzuvollziehen hat.

1.2 Die geschichtliche Entwicklung der Statistik

1.2.1 Zählungen im Altertum

Meist macht man seine erste Bekanntschaft mit der Statistik in Form sogenannter *Statistiken*. Dies sind Aufstellungen von Zahlen, die im allgemeinen durch planmäßiges Zusammentragen bestimmter Informationen entstehen. Sie sagen über Personen oder Dinge oder abstrakte Gegenstände wie z.B. Energiebedarf, Verkehrsbelastung, Haushaltsvorstände und ähnliches etwas wesentliches aus. Aufgrund solcher Statistiken werden heutzutage z.B. Steuergesetze entworfen, Finanzierungspläne aufgestellt, über den Bau von Straßen oder Brücken entschieden.

In dieser Form gibt es Statistik seit dem frühen Altertum. So wissen wir von *Volkszählungen*, die bereits im alten Ägypten (ab 2600 v. Chr.) durchgeführt wurden. Vermutlich haben diese Zählungen der Bevölkerung eine nicht unerhebliche Rolle für die Bereitstellung der Arbeitskräfte zum Bau der gewaltigen Pyramiden gespielt. Aber auch die Vorräte an Gold und die Zahl der Felder, die wegen der Nilüberschwemmungen immer wieder neu vermessen werden mußten, wurden im alten Ägypten in regelmäßigen Zeitabständen „statistisch" erfaßt.

Auch im persischen Großreich (um 500 v. Chr.) und im alten China (schon um 2300 v. Chr.) wurde „statistisches" Zahlenmaterial ermittelt. Insbesondere wissen wir von den Römern, daß sie periodische Bevölkerungserhebungen durchführten (seit ca. 550 v. Chr.). Schließlich stoßen wir bei Karl dem Großen (800 n. Chr.) erneut auf „statistische" Zählungen.

Hieraus ergibt sich, daß in Großreichen, die starke Heere unterhielten, teure Kriege führten oder aufwendige Bauwerke errichteten, ein Bedürfnis für statistische Daten bestand. Schon diese Großreiche im Altertum waren ohne „Statistiken" nicht regierbar.

1.2.2 Die Staatenkunde

Die Ausrichtung der Statistik auf meßbare Eigenschaften bzw. auf Zahlen, die z.B. wirtschaftliche wie bevölkerungsmäßige Zusammenhänge erfassen helfen, rührt also aus ihren allerersten Anfängen. Mit Beginn der Neuzeit setzte eine bis in die Gegenwart reichende Entwicklung ein: Immer mehr Gebieten wandte man sich zu und stellte diese statistisch beschreibend dar. Dies führte schließlich zur Gründung staatlicher statistischer Ämter in praktisch allen Ländern der Welt (ab Ende des 18. Jahrhunderts).

Durch immer umfangreichere und in größere Einzelheiten gehende Angaben suchte man die bestehenden staatlichen Verhältnisse zu erfassen und miteinander zu vergleichen. Zu Beginn fußte diese „Lehre von den Staatsmerkwürdigkeiten" nur zum Teil auf quantitativen Daten, d.h. auf Zahlen. Sie stützte sich zunächst im wesentlichen auf qualitative Angaben (z.B. die Bevölkerung ist arm). Der Mangel an genaueren Informationen und der Aufstieg der exakten Wissenschaften führten jedoch zu Beginn des 19. Jahrhunderts zum Niedergang der *„Staatenkunde"*, so wie sie als sogenannte *„Universitätsstatistik"* an den Universitäten gelehrt wurde.

1.2.3 Die politische Arithmetik

Unabhängig von der Staatenkunde hatte sich seit dem letzten Viertel des 17. Jahrhunderts, orientiert am Vorbild der entstehenden Naturwissenschaften, die sogenannte *politische Arithmetik* entwickelt. Sie unterschied sich in ihrer Zielsetzung und ihrer Vorgehensweise von der Universitätsstatistik: Diese suchte zu beschreiben, die politische Arithmetik trachtete hingegen ähnlich wie die Naturwissenschaften, Gesetzmäßigkeiten zu entdecken. Sie operierte deshalb wie diese vornehmlich mit Zahlen.

Die Begründer dieser Wissenschaft gingen von Geburts- und Totenlisten aus, um aus dem statistischen Zahlenmaterial dieser Listen Gesetzmäßigkeiten für das Bevölkerungswachstum, für die Sterblichkeit der Menschen usw. abzuleiten. Aus diesen Anfängen Ende des 17. Jahrhunderts entwickelte sich nicht nur die Bevölkerungsstatistik, sondern auch die Wirtschaftsstatistik.

Das Vorbild der exakten Naturwissenschaften und Vorstellungen, ähnlich wie in den Naturwissenschaften, Gesetze aufstellen zu können, führten aber auch zu irrigen Auffassungen, die fast das ganze 19. Jahrhundert beschäftigten: Die Idee, aus empirisch ermittelten Durchschnittswerten zutreffende Aussagen über komplizierte soziale und biologische Zusammenhänge ableiten zu können, ging an der Wirklichkeit vorbei.

1.2.4 Die Wahrscheinlichkeitsrechnung

In der Mitte des 17. Jahrhunderts begannen Mathematiker sich mit bestimmten Problemen zu beschäftigen, wie sie bei Glücksspielen auftreten. Mathematische Betrachtungen über die bei Glücksspielen bestehenden Gewinnchancen leiteten die Entwicklung der *Wahrscheinlichkeitsrechnung* ein.

Die Abkunft von Fragestellungen, die bei Glücksspielen sich ergeben, wird auch heute noch von der Wahrscheinlichkeitsrechnung nicht verleugnet. Allerdings hat dies einen tieferen Grund: Bei echten Glücksspielen tritt keines der verschiedenen möglichen Spielergebnisse bevorzugt auf. Für das Auftreten jedes der möglichen Ergebnisse besteht die gleiche Chance. Typisch ist auch, daß die Anzahl der möglichen unterschiedlichen Ergebnisse endlich ist, daß vor dem Spiel nicht gesagt werden kann, welches der möglichen Ergebnisse auftreten wird, daß man den zufallsabhängigen Spielvorgang praktisch beliebig oft wiederholen kann. Solche Verhältnisse bestehen beim Würfelspiel oder auch beim Kartenspiel: Die Chance, aus einem Spiel von 32 Spielkarten einen Karo-Buben oder ein Herz-As zu ziehen, ist gleich groß, und sie ist bei jedem „fairen" Kartenstapel immer wieder dieselbe.

Die Chance, bestimmte Ergebnisse zu erzielen, drückt man durch Zahlen aus. Die Wahrscheinlichkeit ist ein Maß dafür, wie sicher man sein kann, daß ein bestimmtes Ergebnis eintritt. Unter den Voraussetzungen, wie sie bei Glücksspielen bestehen, kann man die Wahrscheinlichkeit, mit denen Spielergebnisse auftreten, exakt berechnen. Und genau diese Möglichkeit ist der Grund, weshalb Zufallsexperimente in Form von Glücksspielen am Anfang der Wahrscheinlichkeitsrechnung behandelt werden.

In der Wirklichkeit lassen sich allerdings fast nie die Bedingungen, wie sie für Glücksspiele charakteristisch sind, antreffen. Dies bedeutet, daß man die gesuchten Wahrscheinlichkeiten oft nicht exakt bestimmen kann. Die mathematische Statistik stellt für solche Fälle entsprechende Verfahren bereit.

1.2.5 Wahrscheinlichkeitstheorie und mathematische Statistik

Die Entwicklung der Wahrscheinlichkeitsrechnung im 18. und 19. Jahrhundert ist dadurch gekennzeichnet, daß man ihre Anwendungsmöglichkeiten nicht nur auf Glücksspiele, sondern gerade auch auf wirtschaftliche und naturwissenschaftliche, vor allem biologische Fragen entdeckte. So erkannte man z.B., daß Beobachtungsdaten oft ähnlich wie die Spielergebnisse bei Glücksspielen zufallsabhängig sind. Beispielsweise ist die Anzahl der Kunden, die zu einem bestimmten Zeitpunkt an einer Ladenkasse festgestellt wird, eine zufallsabhängige Zahl. Man erkannte, daß man anstelle aufwendiger und langwieriger Totalerhebungen auch durch Untersuchung zufällig ausgewählter „Proben" zu den gesuchten Aussagen kommen konnte, z.B. zu Aussagen über die Gesamtbevölkerung durch Befragung nur eines Teils der Bevölkerung.

Mit Beginn des 19. Jahrhunderts setzte ein fruchtbarer Ausbau der Wahrscheinlichkeitsrechnung und ihrer Anwendungen vor allem im Zusammenhang mit naturwissenschaftlichen Problemen ein. Dieser führte zur Bildung und Formulierung wichtiger Begriffe und Zusammenhänge (Normalverteilung, Gesetz der großen Zahlen usw.).

Die geschichtliche Entwicklung der Statistik hat schließlich zu zwei sehr entscheidenden Einsichten geführt:

a) Hinter empirisch erhobenen Daten können sich Gesetzmäßigkeiten oder *Regelmäßigkeiten* verbergen.

b) In vielen Fällen lassen sich diese Regelmäßigkeiten nur erfassen, wenn man sich hierzu eines abstrakten *mathematischen Wahrscheinlichkeitsbegriffs* bedient.

Bei vielen Vorgängen in der Wirklichkeit wissen wir nicht, wodurch sie beeinflußt werden. Oft kennen wir nur einige wenige Faktoren, ohne zu wissen, wie sie miteinander zusammenhängen. Hier kann die Statistik, indem sie sich auf die Wahrscheinlichkeitsrechnung stützt, weiterhelfen. Wollen wir beispielsweise etwas über die Qualität eines Massenerzeugnisses aussagen, so können wir hierzu nicht jedes einzelne Produkt prüfen. In einer solchen Situation helfen statistische Verfahren weiter.

Die Verfahren, die im Hinblick auf solche und zahlreiche andere Problemstellungen entwickelt wurden, bilden die *beurteilende Statistik*, auch schließende oder induktive Statistik genannt. Stets handelt es sich hierbei um Problemstellungen, bei denen wir keine sicheren Aussagen machen können, weil wir die beteiligten Einflüsse weder alle kennen noch kontrollieren können. Die Verfahren der schließenden Statistik stellen inzwischen den Hauptinhalt der Statistik dar.

1.3 Statistische Fragestellungen

1.3.1 Datenerhebung und Datenverdichtung in der beschreibenden Statistik

Die *Erhebung von Daten* führt man meist schon so durch, daß sich unmittelbar *Zahlen* ergeben. Diese können im einfachsten Falle durch *Zählen von Personen, Gegenständen und Vorgängen* ermittelt werden, wie dies z.B. bei Verkehrszählungen geschieht.

Oft benötigt man zur Behandlung eines Problems Informationen über *Eigenschaften* (Merkmale) von Objekten. Man versucht auch diese durch Zahlen zu erfassen, wie z.B. das Lebensalter. Hier erfaßt man das Alter durch eine Zahl und stellt gleichzeitig die Anzahl der Personen gleichen Alters fest. Dies bedeutet, daß man die untersuchten *Merkmale* durch Zahlen erfaßt und gleichzeitig das Auftreten gleicher Ausprägungen dieses Merkmals zählt.

Versuchen wir zunächst, uns klar zu machen, daß es unter bestimmten Aspekten zweckmäßig ist, die Wirklichkeit durch Zahlen zu beschreiben.

Beispiel 1-1

Um sich rasch und zuverlässig eine Vorstellung über den Wert eines Hauses zu verschaffen, geht man oft folgendermaßen vor: Von vielen Merkmalen, die sich an einem Haus feststellen und nur umständlich in Worten beschreiben lassen, sieht man ab. Man fragt nur nach einigen wenigen, besonders aussagefähigen Eigenschaften, etwa nach der Grundstücksgröße, der Größe des umbauten Raumes, der Wohn- und Nutzfläche, der Anzahl der Geschosse, dem Alter des Hauses und ähnlichem. Die Daten sind Zahlen. (Selbstverständlich spielen auch qualitative, nicht in Zahlen unmittelbar erfaßbare Merkmale eine wichtige Rolle bei der Bewertung eines Hauses.) Aufgrund dieser Zahlenwerte kann man eine Schätzung für den Gesamtwert des Hauses vornehmen. Das so erhaltene Zahlengerüst liefert eine Vorstellung, ein *Bild* von dem Haus. □

Im Prinzip geht man bei jeder Datenerhebung so vor. Sie liefert ein reduziertes *Abbild* der Wirklichkeit.

In vielen Fällen genügt es aber nicht, den Wert z.B. nur eines Hauses zu ermitteln, um eine bestimmte Frage beantworten zu können. Beispielsweise kann es notwendig sein, in verschiedenen Sanierungsgebieten den Wert aller Häuser festzustellen, um eine Entscheidung darüber treffen zu können, welches Wohngebiet zuerst saniert werden soll. Der Wert der Häuser sagt dann etwas aus, das charakteristisch für die verschiedenen Sanierungsgebiete ist. Wir wollen dieses Beispiel etwas ausbauen.

Beispiel 1-2

Im Zuge einer Erhebung in den Sanierungsgebieten A, B und C könnte neben anderen Daten beispielsweise das Alter jedes einzelnen Hauses erhoben werden. Was fängt man mit diesen Daten an? Man kann z.B. die *Mittelwerte* für das Alter (Durchschnittsalter) der Häuser in den drei Sanierungsgebieten berechnen. Unter Umständen liefert ein Vergleich der errechneten Mittelwerte bereits einen Anhalt für die Entscheidung, welches Gebiet zuerst saniert werden soll. Die Heranziehung von Mittelwerten verführt jedoch unter Umständen zu einer verfehlten Ansicht über einen Sachverhalt.

Überlegen wir einmal, was es bedeutet, wenn in einem der untersuchten Sanierungsgebiete ein besonders altes, z.B. 400 Jahre altes Haus steht, das wesentlich älter als
die sonstigen Häuser dieses Gebietes ist (vgl. Tabelle 1-1).

Anzahl der Häuser: n_i	Alter der Häuser: a_i (in Jahren)		Prozentsatz der Häuser, die jeweils höchstens a_i Jahre alt sind (wie in der zweiten Spalte angegeben).
1	30	$1 \times 30 = 30$	$1/20 = \ 5\,\%$
9	40	$9 \times 40 = 360$	$1/20 + 9/20 = 10/20 = \ 50\,\%$
7	50	$7 \times 50 = 350$	$10/20 + 7/20 = 17/20 = \ 85\,\%$
2	100	$2 \times 100 = 200$	$17/20 + 2/20 = 19/20 = \ 95\,\%$
1	400	$1 \times 400 = 400$	$19/20 + 1/20 = 20/20 = 100\,\%$
20	1340		

Tabelle 1-1. Kennzahlen
Das mittlere Alter (Durchschnittsalter) der Häuser beträgt $\dfrac{1340}{20}$ Jahre = 67 Jahre.

10 Häuser, d.h. die Hälfte der Häuser, sind nur 40 Jahre oder weniger alt. Weitere
7 Häuser sind erst 50 Jahre alt. Das Durchschnittsalter von 67 Jahren liegt also für
17 Häuser, d.h. für 85 % der Häuser, erheblich über deren tatsächlichem Alter. Würde
man für die Betrachtung statt vom Mittelwert beispielsweise von einem Alter von
45 Jahren ausgehen, so würde sich ergeben, daß im vorliegenden Fall genau die eine
Hälfte der Häuser ein höheres Alter und die andere Hälfte ein niedrigeres Alter aufweist. Der Wert von 45 Jahren ist also unter Umständen besser als der Mittelwert geeignet, das Alter der Häuser in dem untersuchten Sanierungsgebiet zu charakterisieren. □

Wir wollen dieses Beispiel nicht weiter verfolgen, sondern die Art der Fragestellungen
in der beschreibenden Statistik anhand zweier weiterer Beispiele verdeutlichen. Zuvor
wollen wir aber einige Verallgemeinerungen aus unseren bisherigen Ausführungen ableiten:

Die Fülle der gesammelten Informationen erlaubt im allgemeinen nicht, bereits allein
anhand der gesammelten Daten den gegebenen Sachverhalt unmittelbar zu verstehen.
Oft weichen die Daten stark voneinander ab, so daß die Unterschiede in den festgestellten Werten zunächst ein einheitliches Urteil verhindern.
Urteil verhindern.

Zwar stellen die erhobenen Daten ein „Abbild“ der Wirklichkeit dar. Aber dieses
„Bild“ läßt sich in der Form, wie es zur Verfügung steht, noch nicht verstehen. Man
muß deshalb die gesammelten Daten *auswerten*.

Hierzu ist im allgemeinen notwendig, die vorhandene Datenmenge zu verdichten. Eine
solche Datenreduktion besteht darin, daß man aus den gesammelten Daten einzelne
charakteristische Zahlen ableitet.

Der *Mittelwert* ist, wie wir oben schon erläutert haben, eine solche Zahl, die aus den
gesammelten Daten errechnet wird und bei der Beurteilung an die Stelle der gesammelten Daten tritt. Der Mittelwert erfüllt die Aufgabe einer *Kennzahl*. Er charakterisiert
die Datenmenge, die er „ersetzt“.

Betrachten wir zur Erläuterung das folgende Beispiel:

Beispiel 1-3

Ein Taxiunternehmen mit 15 Fahrzeugen desselben Typs verwendet unterschiedliche Reifenmarken. Durch eine Datenerhebung werden folgende Fahrleistungen erfaßt:

Reifen	Fahrleistungen der 15 Fahrzeuge (in Tsd.-km)					Mittelwert (in km)
Marke A	26	29	24	31	20	26.000
Marke B	24	25	28	26	22	25.000
Marke C	31	30	32	29	33	31.000

Tabelle 1-2. Vergleich von Mittelwerten

Die Tabelle zeigt die gemessenen unterschiedlichen Fahrleistungen der Fahrzeuge.

Bei den 15 Fahrzeugen wurden 15 Fahrleistungen gemessen. Je 5 Fahrzeuge waren mit Reifen derselben Marke ausgerüstet. Für die drei verschiedenen Reifenmarken ergaben sich in Abhängigkeit von den gemessenen einzelnen Fahrleistungen unterschiedliche Mittelwerte. Jeder Mittelwert „ersetzt" die Daten der Fahrzeuge mit derselben Reifenmarke. □

Häufig ergibt sich: Um die erhobenen Daten zu „ersetzen", ohne daß wichtige in ihnen enthaltene Informationen verloren gehen, reicht der Mittelwert als alleinige Kennzahl nicht aus, wie das folgende Beispiel zeigt:

Beispiel 1-4

Bei der Kontrolle von zwei Abfüllmaschinen werden die folgenden Abfüllmengen gemessen (in g):

Messung	1	2	3	4	5	6	7	8
Maschine A	979	1009	1052	947	1042	949	1033	989
Maschine B	994	983	1011	1009	985	1012	1009	997

Tabelle 1-3. Mittelwert und Streuung

Die gemessenen Abfüllmengen ergeben für beide Maschinen denselben Mittelwert, nämlich 1000 g. Man sieht jedoch, daß die Unterschiede zwischen den Meßwerten bei Maschine A größer sind als bei Maschine B. Die Abfüllmengen bei Maschine A *streuen* stärker als bei Maschine B.

Der Mittelwert reicht in diesem Fall zur Beurteilung der beiden Maschinen nicht aus. Er ist für beide Maschinen gleich. Würde man nur vom Mittelwert ausgehen, so würde der für die Abfüllmaschinen verantwortliche Betriebsingenieur aufgrund der durchgeführten Kontrolle keine Maßnahmen zu ergreifen haben. Er muß sich jedoch auch für die verschieden großen Unterschiede in den Abfüllmengen der beiden Maschinen interessieren.

Tabelle 1-3 zeigt, daß die Abfüllmengen bei der Maschine A erheblich stärker streuen als bei der Maschine B. Nehmen wir an, es handle sich um die Abfüllung einer teuren Chemikalie. Dann werden unter Umständen die Kunden unzufrieden sein, die Abpackungen mit weniger als z.B. 980 g erhalten.

Wie man den Meßwerten für die Maschine B entnimmt, wurden bei dieser Maschine in keinem Fall ein Abfüllgewicht festgestellt, das 980 g unterschreitet. Offensichtlich ist diese Maschine besser als die Maschine A eingestellt. Der Betriebsingenieur wird deshalb eine Maßnahme treffen, damit künftig die Unterschiede in den Abfüllmengen auch der Maschine A geringer ausfallen, und zwar so, daß die Werte schwächer um den angestrebten Mittelwert von 1000 g streuen. □

Die Unterschiede zwischen den beobachteten Werten spielen also eine wichtige Rolle (wobei der Statistiker sich fragen muß, ob sie zufallsabhängig sind). Sie werden durch den Mittelwert nicht ausgedrückt — wenn dieser auch, wie wir gesehen haben, von Extremwerten stark beeinflußt wird. Die festgestellten Unterschiede lassen sich jedoch durch sogenannte *Streuungskennzahlen* erfassen, so daß Mittelwert und Streuungskennzahlen gemeinsam eine befriedigende Beschreibung liefern. Wir wollen in dieser Einleitung jedoch hierauf nicht weiter eingehen.

Die angeführten Beispiele haben gezeigt: Kennzahlen liefern ein „Abbild" der Wirklichkeit. Der Mittelwert ist hierfür nur ein Beispiel. Kennzahlen sind das Ergebnis einer gezielten *Datenreduktion*. Wesentlich für die Zweckmäßigkeit solcher Datenreduktion ist, daß wichtige Informationen, die die ursprünglichen Erhebungsdaten enthalten, bei der Verdichtung nicht verloren gehen. *Kennzahlen* sind deshalb so gebildet, daß sie einzeln oder gemeinsam die zugrundeliegenden Erhebungsdaten und damit die Wirklichkeit ausreichend charakterisieren.

Dem Anfänger in der Statistik, für den diese Ausführungen gedacht sind, sind Begriffe wie z.B. mittlere Geschwindigkeit, mittlere Haltbarkeit, mittlerer Benzinverbrauch sicher bestens bekannt. Möglicherweise ist ihm auch schon bekannt — etwa aus der Praxis des Schulunterrichts bei der Berechnung des Notendurchschnittwertes — wie man den Mittelwert berechnet. Doch darauf kommt es in diesem Zusammenhang nicht an. Wichtig ist, daß der Anfänger versteht, daß es sich beim Mittelwert wie auch bei anderen Kennzahlen um Begriffe handelt, die eigens zum Zwecke einer „Kurz-Beschreibung" gebildet wurden.

1.3.2 Statistische Verfahren bei der Behandlung zufallsabhängiger Erscheinungen

Der Statistiker sieht sich oft Problemen gegenübergestellt, bei denen die Möglichkeiten der beschreibenden Statistik nicht ausreichen, sie zu lösen. Betrachten wir sogleich ein Beispiel, um eine spezifische Eigenart solcher Probleme zu erfassen.

Wir kaufen eine Uhr. Können wir völlig sicher sein, daß sie funktioniert? Wir sind uns ziemlich sicher, daß die gekaufte Uhr funktioniert. □ *Beispiel 1-5*

Bei einer Uhr wissen wir, daß es sich um ein Erzeugnis aus einer Massenfertigung handelt und daß hier hinreichend viele Qualitätskontrollen durchgeführt werden, die die Auslieferung fehlerhafter Uhren ziemlich unwahrscheinlich machen. Anders verhält es sich im Falle eines neuen technischen Produkts, das auf den Markt gebracht wird. Ein solches leidet häufig während der ersten Zeit nach seinem Erscheinen an sogenannten „Kinderkrankheiten".

Denken wir beispielsweise an den Ärger, den viele Autokäufer nach Einführung eines neuen Modells haben. Trotz strenger Qualitätskontrollen in der Produktion treten bei neuen Modellen oft Mängel in größerer Anzahl auf, deren Häufigkeit erst im Laufe der *Beispiel 1-6*

Zeit zurückgeht. Dennoch wird man zu keinem Zeitpunkt sagen können, ob bei einem bestimmten Fahrzeug innerhalb der ersten 10.000 km Mängel auftreten werden oder nicht. □

Wir erkennen: Wir haben es hier mit Erscheinungen zu tun, über deren Auftreten wir uns nicht völlig sicher sein können. Für ihr Auftreten machen wir den *Zufall* verantwortlich.

Häufig befinden wir uns in der Situation, keine sicheren Vorhersagen machen zu können. Wir drücken uns dann so aus, daß wir sagen, es besteht eine große oder eine sehr große oder auch nur eine geringe *Wahrscheinlichkeit*. Unsere Aussage hängt von unserem Informationsstand ab, unser Handeln davon, wie wir die Informationen, über die wir verfügen, interpretieren. Die *Wahrscheinlichkeitsrechnung* und die sogenannte *beurteilende Statistik* ermöglichen, solche Erscheinungen zweckmäßig zu beschreiben und zu behandeln. Grundlegend hierfür ist der Begriff der *Wahrscheinlichkeit*.

Die Wahrscheinlichkeiten, mit denen man in der Statistik arbeitet, sind *Zahlen*. Wie man zu Zahlen kommt, die Wahrscheinlichkeiten ausdrücken, können wir uns leicht am Beispiel eines „unverfälschten" Würfels klarmachen.

<table>
<tr><td>

Beispiel 1-7
Würfelwurf

</td><td>

Die Augenzahl, die wir würfeln, hängt vom Zufall ab. Wir können nicht voraussagen, ob beim nächsten Wurf eine Fünf oder eine Drei auftritt. Ist der Würfel „echt", bleibt er also nicht bevorzugt auf bestimmten Seiten liegen, so besteht bei jedem Wurf für jede der sechs verschiedenen möglichen Augenzahlen dieselbe Wahrscheinlichkeit. Wenn wir uns *nicht* für die erreichte Augenzahl interessieren, können wir uns des Ergebnisses sicher sein: Immer liegt irgendeine der sechs Seiten oben. (Ausgänge, bei denen der Würfel auf der Kante liegen bleibt, wollen wir außer acht lassen.) Für diesen Fall wählt man die Wahrscheinlichkeit gleich 1. Da wir davon ausgehen, daß keine Seite bevorzugt auftritt, ist die Wahrscheinlichkeit, daß eine bestimmte der sechs Seiten auftritt, genau $\frac{1}{6}$. Damit ergibt sich, daß für jede der sechs möglichen Augenzahlen die Wahrscheinlichkeit $\frac{1}{6}$ beträgt.

Bei vielen Problemstellungen ist erst durch die Angabe einer Wahrscheinlichkeit die Beurteilung eines Sachverhaltes, die Beantwortung einer Frage möglich. Folgendes Beispiel zeigt dies deutlich.

</td></tr>
<tr><td>

Beispiel 1-8
Brenndauer von
Glühlampen

</td><td>

Um Auskunft über die Brenndauer von Glühlampen geben zu können, kann man hierzu in einer Glühlampenfabrikation nicht sämtliche Glühlampen, die man produziert, bis zum Durchbrennen ausprobieren. Für eine Untersuchung wählt man deshalb nur eine begrenzte Anzahl, beispielsweise 100 Glühlampen, aus der Produktion zufällig aus. (Zufällig auswählen bedeutet, daß für jede produzierte Glühlampe dieselbe Chance besteht, geprüft zu werden.)

Bei den zufällig ausgewählten Glühlampen stellt man durch einen praktischen Versuch die tatsächliche Lebensdauer jeder einzelnen Glühlampe fest. Tabelle 1-4 zeigt die gemessenen Werte.

Wie man sieht, war die Brenndauer der verschiedenen, zufällig ausgewählten Glühlampen unterschiedlich groß. Eine größere Anzahl, nämlich 47 Stück, erreicht eine Brenndauer zwischen 1010 Stunden und 1020 Stunden, wobei 1010 Stunden von allen in diese Klasse fallenden Glühlampen, 1020 Stunden aber von keiner erreicht wurden.

</td></tr>
</table>

Brenn- dauer (in Std.)	unter 930	930 ... 940	940 ... 950	950 ... 960	960 ... 970	970 ... 980	980 ... 990	990 ... 1000	1000 ... 1010	1010 ... 1020	1020 ... 1030	1030 ... 1040	1040 ... 1050	über 1050	
Stück- zahl	0	1	1	0	0	1	2	5	15	47	18	8	2	0	insge. 100 Stück

Tabelle 1-4. Meßwerte der Brenndauer von 100 aus einer Produktion zufällig ausgewählten Glühlampen. Die gemessene Brenndauer ist in Klassen eingeteilt, wobei jeweils der unterste Wert jeder Klasse noch erreicht, der obere Wert aber die Schranke darstellt, die nicht mehr erreicht wird.

Der Tabelle läßt sich auch entnehmen, daß 10 % der ausgewählten Glühlampen eine Brenndauer von 1000 Stunden nicht erreichten bzw. daß 90 % der ausgewählten Glühlampen eine Mindestbrenndauer von 1000 Stunden hatten. – Doch gilt für alle produzierten Glühlampen, daß in 90 % der Fälle eine zufällig ausgewählte Glühlampe stets eine Mindestbrenndauer von 1000 Stunden aufweisen wird? Oder kann man etwa als völlig sicher annehmen, daß nie eine Glühlampe weniger als 930 Stunden – die niedrigste Brenndauer, die die Untersuchung ergab – brennt?

Beide Annahmen sind nicht berechtigt, denn die gemessenen Werte sind Zufallswerte, die sich bei dieser Untersuchung mit diesen zufällig ausgewählten Glühlampen ergaben. Eine nächste Untersuchung mit anderen 100 zufällig ausgewählten Glühlampen kann zu einem anderen Untersuchungsergebnis führen.

Trotzdem kann man mit einer gewissen Wahrscheinlichkeit voraussagen, daß im Mittel 90 % der produzierten Glühlampen eine Brenndauer von 1000 Stunden oder mehr haben. Um diese Wahrscheinlichkeit angeben zu können, ist es notwendig, *Verfahren der beurteilenden Statistik* auf dieses Problem anzuwenden. Solche Verfahren gestatten, das Problem der Beurteilung der Mindestbrenndauer auf folgendem Wege zu behandeln: Gibt man sich eine sogenannte *Sicherheitswahrscheinlichkeit*, z.B. 0,95, vor, so kann man einen Wert d berechnen. Für diesen gilt: Mit einer Wahrscheinlichkeit von mindestens 0,95 wird die tatsächliche Brenndauer einer zufällig aus der Produktion herausgegriffenen Glühbirne um *höchstens* d Stunden von dem unbekannten Wert abweichen, den im Mittel die produzierten Glühbirnen erreichen.

Je sicherer man in seiner Voraussage sein will, desto größer ergibt sich der Wert d für die mögliche maximale Abweichung. Umgekehrt: Je niedriger man die Sicherheitswahrscheinlichkeit ansetzt, desto kleiner ergeben sich die im Mittel zu erwartenden Abweichungen.   □

Beispiel 1-9

Ein anderes Beispiel, bei dem ebenfalls die beurteilende Statistik zur Lösung beiträgt, ist etwa das folgende: Es soll ein neues Medikament eingeführt werden. Damit stellt sich die Frage: Ist das neue Medikament besser als ein bisher verwendetes?

Zur Beantwortung dieser Frage wird das neue Medikament an einer größeren Anzahl von Patienten getestet und der Prozentsatz der Patienten ermittelt, bei denen eine Heilung eintrat. Ergibt sich für das neue Medikament im Vergleich mit dem bisher verwendeten ein wesentlich höherer Prozentsatz, so liegt der Schluß nahe: Das neue Medikament ist besser als das alte. Dieser Schluß kann aber falsch sein. Es ist durchaus möglich, daß sich bei Vergrößerung der Anzahl der in die Erprobung einbezogenen Patienten zeigt: Der Prozentsatz der geheilten Patienten ist nunmehr beim neuen Medikament kleiner als beim alten.

Auch der Statistiker kann nicht mit absoluter Sicherheit die gestellte Frage beantworten. Aber er kann ein Verfahren auf diese Problemstellung anwenden, bei dem sich ergibt, daß man sich im Falle einer Entscheidung für das neue Medikament aufgrund bestimmter Beobachtungen höchstens mit einer vorgegebnen Wahrscheinlichkeit α irrt. Wählt man z.B. eine *Irrtumswahrscheinlichkeit* $\alpha = 0,95$, so bedeutet dies, daß in 95 % der Fälle das statistische Verfahren – hier würde es sich um die Überprüfung der Hypothese handeln, das neue Medikament sei besser als das alte – zu richtigen Entscheidungen führt. □

Die beurteilende Statistik hilft dort, wo Aussagen nicht mit völliger Sicherheit gemacht werden können. Sie liefert in solchen Fällen durch die Ermittlung eines entsprechenden Zahlenwertes die Grundlage für ein Urteil, wie sicher die gemachte Aussage ist.

1.4 Einige Beispiele für Begriffsbildungen

Nachdem wir bereits einige Begriffe der beschreibenden Statistik vorgestellt haben, wollen wir uns im folgenden mit einigen weiteren Begriffen beschäftigen, die in der Wahrscheinlichkeitsrechnung und damit für die beurteilende Statistik von Bedeutung sind. Dabei wollen wir uns auf einige wenige Beispiele beschränken. Wir wollen auch nur einige Grundüberlegungen anstellen, die zur Bildung dieser Begriffe führen.

Damit greifen wir nicht den Ausführungen in den folgenden Kapiteln vor. Dort werden die Begriffe im Zuge der Entwicklung der behandelten Inhalte präzise definiert. Hier geht es darum, gewisse Denkansätze in ihren Grundzügen aufzuzeigen, um damit auf die deduktive Darstellungsweise in den Sendungen und in den folgenden Kapiteln vorzubereiten.

1.4.1 Zufallsvariable

Wenden wir uns zunächst dem Begriff „Zufallsvariable" zu. – Um den entscheidenden Grundgedanken gleich vorweg zu nehmen: Die Behandlung zufallsabhängiger Vorgänge wird mit Hilfe des Begriffs „Zufallsvariable" auf die Betrachtung von Zahlen zurückgeführt, die den möglichen Ausgängen der vom Zufall abhängenden Vorgänge zugeordnet werden.

Beispiel 1-10
Münzwurf

Betrachten wir das Werfen einer runden Metallscheibe in der Größe einer Münze. Sie wird *zufällig* einmal auf die eine Seite, ein anderes Mal auf die andere Seite fallen. Solange wir keine Markierungen auf den beiden Oberflächen der Scheibe anbringen, können wir jedoch diese unterschiedlichen Ausgänge nicht unterscheiden.

Nehmen wir statt der Metallscheibe eine Münze, so können wir zwischen den beiden möglichen Ausgängen „Zahl" (Z) und „Wappen" (W) unterscheiden. Wir können, wenn wir mehrfach werfen, die einzelnen Ausgänge unseres Zufallsexperiments zählen und auflisten und gleiche Ausgänge zusammenzählen. Aus unserer Erfahrung wissen wir, daß wir keinen Grund haben, anzunehmen, daß eines der beiden möglichen Ergebnisse „Zahl" bzw. „Wappen" bevorzugt auftritt. Wir gehen davon aus, daß der Versuchsausgang „Zahl" genauso wahrscheinlich ist wie der Versuchsausgang „Wappen".

10

Wenn wir die Münze dreimal hintereinander werfen, so sind insgesamt acht verschiedene Ergebnisse, d.h. Reihen von Ausgängen der einzelnen nacheinander durchgeführten drei Münzwürfe möglich. Es besteht kein Grund, anzunehmen, daß eine dieser Reihen bevorzugt auftritt, denn keiner der Würfe wird von einem anderen beeinflußt. Drücken wir die Wahrscheinlichkeit für das Auftreten der verschiedenen möglichen Ergebnisse jeweils durch eine Zahl aus, so ergibt sich für jedes der acht Ergebnisse genau $\frac{1}{8}$. (Man erinnere sich an dieser Stelle an unsere Darstellungen im Zusammenhang mit dem Würfel.)

Um für unsere späteren Überlegungen sogleich alle benötigten Zahlen zur Verfügung zu haben, notieren wir uns folgende Tabelle für drei Würfe hintereinander, wobei wir uns nicht für die Reihenfolge des Auftretens von „Zahl" bzw. „Wappen" interessieren, sondern nur für die Anzahl des Auftretens von „Wappen" (Spalte 5 und Spalte 6).

Spalte 1	Spalte 2	Spalte 3	Spalte 4	Spalte 5	Spalte 6
lfd. Nr.	mögliche Ergebnisse	Anzahl „Wappen"	Wahrscheinlichkeit	Anzahl „Wappen"	Wahrscheinlichkeit
1	ZZZ	0	$\frac{1}{8}$	0	$\frac{1}{8}$
2	ZZW	1	$\frac{1}{8}$		
3	ZWZ	1	$\frac{1}{8}$	1	$\frac{3}{8}$
4	WZZ	1	$\frac{1}{8}$		
5	ZWW	2	$\frac{1}{8}$		
6	WZW	2	$\frac{1}{8}$	2	$\frac{3}{8}$
7	WWZ	2	$\frac{1}{8}$		
8	WWW	3	$\frac{1}{8}$	3	$\frac{1}{8}$

Tabelle 1-5. Werfen von „Wappen" bei dreimaligem Werfen einer Münze
Acht verschiedene Ergebnisse sind möglich (Spalte 2). „Wappen" kann hierbei unterschiedlich oft auftreten (Spalte 3). Alle acht Ergebnisse sind gleich wahrscheinlich. Es gibt Ergebnisse bei denen „Wappen" gleich oft, nämlich ein- bzw. zweimal auftritt (Spalte 5). Spielt die Reihenfolge des Auftretens von „Wappen" keine Rolle, so kann man die Wahrscheinlichkeit der Ergebnisse (Spalte 4), in denen „Wappen" einmal bzw. zweimal vorkommt, zusammenzählen (Spalte 6). Die Summe der drei Einzelwahrscheinlichkeiten ergibt dann die Wahrscheinlichkeit für das Ergebnis „einmal Wappen" bzw. „zweimal Wappen".

Wie wir unserer Tabelle entnehmen, läßt sich das Ergebnis „ZZZ" (Anzahl der Ausgänge mit „Wappen" bei drei Würfen) durch den Zahlenwert 0 beschreiben. Die Wahrscheinlichkeit, daß wir dieses Ergebnis erzielen, ist der achte Teil aller Einzelwahrscheinlichkeiten zusammen.

Da es uns nicht auf die Reihenfolge des Auftretens von „Wappen" ankommt, können wir die drei Ergebnisse „ZZW", „ZWZ" und „WZZ" durch die Zahl 1 beschreiben. Denn bei allen drei Ergebnissen tritt „Wappen" einmal auf. Die Wahrscheinlichkeit, ein Ergebnis zu erzielen, das durch die Zahl 1 beschrieben wird, ist deshalb dreimal so groß wie die, ein Ergebnis zu erzielen, das wir durch die Zahl 0 beschreiben. Entsprechendes ergibt sich für die anderen Ergebnisse. Wir können sie durch die Zahlen 2 bzw. 3 beschreiben.

Die möglichen Ergebnisse des zufallsabhängigen Vorgangs „Anzahl der geworfenen ‚Wappen' bei dreimaligem Werfen einer Münze" lassen sich also durch Zahlen beschreiben. Laut unserer Tabelle sind dies die Zahlen 0, 1, 2 und 3.   □

Die „Variable", die diese verschiedenen Werte annehmen kann, nennt man *„Zufallsvariable"*.

Beispiel 1-10
Fortsetzung

Wie unsere obigen Überlegungen gezeigt haben, ist die „Wahrscheinlichkeit", daß ein Ergebnis mit „einmal Wappen" oder „zweimal Wappen" auftritt, dreimal so groß wie die, daß das Ergebnis „nullmal Wappen" oder das Ergebnis „dreimal Wappen" auftritt. Dies bedeutet, daß die Wahrscheinlichkeit dafür, daß die Zufallsvariable die Werte 1 bzw. 2 annimmt, ebenfalls dreimal so groß ist wie die, daß sie die Werte 0 bzw. 3 annimmt. Die zugehörigen Wahrscheinlichkeiten zu den Werten 0, 1, 2 und 3 der Zufallsvariablen sind also: $\frac{1}{8}, \frac{3}{8}, \frac{3}{8}$ und $\frac{1}{8}$.   □

1.4.2 Verteilung einer Zufallsvariablen

Die Begriffsbildung „Zufallsvariable" gestattet es, zufallsabhängige Vorgänge durch Zahlenpaare zu beschreiben:

a) durch Zahlenwerte, die die Zufallsvariable annimmt,

b) durch zugeordnete Maßzahlen, die Wahrscheinlichkeiten, mit denen die Zahlenwerte von der Zufallsvariablen angenommen werden.

Die Beschreibung der möglichen Ergebnisse durch eine Menge von Zahlenpaaren stellt eine Abstraktion dar.

Wir wollen dies am Beispiel des dreimaligen Münzwurfs verdeutlichen und dabei einen weiteren wichtigen Begriff entwickeln.

Beispiel 1-11
Münzwurf

Wir werfen wieder eine Münze dreimal hintereinander und achten auf das Auftreten von „Wappen" (W), wobei wir uns für die Reihenfolge des Auftretens von „Wappen" nicht interessieren.

Wir wollen diesmal die Werte der Zufallsvariablen, mit denen wir die möglichen Ergebnisse des Münzwurfexperiments beschreiben, nicht durch einfaches Zählen des Auftretens von „Wappen" bestimmen. Wir bedienen uns hierzu zunächst einmal der Vorstellung, daß wir einen Gewinn in Abhängigkeit vom Ergebnis des Münzwurfs erzielen. Beispielsweise können wir festlegen, daß wir für jedes Auftreten von „Wappen" eine Gewinneinheit, z.B. DM 1,– oder einen Apfel erhalten. In diesem Fall ergibt sich genau wieder unsere Tabelle 1-5 (vgl. Tabelle 1-5, Spalte 1 bis 3 und 6).

Wir können aber auch festlegen, daß der Gewinn jeweils 5 Gewinneinheiten für jedes Auftreten von „Wappen" sein soll. Oder daß er die entsprechende Potenz von 5 betragen soll. Im ersten Fall erhalten wir als mögliche Gewinne die Werte 0, 5, 10 und 15, im zweiten Fall ergeben sich die Werte 1, 5, 25, 125 (vgl. Tabelle 1-6, Spalte 4 und 5).

Die Gewinnwerte stellen die Zahlen dar, die die Zufallsvariablen entsprechend den von uns festgelegten Zuordnungen annehmen. Aufgrund der Zuordnung dieser Zahlen zu den Ergebnissen des Münzwurfexperiments ergeben sich die entsprechenden, uns bereits bekannten Einzelwahrscheinlichkeiten $\frac{1}{8}, \frac{3}{8}, \frac{3}{8}$ und $\frac{1}{8}$ (Spalte 6).

Spalte 1	Spalte 2	Spalte 3	Spalte 4	Spalte 5	Spalte 6
Lfd. Nr.	Ergebnis	Ausgang „Wappen" Gewinn X_1	Ausgang „Wappen" Gewinn X_2	Ausgang „Wappen" Gewinn X_3	Wahrschein-lichkeit
1	ZZZ	0	0	1	$\frac{1}{8}$
2	ZZW				
3	ZWZ	1	5	5	$\frac{3}{8}$
4	WZZ				
5	ZWW				
6	WZW	2	10	25	$\frac{3}{8}$
7	WWZ				
8	WWW	3	15	125	$\frac{1}{8}$

Tabelle 1-6. Dreimaliges Werfen einer Münze: unterschiedliche Zufallsvariable

Acht verschiedene Ergebnisse sind möglich. Sie sind gleich wahrscheinlich. Da jedoch bei der Bestimmung des Gewinns die Reihenfolge des Auftretens von „Wappen" keine Rolle spielt, bringen die Ergebnisse Nr. 2, 3 und 4 bzw. die Ergebnisse Nr. 5, 6 und 7 jeweils denselben Gewinn. Die Wahrscheinlichkeit dieser Gewinne ist deshalb entsprechend größer als die Wahrscheinlichkeit, einen Gewinn zu erzielen, der den Ergebnissen Nr. 1 bzw. Nr. 8 zugeordnet ist.

Die einzelnen Werte der Zufallsvariablen und die zugehörigen Einzelwahrscheinlichkeiten bilden unterschiedliche Zahlenpaare. Die Gesamtmenge solcher Zahlenpaare nennt man *Verteilung einer Zufallsvariablen*. Im vorliegenden Fall sind dies die jeweils in den Spalten 3 und 6 bzw. 4 und 6 bzw. 5 und 6 stehenden Zahlen.

Die Graphen dieser Verteilungen — d.h. die graphische Darstellung der Wertepaare — bilden keine Kurven, sondern sind Mengen diskreter Punkte in der Ebene, wie Bild 1-1 zeigt.

1.4.3 Verteilungen verschiedener Zufallsvariablen und Erwartungswert

Nachdem wir den Begriff „Verteilung einer Zufallsvariablen" gewonnen haben, liegt es nahe, Verteilungen verschiedener Zufallsvariablen miteinander zu vergleichen. Dies wird uns zum Begriff „Erwartungswert" führen.

Für die drei Zufallsvariablen X_1, X_2 und X_3, die die verschiedenen Gewinnzuordnungen in unserem Beispiel „Anzahl ‚Wappen' bei dreimaligem Münzwurf" ausdrücken, ergaben sich die folgenden Verteilungen:

$(0, \frac{1}{8})$ bzw.	$(0, \frac{1}{8})$ bzw.	$(1, \frac{1}{8})$
$(1, \frac{3}{8})$	$(5, \frac{3}{8})$	$(5, \frac{3}{8})$
$(2, \frac{3}{8})$	$(10, \frac{3}{8})$	$(25, \frac{3}{8})$
$(3, \frac{1}{8})$	$(15, \frac{1}{8})$	$(125, \frac{1}{8})$

Man erkennt, daß es sich um unterschiedliche Verteilungen handelt. Die Graphen dieser Verteilungen (Bild 1-1) zeigen dies deutlich.

Ähnlich wie in der beschreibenden Statistik — dort im Hinblick auf Häufigkeitsverteilungen — kann man fragen: Lassen sich Zahlenwerte bilden, die geeignet sind, die Verteilung einer Zufallsvariablen zu beschreiben?

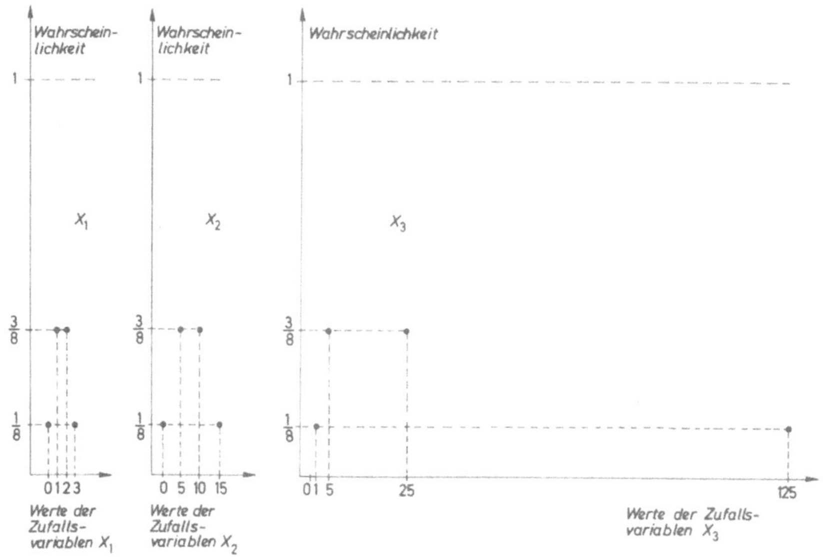

Bild 1-1. Graphen von Verteilungen verschiedener Zufallsvariablen

Die Ergebnisse des gleichen Münzwurfexperiments – dreimaliges Werfen einer Münze, Anzahl „Wappen" – werden durch drei verschiedene Zufallsvariable X_1, X_2, X_3 beschrieben (verschiedene Gewinnzuordnungen). Die Darstellung der Verteilungen der drei Zufallsvariablen führt zu drei verschiedenen Graphen.

Greifen wir hierzu auf unser Münzwurfbeispiel zurück und stellen diesem das folgende Würfelbeispiel gegenüber:

Beispiel 1-12
Würfelwurf

Wir werfen einen Würfel einmal. Dieser Würfel soll sich von einem normalen Würfel nicht weiter unterscheiden. Nur anstelle der geraden Augenzahlen weist er auf drei Seiten ein Symbol für den Wert 0 auf. Die Zufallsvariable X_4, mit der wir die möglichen Ergebnisse (Augenzahl) eines einmaligen Würfelns mit diesem Würfel beschreiben können, besitzt dann folgende Verteilung:

$(0, \frac{3}{6})$

$(1, \frac{1}{6})$

$(3, \frac{1}{6})$

$(5, \frac{1}{6})$

Die Verteilung der Zufallsvariablen X_1 zur Beschreibung der Ergebnisse Anzahl „Wappen" beim dreimaligen Münzwurf war:

$(0, \frac{1}{8})$

$(1, \frac{3}{8})$

$(2, \frac{3}{8})$

$(3, \frac{1}{8})$

14

Kommen wir hiernach auf unsere Frage nach einem Zahlenwert zurück, der die einzelnen Verteilungen charakterisiert. Der sogenannte *Erwartungswert E(X)*, auch mathematische Erwartung genannt, ist ein solcher Wert. Er gibt den mittleren Wert der Zahlenwerte an, die die Zufallsvariable X entsprechend den zugehörigen Wahrscheinlichkeiten annimmt.

Für die Zufallsvariablen X_1, X_2 und X_3 ergeben sich hiernach die Erwartungswerte

$$E(X_1) = \frac{12}{8} = 1,5$$

$$E(X_2) = \frac{60}{8} = 7,5$$

$$E(X_3) = \frac{216}{8} = 27$$

(entsprechend der Formel für den Erwartungswert E(X) der diskreten Zufallsvariablen X:

$$E(X) = \sum_{i=1}^{4} x_i \cdot P(X = x_i),$$

wobei $P(X = x_i)$ die Wahrscheinlichkeit dafür ist, daß die Zufallsvariable X den Wert x_i annimmt).

Der Erwartungswert gibt also eine Auskunft über die „mittlere Gewinnerwartung" bei den unterschiedlichen Gewinnzuordnungen (Münzwurfbeispiel).

Betrachten wir nunmehr die Verteilungen der beiden Zufallsvariablen X_1 und X_4 und ermitteln noch für X_4 den Erwartungswert, so ergibt sich

$$E(X_1) = 1,5 \quad \text{und} \quad E(X_4) = 1,5\,.$$

Obwohl die Verteilungen der beiden Zufallsvariablen verschieden sind — was die Graphen der Verteilungen dieser Zufallsvariablen sehr deutlich erkennen lassen (Bild 1-2) — sind beide Erwartungswerte gleich.

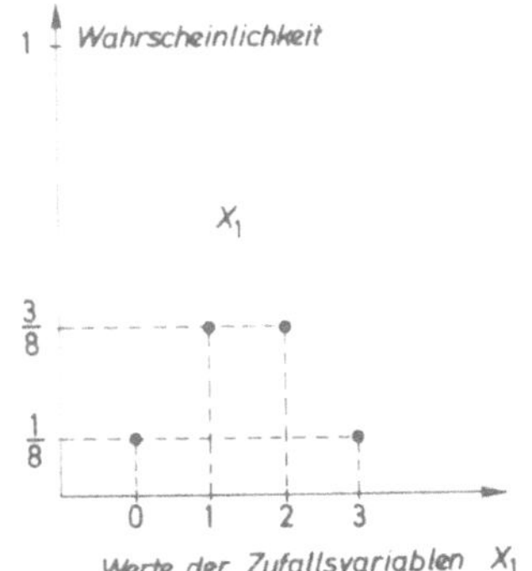

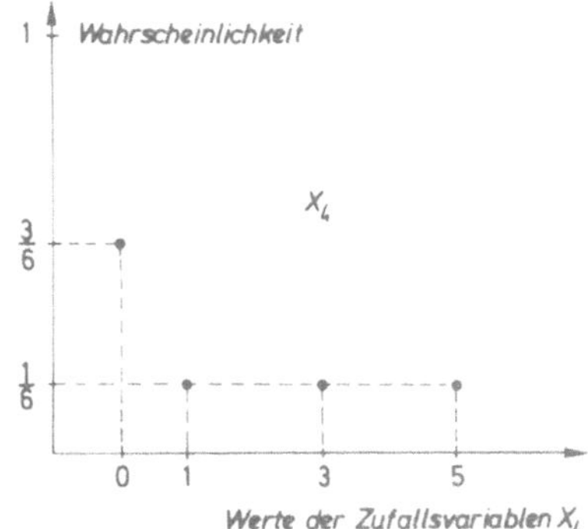

Bild 1-2. Graphen der Verteilungen der Zufallsvariablen X_1 und X_2
Entsprechend den Zahlenwerten unterscheiden sich die Graphen der Verteilungen der beiden Zufallsvariablen X_1 und X_4. Die Erwartungswerte $E(X_1)$ und $E(X_4)$ sind jedoch gleich.

Wir erkennen hieraus: Der Erwartungswert ist die wahrscheinlichkeitstheoretische Entsprechung zum Mittelwert der beschreibenden Statistik. Ähnlich wie dieser genügt der Erwartungswert im allgemeinen allein nicht, die Verteilung einer Zufallsvariablen zu beschreiben.

Wir wollen damit unsere einleitenden Ausführungen und insbesondere die Darstellung einiger ausgewählter statistischer Begriffsbildungen abschließen. Unsere Ausführungen ersetzen nicht, was in den anschließenden Kapiteln ausführlich und systematisch abgehandelt wird. Sie erschließen vielmehr mit einem zunächst verhältnismäßig niedrigen Anforderungsniveau einen Zugang zu einer Reihe von Vorstellungen, Fragen, Problemen und Begriffen. Sie bereiten in konkreter Weise auf die folgenden Darstellungen und Inhalte vor. Einige der behandelten Beispiele findet der Leser in den anschließenden Kapiteln wieder. Er wird dann kontrollieren können, wie stark sich sein Verständnis vertieft hat.

Eine ausführliche Darstellung der geschichtlichen Entwicklung findet sich bei Günter Menges, Grundriß der Statistik, Teil 1: Theorie (vgl. Literaturangaben am Schluß dieses Studientextes).

2 Beschreibende Statistik

von Gisela Jordan-Engeln, Aachen

Beobachtungen und Häufigkeitsverteilung

Statistische Erhebungen dienen dem Zweck, Beurteilungskriterien und Entscheidungshilfen für die verschiedenartigsten Fragestellungen zu finden.

In dieser Sendung und in den folgenden Abschnitten geht es um die Sammlung von Datenmaterial und seine Darstellung in einer möglichst allgemeinen Form, die sich auf jeden konkreten Fall anwenden läßt. Es werden die Stützpunktbegriffe „Beobachtungseinheit, Beobachtungsmenge, Beobachtungsmerkmal, Merkmalsausprägung sowie Gesamterhebung und Stichprobe" an Hand von Beispielen eingeführt. Mit Hilfe der Begriffe „absolute und relative Häufigkeit" und der empirischen Verteilungsfunktion gelangen wir zu verschiedenen Darstellungsmöglichkeiten der Ausprägungen eines diskreten Merkmals.

Sendung 2

2.1 Begriffsbildungen

Die beschreibende Statistik beschäftigt sich mit empirisch gewonnenen Daten, wie sie etwa bei Haushaltsbefragungen, Verkehrszählungen, Betriebserhebungen, Laboratoriumsversuchen, medizinischen Reihenuntersuchungen, Meinungsumfragen usw. anfallen. Diese Daten sollen geordnet und übersichtlich dargestellt werden, und es sollen aus ihnen gewisse Schlußfolgerungen gezogen werden. Zu diesem Zweck werden dem im allgemeinen umfangreichen Datenmaterial eine oder mehrere daraus errechenbare Kenngrößen zugeordnet. Eine solche Kenngröße ist z.B. bei einer Verkehrszählung die mittlere Zahl der Pkw-Einheiten pro Stunde oder bei einer Haushaltsbefragung nach dem Wohnraum die mittlere Wohnfläche je Bewohner.

Eine Befragung kann sehr verschiedenartige Sachverhalte oder Eigenschaften betreffen.

Bei einer Erhebung in einem Betrieb wird von jedem Werktätigen das Alter oder die Dauer der Betriebsangehörigkeit oder das Geschlecht oder der Familienstand festgestellt. □

Beispiel 2-1

Bei einer Erhebung über die wirtschaftliche Lage der Automobilindustrie wird jeder Betrieb nach der Jahresproduktion, der Anzahl der im letzten Jahr verkauften Wagen oder der Zahl der Beschäftigten befragt. □

Beispiel 2-2

Nach dem Katalog einer Bibliothek werden an Hand der Karteikarten Sachgebiet, Seitenzahl und Anschaffungspreis aller vorhandenen Bücher festgestellt. □

Beispiel 2-3

2.1.1 Beobachtungseinheit, Beobachtungsmenge, Beobachtungsmerkmal, Merkmalsausprägung

Um die Beschreibung der auf die vielfältigste Art gewonnenen Daten zu systematisieren, beginnen wir damit, eine einheitliche Sprachregelung zu vereinbaren. Wir übertragen hier die Nomenklatur, wie sie in den experimentellen Wissenschaften üblich ist, auf alle Fälle der Auswertung empirisch gewonnener Daten.

Präzise Sprache

Beobachtungseinheit

Beobachtungsmenge

Beobachtungsmerkmal

Bei Laboratoriumsversuchen gewinnt man Daten aus Beobachtungen oder Messungen. So bezeichnen wir in Beispiel 2-1 den einzelnen Betriebsangehörigen, in Beispiel 2-2 den einzelnen Betrieb und in Beispiel 2-3 den einzelnen Band als *Beobachtungseinheit*. Die Gesamtheit der Betriebsangehörigen in Beispiel 2-1, die Gesamtheit der Betriebe in Beispiel 2-2 oder die Gesamtheit der Bände der Bibliothek in Beispiel 2-3 stellt dann die *Beobachtungsmenge* dar. Die Sachverhalte oder Eigenschaften, die beobachtet oder gemessen werden, wie die Dauer der Betriebsangehörigkeit, Alter, Geschlecht in Beispiel 2-1, Preis oder Seitenzahl eines Buches in Beispiel 2-3, heißen *Beobachtungsmerkmale*.

Wir wollen zusammenfassen: Der Gegenstand einer Beobachtung (Werktätiger, Betrieb, Buch) heißt Beobachtungseinheit. Die Menge (siehe 8.1.1) aller Beobachtungseinheiten heißt die Beobachtungsmenge. Beobachtet und registriert werden ein oder mehrere Merkmale (Alter, Geschlecht, Jahresproduktion, Seitenzahl, Preis). Sie heißen Beobachtungsmerkmale.

Was nun im Einzelfall Beobachtungseinheit oder untersuchtes Merkmal ist, hängt vom Zweck der Datenerhebung ab.

Beispiel 2-4
Verkehrsbefragung

a) Auf einer Strecke soll der Individualverkehr eingeschränkt werden. Man will einen Busverkehr einrichten und möchte daher wissen, welche Kapazität man zur Verfügung stellen muß. Beobachtungseinheiten sind hier die Insassen der vorüberfahrenden PKWs; das Fahrtziel ist dann das Merkmal.

b) Wegen einer geplanten Baustelle in der Innenstadt soll der Fernverkehr umgeleitet werden. Man will wissen, ob die geplante Umleitungsstrecke dem Verkehrsaufkommen gewachsen sein wird. Hier ist das vorbeifahrende Kraftfahrzeug die Beobachtungseinheit, das nächste Fahrtziel das Merkmal. □

Merkmalsausprägung

Die verschiedenen Ergebnisse, die bei der Beobachtung eines Merkmals auftreten können, heißen dessen *Merkmalsausprägungen*; es müssen mindestens zwei sein, weil sich sonst die Beobachtung des betreffenden Merkmals erübrigt (Beispiele: n Jahre, männlich/weiblich, p PKW/Jahr, b Seiten, x DM). Wenn sich ein Merkmal messen läßt, so stellen die Meßwerte die Merkmalsausprägungen dar.

Die Menge der Beobachtungseinheiten, also die Beobachtungsmenge, hängt immer vom Zweck der jeweiligen Erhebung ab und ist vor jeder statistischen Untersuchung festzulegen.

2.1.2 Gesamterhebung, systematische Stichprobe, Zufallsstichprobe

Die Festlegung der Beobachtungsmenge hat sowohl auf die Aussagekraft, d.h. Sicherheit des Ergebnisses der Beobachtung (Befragung, Erhebung), Einfluß als auch auf den Aufwand (Arbeitsaufwand, Kostenaufwand), den diese erfordert.

Definition 2-1
Gesamterhebung

Werden die Merkmalsausprägungen aller Elemente einer Beobachtungsmenge erfaßt, so liegt eine Gesamterhebung *vor.*

Definition 2-2
Stichprobe,
systematische und
Zufallsstichprobe

Jede Auswahl einer echten, nicht leeren Teilmenge (siehe 8.1.2, Definition 8-4) aus einer Beobachtungsmenge heißt Stichprobe *(bzw. Teilerhebung). Eine Stichprobe heißt* systematisch, *wenn die Auswahl nach einer wohldefinierten Vorschrift erfolgt, die die Elemente der Beobachtungsmenge in genau zwei Klassen teilt und zwar so, daß die Elemente der einen Klasse zur Stichprobe gehören, die der anderen Klasse jedoch nicht.*

Eine Stichprobe heißt Zufallsstichprobe, *wenn die Auswahl rein zufällig erfolgt, d. h. alle Teilmengen von gewünschtem Umfang die gleiche Chance haben, der Stichprobe anzugehören.*

Es soll die Meinung der Bürger einer Gemeinde zu einem Projekt (Bau eines Brunnens) zur Gestaltung eines Platzes erfragt werden. Es werden dabei nur Bürger befragt, die älter als 16 Jahre sind, sie bilden die Beobachtungsmenge.

Beispiel 2-5
Meinungs-
befragung

a) Jedem Bürger, der älter ist als 16 Jahre, wird ein Fragebogen zugesandt. Dann liegt eine Gesamterhebung vor.

b) Es werden nur Bürger befragt, die älter als 16 Jahre sind und durch ein zusätzliches Merkmal ausgezeichnet sind, z.B. die Alteingesessenen oder die Inhaber von Gewerbebetrieben oder die Mitglieder von Bürgervereinen. Die zu Befragenden werden also nach einem vorgeschriebenen System ausgewählt; es liegt also eine systematische Stichprobe vor.

c) Es werden nur etwa 100 zufällig ausgewählte Bürger befragt; dann liegt eine Zufallsstichprobe vor. □

Jeder einzelne Bürger, der älter als 16 Jahre ist, ist hier die Beobachtungseinheit, ihre Gesamtheit die Beobachtungsmenge und das, wonach gefragt wird (z.B. das Alter der Befragten oder die gewünschte Brunnenhöhe), sind die Beobachtungsmerkmale. Die möglichen Antworten (z.B. 17 Jahre, 18 Jahre, ... bzw. 200 cm, 400 cm, ...) sind die Merkmalsausprägungen.

Erläuterung
zum Beispiel

Wie wird nun eine Zufallsstichprobe praktisch durchgeführt? In unserem Beispiel könnte man etwa aus der Einwohnerkartei jede zehnte Karte aller der Bürger aussondern, die die Befragungsbedingungen erfüllen, sie gut durchmischen und daraus 100 Karten ziehen. Man erkennt hieran sehr gut, daß die Zufallsstichprobe auch alle Eigenschaften einer systematischen Stichprobe aus Definition 2-2 besitzt, natürlich gilt nicht die Umkehrung.

Zufallsstichprobe:
Praktische Durch-
führung

Ein Vorteil einer Stichprobe gegenüber einer Gesamterhebung liegt in dem wesentlich geringeren Aufwand. Jedoch entsteht eine wichtige Frage: Mit welcher Sicherheit kann aus dem Ergebnis einer Stichprobe auf dasjenige Ergebnis geschlossen werden, welches die Gesamterhebung gehabt hätte, die man einfach aus Kostengründen nicht durchgeführt hat? Eine Antwort auf Fragen dieser Art wird in Kapitel 6 gegeben.

Vorteil einer
Stichprobe

2.1.3 Merkmalstypen

Bei den Beobachtungsmerkmalen unterscheiden wir verschiedene Merkmalstypen. Die erste Unterscheidung wird nach der Art des Merkmals getroffen; es gibt *quantitative* und *qualitative* Merkmale.

Quantitative Merkmale sind solche, die in gewissen Einheiten gemessen werden und deren Merkmalsausprägungen sich daher stets durch Zahlen kennzeichnen lassen. Zwischen verschiedenen Ausprägungen eines quantitativen Merkmals bestehen immer Größer-Kleiner-Beziehungen. In Beispiel 2-1 sind das Alter und die Dauer der Betriebsangehörigkeit quantitative Merkmale. Die Beispiele 2-2 und 2-3 enthalten ausschließlich quantitative Merkmale.

Quantitatives
Merkmal

Qualitative Merkmale sind etwa das Geschlecht und der Familienstand in Beispiel 2-1. Sie heißen auch „nominale Merkmale" im Vergleich zu „ordinalen Merkmalen". Qualitative Merkmale lassen sich nicht durch Zahlen kennzeichnen, zwischen denen natürliche Größer-Kleiner-Beziehungen bestehen. Ihnen können jedoch Nummern oder Ziffern zugeordnet werden; man nennt dies codieren (verschlüsseln). So kann man z.B. der Merkmalsausprägung männlich des Merkmals Geschlecht die Kennziffer 0 und der Merkmalsausprägung weiblich die Kennziffer 1 zuordnen. Eine solche Codierung ist dann erforderlich, wenn die Merkmalsausprägung durch einen Computer verarbeitet werden soll (siehe auch „ordinale Merkmale", S. 44).

Es liegen 20 Farbmuster für einen Teppichboden vor. Hier ist die Farbe ein qualitatives Merkmal. □

Eine weitere Unterscheidung erfolgt nun nach der Anzahl der überhaupt möglichen Merkmalsausprägungen. Man unterscheidet zwischen stetigen und diskreten Merkmalen.

Diskrete Merkmale sind solche, die endlich viele oder abzählbar unendlich viele Merkmalsausprägungen besitzen. „Endlich viele" heißt dabei: Die Merkmalsausprägungen können durchnumeriert werden von 1 bis zu einer endlichen ganzen Zahl. „Abzählbar unendlich viele" heißt: Es gibt unendlich viele Merkmalsausprägungen, die durchnumeriert werden können, beginnend mit 1 ohne Ende. Es können also jeweils nur ganz bestimmte Werte auftreten. Beispiele dafür sind der Preis und die Seitenzahl zu Beispiel 2-3, weiterhin die Produktionszahlen in Beispiel 2-2.

Stetige Merkmale sind z.B. das Alter eines Lebewesens, die Konzentration einer Salzlösung, die Helligkeit (in physikalischen Einheiten gemessen), das Gewicht eines Apfels, die Zeitdauer zwischen zwei Regentropfen. Es sind also solche Merkmale, deren mögliche Merkmalsausprägungen ein Intervall der Zahlengeraden (siehe Definition 8-9) bilden (z.B. alle reellen Zahlen — siehe 8.1.4 — zwischen Null und Eins), deren Ausprägungen also fließende Übergänge zeigen.

Die Generationsdauer in einer Kultur von Hefezellen, d.h. die Dauer von der Entstehung einer Zelle durch Teilung bis zur nächsten Teilung, kann bei einer bestimmten Temperatur etwa alle Werte zwischen 6 und 9 Stunden annehmen. Es handelt sich also um ein stetiges Merkmal. □

Durch eine Verpackungsmaschine werden Nägel in Tüten gepackt. Es werden 20 solcher Tüten mit der Aufschrift „ca. 50 Stück" untersucht. Eine Auszählung ergibt folgende Beobachtungsergebnisse:

Anzahl der Nägel	45	47	48	50	51	52	53
Anzahl der Tüten	1	3	4	5	3	1	1

Hier liegt also ein diskretes Merkmal vor mit endlich vielen Merkmalsausprägungen. Die Tüte ist die Beobachtungseinheit, alle 20 Tüten stellen die Beobachtungsmenge dar, die Anzahl der Nägel pro Tüte ist das Beobachtungsmerkmal, die verschiedenen Ergebnisse (45, 47, 48, 50, 51, 52, 53) sind die aufgetretenen Merkmalsausprägungen.□

Bürger einer Gemeinde werden gefragt nach der Beurteilung der Entwürfe für einen Brunnen zur Verschönerung des Marktplatzes. Der Fragebogen enthält folgende Fragen:

a) Geschlecht des Befragten.

b) Alter des Befragten.

c) Welches der im Rathaus aufgestellten Brunnenmodelle gefällt Ihnen am besten?

d) Wie hoch sollte der Brunnen Ihrer Meinung nach sein? Wie sollte der Brunnen aussehen (Beschreibung, Skizze)?

e) Welchen Betrag sollten die Baukosten auf keinen Fall übersteigen (in vollen DM 100,– o.ä.)?

Beispiel 2-9
Fragebogen zur Meinungsbefragung (Fortsetzung von Beispiel 2-5)

Hier sind:

Nummer des Merkmals	Beobachtungsmerkmal	mögliche zugehörige Merkmalsausprägungen
(1)	Geschlecht des Befragten	männlich, weiblich
(2)	Alter des Befragten	17 Jahre, 18 Jahre, …
(3)	Nummer des Modells, das am besten gefällt	1, 2, 3, 4, 5
(4)	Höhe des Brunnens	Höhe in cm, z.B. 200 cm, 300 cm
(5)	Lage des Brunnens auf der Grundrißskizze des Marktplatzes markiert durch ein Kreuz	alle möglichen Kreuze, die auf dem Plan des Marktplatzes eingezeichnet werden können
(6)	max. Baukosten	DM 200,–, DM 300,–, DM 1000,–
(7)	Aussehen des Brunnens	alle denkbar möglichen Beschreibungen eines Brunnens

Es sind (2), (4) und (6) quantitative Merkmale, (1), (3), (5) und (7) qualitative Merkmale. Stetige Merkmale sind die Merkmale (2), (4) und (5). Im Fall (4) kann man sich vorstellen, daß sich ein Brunnen genau in der Höhe bauen läßt, die man auf einer Meßlatte z.B. irgendwo zwischen 200 cm und 400 cm durch einen Strich einzeichnet. Die Merkmale (3) und (6) sind diskrete Merkmale. □

2.2 Ein Merkmal

2.2.1 Darstellungen der Verteilung eines diskreten Merkmals

Zunächst wollen wir die Begriffe *Häufigkeit, relative Häufigkeit* und *Häufigkeitsverteilung* eines diskreten Merkmals erklären. Wir tun das an Hand eines Beispiels.

Begriffe

Es geht um das Ergebnis der Abstimmung für die Wahl des Vorsitzenden eines Vereins. Es stellen sich 7 Kandidaten zur Wahl, 200 Personen sind wahlberechtigt.

Beispiel 2-10
Wahl eines Vereinsvorsitzenden

In diesem Beispiel ist folglich die einzelne wahlberechtigte Person die Beobachtungseinheit, die 200 wahlberechtigten Personen bilden die Beobachtungsmenge, das Merkmal ist die Stimme für einen Kandidaten, die Merkmalsausprägung ist der Name des Kandidaten bzw. die Nummer des Kandidaten, wenn wir die Namen einfach mit den Zahlen 1 bis 7 durchnumerieren; 7 ist die Anzahl der möglichen Merkmalsausprägungen.

Absolute
Häufigkeit

Entfallen nun auf den Kandidaten j insgesamt n_j Stimmen, dann bezeichnen wir mit n_j die *absolute Häufigkeit*, mit der die Merkmalsausprägung j vorkommt. Der Zusatz j bei n_j, bzw. weiter unten bei h_j ist ein Index, der die Zugehörigkeit zur Ausprägung j kennzeichnet.

Relative
Häufigkeit

Den relativen Stimmenanteil, der auf die einzelnen Kandidaten entfallen ist, erhalten wir, wenn wir für jeden Kandidaten j die absolute Häufigkeit n_j durch die Gesamtzahl n der Stimmen dividieren. Diese Zahlen $h_j = n_j/n$ bezeichnen wir als *relative Häufigkeit* der Merkmalsausprägung j (relative Häufigkeit der Stimmen, die auf den Kandidaten j entfallen sind).

Das Ergebnis der Wahl wird in Tabelle 2-1 gezeigt.

Wahlergebnisse

j	n_j	$h_j = \dfrac{n_j}{n}$	100 h_j (%)
1	28	0,140	14,0
2	13	0,065	6,5
3	112	0,560	56,0
4	39	0,195	19,5
5	5	0,025	2,5
6	1	0,005	0,5
7	2	0,010	1,0
n = 200	200	1	100 %

Tabelle 2-1. Absolute, relative und prozentuale Häufigkeiten zu Beispiel 2-10 (Wahlergebnis) □

Wir wollen die eingeführten Begriffe noch in Form einer Definition zusammenfassen.

Definition 2-3
Absolute
und relative
Häufigkeit

Es seien n die Gesamtzahl der Beobachtungseinheiten, k die Anzahl der möglichen Merkmalsausprägungen des einen Merkmals, n_j die Anzahl der Beobachtungseinheiten mit der j-ten Merkmalsausprägung, wobei j die Werte j = 1, 2, ..., k annehmen kann. Dann heißen n_j die absolute Häufigkeit und $h_j = n_j/n$ die relative Häufigkeit der j-ten Merkmalsausprägung.

Aus der Definition lassen sich nun — unterstützt durch Beispiel 2-10 — die folgenden Schlüsse ziehen:

Schlußfolgerungen

a) Die Summe der absoluten Häufigkeiten ist gleich der Anzahl der Beobachtungseinheiten; es gilt

$$\sum_{j=1}^{k} n_j := n_1 + n_2 + \ldots + n_k = n. \tag{2.1}$$

Im Beispiel haben wir $\displaystyle\sum_{j=1}^{7} n_j = 200$ erhalten.

b) Wegen $h_j = n_j/n$ gilt ferner

$$\sum_{j=1}^{k} h_j = \sum_{j=1}^{k} \frac{n_j}{n} = \frac{n_1}{n} + \frac{n_2}{n} + \ldots + \frac{n_k}{n} = \frac{1}{n} \sum_{j=1}^{n} n_j = \frac{1}{n} \cdot n = 1 \, , \qquad (2.2)$$

d.h. die Summe der relativen Häufigkeiten besitzt — abgesehen von Rundungsfehlern — den Wert 1.

In der Praxis wird mit Dezimalzahlen endlicher Stellenzahl gerechnet. Folglich müssen in den meisten Fällen die (rationalen) Zahlen h_j bei Rundung auf s Dezimalstellen durch Näherungswerte h_j' ersetzt werden mit $|h_j - h_j'| \leq 0{,}5 \cdot 10^{-s}$.
Wegen (2.2) gilt dann

Einfluß von
Rundungsfehlern

$$\sum_{j=1}^{k} h_j' \approx 1 \, . \qquad (2.2')$$

c) Wegen $h_j = n_j/n$ und $0 \leq n_j \leq n$ folgt die Ungleichung

$$0 \leq h_j \leq 1, \quad j = 1, 2, \ldots, k \, ,$$

d.h. die relativen Häufigkeiten h_j liegen alle zwischen Null und Eins.

Dabei gilt $h_j = 0$ nur, wenn keine Beobachtungseinheit mit der j-ten Merkmalsausprägung vorkommt (der Kandidat j erhält keine Stimme: $n_j = 0$) und $h_j = 1$ nur, wenn alle n Beobachtungseinheiten die Merkmalsausprägung j besitzen (der Kandidat j erhält alle n Stimmen: $n_j = n$).

d) Den Prozentsatz der Beobachtungseinheiten mit der j-ten Merkmalsausprägung gibt die Zahl $100 \, h_j$ (%) an.

Die *Häufigkeitsverteilung* gibt einen Überblick über die Struktur der Beobachtungsmenge; sie gibt an, welche Häufigkeit den einzelnen Merkmalsausprägungen zukommt.

Häufigkeits
verteilung

Im Falle eines qualitativen Merkmals läßt sich die Häufigkeitsverteilung am leichtesten durch eine Tabelle oder eine graphische Darstellung, z.B. in Form eines Rechteckdiagramms oder einer Kreissektordarstellung angeben.

Graphische Darstellung
von Häufigkeits
verteilungen

Das Wahlergebnis des Beispiels 2-10 stellen wir durch ein Rechteckdiagramm dar (Bild 2-1).

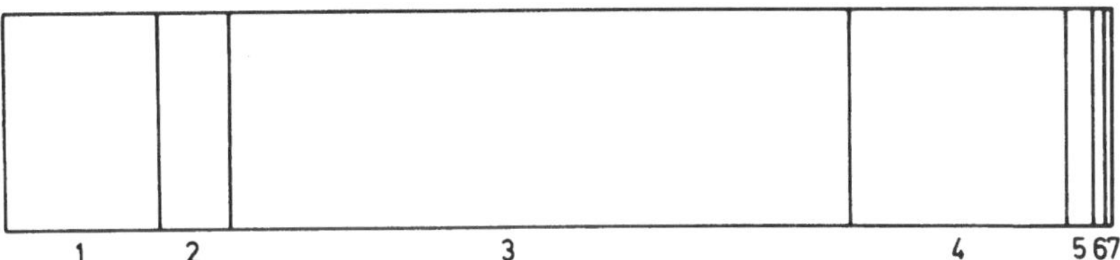

Bild 2-1. Flächendiagramm zur Darstellung einer Häufigkeitsverteilung (zu Beispiel 2-10 unter Verwendung der Werte aus Tabelle 2-1) in Form eines Rechteckdiagramms. Die Gesamtfläche des Rechtecks entspricht der Summe aller Häufigkeiten. Die Häufigkeit, mit der die j-te Merkmalsausprägung auftritt, ist durch die Größe der j-ten Teilfläche dargestellt.

Die Größe der jeweiligen Rechteckfläche gibt hierbei den jeweiligen prozentualen Stimmenanteil an.

Die Religionszugehörigkeit der Mütter von lebend geborenen Kindern in der BRD und Westberlin 1972 wird durch eine Kreissektordarstellung wiedergegeben. Die einzelne Mutter ist hier die Beobachtungseinheit, sämtliche in Frage kommenden Mütter stellen die Beobachtungsmenge dar, es sind $n = 778526$. Die Religionszugehörigkeit ist ein qualitatives Merkmal, die möglichen Merkmalsausprägungen sind die einzelnen Religionsgemeinschaften; hier werden $k = 5$ Merkmalsausprägungen unterschieden. Tabelle 2-2 gibt die Werte zu der Kreissektordarstellung an. □

Religion (Merkmalsausprägungen)	j	n_j	$h_j = n_j/n$
evangelisch	1	354468	0,4553
röm. kath.	2	364179	0,4678
and. christl.	3	21470	0,0276
jüdisch	4	172	0,0002
sonstige	5	38237	0,0491
$n = 778526$:		$\sum_{j=1}^{5} n_j = n$	$\sum_{j=1}^{5} h_j = 1$

Tabelle 2-2. Häufigkeitstabelle zur Religionszugehörigkeit der Mütter von 1972 in der BRD und Westberlin lebend geborenen Kindern

Die relativen Häufigkeiten h_j in Tabelle 2-2 sind auf 4 Dezimalstellen gerundet. Formal ergibt sich hier zwar $h_1 + h_2 + \ldots + h_5 = 1,0000$, jedoch ist die vierte Dezimalstelle wegen der Rundungen keine sichere Stelle mehr.

Die Häufigkeitsverteilung für dieses Beispiel wird in Form einer Kreissektordarstellung angegeben (Bild 2-2).

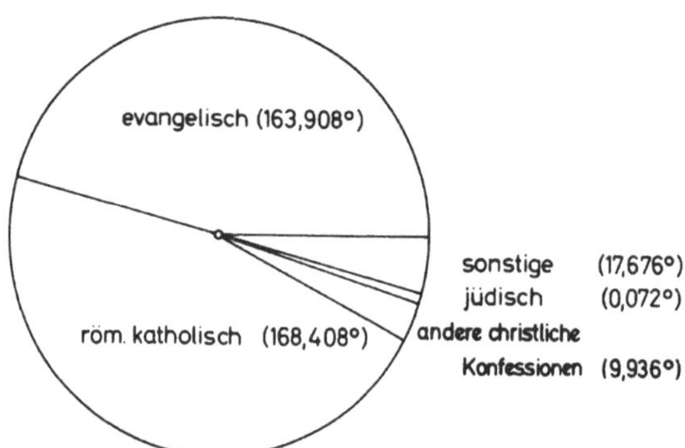

Bild 2-2. Kreissektordarstellung einer Häufigkeitsverteilung (zu Beispiel 2-11 unter Verwendung der Werte aus Tabelle 2-2). Die Gesamtfläche des Kreises entspricht der Summe aller Häufigkeiten. Durch die Größe des j-ten Kreissektors wird die Häufigkeit dargestellt, mit der die j-te Merkmalsausprägung auftritt.

In den Beispielen 2-10 und 2-11 handelt es sich um qualitative Merkmale. Wir haben die möglichen Merkmalsausprägungen durch verschiedene Nummern (ganze Zahlen) gekennzeichnet: Nummer des Kandidaten, Nummer der Religionsgemeinschaft. Dadurch haben wir die qualitativen diskreten Merkmale codiert.

Im folgenden wollen wir uns mit quantitativen diskreten Merkmalen und der Erfassung ihrer Ausprägungen, die von vornherein Zahlen sind, beschäftigen. Dazu bezeichnen wir jedes der n Beobachtungsergebnisse (nicht notwendig voneinander verschiedene Merkmalsausprägungen), die an n Beobachtungseinheiten gewonnen werden, mit einem Symbol x_i, $i = 1, 2, \ldots, n$.

Die Urliste

Notieren wir die Beobachtungsergebnisse x_i in der Reihenfolge, in der sie anfallen, so entsteht die sogenannte Urliste.

Von 10 Streichholzschachteln soll notiert werden, wie viele Streichhölzer jede der Schachteln enthält. Es wird eine Urliste angefertigt. Sie enthält die Ausprägungen des Merkmals „Anzahl von Streichhölzern" in der Reihenfolge, in der die Beobachtungen angefallen sind. In der ersten Schachtel waren $x_1 = 38$ Hölzchen, in der zweiten $x_2 = 36$, allgemein in der i-ten Schachtel x_i Hölzchen, i läuft dabei von 1 bis 10, da insgesamt 10 Schachteln untersucht wurden.

Urliste

i	1	2	3	4	5	6	7	8	9	10
x_i	38	36	40	36	42	40	41	42	40	38

Wir wollen uns nun einen Überblick über die Beobachtungsergebnisse verschaffen und sie nach bestimmten Gesichtspunkten zusammenfassen.

Umordnung der Urliste

Dazu ordnen wir die n Zahlen x_i der Größe nach. Jede mehrfach auftretende Zahl schreiben wir nur noch einmal auf. Für die der Größe nach geordneten und paarweise voneinander verschiedenen Merkmalsausprägungen benutzen wir die Symbole x_j^*, $j = 1, 2, \ldots, k$, $k \leq n$. Es können höchstens n verschiedene beobachtete oder beobachtbare Merkmalsausprägungen bei einer Beobachtungsmenge vom Umfang n vorkommen; n_j ist die Häufigkeit der Merkmalsausprägung x_j^*.

j	x_j^*	n_j
1	36	2
2	38	2
3	40	3
4	41	1
5	42	2

Hier haben wir nur die wirklich beobachteten Ausprägungen in die umgeordnete Liste eingetragen. Wir hätten auch alle Ausprägungen, die zwischen der kleinsten (36) und der größten (42) vorkommenden Ausprägung liegen, in die Liste eintragen können. So würden wir bei der Herstellung einer Strichliste vorgehen.

Strichliste und Häufigkeitstabelle

Zur Herstellung der Strichliste werden in einer Spalte einer Tabelle die beobachtbaren x_j^* angeordnet, und in der danebenliegenden Spalte wird für jede Beobachtungseinheit mit der Merkmalsausprägung x_j^* ein Strich gesetzt. Die Striche faßt man zur
besseren Übersicht normalerweise in Fünfergruppen zusammen. In einer dritten Spalte
kann man durch Abzählen der Striche zu einem x_j^* die zugehörige absolute Häufigkeit n_j eintragen.

Beispiel 2-14
Strichliste zu den
Beispielen 2-12
und 2-13

j	x_j^*	Strichspalte	n_j
1	36	$\|\|$	2
2	37		0
3	38	$\|\|$	2
4	39		0
5	40	$\|\|\|$	3
6	41	$\|$	1
7	42	$\|\|$	2

Unter Verwendung des Beispiels werden wir noch zwei weitere charakteristische
Größen einführen.

Um zu wissen, in wieviel Schachteln 36, 37 oder 38 — also höchstens 38 Hölzchen —
waren, müssen wir die absolute Häufigkeit von „38", zu denen von 36 und 37 addieren: $2 + 0 + 2 = 4$; es gibt also 4 Schachteln mit höchstens 38 Hölzchen. So fort-
fahrend mit höchstens 40 Hölzchen $2 + 0 + 2 + 0 + 3 = 7$ Schachteln usw. Die höchste
vorkommende Ausprägung war 42, d.h. 42 oder weniger Hölzchen waren in allen
10 untersuchten Schachteln. Die Summe der absoluten Häufigkeiten bis „42" muß
folglich 10 ergeben. Diese eben gebildeten Zahlen heißen *absolute Summenhäufigkeiten* G_j. Es gilt

$$G_j = n_1 + n_2 + \ldots + n_j .$$

Absolute Summen-
häufigkeiten

Wollen wir nun angeben, wie hoch der relative Anteil der Schachteln mit höchstens
37, 38 usw. Hölzchen ist, so müssen die absoluten Summenhäufigkeiten durch die
Gesamtzahl n der Beobachtungseinheiten, also durch 10 dividiert werden. Die erhaltenen Zahlen nennen wir die *relativen Summenhäufigkeiten* H_j; es gilt allgemein

Relative Summen-
häufigkeiten

$$H_j = \frac{G_j}{n} = \frac{n_1}{n} + \frac{n_2}{n} + \ldots + \frac{n_j}{n} = h_1 + h_2 + \ldots + h_j .$$

Tragen wir in die um 3 Spalten erweiterte Strichliste noch die relativen Häufigkeiten
h_j, die absoluten Summenhäufigkeiten G_j und die relativen Summenhäufigkeiten H_j
ein, so erhalten wir die sogenannte Häufigkeitstabelle, die als Grundlage für die graphische Darstellung der Häufigkeitsverteilung der beobachteten Merkmalsausprägungen
dient. Gelegentlich läßt man auch die Strichspalte weg. Es wird nun dem Leser selbst
überlassen, diese Erweiterung für das vorliegende Beispiel durchzuführen.

j	x_j^*	Strichspalte	n_j	h_j	G_j	H_j
1	x_1^*		n_1	h_1	G_1	H_1
2	x_2^*		n_2	h_2	G_2	H_2
3	x_3^*		n_3	h_3	G_3	H_3
.	.		.	.	.	.
.	.		.	.	.	.

Tabelle 2-3. Allgemeine Gestalt einer Häufigkeitstabelle mit Strichspalte. In der Zeile mit der Nr. j (siehe erste Spalte) sind jeweils die zu einem Wert x_j^* (Wert der j-ten Merkmalsausprägung) gehörigen Werte der absoluten Häufigkeiten n_j (ermittelt aus der Zeile Nr. j der Strichspalte), der relativen Häufigkeiten h_j und der absoluten und relativen Summenhäufigkeiten, G_j und H_j, eingetragen.

Es werden 20 Tüten mit Nägeln untersucht, n = 20 ist der Umfang der Beobachtungsmenge. Es liegen 20 Beobachtungsergebnisse x_i, i = 1, 2, ..., 20 vor. Die Urliste lautet: $x_1 = 50$, $x_2 = 48$, $x_3 = 45$, $x_4 = 52$ usw. Das kleinste der x_i bezeichnen wir mit x_1^* und schreiben alle möglichen Werte für x_j^* bis zum größten vorkommenden x_i auf. So erhalten wir die Häufigkeitstabelle 2-4; die G_j nehmen wir nicht auf.

Beispiel 2-15
Nageltüten
(Fortsetzung von
Beispiel 2-8)

j	x_j^*	Strichspalte	n_j	h_j	$H_j = h_1 + h_2 + ... + h_j$
1	45	I	1	0,05	0,05
2	46		0	0,00	0,05
3	47	I I I	3	0,15	0,20
4	48	⊞⊞ I	6	0,30	0,50
5	49		0	0,00	0,50
6	50	⊞⊞	5	0,25	0,75
7	51	I I I	3	0,15	0,90
8	52	I	1	0,05	0,95
9	53	I	1	0,05	1,00

Tabelle 2-4. Häufigkeitstabelle mit Strichspalte zu Beispiel 2-15 (Nageltüten)

Die höchste auftretende relative Summenhäufigkeit ist 1. Das ist klar, denn in 100 % aller Tüten waren 53 oder weniger Nägel. □

Der Graph (siehe 8.2.2) der relativen Summenhäufigkeit H_j mit der Funktionsgleichung y = H(x) wird als *Summentreppe* bezeichnet. Der Wert H(x) an einer Stelle x gibt den relativen Anteil der Beobachtungseinheiten mit einer Merkmalsausprägung $\leq$ x an, der Wert $1 - H(x)$ den relativen Anteil der Beobachtungseinheiten mit einer Merkmalsausprägung $>$ x. Die Summentreppe steigt stets von links nach rechts an, d.h. sie ist monoton wachsend (siehe 8.2.3) von 0 bis 1 (nicht fallend). Man bezeichnet die Summentreppe auch als *empirische Verteilungsfunktion* H.

Summentreppe
(Empirische
Verteilungsfunktion)

Die relative Summenhäufigkeit H_j gibt hier den relativen Anteil der Tüten an, die höchstens die zur j-ten Merkmalsausprägung gehörende Anzahl von Nägeln enthalten. Der Wert $1 - H_j$ gibt dann den relativen Anteil von Tüten an, die mehr als die zur j-ten Merkmalsausprägung gehörende Zahl von Nägeln enthalten. □

Beispiel 2-16
Nageltüten
(Fortsetzung der
Beispiele 2-8 und
2-15)

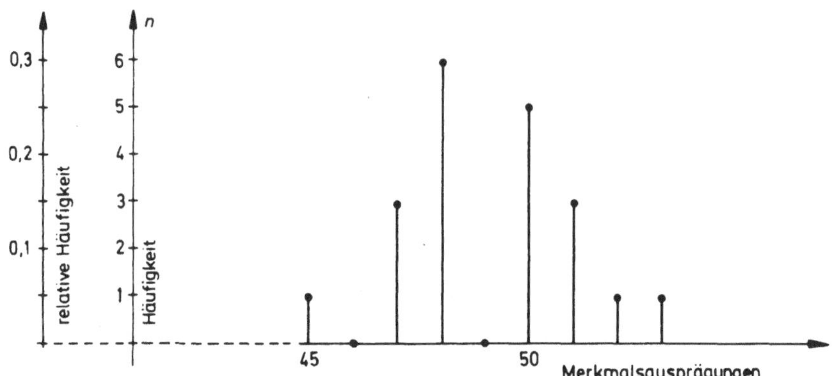

Bild 2-3. Stabdiagramm zu Beispiel 2-15 (Nageltüten) unter Verwendung der Werte aus Tabelle 2-4. Die Höhe der einzelnen Stäbe stellt bezogen auf die rechte der beiden Ordinatenachsen die absolute Häufigkeit n_j, bezogen auf die linke der beiden Ordinatenachsen die relative Häufigkeit h_j dar, mit der die j-te Merkmalsausprägung auftritt.

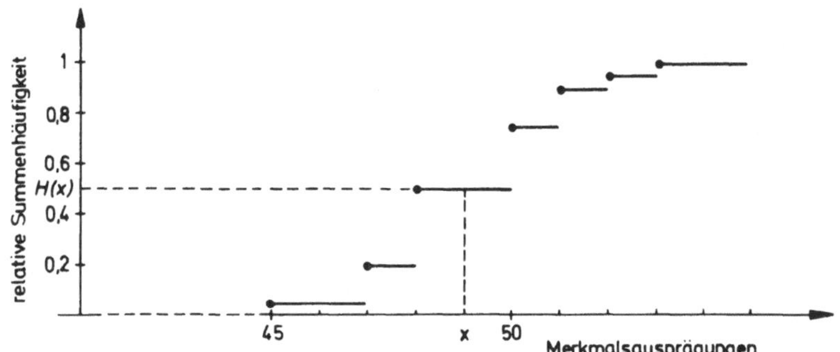

Bild 2-4. Summentreppe zur Veranschaulichung der relativen Summenhäufigkeit zu Beispiel 2-16 mit den Werten aus der letzten Spalte von Tabelle 2-4. Der Wert $H(x)$ an einer Stelle x gibt den relativen Anteil der Beobachtungseinheiten mit einer Merkmalsausprägung kleiner oder höchstens gleich x an.

2.2.2 Datenreduktion durch Klasseneinteilung

Zweiter Schritt zur Datenreduktion: Klasseneinteilung

Schon bei der Umordnung der Urliste haben wir durch Weglassen mehrfach auftretender Merkmalsausprägungen die Anzahl der Daten reduziert. Durch eine sogenannte Klasseneinteilung läßt sich eine weitere Datenreduktion vornehmen, sie empfiehlt sich bereits ab etwa n = 30.

Erstellung der Klassen

Es sei $[a, b]$ ein Intervall (siehe Definition 8-9), dem sämtliche Einzelwerte x_i, $i = 1, 2, \ldots, n$ der Urliste bzw. sämtliche x_j^*, $j = 1, 2, \ldots, k$ der Strichliste angehören. Man erhält ein solches Intervall z.B. durch die Definition

$$a := \min_{1 \leq i \leq n} x_i, \qquad b := \max_{1 \leq i \leq n} x_i,$$

d.h. man nimmt für a den kleinsten der auftretenden Werte x_i und für b den größten. Das Intervall $[a, b]$ hat die Länge $b - a$ (siehe Definition 8-9).

Bei einer Klasseneinteilung wird nun dieses Intervall [a, b] in Teilintervalle (siehe 8.1.4) unterteilt, die nicht notwendig gleich lang sein müssen. (In den meisten praktischen Fällen sind die Intervalle gleich lang.) Den Mittelpunkt des l-ten Teilintervalls bezeichnen wir mit x_l^{**}.

Alle Merkmalsausprägungen im l-ten Teilintervall bilden die *Klasse l* mit der *Klassenmitte* x_l^{**}. Der Wert des Mittelpunktes x_l^{**} selbst muß nicht notwendig als Merkmalsausprägung x_j^* vorkommen. Die Länge des l-ten Teilintervalls wird als *Klassenbreite* bezeichnet. Alle Werte x_i bzw. x_j^*, die in der l-te Klasse fallen, werden ersetzt durch x_l^{**}. Es erfolgt also eine Zusammenfassung benachbarter Daten und damit eine Datenreduktion; denn in den Tabellen erscheinen nicht mehr sämtliche Werte x_i bzw. x_j^*, sondern nur die Klassen mit den Klassenmitten x_l^{**}. Die Tabellen und damit der Rechenaufwand werden kleiner.

Die Skaleneinteilung auf den Briefwaagen der Postämter ist ein bekanntes Beispiel für eine Klasseneinteilung mit Klassen unterschiedlicher Breite. Hier ist der Zweck der Klasseneinteilung die Portoangabe.

l	Klassengrenzen	Klassenmitten x_l^{**}
1	$0 < x \leq 20$	$x_1^{**} = 10$
2	$20 < x \leq 50$	$x_2^{**} = 35$
3	$50 < x \leq 100$	$x_3^{**} = 75$
4	$100 < x \leq 250$	$x_4^{**} = 175$
5	$250 < x \leq 500$	$x_5^{**} = 375$
6	$500 < x \leq 1000$	$x_6^{**} = 750$
7	$1000 < x \leq 2000$	$x_7^{**} = 1500$

Tabelle 2-5. Festlegung von Klassengrenzen und Klassenmitten in Beispiel 2-17 (Briefwaage)

Die Klassenmitte x_l^{**} ergibt sich durch Addition der halben Breite der Klasse l zur unteren Klassengrenze. Für x_4^{**} erhält man so:

$$x_4^{**} = 100 + \tfrac{1}{2}(250 - 100) = 175 .$$

Das individuelle Abwiegen des einzelnen Briefes einer größeren Sendung und Eintragen in eine Urliste und erst anschließende Einordnen in eine Klasse wird so erleichtert, indem sich sofort gemäß der Klasseneinteilung eine Strichliste anfertigen läßt. Man erweitert einfach die oben angegebene Tabelle durch eine Strichspalte. □

Für die graphische Darstellung einer Häufigkeitsverteilung bei einer Klasseneinteilung wird das Stabdiagramm durch ein *Histogramm* ersetzt. Ein Histogramm setzt sich zusammen aus lauter Rechtecken der Höhe f_l und der Breite Δx_l; Δx_l ist die Breite der Klasse l. Der Flächeninhalt eines l-ten Rechtecks gibt die relative Häufigkeit h_l^* der Merkmalsausprägung x_l^{**} an bzw. aller Merkmalsausprägungen, die in die Klasse l mit dem Mittelpunkt x_l^{**} fallen und durch x_l^{**} ersetzt werden. $100\, h_l^*$ ist die relative Häufigkeit von x_l^{**} in Prozent. Es gilt somit

$$h_l^* = n_l^*/n = f_l \cdot \Delta x_l ,$$

wenn wir mit n_l^* die absolute Häufigkeit der durch x_l^{**} ersetzten Merkmalsausprägungen bezeichnen. Für die Höhe des l-ten Rechtecks folgt dann die Beziehung

$$f_l = \frac{h_l^*}{\Delta x_l} \qquad \text{(relative Häufigkeit pro Klassenbreite)}.$$

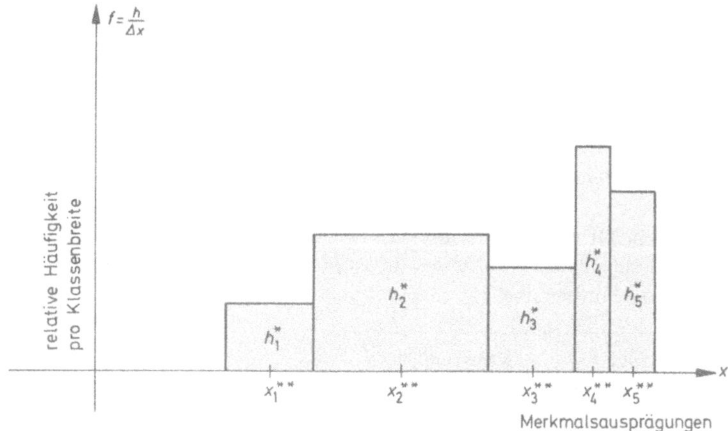

Bild 2-5. Histogramm als graphische Darstellung einer Häufigkeitsverteilung bei Klasseneinteilung. Der Flächeninhalt des l-ten Rechtecks gibt die relative Häufigkeit h_l^* aller Merkmalsausprägungen an, die in die Klasse l mit dem Mittelpunkt x_l^{**} und der Klassenbreite Δx_l fallen, die Höhe f_l des l-ten Rechtecks gibt die relative Häufigkeit pro Klassenbreite an.

Eine Klassenbildung wird oft durch die Meßgenauigkeit der Daten oder die Genauigkeit, die bei einer Erhebung interessiert (vgl. Beispiel 2-17), nahegelegt.

Beispiel 2-18	Bei einer Erhebung wird nach dem Alter gefragt. Jemand ist am Stichtag der Erhebung genau 34 Jahre, 10 Monate und 20 Tage alt. Es interessiert aber nur die Anzahl der vollendeten Lebensjahre. Dann werden alle Personen, die 34 Jahre vollendet haben, aber noch nicht 35 vollendete Lebensjahre zählen, zu einer Klasse „34" zusammengefaßt. □
Summentreppe bei Klasseneinteilung	Die Summentreppe entsteht bei Klasseneinteilung, indem man über der Klassenmitte x_1^{**} die relative Häufigkeit h_1^*, über x_2^{**} die Summe $h_1^* + h_2^*$ und allgemein über x_j^{**} die Summe $h_1^* + h_2^* + \ldots + h_j^*$ aufträgt.
Dritter Schritt zur Datenreduktion: Zusammenfassen benachbarter Klassen	Eine weitere Datenreduktion ergibt sich durch Zusammenfassen benachbarter Klassen. Faßt man zwei (oder mehrere) benachbarte Klassen von den Breiten Δx_{l-1}, Δx_l zu einer Klasse der Breite $\Delta \bar{x}_l = \Delta x_{l-1} + \Delta x_l$ zusammen, so muß der Flächeninhalt des Rechtecks von der Klassenbreite $\Delta \bar{x}_l$ im neuen Histogramm gleich der Summe der Flächeninhalte der beiden Rechtecke mit den Klassenbreiten Δx_{l-1} und Δx_l im alten Histogramm sein.

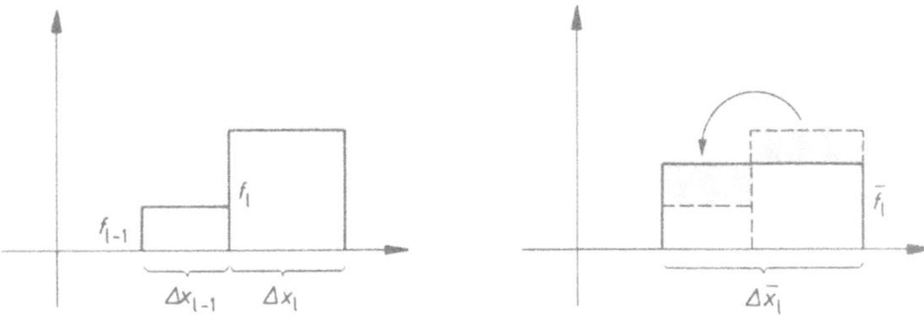

Bild 2-6. Veranschaulichung der Zusammenfassung benachbarter Klassen. Damit soll eine weitere Reduktion der Daten erreicht werden.

Es ist noch eine Vereinbarung zu treffen über diejenigen Werte x_i, die auf eine Klassengrenze fallen. Es gibt dafür verschiedene Möglichkeiten. Vor allem ist darauf zu achten, daß zur Feststellung der Häufigkeit je Klassenbreite ein Wert nicht mehrfach gezählt wird.	Zuordnung der Klassengrenzen

Falls eine Merkmalsausprägung auf eine Klassengrenze der Klasseneinteilung fällt, so wird entweder   *Vereinbarung 2-1*

a) seine Häufigkeit je zur Hälfte in jeder der beiden angrenzenden Klassen gezählt, oder

b) es werden rechtsoffene oder linksoffene Teilintervalle (Klassen) verwendet (siehe Definition 8-9).

Der Wert $x_i = 90$ wird bei einer Klasseneinteilung mit rechtsoffenen Intervallen in die Klasse [90, 95) eingeordnet   *Beispiel zu b)*

im Falle linksoffener Klassen in die Klasse (85, 90]

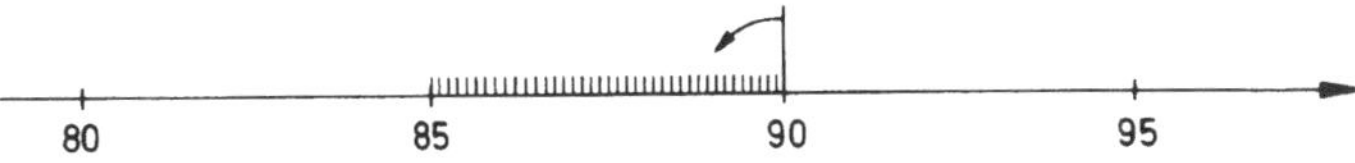

Liegen abgeschlossene Klassen vor und besitzt der Wert 90 die Häufigkeit 4, so ist zu den Klassen [85, 90] und [90, 95] je einmal die absolute Häufigkeit 4/2 = 2 zu addieren.   *Beispiel zu a)*

Mit jeder Klasseneinteilung ist natürlich ein *Informationsverlust* verbunden. Je geringer die Anzahl der Klassen ist, desto größer ist der Informationsverlust. Es reduziert sich aber gleichzeitig auch der Rechenaufwand. Die untere Grenze für eine noch sinnvolle Klassenbreite wird durch die Genauigkeit der Messungen oder Beobachtungsergebnisse bzw. die bei einer Erhebung gewünschte oder erforderliche Feinheit bestimmt. Über allgemeinere Gesichtspunkte für eine zweckmäßige Wahl der Klassenbreite und der Klassenanzahl siehe DIN 55302. In vielen Fällen läßt sich eine für alle x gleiche Klassenbreite wählen.   Informationsverlust durch Klasseneinteilung

Würde man sämtliche Beobachtungswerte in einer einzigen Klasse zusammenfassen, so könnte man über die Verteilung der einzelnen Merkmalsausprägungen natürlich überhaupt nichts mehr aussagen.

Beispiel 2-19
Nietkopf-
durchmesser

Urliste

Messungen an 150 Nietkopfdurchmessern einer Sorte ergaben die folgende Urliste. Die Zahlenwerte sind als 14, .. [mm] zu lesen.

33	26	57	34	38	42	43	66	54	34
24	29	55	53	28	46	43	40	40	30
51	53	38	42	39	64	31	53	57	58
57	37	48	51	29	46	42	69	60	31
38	46	52	38	41	18	61	36	39	45
38	32	51	45	43	44	48	34	14	46
32	58	20	45	54	39	40	58	48	40
33	34	33	52	55	20	50	40	46	29
44	24	39	51	52	62	45	32	43	43
37	38	46	41	42	39	35	58	43	41
43	50	44	53	48	48	34	36	35	44
33	37	31	37	54	55	26	26	33	49
28	25	33	34	59	45	34	38	40	35
50	48	38	44	29	27	40	24	52	38
48	20	56	35	56	40	47	13	63	26

Tabelle 2-6. Urliste zur Messung der 150 Nietkopfdurchmesser aus Beispiel 2-19

Mit diesen Meßwerten sind in Bild 2-7 Histogramme zu 4 verschiedenen Klasseneinteilungen angegeben; k = Anzahl der Klassen (k = 40, 20, 10, 6). □

Bild 2-7 (a)

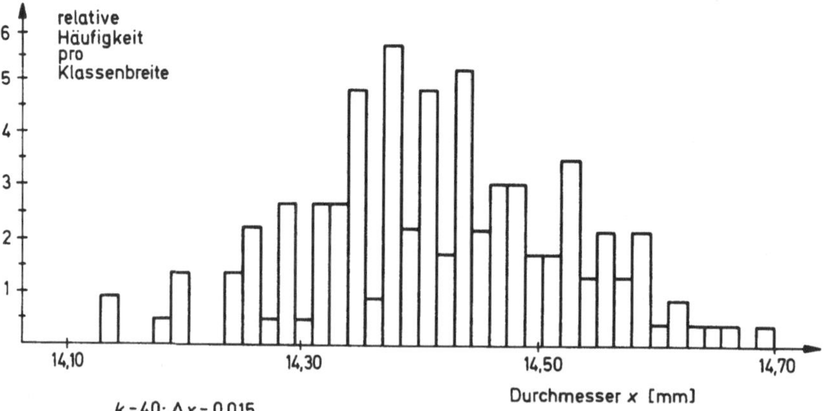

Bild 2-7 (a), (b), (c) und (d). Histogramm zu Beispiel 2-19 bei verschiedenen Klassenbreiten. Die Abbildungen sollen deutlich machen, daß mit der fortschreitenden Reduktion des Datenmaterials durch die Vergrößerung der Klassenbreite auch ein fortschreitender Informationsverlust verbunden ist.

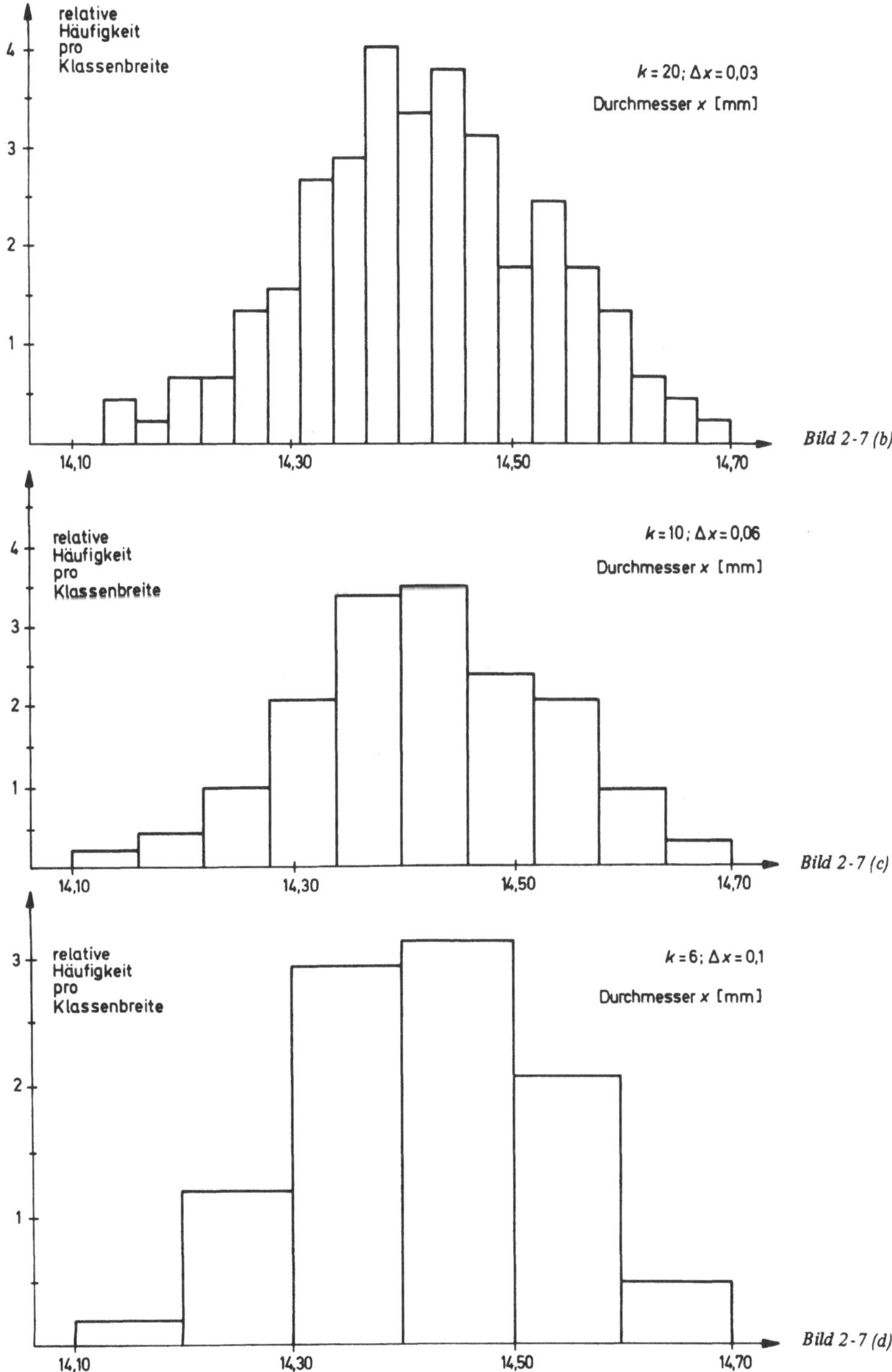

Bild 2-7 (b)

Bild 2-7 (c)

Bild 2-7 (d)

Kennzahlen empirischer Verteilungen

In Sendung 3 und den hier folgenden Abschnitten werden verschiedene Möglichkeiten dafür behandelt, wie man den gewonnenen Häufigkeitsverteilungen Kennzahlen zuordnen kann, durch welche die für die jeweilige Problemstellung wesentliche Information ausgedrückt werden soll. Die Kennzahlen erlauben eine Kurzbeschreibung empirischer Verteilungen; man benötigt dazu jeweils wenigstens zwei Kennzahlen: einen Lageparameter (Bereichsmitte oder Mittelwert oder Median) und ein Schwankungsmaß. Die Auswahl der jeweils zu verwendenden Kennzahlen richtet sich nach der Problemstellung.

2.2.3 Kennzahlen von Häufigkeitsverteilungen

Hinführung zur
Problemstellung

Das Ergebnis einer statistischen Erhebung läßt sich nach den Abschnitten 2.2.1 und 2.2.2 in Form einer Urliste, einer Strichliste oder einer Häufigkeitstabelle angeben. Es läßt sich auch graphisch etwa durch ein Stabdiagramm oder durch ein Histogramm bei Klasseneinteilung oder eine Summentreppe darstellen.

Für viele Zwecke ist eine so ausführliche Information weder erwünscht noch notwendig. So wird man sicher den Tüten mit Nägeln in Beispiel 2-8 bzw. 2-15 kein Stabdiagramm der Häufigkeitsverteilung beilegen, sondern nur aufdrucken: „Inhalt ca. 50 Stück".

Informations-
wirkungsgrad

Die Häufigkeitsverteilung stellt eine detaillierte Information über die Verteilung der Ausprägungen eines Merkmals dar. So geben z.B. Histogramme der Einkommensverteilung in den letzten 10 Jahren ein Bild der allgemeinen wirtschaftlichen Entwicklung. Man könnte daraus bei geeigneter Klasseneinteilung entnehmen, wieviele Arbeitnehmer ein Jahreseinkommen zwischen x_i^* [DM] und x_{i+1}^* [DM] haben. Aber bei einem Vergleich der Verteilung in verschiedenen Jahren kann die Menge der zu vergleichenden Daten auch störend sein, zumal die Maßstäbe (z.B. die effektive Kaufkraft) sich von Jahr zu Jahr ändern.

Eine für viele Zwecke ausreichende Information könnte auch schon das Durchschnittseinkommen, vielleicht noch bezogen auf den Preisindex und die Angabe, wieviele Arbeitnehmer weniger als die Hälfte des Durchschnittseinkommens verdienen, geben — also eine Angabe von nur zwei Zahlen. Damit tritt zwar eine weitere Datenreduktion ein, es bleibt mit diesen beiden Zahlen aber gerade eine für den Wirtschaftsfachmann besonders relevante Information übrig.

In der Praxis kommt es oft nur darauf an, die Aussage einer Häufigkeitsverteilung durch möglichst wenige, aber für die Problemstellung informative Größen (Zahlen) zu kennzeichnen. Das ist besonders dann wichtig, wenn verschiedene Verteilungen miteinander verglichen werden sollen.

Wir suchen im folgenden solche charakteristischen Zahlen zur Kennzeichnung von Häufigkeitsverteilungen.

Lageparameter

Wir führen zunächst eine Kennzahl ein, die dem einleitend genannten Durchschnittseinkommen entspricht, und beginnen mit einem Beispiel.

Es geht um eine Analyse des Verbrauchs an Genußmitteln. Man wird dazu sicher nicht durch eine Gesamterhebung oder Stichprobe eine Tabelle oder Graphik der Häufigkeitsverteilung aufstellen, die die von dem einzelnen Bürger oder (bei Klasseneinteilung) von den einzelnen Altersklassen pro Jahr verbrauchten Mengen angibt. Man gewinnt vielmehr schon eine Aussage, indem man den Gesamtverbrauch einfach durch die Anzahl der Bürger dividiert. So ergibt sich z.B. die Aussage: Der Prokopfverbrauch an Bier in der BRD ist 145 Liter jährlich. Diese grobe Aussage läßt sich bei Kenntnis der Bevölkerungszahl und des Bierausstoßes einfach durch Division gewinnen, ohne daß man dazu Kenntnisse der Statistik benötigt. □

Schwieriger wird es, entsprechende Aussagen zu gewinnen, wenn man die dazu benötigten Daten nicht durch eine Gesamterhebung, wie sie etwa die Volkszählung ist, erhält.

Bei einem Landwirt (a) ferkelten in einem Jahr 25 Säue. Die fruchtbarste Sau hatte 14 Ferkel, die mit dem kleinsten Wurf 4 Ferkel. Bei einem zweiten Landwirt (b) ferkelten in einem Jahr insgesamt 36 Säue. Dort hatte die fruchtbarste Sau 13 Ferkel, die mit dem kleinsten Wurf 5 Ferkel. Tabelle 2-7 gibt die Häufigkeitstabellen für (a) und (b) wieder.

j	x_i^*	n_j	h_j	H_j
1	4	2	0,08	0,08
2	5	1	0,04	0,12
3	6	2	0,08	0,20
4	7	5	0,20	0,40
5	8	5	0,20	0,60
6	9	6	0,24	0,84
7	10	2	0,08	0,92
8	12	1	0,04	0,96
9	14	1	0,04	1,00

(a)

j	x_j^*	n_j	h_j	H_j
1	5	1	0,028	0,028
2	6	1	0,028	0,056
3	8	6	0,167	0,222
4	9	10	0,278	0,500
5	10	7	0,194	0,694
6	11	5	0,139	0,833
7	12	3	0,083	0,917
8	13	3	0,083	1,000

(b)

Tabelle 2-7. Häufigkeitstabellen zu Beispiel 2-21 (Schweinezucht)

Ist x_a die kleinste und x_b die größte beobachtete Merkmalsausprägung, so ergibt sich auf der Merkmalsachse in der Mitte zwischen x_a und x_b ein Punkt mit der Koordinate x_m; er charakterisiert die Lage der Verteilung und ist deshalb ein Lageparameter.

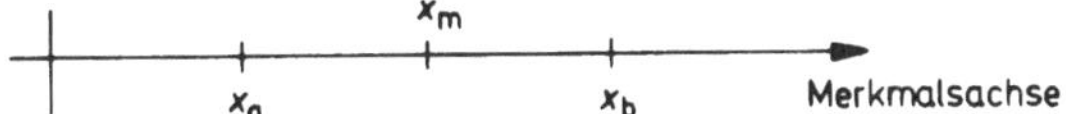

Es gilt

$$x_m = \frac{1}{2}(x_a + x_b).$$

Der Mittelwert zwischen der kleinsten und der größten Merkmalsausprägung heißt Bereichsmitte x_m; *es gilt*

Bereichsmitte $= \frac{1}{2}$ *(kleinster + größter beobachteter Wert).*

In Beispiel 2-21 erhalten wir für den ersten Landwirt mit $x_a = 4$, $x_b = 14$ die Bereichsmitte $x_m = \frac{1}{2}(4 + 14) = 9$, beim zweiten Landwirt mit $x_a = 5$, $x_b = 13$ die Bereichsmitte $x_m = \frac{1}{2}(5 + 13) = 9$. Beide Verteilungen haben die gleiche Bereichsmitte $x_m = 9$. Hätte beim zweiten Landwirt eine Sau nur 4 Ferkel geworfen, wäre $x_m = 8{,}5$. Die Bereichsmitte muß also nicht selbst als Merkmalsausprägung vorkommen. Da sich für beide Landwirte dieselbe Bereichsmitte ergibt, ist es klar, daß dieser Lageparameter nur von beschränktem Nutzen für die Beurteilung der Schweineproduktion der Landwirte in unserem Beispiel sein kann.

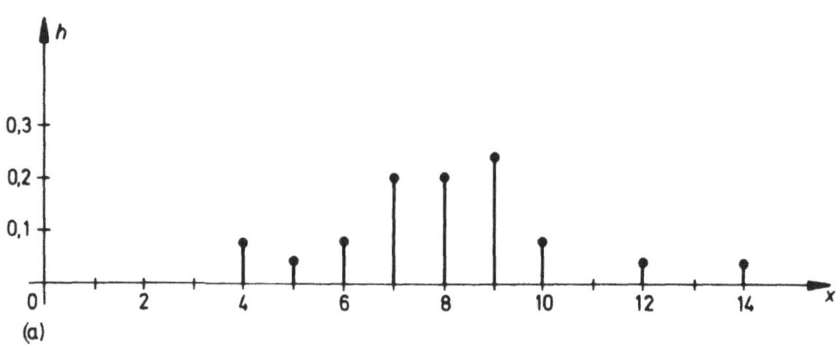

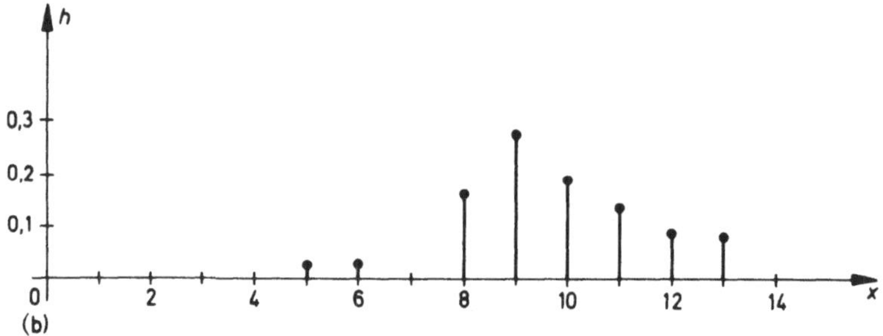

Bild 2-8 (a) und (b). Stabdiagramme zu den Häufigkeitstabellen von Beispiel 2-21; die Werte h_j finden sich in Tabelle 2-7 (a) und (b) (siehe auch die Legende zu Bild 2-3).

Zusätzlicher Parameter: Breite

Ein Maß für die *Breite* der Häufigkeitsverteilung ist die Größe

$$x_b - x_a.$$

Berechnen wir diese Größe für die beiden Verteilungen des Beispiels 2-21, so erhalten wir für den ersten Landwirt $x_b - x_a = 10$, für den zweiten $x_b - x_a = 8$, d.h. die beiden Verteilungen unterscheiden sich bezüglich ihrer Breite.

Lageparameter 2: Mittelwert der Merkmalsausprägungen

Als weitere charakteristische Zahl für eine Häufigkeitsverteilung geben wir den *Mittelwert* (arithmetisches Mittel) der Merkmalsausprägungen an; wir bezeichnen ihn mit $\bar{x}$.

Für n Merkmalsausprägungen x_i, i = 1, 2, ..., n, heißt die Größe

$$\bar{x} = \frac{1}{n}(x_1 + x_2 + ... + x_n) = \frac{1}{n}\sum_{i=1}^{n} x_i \qquad (2.3a)$$

Mittelwert der Merkmalsausprägungen.

Mit den der Größe nach geordneten, voneinander verschiedenen Merkmalsausprägungen x_j^*, j = 1, 2, ..., k, k $\leq$ n und den dazu gehörigen absoluten Häufigkeiten n_j ergibt sich für den Mittelwert (2.3a) wegen $\sum_{i=1}^{n} x_i = \sum_{j=1}^{k} n_j x_j^*$ die Beziehung

$$\bar{x} = \frac{1}{n}(x_1^* n_1 + x_2^* n_2 + ... + x_k^* n_k) = \frac{1}{n}\sum_{j=1}^{k} x_j^* n_j . \qquad (2.3b)$$

Zur Bestimmung des Mittelwertes $\bar{x}$ wird also in (2.3b) jede der Merkmalsausprägungen x_j^* so oft gezählt, wie sie auftritt. Man bezeichnet deshalb auch n_j als „Gewicht" von x_j^* und (2.3b) als gewichtetes Mittel aus den x_j^*.

Unter Verwendung der relativen Häufigkeiten $h_j = n_j/n$ ergibt sich mit (2.3b) die Beziehung

$$\bar{x} = \frac{1}{n}\sum_{j=1}^{k} x_j^* n_j = \sum_{j=1}^{k} x_j^* \frac{n_j}{n} = \sum_{j=1}^{k} x_j^* h_j . \qquad (2.3c)$$

Wir berechnen die Mittelwerte zu den beiden Häufigkeitsverteilungen aus Tabelle 2-7. Für den ersten Züchter (a) ergibt sich gemäß (2.3b) der Mittelwert

$$\bar{x} = \frac{1}{25}(x_1^* n_1 + x_2^* n_2 + ... + x_9^* n_9) =$$

$$= \frac{1}{25}(4\cdot2 + 5\cdot1 + 6\cdot2 + 7\cdot5 + 8\cdot5 + 9\cdot6 + 10\cdot2 + 12\cdot1 + 14\cdot1) = \frac{200}{25} = 8,$$

*Beispiel 2-22
Schweinezucht
(Fortsetzung von
Beispiel 2-21)*

gemäß Formel (2.3c) erhalten wir

$$\bar{x} = x_1^* h_1 + x_2^* h_2 + ... + x_9^* h_9 =$$

$$= 4\cdot0,08 + 5\cdot0,04 + 6\cdot0,08 + 7\cdot0,20 + 8\cdot0,20 + 9\cdot0,24 + 10\cdot0,08 + 12\cdot0,04 +$$

$$+ 14\cdot0,04 = 8,00 . \qquad \square$$

Die Berechnungsvorschrift für den Mittelwert $\bar{x}$ hat bei einer Einteilung in s Klassen mit den Klassenmitten x_l^{**}, den absoluten Häufigkeiten n_l^* und den relativen Häufigkeiten $h_l^* = \frac{n_l^*}{n}$ die Form

Mittelwert bei
Klasseneinteilung

$$\bar{x} = \frac{1}{n}\sum_{l=1}^{s} x_l^{**} n_l^* = \sum_{l=1}^{s} x_l^{**} h_l^* . \qquad (2.4)$$

Dieser *Mittelwert der klassifizierten Daten* stimmt natürlich i.a. nicht mehr mit dem Mittelwert (2.3) zur Urliste überein, da durch die Klassenbildung die verschiedenen Merkmalsausprägungen eines ganzen Intervalls (Klasse) durch einen einzigen Wert (Klassenmitte) ersetzt werden, also i.a. etwas abgeändert werden. Für verschiedene Klasseneinteilungen ergeben sich folglich verschiedene Mittelwerte.

Bei qualitativen Merkmalen, die lediglich durch Zahlenzuordnung verschlüsselt werden, hat die Bildung des Mittelwertes natürlich keinen Sinn. Es gibt eben keinen Mittelwert des Geschlechts oder der Religionsgemeinschaft.

Beispiel 2-23
Nageltüten

Wir betrachten drei verschiedene Verteilungen zum Nagel-Beispiel (Beispiel 2-8) nebeneinander. Es werden jeweils 20 Tüten mit Nägeln untersucht.

(a)

x_j^*	45	47	48	50	51	52	53
n_j	1	3	6	5	3	1	1

(b)

x_j^*	95	97	98	100	101	102	103
n_j	1	3	6	5	3	1	1

(c)

x_j^*	48	49	50
n_j	5	8	7

Wir erhalten dazu die Stabdiagramme in Bild 2-9.

Die Stabdiagramme der Verteilung (a) und (b) unterscheiden sich nur durch die Lage. Durch eine Verschiebung um 50 Einheiten nach rechts auf der Merkmalsachse geht (a) in (b) über; es gilt

$$x_{j(b)}^* = x_{j(a)}^* + 50, \quad j = 1, 2, \ldots, 7 .$$

Für die Bereichsmitten erhalten wir

$$x_{m(a)} = 49, \quad x_{m(b)} = 99, \quad x_{m(c)} = 49 .$$

Für die Mittelwerte ergeben sich

$$\overline{x}_{(a)} = 49{,}1, \quad \overline{x}_{(b)} = 99{,}1, \quad \overline{x}_{(c)} = 49{,}1 .$$

Das Diagramm zu (c) unterscheidet sich von dem zu (a) nur in der Breite; Bereichsmitte und Mittelwert stimmen überein. Für (b) gilt entsprechend der Verschiebung

$$\overline{x}_{(b)} = \overline{x}_{(a)} + 50 . \qquad \Box$$

Wie das Beispiel zeigt, ist der Mittelwert offenbar wesentlich zur Kennzeichnung der Lage einer Verteilung; man nennt ihn deshalb ebenfalls einen Lageparameter.

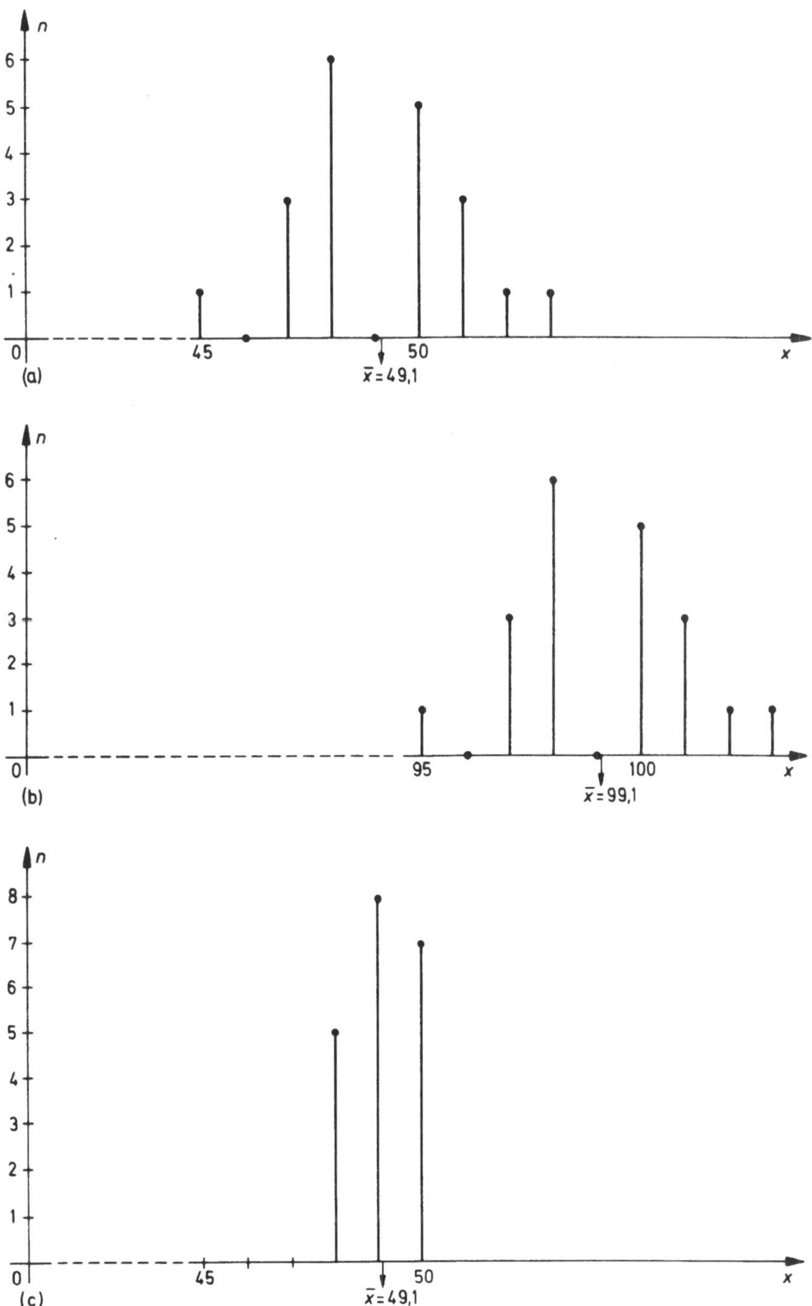

Bild 2-9 (a), (b) und (c). **Stabdiagramme zu den Häufigkeitstabellen von Beispiel 2-23. Die Diagramme (a) und (b) lassen sich zur Deckung bringen, wenn man sie so übereinanderlegt, daß die x-Achse von (a) auf die x-Achse von (b) fällt, der Punkt x̄ = 49,1 in (a) auf den Punkt x̄ = 99,1 in (b).**

Reichen Bereichsmitte und Mittelwert als Lageparameter aus?	Die folgenden Beispiele werden zeigen, daß die bisher eingeführten Lageparameter Bereichsmitte und Mittelwert nicht immer ausreichen, um die Lage einer Verteilung zu kennzeichnen. Das wird von der jeweiligen Fragestellung abhängen. Wenn ich z.B. wissen will, ob es in der BRD mehr Leute gibt, die mehr verdienen als ich, als solche, die weniger verdienen, erhalte ich darüber weder von der Bereichsmitte noch vom Mittelwert aller Einkommen Auskunft.

Lageparameter 3: Empirischer Median

Wir werden deshalb einen weiteren Lageparameter, den *empirischen Median* $x_{(1/2)}$ einführen. Dazu gehen wir wie folgt vor: Wir suchen einen Wert auf der Merkmalsachse so, daß höchstens die Hälfte der Beobachtungseinheiten echt größere und höchstens die Hälfte echt kleinere Merkmalsausprägungen besitzt. Diesen Wert bezeichnen wir mit $x_{(1/2)}$.

Definition 2-6
Empirischer Median

Zu n beobachteten, nicht notwendig voneinander verschiedenen Merkmalsausprägungen $x_1, x_2, \ldots, x_n$ läßt sich ein Wert $x_{(1/2)}$ bestimmen mit der Eigenschaft:

a) H(x) springt dort von Werten kleiner 0,5 auf Werte größer 0,5, bzw.

b) $x_{(1/2)}$ ist Mittelpunkt eines x-Intervalls, in dem für alle x-Werte H(x) = 0,5 gilt; $x_{(1/2)}$ heißt empirischer Median. Man schreibt

$$med(x_1, x_2, \ldots, x_n) = x_{(1/2)}.$$

Folgerung

Oberhalb und unterhalb des Medians findet man je höchstens $\frac{n}{2}$ Beobachtungseinheiten. Für ungerade n ist $x_{(1/2)}$ der in der Mitte stehende Wert der der Größe nach geordneten Zahlen $x_1, x_2, \ldots, x_n$; für gerade n ist $x_{(1/2)}$ eine Zahl, die so gewählt wird, daß $\frac{n}{2}$ der Werte x_i kleiner und $\frac{n}{2}$ größer sind als diese Zahl.

Graphische Bestimmung des empirischen Medians

Um graphisch die Koordinate $x_{(1/2)}$ zu finden, legen wir das Bild der empirischen Verteilungsfunktion (Summentreppe) zugrunde. Durch den Wert H = 0,5 auf der H-Achse legen wir eine zur Merkmalsachse parallele Gerade (1) und bringen diese mit der Summentreppe zum Schnitt. Dabei ergeben sich zwei Möglichkeiten: Entweder wird die Summentreppe von der Geraden (1) in einer vertikalen Begrenzung einer Treppenstufe getroffen (vgl. Bild 2-10); dann ergibt sich $x_{(1/2)}$ als Schnittpunkt der bis zur Merkmalsachse verlängerten vertikalen Begrenzung. Setzt sich jedoch die Gerade (1) in einer horizontalen Begrenzung einer Treppenstufe fort, so erfüllt jeder zugehörige x-Wert die Bedingung H(x) = 0,5 (vgl. Bild 2-11). In solchen Fällen bezeichnet man das zur Mitte der horizontalen Begrenzung gehörende x als $x_{(1/2)}$.

Beispiel 2-24
Schweinezucht
(Fortsetzung der Beispiele 2-21 und 2-22)

Gegeben sind die beiden Häufigkeitsverteilungen zu den Würfen von 25 und 36 Sauen eines ersten bzw. zweiten Schweinezüchters und die zugehörigen Summentreppen (Verteilungsfunktionen). Gesucht ist für beide Verteilungen der empirische Median.

x_j^*	n_j	h_j	H_j
4	2	0,08	0,08
5	1	0,04	0,12
6	2	0,08	0,20
7	5	0,20	0,40
8	5	0,20	0,60
9	6	0,24	0,84
10	2	0,08	0,92
12	1	0,04	0,96
14	1	0,04	1,00

Häufigkeitstabelle zu Bild 2-10

x_j^*	n_j	h_j	H_j
5	1	0,028	0,028
6	1	0,028	0,056
8	6	0,167	0,222
9	10	0,278	0,500
10	7	0,194	0,694
11	5	0,139	0,833
12	3	0,083	0,917
13	3	0,083	1,000

Häufigkeitstabelle zu Bild 2-11

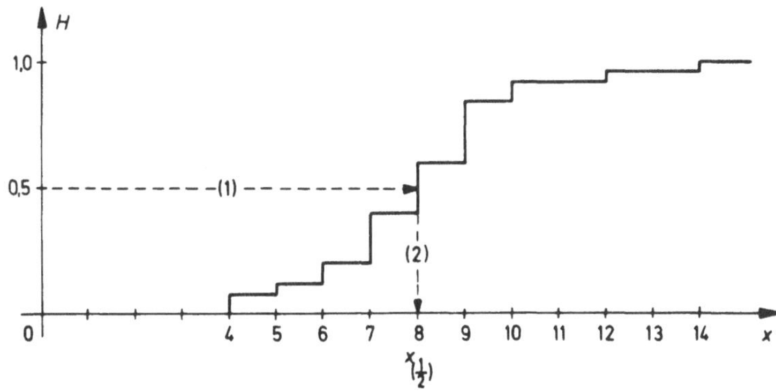

Bild 2-10. Graphische Ermittlung des empirischen Medians zu Beispiel 2-24 (1. Züchter). Die Gerade (1) durch den Punkt H = 0,5 der H-Achse trifft die Summentreppe in einer vertikalen Begrenzung. Der Wert $x_{(1/2)}$ ist eindeutig bestimmt.

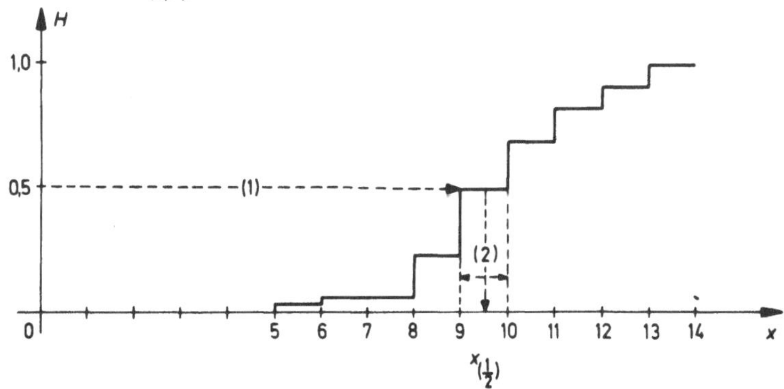

Bild 2-11. Graphische Ermittlung des empirischen Medians zu Beispiel 2-24 (2. Züchter). Die Gerade (1) durch den Punkt H = 0,5 der H-Achse setzt sich in einer horizontalen Begrenzung der Treppenstufe fort. Hier wird der zur Mitte der von x = 9 bis x = 10 reichenden horizontalen Begrenzung gehörige Wert 9,5 = $x_{(1/2)}$ gesetzt.

Die Gerade (1) durch H = 0,5 in Bild 2-10 trifft die Summentreppe in einer vertikalen Begrenzung, deren Verlängerung (2) trifft die Merkmalsachse in $x_{(1/2)} = 8$. Damit sind also höchstens 50 % der Merkmalswerte x_i größer bzw. kleiner als 8. Es sind nach der Tabelle je 10 Werte, d.h. 40 %, die kleiner bzw. größer als 8 sind. Damit erfüllt der Wert 8 die Mediandefinition.

Die Gerade (1) in Bild 2-11 setzt sich in der horizontalen Begrenzung einer Treppenstufe fort. Jetzt erfüllt jeder Wert x mit $9 \leq x \leq 10$ die Bedingung H = 0,5; es liegen genau 50 % der Werte der Merkmalsausprägungen x_i über und unter einem der Werte zwischen 9 und 10. Als Median nehmen wir genau die Mitte: $x_{(1/2)} = 9,5$.

Wir untersuchen zwei Verteilungen zum Nagel-Beispiel (Beispiele 2-8, 2-15, 2-16).

Beispiel 2-25
Nageltüten

(a)	x_j^*	45	47	48	50	51	52	53
	n_j	1	3	6	5	3	1	1

(b) Verteilung wie unter (a) mit einer Ausnahme: Statt der Tüte mit 45 Nägeln befindet sich eine zugeklebte leere Tüte unter den 20 Tüten (Fehler beim Abpacken).

Wir erhalten als Mittelwerte

$$\overline{x}_{(a)} = 49,1, \qquad \overline{x}_{(b)} = 46,85.$$

Für den Median gilt in beiden Fällen

$$(*) \qquad 48 < \mathrm{med}\,(x_1, \ldots, x_{20}) < 50\,. \hspace{4cm} \square$$

Das Beispiel zeigt uns, daß die leere Tüte im Falle (b) (vielleicht die einzige in der ganzen Lieferung, von der 20 Tüten probeweise auf ihre Füllung untersucht wurden) eine erhebliche Änderung des Mittelwertes $\overline{x}$ bewirkt, die zu falschen Schlüssen über die Beschaffenheit der ganzen Lieferung Anlaß geben kann. Man bezeichnet einen solchen Wert als *Ausreißer*. Der *Mittelwert* ist also *ausreißerempfindlich*. Der Wert des Medians besagt dagegen in beiden Fällen, daß die Hälfte der Tüten 50 und mehr Nägel enthält, d.h. der *Median* ist *unempfindlich gegen den Ausreißer* und hier geeigneter für eine Charakterisierung der Verteilungen.

Noch stärker fällt die Ausreißerempfindlichkeit des Mittelwertes ins Gewicht, wenn wir von der Verteilung (b) in Beispiel 2-23 ausgehen. Tritt dort an die Stelle der einen Tüte mit 95 Nägeln eine leere Tüte, so erhalten wir für den Mittelwert $\overline{x} = 94,35$ (statt 99,1 vorher). Dagegen gilt in beiden Fällen für den Median

$$(**) \qquad 98 < \mathrm{med}\,(x_1, \ldots, x_{20}) < 100\,,$$

d.h. die Hälfte der Tüten enthält 100 und mehr Nägel. Der empirische Median $(**)$ geht aus $(*)$ durch dieselbe Verschiebung um 50 Einheiten hervor, wie die Werte der Merkmalsausprägungen selbst. Eine solche Verschiebung ist ein Sonderfall einer *Merkmalstransformation*.

Für manche Fragestellungen ist es zweckmäßig, eine Merkmalstransformation, d.h. eine Transformation der Merkmalsausprägungen, vorzunehmen. Gehen wir davon aus, daß $[a,b]$ ein Intervall der Merkmalsachse ist und y mit $y = y(x)$ für $x \in [a,b]$ eine streng monotone Funktion (siehe 8.2.3) ist, mit der die Merkmalsausprägungen x_i transformiert werden; es gilt für die transformierten Werte y_i: $\quad y_i = y(x_i)$.

Für den Mittelwert der transformierten Merkmalsausprägungen gilt

$$\overline{y} = \frac{1}{n} \sum_{i=1}^{n} y_i = \frac{1}{n} \sum_{i=1}^{n} y(x_i)\,,$$

jedoch ist i.a. $\overline{y} \neq y(\overline{x})$, d.h. der Mittelwert ist nicht invariant gegenüber streng monotonen Transformationen. (Ausnahme ist die lineare Transformation $y = ax + b$; siehe 8.2.4, Definition 8-17.)

Dagegen gilt für den empirischen Median

$$\mathrm{med}\,(y_1, y_2, \ldots, y_n) = y\,(\mathrm{med}\,(x_1, x_2, \ldots, x_n))$$

bzw.

$$\mathrm{med}\,(y\,(x_i))_{1 \le i \le n} = y\,(\mathrm{med}\,(x_i)_{1 \le i \le n})\,,$$

d.h. der Median ist invariant gegenüber streng monotonen Transformationen. Die Richtigkeit dieser Behauptung erklärt sich sofort dadurch, daß zu $y_j^* = y(x_j^*)$ dieselben Werte n_j und h_j gehören wie zu x_j^*. Frage an den Leser: Warum muß die Transformation streng monoton sein?

Wir stellen fest, daß für gewisse Fragestellungen der Mittelwert, für andere der Median der besser geeignete Lageparameter ist. Median und Mittelwert sind i.a. verschieden; sie haben verschiedene Bedeutungen. Um nun Kriterien dafür zu gewinnen, wann besser der Mittelwert, wann besser der Median als Charakteristikum einer Häufigkeitsverteilung verwendet werden sollte, geben wir noch einige Beispiele an.

Es findet ein Sportwettkampf zwischen zwei Schulklassen mit Pokalverleihung statt. Für die Pokalverleihung können folgende Kriterien angewandt werden:

Kriterium 1: Den Pokal erhält die Klasse mit der höheren mittleren Punktzahl (Spitzensportpokal).

Kriterium 2: Den Pokal erhält die Klasse mit dem höheren Punktzahlmedian (Breitensportpokal).

Sind in der einen Klasse einige Schüler, die Leistungssport betreiben, so ist Kriterium 1 ungerecht; hier wird besser Kriterium 2 angewandt.

Beispiel: Klasse (1) habe 5 Schüler, die die Punkte 20, 40, 55, 60, 60 erzielen.

Klasse (2) habe 7 Schüler, die die Punkte 20, 40, 40, 50, 60, 90, 95 erzielen.

Wird Kriterium 1 angewandt, so erhält die Klasse (2) mit den beiden Ausreißern 90, 95 (Leistungssportler) den Pokal. Wird Kriterium 2 angewandt, so erhält die Klasse (1) den Pokal. □

a) Das Durchschnittseinkommen (Mittelwert) der Bevölkerung gibt Auskunft über das Gesamteinkommen ($\Sigma\, x_i = n\bar{x}$).

b) Der Median des Einkommens gibt dagegen Auskunft darüber, wieviel Geld 50 % der Bevölkerung höchstens zur Verfügung steht, d.h. ab welcher Einkommensgrenze man zur oberen bzw. unteren Einkommenshälfte gehört. □

Die Reizschwelle für Lärm ist von Mensch zu Mensch verschieden. Daher kann eine Häufigkeitsverteilung mit der Merkmalsausprägung Phon-Zahl, ab der ein Ton als störend empfunden wird, für zwei verschiedene Personengruppen durchaus verschieden sein und verschiedene Mittelwerte haben. Erfahrungsgemäß findet die Hälfte der Personen eine Lautstärke von etwa 60 Phon als störend. Also ist hier der Median der zweckmäßigere Lageparameter. Der Mittelwert wird durch einzelne schwerhörige Ausreißer beeinflußt, der Median nicht. □

Für den Schweinezüchter hat der Median keine Bedeutung. Ihn interessiert nur, wieviele Ferkel er voraussichtlich im Jahr bekommt, wenn er n Sauen hat. Er findet dafür den Schätzwert $n\bar{x}$. Wie zuverlässig dieser Schätzwert ist, wird später behandelt. □

Die mittlere Lebensdauer eines Menschen ist kleiner als der Median der Lebensdauer, da die verhältnismäßig große Zahl von Sterbefällen bei Säuglingen als Ausreißer den Mittelwert herunterdrückt. Der Bevölkerungsstatistiker interessiert sich deshalb für den Mittelwert, die Lebensversicherung orientiert sich am Median. □

Beispiel 2-31

Es geht um die Notenskalen für Schulleistungen und Prüfungsleistungen. Die Skala geht von sehr gut $\hat{=} 1$ bis ungenügend $\hat{=} 6$. Die Differenz von 1 nach 2 muß i.a. nicht den gleichen Leistungsunterschied wie die von 4 nach 5 kennzeichnen. Die Noten sind ein *„ordinales Merkmal"*. Bei einem ordinalen Merkmal gibt es zwar eine den Größer-Kleiner-Beziehungen beim quantitativen Merkmal entsprechende Reihenfolge, jedoch sind die Abstände der möglichen Merkmalsausprägungen nicht gleichwertig; die Zahlen kennzeichnen nur eine Rangfolge.

Erhält nun über die Hälfte der Schüler eine 5, einige wenige erhalten eine 1, so kann es doch vorkommen, daß der Mittelwert nicht schlechter als 3,5 wird. Der Median dagegen bleibt 5, gleich welche Noten von 1 bis 4 die anderen Schüler erhalten. Hier ist der Median also besser geeignet. Der Mittelwert ist bei Merkmalsausprägungen, die Rangstufen mit ungleichen Abständen sind, nicht sinnvoll. □

Beispiel 2-32

Die Aussage, die Hälfte der Bundesbürger wohne höchstens zwei Jahre in derselben Wohnung, gibt Auskunft über den Median der Verweildauer in einer Wohnung. Hier wäre die mittlere Verweildauer (Mittelwert) interessanter. Da n sehr groß ist, beeinflussen nämlich hier auch Ausreißer den Mittelwert kaum. □

Schlußfolgerungen aus den Beispielen

Fassen wir unsere an den Beispielen gewonnenen Erfahrungen zusammen: Als Lageparameter zur Charakterisierung einer Häufigkeitsverteilung ist

Kriterium 1

der Median besser geeignet als der Mittelwert, falls

a) eine kleine Beobachtungsmenge vorliegt (n klein),

b) es sich um ordinale Merkmale handelt;

denn in diesen Fällen gibt der Median eine bessere Kurzinformation über die zugrundeliegende Verteilung.

Kriterium 2

Der Mittelwert ist besser geeignet als der Median, falls

a) n groß ist und nicht eine Fragestellung wie in Beispiel 2-27 b) vorliegt,

b) n klein ist, und es sich um eine Stichprobe handelt, aus der hochgerechnet werden soll.

Lageparameter 4: Empirisches Quantil

Wir haben also bisher als Lageparameter die Bereichsmitte, den Mittelwert und den Median kennengelernt; die Bereichsmitte spielt dabei eine untergeordnete Rolle. Daneben benutzt man noch die *empirischen Quantile* $x_{(p/q)}$, p, q ganz, q fest, $p = 1, 2, \ldots, q-1$; $x_{(p/q)}$ heißt p-tes Quantil von der Ordnung q. Damit sind Werte auf der Merkmalsachse bezeichnet, so daß höchstens $n \cdot p/q$ Beobachtungseinheiten echt kleinere und höchstens $n \cdot (1-p)/q$ echt größere Merkmalsausprägungen besitzen als $x_{(p/q)}$. Höchstens $n \cdot 1/q$ Beobachtungseinheiten besitzen Merkmalsausprägungen zwischen zwei aufeinanderfolgenden Quantilen.

Quartile

Die Werte $x_{(1/4)}$, $x_{(2/4)} = x_{(1/2)}$, $x_{(3/4)}$ bezeichnet man auch als *Quartile*. Der empirische Median ist ein Sonderfall der empirischen Quantile mit $p/q = 1/2$. Auf die Bestimmung der Werte $x_{(p/q)}$ wollen wir hier nicht eingehen.

Schwankungsmaß

Die Angabe eines Lageparameters (Bereichsmitte, Mittelwert oder Median) ist auch zur vereinfachten Charakterisierung einer Häufigkeitsverteilung noch nicht ausreichend. Sehen wir uns zum Beispiel die Stabdiagramme zu den Verteilungen (a) und (c) in Beispiel 2-23 an. Obwohl beide Verteilungen denselben Mittelwert $\overline{x} = 49{,}1$ besitzen, sind sie — wie ihre Stabdiagramme zeigen — deutlich verschieden. Insbesondere zeigen die beiden Stabdiagramme eine ganz verschiedene Abweichung von dem gemeinsamen Mittelwert. Wir geben deshalb noch eine Kennzahl an, die die Schwankung um den Mittelwert $\overline{x}$ kennzeichnet.

Die Abweichung einer Merkmalsausprägung x vom Mittelwert $\overline{x}$ ist gegeben durch die Differenz $x - \overline{x}$. Der zunächst naheliegende Gedanke, die Summe

$$\sum_{i=1}^{n} (x_i - \overline{x})$$

als ein solches Maß zu nehmen, hat keinen Sinn, da wegen

$$\overline{x} = \frac{1}{n} \sum_{i=1}^{n} x_i$$

die Summe der Differenzen immer den Wert Null ergibt. Dagegen ist die Summe der Quadrate der Abweichungen

$$\sum_{i=1}^{n} (x_i - \overline{x})^2$$

als ein Maß für die Schwankungen der x_i um $\overline{x}$ brauchbar. Da es sich auch hier um eine Art Mittelwert handelt, ist diese Quadratsumme noch in Beziehung zur Gesamtzahl n der Beobachtungen zu setzen. Es erweist sich aber als zweckmäßig, diese Summe nicht durch n, sondern durch $n - 1$ zu dividieren; die Begründung dafür läßt sich erst später geben.

Die Größe

$$s^2 = \frac{1}{n-1} \sum_{i=1}^{n} (x_i - \overline{x})^2 = \frac{1}{n-1} \sum_{j=1}^{k} n_j (x_j^* - \overline{x})^2 \qquad (2.5)$$

heißt Streuungsmaß *der Häufigkeitsverteilung* (Varianz).

Die Ausprägungen x_i bzw. x_j^* sind ebenso wie $\overline{x}$ i. a. mit einer Dimension behaftet; es gilt mit $\dim(x_i)$ die Beziehung

$$\dim(s^2) = \dim(x_i^2).$$

Um für die Schwankung eine Größe gleicher Dimension mit den x_i zu erhalten, definieren wir weiter die Größe

$$s = \sqrt{\frac{1}{n-1} \sum_{i=1}^{n} (x_i - \overline{x})^2}. \qquad (2.6)$$

s heißt *empirische Standardabweichung*.

Wir knüpfen an die in Beispiel 2-23 gegebenen Verteilungen (a) und (c) an, geben die Stabdiagramme dazu noch einmal an und tragen dort jeweils die Standardabweichung s ein.

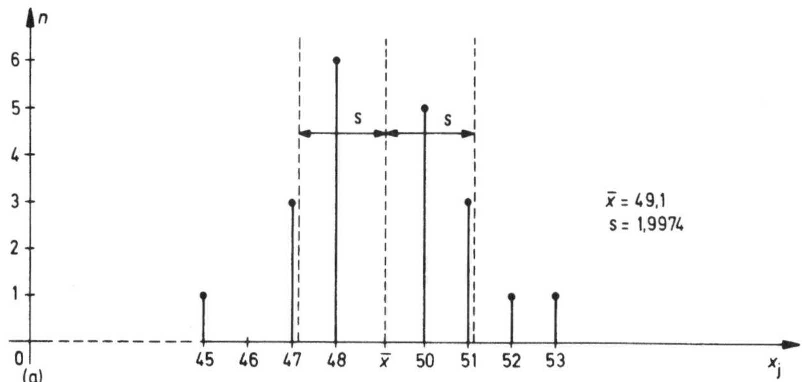

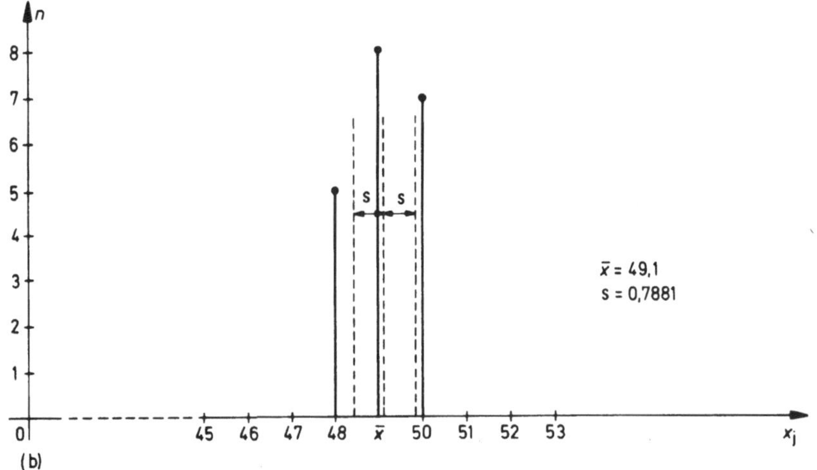

Bild 2-12 (a) und (b). Stabdiagramm zu Beispiel 2-23 (a) und (c) (siehe Bild 2-9) zur Veranschaulichung der Bedeutung der Standardabweichung. Es ist der nach Gleichung (2.6) berechnete Wert der Standardabweichung s eingetragen. Je stärker die benachbarten x_j um $\bar{x}$ schwanken, umso größer ist s.

Die Berechnung des Streuungsmaßes s^2 kann auch ohne vorherige Kenntnis von $\bar{x}$ erfolgen, es gilt:

46

Für das Streuungsmaß s^2 gilt die Beziehung

$$s^2 = \frac{1}{n(n-1)} \left(n \sum_{i=1}^{n} x_i^2 - \left(\sum_{i=1}^{n} x_i \right)^2 \right).$$

Beweis. Wir setzen in (2.5) $\bar{x} = \frac{1}{n} \sum_{i=1}^{n} x_i$ ein. Dann folgt:

$$s^2 = \frac{1}{n-1} \sum_{i=1}^{n} \left(x_i - \frac{1}{n} \sum_{i=1}^{n} x_i \right)^2$$

$$= \frac{1}{n-1} \sum_{i=1}^{n} \left(x_i^2 - \frac{2}{n} x_i \sum_{i=1}^{n} x_i + \frac{1}{n^2} \left(\sum_{i=1}^{n} x_i \right)^2 \right)$$

$$= \frac{1}{n-1} \left(\sum_{i=1}^{n} x_i^2 - \frac{2}{n} \left(\sum_{i=1}^{n} x_i \right)^2 + \frac{n}{n^2} \left(\sum_{i=1}^{n} x_i \right)^2 \right)$$

$$= \frac{1}{n(n-1)} \left(n \sum_{i=1}^{n} x_i^2 - \left(\sum_{i=1}^{n} x_i \right)^2 \right).$$

Führt man durch $y_i = x_i - c$, $c = $ const. eine Transformation der Merkmalsausprägung durch, so gilt $s_y^2 = s_x^2$, wie man sofort durch die Bildung von

$$s_y^2 = \sum_{i=1}^{n} (y_i - \bar{y})^2 \quad \text{mit}$$

$$\bar{y} = \frac{1}{n} \sum_{i=1}^{n} y_i = \frac{1}{n} \sum_{i=1}^{n} (x_i - c) = \bar{x} - c$$

bestätigt. Damit kann man sich Rechenarbeit sparen, wenn z.B. die Zahlenwerte der x_i sehr groß sind. Sind z.B. $x_1 = 1305{,}391$, $x_2 = 1305{,}487$, ..., $x_{10} = 1308{,}423$, so kann man $c = 1300$ wählen und erhält für die transformierten Ausprägungen $y_1 = 5{,}391$, $y_2 = 5{,}487$, ..., $y_{10} = 8{,}423$.

Die Summe $F(c) = \sum_{i=1}^{n} (x_i - c)^2$ nimmt bei gegebenen Werten x_i für $c = \bar{x}$ ihren kleinsten Wert an. Diese Behauptung folgt sofort aus der Bedingung $\frac{dF(c)}{dc} = 0$.

Es läßt sich zeigen, daß die Größe $\sum_{i=1}^{n} |x_i - c|$ für $c = \text{med}(x_1, x_2, ..., x_n)$ minimal (siehe 8.2.6) wird. In Verbindung mit dem Median als Lageparameter kann also auch die Größe $\sum_{i=1}^{n} |x_i - c|$ als Schwankungsmaß dienen anstelle des Streuungsmaßes s^2.

Dagegen wird in Verbindung mit dem Mittelwert als Lageparameter stets das Streuungsmaß s^2 als Schwankungsmaß benutzt. Würde die Bereichsmitte als Lageparameter benutzt, so wäre die Spannweite (Breite) ein dazu passendes Schwankungsmaß.

     Beziehungen zwischen mehreren Merkmalen

Die bisherigen Betrachtungen über die Verteilung eines einzigen Merkmals werden in dieser Sendung und im nachfolgenden Text auf die Beschreibung der Verteilung der Ausprägungen einer Kombination zweier Merkmale ausgedehnt. Es werden Möglichkeiten zur Darstellung solcher Verteilungen besprochen und Kennzahlen eingeführt. Vor allem interessiert, ob und in welcher Weise ein Zusammenhang zwischen den beobachteten Werten der Ausprägungen beider Merkmale besteht. Diese Frage wird mit Hilfe von „Regressionsgeraden" untersucht. Eine Maßzahl für den Zusammenhang der beiden Merkmale stellt der empirische Korrelationskoeffizient dar.

2.3 Zwei Merkmale

2.3.1 Gleichzeitige Beschreibung zweier Merkmale

Bisher haben wir uns mit Datenmengen befaßt, die sich aufgrund von Beobachtungen, Erhebungen und Messungen als Merkmalsausprägungen eines einzigen Merkmals ergaben. Bei vielen Vorgängen im täglichen Leben, in der Natur, in Technik und Wirtschaft spielen jedoch eventuell bestehende Zusammenhänge zwischen zwei oder mehr Merkmalen eine Rolle. Die Statistik liefert Entscheidungshilfen zur Klärung der Frage, mit welchem Grad an Sicherheit ein solcher Zusammenhang bejaht oder verworfen werden kann.

Um zu untersuchen, ob zwischen zwei oder mehr Merkmalen ein Zusammenhang besteht, müssen die Ausprägungen dieser Merkmale jeweils gemeinsam, d.h. gleichzeitig an derselben Person, an demselben Ort, erfaßt werden. Es muß also eine *gemeinsame* Häufigkeitsverteilung beider Merkmale ermittelt werden können; die Häufigkeitsverteilungen der einzelnen Merkmale lassen noch keine Schlüsse auf einen Zusammenhang zu.

Beispiele zur Kombination von Merkmalen

Beispiele solcher Kombination von je zwei Merkmalen sind Alter und Blutdruck, Würfelergebnisse beim gleichzeitigen Würfeln mit zwei Würfeln, Geschlecht und Schulabschluß, Körperlänge und Körpergewicht. Ein Beispiel für drei Merkmale ist die Kombination Alter, Blutdruck, Körpergewicht. Ein Beispiel für sieben Merkmale liegt vor bei Lottoergebnissen, die Merkmale sind hier die erste Zahl bis zur sechsten gezogenen Zahl und die Zusatzzahl.

Zur Erläuterung der in der Statistik angewendeten Verfahrensweise bei Merkmalskombinationen zweier Merkmale betrachten wir folgendes Beispiel.

Beispiel 2-34 Körperlänge, Körpergewicht

Es liegen Messungen der Körperlänge und des Körpergewichts an 24 Schülerinnen einer Altersklasse vor. Tabelle 2-8 gibt die Urliste dieses Datenmaterials wieder. Die Ausprägung des Merkmals Körperlänge ist mit $x\,[\mathrm{cm}]$, die des Merkmals Gewicht mit $y\,[\mathrm{kg}]$ bezeichnet. Die Meßwerte werden anschließend in ein Koordinatensystem (siehe Definition 8-10) eingetragen, dessen x-Achse nach cm, dessen y-Achse nach kg beschriftet ist. □

Nr.	x Körperlänge [cm]	y Körpergewicht [kg]	Nr.	x Körperlänge [cm]	y Körpergewicht [kg]
1	162	50	13	168	52
2	155	49	14	164	65
3	172	68	15	163	55
4	163	45	16	164	52
5	163	50	17	160	50
6	166	49	18	170	53
7	168	58	19	163	57
8	170	61	20	159	50
9	159	52	21	168	58,5
10	155	47	22	168	67
11	172	61	23	157	47
12	169	55	24	163	47

Tabelle 2-8. Urliste zu Beispiel 2-34 (Körperlänge, Körpergewicht)

Wie in diesem Beispiel läßt sich immer verfahren, wenn eine Kombination zweier Merkmale vorliegt: Eine Beobachtung mit der Nummer i liefert ein Wertepaar (x_i, y_i); jedes solche Wertepaar legt in einem x,y-Koordinatensystem einen Punkt mit den Koordinaten (x_i, y_i) fest. Die x,y-Ebene wird deshalb als *Merkmalsebene* bezeichnet. Ist n der Umfang der Beobachtungsmenge, so bilden die n unregelmäßig über die Merkmalsebene verteilten Punkte (x_i, y_i), $i = 1, 2, ..., n$, einen sogenannten *Punkteschwarm* oder eine *Punktewolke* (Bild 2-13).

Merkmalsebene

Punkteschwarm, Punktewolke

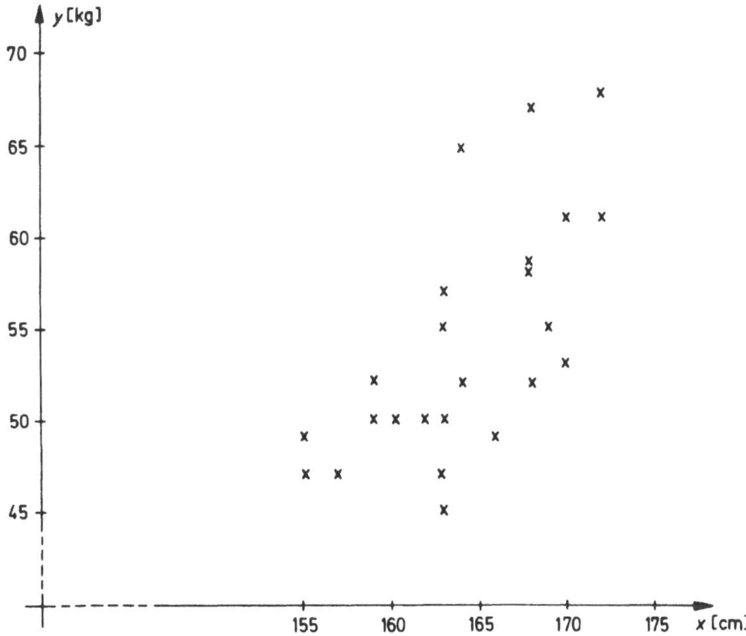

Bild 2-13. Veranschaulichung der Urliste zu Beispiel 2-24 durch einen Punkteschwarm in der Merkmalsebene. Jeder eingetragene Punkt mit den Koordinaten (x_i, y_i) stellt eine beobachtete Kombination der Ausprägungen zweier mit x, y bezeichneten Merkmale dar.

Im folgenden soll geklärt werden, wie sich eine gemeinsame Häufigkeitsverteilung zweier Merkmale darstellen und durch Kenngrößen charakterisieren läßt.

Es liegen n Wertepaare (x_i, y_i), i = 1, 2, ..., n, als Merkmalsausprägungen einer Kombination von zwei Merkmalen vor; diese Wertepaare stellen analog zum eindimensionalen Fall die Urliste dar. Die Wertepaare (x_i, y_i) sind nicht notwendig voneinander verschieden. Wir bezeichnen nun die *voneinander verschiedenen* beobachteten bzw. beobachtbaren Merkmalsausprägungen mit (x_j^*, y_k^*); es gilt j = 1, 2, ..., p mit p $\leq$ n, und k = 1, 2, ..., q mit q $\leq$ n. Dabei sind die Merkmalsausprägungen x_j^* bzw. y_k^* der Größe nach geordnet. Den möglichen Merkmalsausprägungen (x_j^*, y_k^*) entsprechen dann Punkte des rechteckigen Bereiches (siehe 8.1.4, Bild 8-7)

$$B = \{(x,y) \mid x_1^* \leq x \leq x_p^*; \ y_1^* \leq y \leq y_q^*\}$$

in der Merkmalsebene.

Da bei Merkmalskombinationen die Urlisten oft umfangreiche Datenmengen enthalten, ist vor einer weiteren Auswertung eine Datenreduktion zweckmäßig.

Dazu nimmt man bezüglich beider Merkmale je eine Klasseneinteilung vor. (Es kann natürlich auch eine Klasseneinteilung bzgl. nur eines der beiden Merkmale vorgenommen werden.) Dabei wird das Intervall $x_1^* \leq x \leq x_p^*$ der möglichen Ausprägungen des Merkmals x in s Teilintervalle zerlegt (siehe 8.1.4) und das Intervall $y_1^* \leq y \leq y_q^*$ der möglichen Ausprägungen des Merkmals y in t Teilintervalle. Durch diese Zerlegung ist eine Einteilung des Bereiches B in rechteckige (bzw. bei gleicher Klassenbreite bzgl. beider Merkmale quadratische) Teilbereiche gegeben; man vergleiche dazu Bild 2-14.

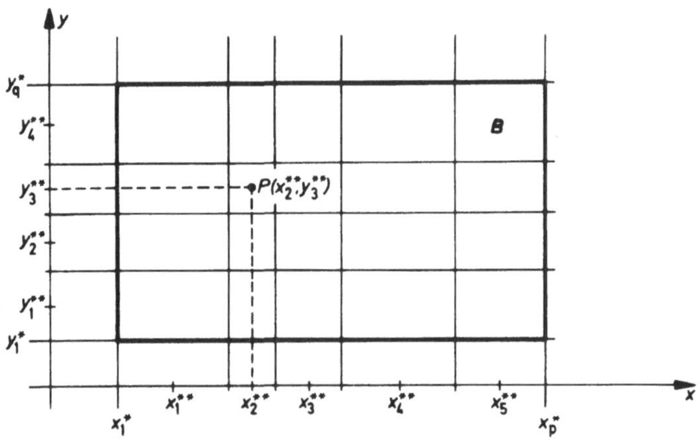

Bild 2-14. Veranschaulichung einer Datenreduktion durch Klasseneinteilung für eine Kombination zweier Merkmale. Es sind (entsprechend Beispiel 2-34) fünf x-Klassen und vier y-Klassen gebildet. Der eingezeichnete Punkt $P(x_2^*, y_3^*)$ ist einer der insgesamt 20 Klassenmittelpunkte (siehe auch Bild 2-15).

Wir bezeichnen nun mit $x_1^{**}, x_2^{**}, ..., x_s^{**}$ die Klassenmitten der Klasseneinteilung bzgl. x und mit $y_1^{**}, y_2^{**}, ..., y_t^{**}$ die Klassenmitten bzgl. y; mit Bild 2-15 geben wir eine mögliche Klasseneinteilung mit s = 4 x-Klassen und t = 5 y-Klassen an. Jedes der Rechtecke wird nun als *Klasse* bezeichnet und das Wertepaar (x_l^{**}, y_m^{**}) als *Klassenmittelpunkt*.

Wir nehmen an dem Beispiel mit den Merkmalen Körpergröße und Körpergewicht eine Klasseneinteilung bzgl. beider Klassen vor.

Wir wissen, daß Körpergröße und Körpergewicht als stetige Merkmale angesehen werden können. Wenn wir aber die Körpergröße nur in vollen cm und das Gewicht nur in vollen kg angeben, haben wir bereits eine Klasseneinteilung vorgenommen. Diese Einteilung vergröbern wir noch, indem wir Größenklassen von je 5 cm und Gewichtsklassen von je 5 kg betrachten. Die Klassengrenzen liegen dann bei x = 155, 160, 165, 170, 175 und y = 45, 50, 55, 60, 65, 70; wir erhalten so ein Raster, mit dem wir die Merkmalsebene überdecken (Bild 2-15). Später werden wir dieses Beispiel noch genauer ausführen.

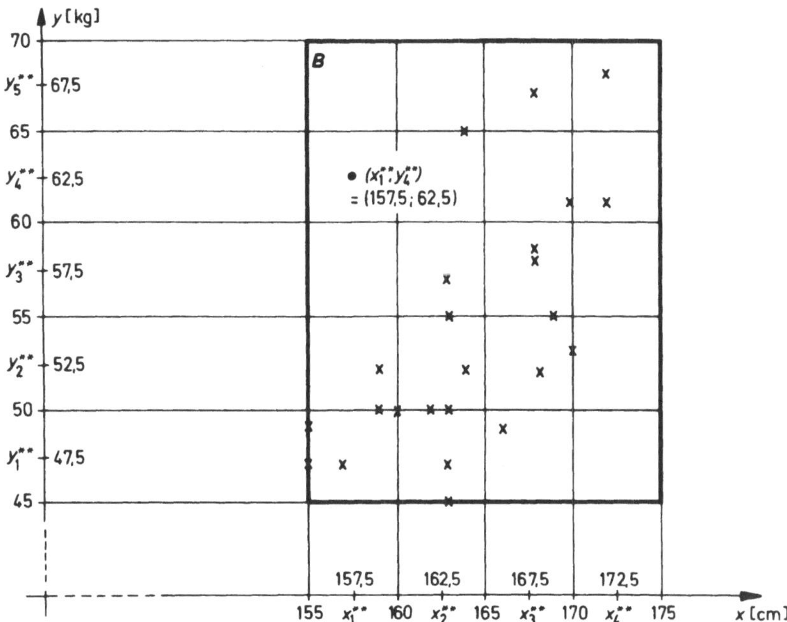

Bild 2-15. Klasseneinteilung bezüglich der Merkmale x und y zu Beispiel 2-35 entsprechend Bild 2-14 mit eingetragenem Punkteschwarm

Hier könnte man in allen Rechtecken (Klassen) der Einteilung auszählen, wieviele Punkte der Punktewolke auf die einzelnen Klassen entfallen und so die absoluten Klassenhäufigkeiten ermitteln. Dabei muß man noch festlegen, wie man mit Punkten verfahren will, die genau auf einer Klassengrenze liegen. Hier können wir uns z. B. dadurch helfen, daß wir Punkte, die auf senkrechten Klassengrenzen liegen, in die rechts danebenliegende Klasse einordnen. Punkte, die auf einer waagerechten Grenze liegen, werden zu der darüberliegenden Klasse geschlagen. Folglich gehört der Punkt (160, 50), der auf einer Ecke liegt, zur rechts darüberliegenden Klasse.

In der Praxis wird man nun wegen der umfangreichen Daten einer Urliste nicht gerade die Punktewolke zeichnen wollen. Wie geht man dann vor?

Man ersetzt alle Punkte (x_i, y_i) der Urliste, deren x-Koordinate in der l-ten x-Klasse und deren y-Koordinate in der m-ten y-Klasse liegen, durch den Punkt mit den Koordinaten (x_l^{**}, y_m^{**}); dabei ist x_l^{**} die Klassenmitte der l-ten x-Klasse und y_m^{**} die Klassenmitte der m-ten y-Klasse. Der Punkt (x_l^{**}, y_m^{**}) ist dann Klassenmittelpunkt der Klasse, die durch die Klassengrenzen der l-ten x-Klasse und der m-ten y-Klasse bestimmt ist (vgl. Bild 2-14 für l = 2, m = 3). Für die Punkte, die auf eine Begrenzungslinie zwischen zwei Klassen oder auf den Schnittpunkt zweier Begrenzungslinien fallen, ist jeweils eine Vereinbarung zu treffen, zu welcher Klasse sie gehören sollen; man verfährt entsprechend der Vereinbarung 2-1 (siehe auch das vorangegangene Beispiel).

Vereinbarung für
die Klassengrenzen

Definition 2-8
Absolute Klassenhäufigkeit, relative Klassenhäufigkeit

Die Anzahl n_{lm} der Punkte in der Urliste, die in die Klasse mit dem Mittelpunkt (x_l^{**}, y_m^{**}), $(l = 1, 2, \ldots, s; m = 1, 2, \ldots, t)$ fallen, gibt die absolute Klassenhäufigkeit der Merkmalskombination (x, y) in dieser Klasse an. Die Größe $h_{lm} = \dfrac{n_{lm}}{n}$ ist die zugehörige relative Klassenhäufigkeit.

Mit

$$\sum_{l=1}^{s} \sum_{m=1}^{t} n_{lm} := n_{11} + n_{12} + \ldots + n_{1t} + \ldots + n_{s1} + n_{s2} + \ldots + n_{st}$$

gilt

$$\sum_{l=1}^{s} \sum_{m=1}^{t} n_{lm} = n, \qquad \sum_{l=1}^{s} \sum_{m=1}^{t} h_{lm} = 1. \tag{2.7}$$

Zur Feststellung der Klassenhäufigkeit der Daten der Urliste läßt sich sehr einfach eine „zweidimensionale" Strichliste anfertigen (Tabelle 2-9).

Zweidimensionale Strichliste

	y_1^{**}	...	...	y_m^{**}	...	...	...	y_t^{**}
x_1^{**}								
⋮								
x_l^{**}				⊪⊪⊪ ꛳꛳꛳				
⋮								
⋮								
x_s^{**}								

Tabelle 2-9. Zweidimensionale Strichliste mit dem eingetragenen Beispiel n_{lm} = 8

Die Strichliste wird zur *Häufigkeitstabelle*, wenn wir sie in Form der Tabelle 2-10 angeben.

	y^{**}_1	$y^{**}_2 \cdots y^{**}_m \cdots y^{**}_t$	$n_l.$
x^{**}_1	n_{11}	$n_{12} \cdots n_{1m} \cdots n_{1t}$	$n_1.$
x^{**}_2	n_{21}	$n_{22} \cdots n_{2m} \cdots n_{2t}$	$n_2.$
$\vdots$	$\vdots$	$\vdots \qquad \vdots \qquad \vdots$	$\vdots$
x^{**}_l	n_{l1}	$n_{l2} \cdots n_{lm} \cdots n_{lt}$	$n_l.$
$\vdots$	$\vdots$	$\vdots \qquad \vdots \qquad \vdots$	$\vdots$
x^{**}_s	n_{s1}	$n_{s2} \cdots n_{sm} \cdots n_{st}$	$n_s.$
$n_{.m}$	$n_{.1}$	$n_{.2} \cdots n_{.m} \cdots n_{.t}$	

Tabelle 2-10. Allgemeine Gestalt einer Häufigkeitstabelle für zwei Merkmale

In der Häufigkeitstabelle bedeuten:

x^{**}_l Klassenmitten für die Ausprägungen des ersten Merkmals, $l = 1, 2, \ldots, s$,

y^{**}_m Klassenmitten für die Ausprägungen des zweiten Merkmals, $m = 1, 2, \ldots, t$,

s Anzahl der Klassen für das erste Merkmal,

t Anzahl der Klassen für das zweite Merkmal,

$n_l.$ Häufigkeit der Merkmalsausprägung mit der Klassenmitte x^{**}_l unabhängig von der Verteilung des zweiten Merkmals; $n_l.$ erhält man durch Summierung in der l-ten Zeile der Häufigkeitstabelle

$$n_l. = n_{l1} + n_{l2} + \ldots + n_{lt} = \sum_{m=1}^{t} n_{lm} \, ,$$

$n_{.m}$ Häufigkeit der Merkmalsausprägung mit der Klassenmitte y^{**}_m unabhängig von der Verteilung des ersten Merkmals; $n_{.m}$ erhält man durch Summierung in der m-ten Spalte der Häufigkeitstabelle

$$n_{.m} = n_{1m} + n_{2m} + \ldots + n_{sm} = \sum_{l=1}^{s} n_{lm} \, .$$

Wir bezeichnen die Häufigkeiten $n_l.$, $n_{.m}$ als *Randhäufigkeiten*. Die Randhäufig-
keit $n_l.$ gibt an, wievielmal der Wert x^{**}_l in einer Merkmalskombination (x^{**}_l, y^{**}_m) auftritt, unabhängig davon, welchen Wert y^{**}_m hat; die Randhäufigkeit $n_{.m}$ gibt an, wievielmal der Wert y^{**}_m in einer Merkmalskombination (x^{**}_l, y^{**}_m) auftritt, unabhängig davon, welchen Wert x^{**}_l hat. In unserem Beispiel gibt folglich $n_l.$ die Anzahl der Schüler an, die insgesamt in der l-ten Größenklasse liegen (unabhängig vom Gewicht) und $n_{.m}$ die Anzahl der Schüler, die insgesamt in der m-ten Gewichtsklasse (unabhängig von der Größe) liegen (vgl. dazu Tabelle 2-11).

Die zugehörigen *relativen Randhäufigkeiten* sind dann die Größen

$$h_{l.} = n_{l.}/n, \quad h_{.m} = n_{.m}/n;$$

es gelten die Beziehungen

$$\sum_{l=1}^{s} n_{l.} = n, \quad \sum_{m=1}^{t} n_{.m} = n, \quad \sum_{l=1}^{s} h_{l.} = 1, \quad \sum_{m=1}^{t} h_{.m} = 1.$$

Schließlich ergeben sich noch unter Verwendung der eingeführten Größen die folgenden Zusammenhänge:

$$\bar{x} = \frac{1}{n} \sum_{l=1}^{s} n_{l.}\, x^{**}_{l} \qquad \text{Mittelwert des Merkmals x,} \tag{2.8a}$$

$$\bar{y} = \frac{1}{n} \sum_{m=1}^{t} n_{.m}\, y^{**}_{m} \qquad \text{Mittelwert des Merkmals y,} \tag{2.8b}$$

$$s_x^2 = \frac{1}{n-1} \sum_{l=1}^{s} n_{l.}\, (x^{**}_{l} - \bar{x})^2 \qquad \text{Streuungsmaß des Merkmals x,} \tag{2.8c}$$

$$s_y^2 = \frac{1}{n-1} \sum_{m=1}^{t} n_{.m}\, (y^{**}_{m} - \bar{y})^2 \quad \text{Streuungsmaß des Merkmals y.} \tag{2.8d}$$

Wird bei einem geringen Umfang des Datenmaterials (kleiner Wert von n) auf eine Klasseneinteilung verzichtet, so sind jeweils x^{**}_{l} und y^{**}_{m} durch die entsprechenden x^{*}_{l} bzw. y^{*}_{m} zu ersetzen.

Beispiel 2-36
Körperlänge,
Körpergewicht
(Fortsetzung von
Beispiel 2-34 und
2-35)

Es geht um die Merkmalskombination Körperlänge, Körpergewicht gemäß der Urliste in Tabelle 2-8.

a) Zunächst berechnen wir Mittelwerte und Streuungsmaße der Merkmale ohne vorherige Klasseneinteilung; wir erhalten $\bar{x} = 164{,}2$ cm, $\bar{y} = 54{,}1$ kg, $s_x = 5{,}1$ cm, $s_y = 6{,}55$ kg.

b) Klasseneinteilung bzgl. des Merkmals x (Körperlänge) allein.

l	Klassengrenzen [cm]	Klassenmitten x^{**}_{l} [cm]	relative Klassenhäufigkeiten $h_{l.}$
1	$155 \leq x < 160$	157,5	5/24 = 0,208
2	$160 \leq x < 165$	162,5	9/24 = 0,375
3	$165 \leq x < 170$	167,5	6/24 = 0,250
4	$170 \leq x < 175$	172,5	4/24 = 0,167

Tabelle 2-11. Angabe von Klassengrenzen, Klassenmitten und relativen Klassenhäufigkeiten zu einer Klasseneinteilung bezüglich des Merkmals x für Beispiel 2-36 (Körperlänge, Körpergewicht) □

Bild 2-16 demonstriert die Klasseneinteilung bzgl. des Merkmals x, zeigt die Verteilung der Randhäufigkeiten $n_{l.}$ und gibt das Histogramm der zugehörigen relativen Häufigkeiten $h_{l.}$ wieder. Zum Beispiel liegen 5 von 24 Merkmalskombinationen in der ersten Größenklasse ($155 \leq x < 160$). Damit ist die Randhäufigkeit $n_{1.} = 5$ und die relative Randhäufigkeit $h_{1.} = 5/24 = 0{,}208$; $h_{1.}$ ist die Höhe des Rechtecks (1) im Histogramm, seine Breite ist durch die Klassengrenzen der ersten x-Klasse bestimmt.

Klasseneinteilung bezüglich eines Merkmals

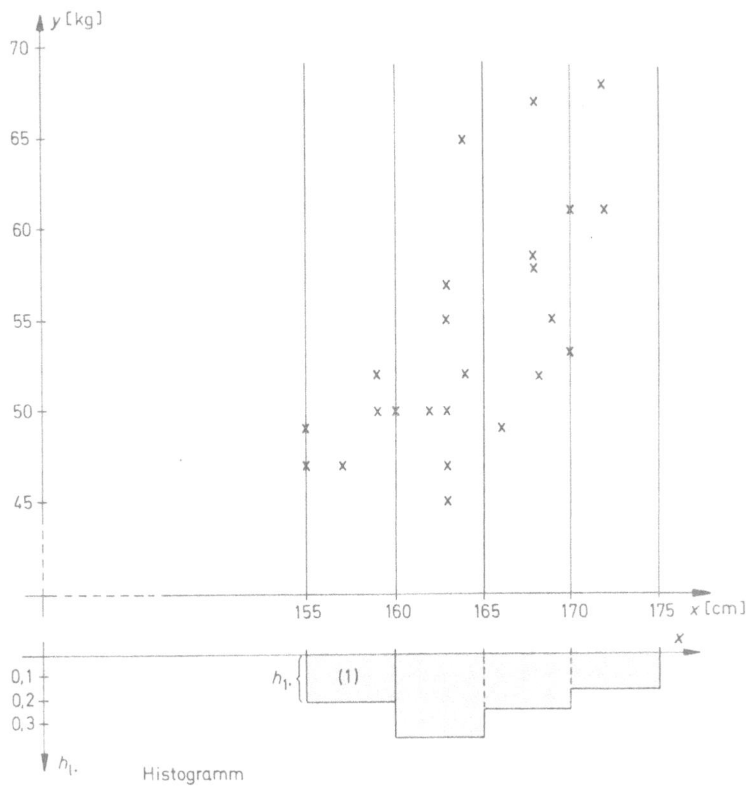

Bild 2-16. Klasseneinteilung nur bezüglich des Merkmals x zu Beispiel 2-36. Es sind die vier x-Klassen entsprechend Bild 2-15 gewählt und es ist das zugehörige Histogramm (siehe hierzu Bild 2-5) eingezeichnet.

c) Klasseneinteilung bzgl. des Merkmals y (Gewicht) allein.

m	Klassengrenzen [kg]	Klassenmitten y_m^{**} [kg]	relative Klassenhäufigkeiten $h_{.m}$
1	$45 \leq y < 50$	47,5	6/24 = 0,2500
2	$50 \leq y < 55$	52,5	8/24 = 0,3333
3	$55 \leq y < 60$	57,5	5/24 = 0,2083
4	$60 \leq y < 65$	62,5	2/24 = 0,0833
5	$65 \leq y < 70$	67,5	3/24 = 0,1250

Tabelle 2-12. Angabe von Klassengrenzen, Klassenmitten und relativen Klassenhäufigkeiten zu einer Klasseneinteilung bezüglich des Merkmals y in Beispiel 2-36 (Körperlänge, Körpergewicht)

Bild 2-17 zeigt die Klasseneinteilung bezüglich y, die Verteilung der Randhäufig-
keiten $n_{.m}$ und ein Histogramm für die Verteilung der relativen Randhäufigkeiten $h_{.m}$.
Hier liegen z.B. 8 von 24 Merkmalskombinationen in der zweiten Gewichtsklasse
($50 \leq y < 55$). Damit ergibt sich der Wert $h_{.2} = 8/24 = 0{,}3333$ für die zugehörige
relative Klassenhäufigkeit; $h_{.2}$ ist die Höhe des Rechtecks (2) im Histogramm, seine
Breite ist wieder durch die Klassengrenzen der zweiten y-Klasse bestimmt.

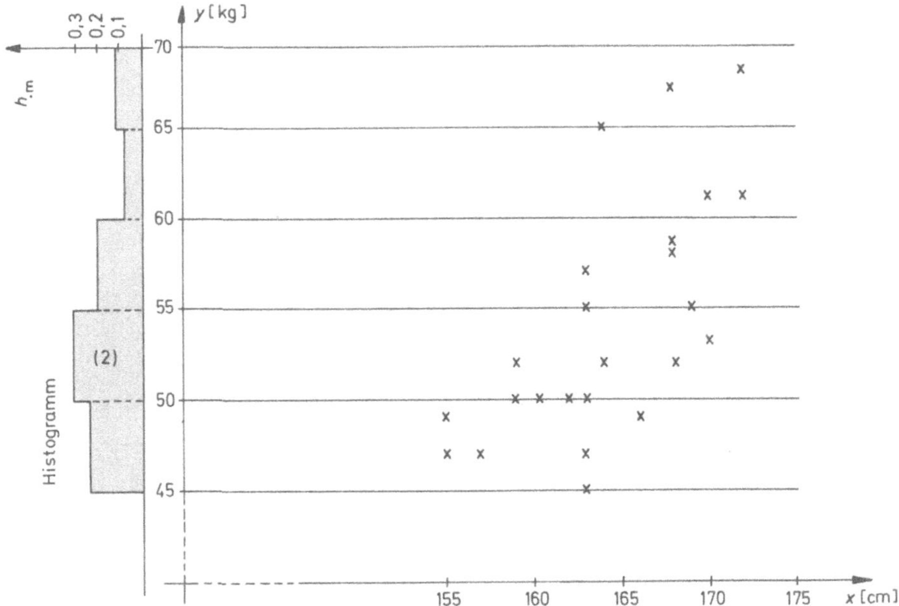

Bild 2-17. Klasseneinteilung nur bezüglich des Merkmals y zu Beispiel 2-36. Es sind die fünf
y-Klassen entsprechend Bild 2-15 gewählt, und es ist das zugehörige Histogramm eingezeichnet.

Klasseneinteilung bezüglich beider Merkmale

d) Klasseneinteilung bezüglich beider Merkmale gleichzeitig.

Hier entsteht durch die Klasseneinteilung des Bereichs

$$B = \{(x,y) \mid 155 \leq x < 175; \quad 45 \leq y < 70\}$$

in der Merkmalsebene innerhalb B ein Quadratgitter (bzw. bei verschiedenen Maßstäben auf den Achsen ein Rechteckgitter), das durch die Klassengrenzen der x- bzw.
y-Klassen in den Tabellen 2-9 und 2-10 festgelegt ist. Die Anzahl der x-Klassen ist
s = 4, die der y-Klassen t = 5, d.h. die Zahl der Klassen bezüglich beider Merkmale ist
$4 \cdot 5 = 20$. In Bild 2-15 wurde diese Einteilung bereits grob festgelegt. In Bild 2-18
werden nun außer der Punktewolke auch noch an die Klassenmittelpunkte ($\cdot$) die
absoluten Klassenhäufigkeiten n_{lm} angeschrieben.

Korrelationstabellen und Kontingenztafeln als Mittel zur Informationsverdichtung

Solche Schemata, in denen die absoluten Klassenhäufigkeiten eingetragen sind, heißen
„Korrelationstabellen". Für qualitative Merkmale heißen sie *„Kontingenztafeln"*. Sie
werden uns später bei der Behandlung statistischer Verfahren noch häufiger begegnen.

Was kann man nun an dieser Korrelationstabelle ablesen?

56

Die durch die Punktewolke gegebene Information ist weiter verdichtet. Man erkennt daher sofort: Bei kleinen Körpergrößen kommen — wie es auch zu erwarten ist — hohe Körpergewichte relativ selten vor. Andererseits treten bei großen Körperlängen niedrige Gewichte selten auf. So ist $h_{15} = 0$ (Klasse mit den kleinsten Körperlängen und den größten Gewichten) und ebenso $h_{41} = 0$ (Klasse mit den größten Körperlängen und den niedrigsten Gewichten).

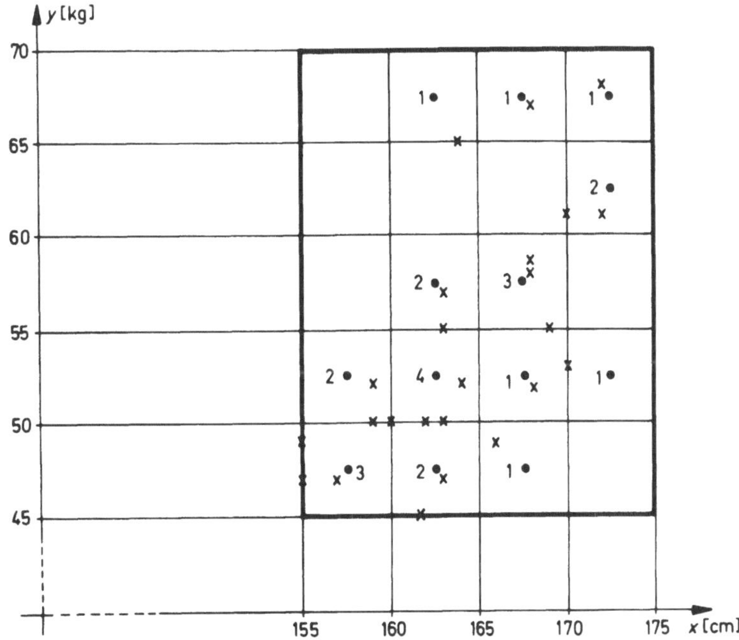

Bild 2-18. Klassenhäufigkeiten $n_{l\mathrm{m}}$ für die Klasseneinteilung bezüglich der Merkmale x und y (Bild 2-14, 2-15) zu Beispiel 2-36. *l* nimmt die Werte 1, 2, 3, 4, m die Werte 1, 2, 3, 4, 5 an (siehe hierzu Tabelle 2-13).

2.3.2 Bedingte Häufigkeitsverteilung

Aus Bild 2-16 entnehmen wir, daß in einer zweidimensionalen Verteilung zu einem festen Wert x_l^{**} der Merkmalsausprägung x *mehrere* Werte y_m^{**} der Merkmalsausprägung y möglich sind. Dies kann grundsätzlich schon ohne Klasseneinteilung geschehen wie die Urliste zu Beispiel 2-34 zeigt. Wir können dann von einer bedingten Verteilung der Merkmalsausprägung y sprechen unter der Bedingung, daß das Merkmal x den festen Wert x_l^{**} hat. Zu dieser bedingten Verteilung der Merkmalsausprägungen lassen sich wieder absolute und relative Häufigkeiten angeben:

Halten wir in der Häufigkeitstabelle (Tabelle 2-13) den Wert x_l^{**} fest, so gibt die *l*-te Zeile der Tabelle die *bedingte Häufigkeitsverteilung des Merkmals y* an unter der Bedingung, daß das erste Merkmal den festen Wert x_l^{**} hat, d.h. in der x-Klasse mit der Klassenmitte x_l^{**} liegt. Die zugehörigen *bedingten relativen Häufigkeiten des Merkmals y* sind $h_{\cdot m} = n_{lm}/n_l.$, *l* fest, m = 1, 2, ..., t. Analog gibt die n-te Spalte der

Bedingte
Häufigkeiten

Bedingte relative
Häufigkeiten

			m = 1	m = 2	m = 3	m = 4	m = 5	
			$45 \leq y < 50$	$50 \leq y < 55$	$55 \leq y < 60$	$60 \leq y < 65$	$65 \leq y < 70$	
			$y_1^{**} = 47,5$	$y_2^{**} = 52,5$	$y_3^{**} = 57,5$	$y_4^{**} = 62,5$	$y_5^{**} = 67,5$	$n_l.$
$l = 1$	$155 \leq x < 160$	$x_1^{**} = 157,5$	$n_{11} = 3$ $h_{11} = 0,1250$	$n_{12} = 2$ $h_{12} = 0,0833$	$n_{13} = 0$ $h_{13} = 0$	$n_{14} = 0$ $h_{14} = 0$	$n_{15} = 0$ $h_{15} = 0$	$n_1. = 5$
$l = 2$	$160 \leq x < 165$	$x_2^{**} = 162,5$	$n_{21} = 2$ $h_{21} = 0,0833$	$n_{22} = 4$ $h_{22} = 0,1667$	$n_{23} = 2$ $h_{23} = 0,0833$	$n_{24} = 0$ $h_{24} = 0$	$n_{25} = 1$ $h_{25} = 0$	$n_2. = 9$
$l = 3$	$165 \leq x < 170$	$x_3^{**} = 167,5$	$n_{31} = 1$ $h_{31} = 0,0417$	$n_{32} = 1$ $h_{32} = 0,0417$	$n_{33} = 3$ $h_{33} = 0,1250$	$n_{34} = 0$ $h_{34} = 0$	$n_{35} = 1$ $h_{35} = 0,0417$	$n_3. = 6$
$l = 4$	$170 \leq x < 175$	$x_4^{**} = 172,5$	$n_{41} = 0$ $h_{41} = 0$	$n_{42} = 1$ $h_{42} = 0,0417$	$n_{43} = 0$ $h_{43} = 0$	$n_{44} = 2$ $h_{44} = 0,0833$	$n_{45} = 1$ $h_{45} = 0,0417$	$n_4. = 4$
		$n_{.m}$	$n_{.1} = 6$	$n_{.2} = 8$	$n_{.3} = 5$	$n_{.4} = 2$	$n_{.5} = 3$	$\Sigma = 24$

Tabelle 2-13. Häufigkeitstabelle zur Klasseneinteilung in Beispiel 2-36 (Körperlänge, Körpergewicht)

Tabelle die *bedingte Häufigkeitsverteilung des Merkmals* x an unter der Bedingung, daß das zweite Merkmal den festen Wert y_m^{**} hat, d.h. in der y-Klasse mit der Klassenmitte y_m^{**} liegt. Die zugehörigen *bedingten relativen Häufigkeiten des Merkmals* x sind $h_l. = n_{lm}/n_{.m}$, m fest, $l = 1, 2, \ldots, s$. Weiter erhält man für die *bedingten Mittelwerte* für x-Klassen und y-Klassen

$$\overline{y}_{x_l^{**}} = \frac{1}{n_l.} \sum_{m=1}^{t} n_{lm} y_m^{**} \quad \text{bzw.} \quad \overline{x}_{y_m^{**}} = \frac{1}{n_{.m}} \sum_{l=1}^{s} n_{lm} x_l^{**} \tag{2.9}$$

und für die zugehörigen *bedingten Streuungsmaße*

Bedingte
Streuungsmaße

$$s_{y/x_l^{**}}^2 = \frac{1}{n_l. - 1} \sum_{m=1}^{t} n_{lm} (y_m^{**} - \overline{y}_{x_l^{**}})^2 ,$$

$$\tag{2.10}$$

$$s_{x/y_m^{**}}^2 = \frac{1}{n_{.m} - 1} \sum_{l=1}^{s} n_{lm} (x_l^{**} - \overline{x}_{y_m^{**}})^2 .$$

Sind die Merkmale x, y voneinander unabhängig, d.h. beeinflussen sie sich nicht gegenseitig, dann wird sich in der ersten Zeile bzw. Spalte der Häufigkeitstabelle etwa die gleiche bedingte Häufigkeitsverteilung ergeben wie in den folgenden Zeilen bzw. Spalten; denn dann ist die Häufigkeit, mit der eine Merkmalsausprägung y_m^{**} auftritt, unabhängig vom gleichzeitig ermittelten Wert der Merkmalsausprägung x und umgekehrt. Anders in unserem Beispiel.

Schlußfolgerungen

Die bedingten Häufigkeitsverteilungen in den Zeilen und Spalten der Tabelle 2-11 weichen stark voneinander ab. Das liegt daran, daß Körpergewicht und Körperlänge nicht unabhängig voneinander sind. Wir geben im folgenden die bedingten Mittelwerte an:

Beispiel 2-37
Körperlänge,
Körpergewicht
(Fortsetzung der
Beispiele 2-34,
2-35, 2-36)

a) für x-Klassen:

l	1	2	3	4
$\overline{y}_{x_l^{**}}$	49,0	52,3	56,6	60,8

b) für y-Klassen:

m	1	2	3	4	5
$\overline{x}_{y_m^{**}}$	159,8	163,1	166,2	171,0	168,0

Diese Mittelwerte benötigen wir noch im folgenden Abschnitt zur empirischen Ermittlung einer Ausgleichsgeraden für den Punkteschwarm in Bild 2-13.

2.3.3 Regression und Korrelation

Anschauliche Behandlung

Die aus der Korrelationstabelle (Tabelle 2-11) bisher gezogene Folgerung enthält nur eine Information von mehr qualitativer Art. Für die Anwendung ist es jedoch wichtig,

Anschauliche
Betrachtung

eine Beziehung von quantitativer Natur zu kennen. Man möchte etwa in Beispiel 2-34 angeben können, welches Körpergewicht y für irgendeine Körperlänge von x [cm] (z.B. x = 161) angemessen ist (das berühmte Normalgewicht!), auch wenn für den Wert x = 161 (siehe Urliste) keine Meßwerte vorliegen.

In den exakten Naturwissenschaften entnimmt man die Antwort auf eine solche Frage meist einer Berechnungsvorschrift, die in Form einer Funktionsgleichung y = f(x) (siehe 8.2.2) vorliegt. In unserem Fall können wir einen exakt durch eine Formel zu beschreibenden Zusammenhang zwischen den gemessenen Werten x (Körperlänge) und y (Körpergewicht) nicht erwarten. Doch liegt es nahe zu versuchen, ob sich eine Kurve (vielleicht sogar eine Gerade) an den Punkteschwarm anpassen läßt. Dabei fordern wir, daß möglichst viele Punkte auf der Kurve (Gerade) liegen, die übrigen einen möglichst kleinen Abstand von der Kurve haben. Aus der Gleichung dieser Kurve sollte sich dann zu einer gegebenen Körperlänge x [cm] das *mittlere* Körpergewicht y [kg] ablesen lassen.

Regressionsgerade als Mittel zur Informationsverdichtung

Eine solche Kurve oder Gerade bezeichnen wir als *Ausgleichs- oder Regressionskurve* bzw. *Ausgleichs- oder Regressionsgerade* für den Punkteschwarm. Da wir von vornherein nicht wissen, von welchem Typ die Kurve sein könnte, versuchen wir es einfach mit einer Geraden (siehe 8.2.4).

Zunächst versuchen wir, auf einfache Weise Anhaltspunkte für die ungefähre Lage der Geraden in einem Punkteschwarm zu gewinnen.

Beispiel 2-38
Körperlänge, Körpergewicht (Fortsetzung der Beispiele 2-34 bis 2-37)

Es geht um die Merkmalskombination Körperlänge, Körpergewicht und die Bestimmung von Regressionsgeraden für den Punkteschwarm zur Urliste (Tabelle 2-8).

a) Abhängigkeit Körpergewicht von Körperlänge (y von x):

Wir suchen eine Regressionsgerade, deren Gleichung diese Abhängigkeit näherungsweise beschreibt. Daß genau eine solche Gerade, die die bestmögliche unter allen möglichen Geraden ist, d.h. die o.g. Forderung möglichst gut erfüllt, existiert, behandeln wir in der mathematischen Durchführung. Hier gehen wir wie folgt vor: Wir tragen die bedingten Mittelwerte $\bar{y}_{x_i^{**}}$ aus Beispiel 2-37 über den Klassenmitten x_i^{**} auf. So erhalten wir den in Bild 2-19 eingezeichneten Streckenzug. Unser Vorgehen bedeutet eine weitere Reduktion des Datenmaterials: Wir haben durch die Verwendung der $\bar{y}_{x_i^{**}}$ jeder x-Klasse nur noch einen Punkt $(x_i^{**}, \bar{y}_{x_i^{**}})$ zugeordnet; diese zu den vier x-Klassen gehörigen Punkte liegen schon fast auf einer Geraden. Weiter berechnen wir mit den Formeln (2.8a) und (2.8b) die Mittelwerte $\bar{x}, \bar{y}$, tragen den Punkt $(\bar{x}, \bar{y})$ in Bild 2-19 ein und legen eine vom Streckenzug wenig abweichende Gerade durch $\bar{x}, \bar{y}$ derart, daß 12 Punkte des Punkteschwarms unterhalb (oder auf) und 12 oberhalb (oder auf) der Geraden liegen. Man kann beweisen, daß die Regressionsgerade stets durch den Punkt $(\bar{x}, \bar{y})$ verläuft (siehe „Mathematische Behandlung").

Gleichung der 1. Regressionsgeraden $\hat{y} = \hat{y}(x)$

In Bild 2-19 wurde bereits die bestmögliche („beste") Gerade eingetragen; das Ergebnis der Berechnung (Verfahren siehe im Abschnitt „Mathematische Behandlung") nach den Daten in Tabelle 2-8 nehmen wir vorweg: Die Regressionsgerade wird beschrieben durch die Gleichung (siehe 8.2.4, Gleichung (8.1))

$$\hat{y} = -88,8 + 0,87\,x\,. \tag{2.11}$$

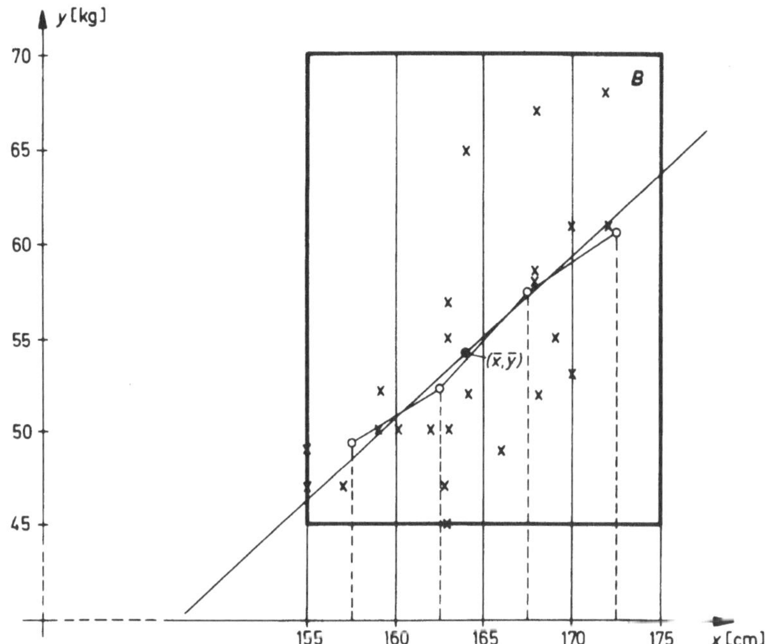

Bild 2-19. Regressionsgerade mit der Gleichung (2.11) für den Punkteschwarm in Beispiel 2-36 sowie Streckenzug, der die Punkte $(x_i^*, \bar{y}_{x_i}^{**})$ verbindet. Die Abbildung veranschaulicht, wie mittels der Regressionsgeraden eine weitere Reduktion des durch den Punkteschwarm dargestellten ursprünglichen Datenmaterials und damit eine Informationsverdichtung gewonnen wird.

Zu irgendeiner Körperlänge x liegt der Punkt $(x, \hat{y})$ auf der Geraden mit der Gleichung (2.11); $\hat{y}$ stellt dann einen Näherungswert für das Gewicht zur Körperlänge x dar. Nehmen wir willkürlich den Wert x = 163 cm an, so erhalten wir mit (2.11) für das Gewicht den Wert $\hat{y}$ = 53,01 kg. In unserer Urliste (Tabelle 2-8) tritt die Größe 163 cm fünfmal auf; als mittleres Gewicht zu dieser Größe ergibt sich 50,8 kg. Die Abweichung des Wertes $\hat{y}$ davon ist zu erwarten, denn in die Bestimmung der Regressionsgeraden gehen auch die 19 übrigen beobachteten (x_i, y_i) ein und die Mittelwerte liegen nicht streng, sondern nur angenähert auf einer Geraden. Jetzt berechnen wir den Wert $\hat{y}$ zu x = 100 cm. Das Ergebnis $\hat{y} = -1,8$ kg ist offensichtlich unmöglich! Die Erklärung dafür ist einfach: Der Punkt $(x, y) = (100, -1,8)$ liegt weit außerhalb des Bereiches B der in Tabelle 2-8 erfaßten Merkmalsausprägungen $155 \leq x < 175$, $45 \leq y < 70$. Die Regressionsgerade (2.11) ist allein mit den B angehörenden Merkmalspunkten bestimmt worden; es kann also nicht erwartet werden, daß sie für Punkte außerhalb von B brauchbare Ergebnisse liefert.

b) Abhängigkeit der Körperlänge vom Körpergewicht (x von y):

Wir wollen prüfen, ob sich für unser Beispiel auch eine Regressionsgerade zur Beschreibung der Abhängigkeit x von y in der Form der Geradengleichung $\hat{x} = \hat{x}(y)$ angeben läßt. Dazu tragen wir in die Abbildung des Punkteschwarms zu Tabelle 2-8 (Bild 2-20) auf der x-Achse die bedingten Mittelwerte $\bar{x}_{y_m^{**}}$ aus Beispiel 2-37 b) ein und verbinden

Sinnvoller Einsatz der Regressionsgeraden

die Punkte $(\overline{x}_{y^{**}_m}, y^{**}_m)$ durch einen Streckenzug in der Reihenfolge $\overline{x}_{y^{**}_1}$, $\overline{x}_{y^{**}_2}$, $\overline{x}_{y^{**}_3}$, $\overline{x}_{y^{**}_4}$, $\overline{x}_{y^{**}_5}$. Dieser Streckenzug fällt allerdings keineswegs schon fast auf eine Gerade durch $(\overline{x}, \overline{y})$, wie das für den Streckenzug in Bild 2-18 der Fall war. Im Bild wurde bereits die Regressionsgerade eingetragen.

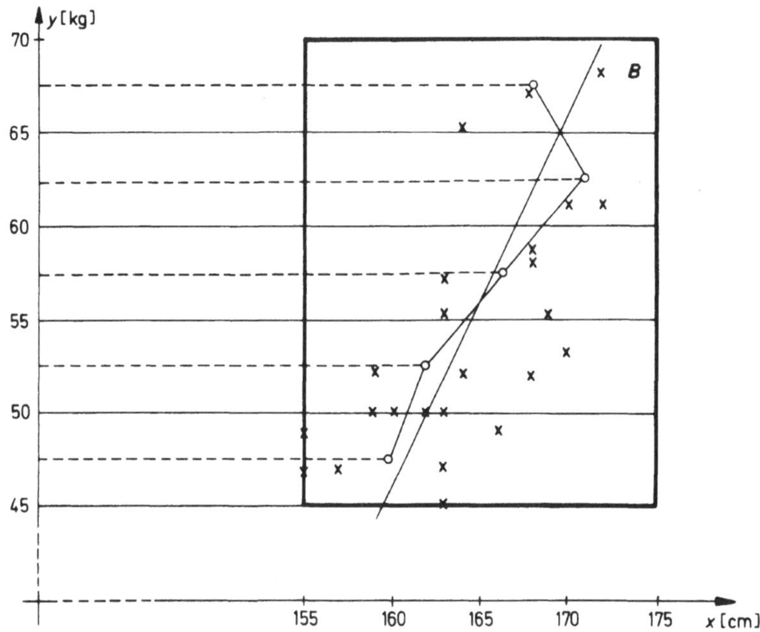

Bild 2-20. Regressionsgerade mit der Gleichung (2.12) für den Punkteschwarm zu Beispiel 2-36 sowie der zugehörige Streckenzug, der die Punkte $(\overline{x}_{y^{**}_m}, y^{**}_m)$ verbindet.

Gleichung der
2. Regressions-
geraden: $\hat{x} = \hat{x}(y)$

Die Gleichung dieser Regressionsgeraden lautet:

$$\hat{x} = 136,6 + 0,510\,y. \tag{2.12}$$

Rechenbeispiel

Aus (2.11) erhalten wir für $x = 170$ cm den Wert $\hat{y} = 59,5$ kg, aus (2.12) erhalten wir für $y = 59,5$ kg den Wert $\hat{x} = 166,8$ cm. Es war klar, daß die beiden Ergebnisse nicht übereinstimmen können, da die beiden Regressionsgeraden verschieden voneinander sind.

Folgerungen

Beide Regressionsgeraden verlaufen durch den Punkt $(\overline{x}, \overline{y}) = (164,8; 54,1)$, wo $\overline{x}$ der Mittelwert der Werte $x_i, i = 1, 2, \ldots, 24$, und $\overline{y}$ der Mittelwert der Werte $y_i, i = 1, 2, \ldots, 24$, der Urliste (Tabelle 2-8) ist. Die Größe des Anstiegs beider Geraden ist ein Maß dafür, wie eng der Zusammenhang zwischen den Merkmalen x und y ist. Würden die Geraden zusammenfallen, so läge ein spezieller funktionaler Zusammenhang vor, der mathematisch durch eine einzige Geradengleichung beschrieben werden könnte; dann würde $\hat{x} = x$ gelten.

62

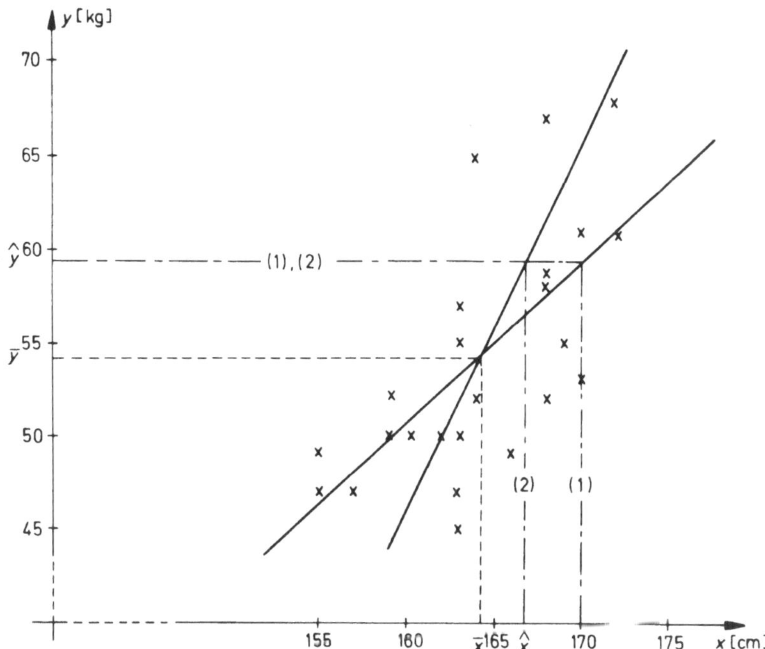

Bild 2-21. Punkteschwarm in der Merkmalsebene mit den beiden (deutlich verschiedenen) Regressionsgeraden (2.11) und (2.12)

Eingetragene Rechenbeispiele:

(1) x = 170, $\hat{y}$ = 59,5

(2) y = 59,5, $\hat{x}$ = 166,5

Wir wollen nun die durch die Behandlung des Beispiels gewonnenen Erkenntnisse allgemein formulieren:

Wir suchen für den Punkteschwarm in der Merkmalsebene zwei Regressionsgeraden (je eine für die Abhängigkeit des Merkmals y von x bzw. x von y). Einen Anhaltspunkt für ihre Lage liefern nach einer Klasseneinteilung die Streckenzüge, die die Punkte $(x_l^{**}, \bar{y}_{x_l^{**}})$ für l = 1, 2, ..., s bzw. $(\bar{x}_{y_m^{**}}, y_m^{**})$ für m = 1, 2, ..., t verbinden.

Allgemeine Formulierung

Die Gleichung der Geraden g_1 für die Abhängigkeit des Merkmals y von x schreiben wir in der Form

$$\hat{y} = \hat{a} + \hat{b}x. \tag{2.13}$$

(Dies ist die Gleichung (8.1) mit $\hat{b}$ anstelle von m, $\hat{a}$ anstelle von b und $\hat{y}$ anstelle von y.)

Ihre Steigung $\hat{b}$ heißt *empirischer Regressionskoeffizient*. (2.13) liefert zu jeder Ausprägung des Merkmals x eine mittlere Ausprägung $\hat{y}$ des Merkmals y (Regression von y auf x). Die umgekehrte Aussage: Zu jedem y-Wert liefert die Gleichung von g_1 eine

Empirischer Regressionskoeffizient

mittlere Ausprägung des Merkmals x, gilt auch nicht näherungsweise. Denn bei der angenäherten Ermittlung der Geraden g_1 sind wir von der mittleren Ausprägung des Merkmals y ausgegangen.

Die Gleichung der Geraden g_2 für die Abhängigkeit des Merkmals x von y schreiben wir in der Form

$$\hat{x} = \hat{\hat{a}} + \hat{\hat{b}}y. \tag{2.14}$$

Die Geraden g_1 und g_2 fallen i.a. nicht zusammen; sie verlaufen beide durch den Punkt $\bar{x}, \bar{y}$. Sie fallen nur zusammen, wenn ein linearer funktionaler Zusammenhang (siehe Definition 8-17) besteht. Nimmt man jeden Merkmalspunkt mit der gleichen Masse belegt an, so läßt sich der Punkt $(\bar{x}, \bar{y})$ als *Schwerpunkt des Punkteschwarms* deuten.

Wir haben also eine Korrelation (Abhängigkeit) zwischen den Ausprägungen zweier Merkmale ermittelt durch eine Regression (Zurückgehen) von der Punktewolke auf eine wesentlich reduzierte Anzahl von Daten. Bei dieser Datenreduktion ist nicht nur kein Verlust an relevanter Information eingetreten, es ist sogar eine für die weitere Verarbeitung allgemeinere Aussage gewonnen worden.

Die Kopplung der beiden Merkmale ist umso größer, je weniger die Punkte von der Regressionsgeraden abweichen. Dann sind auch die beiden Regressionsgeraden wenig voneinander verschieden. Eine Maßzahl für die Schwankung der Punkte um die Regressionsgerade ist der aus dem gegebenen Datenmaterial berechenbare *empirische Korrelationskoeffizient r*; er ist eine Zahl zwischen -1 und $+1$ und besagt in den Fällen

$r > 0$: Die Merkmale sind *positiv korreliert*, d.h. die Regressionsgerade verläuft von links unten nach rechts oben,

$r < 0$: Die Merkmale sind *negativ korreliert*, d.h. die Regressionsgerade verläuft von links oben nach rechts unten.

Je näher r bei -1 oder $+1$ liegt, desto weniger streuen die Punkte um die Regressionsgerade und umso enger ist die Kopplung der Merkmale. $r = -1$ oder $r = +1$ bedeutet, daß alle Punkte auf der Regressionsgeraden liegen. Die Regressionsgerade beschreibt einen Zusammenhang zwischen den Merkmalen (Korrelation), aber nicht unbedingt einen funktionalen Zusammenhang.

Wir wollen noch vor einer weitverbreiteten Fehlinterpretation des Korrelationskoeffizienten warnen. Selbst wenn r sehr nahe an $+1$ oder -1 liegt, darf daraus noch nicht geschlossen werden, daß zwischen den beiden Merkmalen x, y eine innere Abhängigkeit besteht. Beispiele als Warnung vor dieser sogenannten *Scheinkorrelation* sind:

a) Ein scheinbarer Zusammenhang zwischen Schuhgröße und Einkommen einer Altersklasse von Einwohnern einer Großstadt.

b) Ein scheinbarer Zusammenhang zwischen der gleichzeitigen Abnahme der Zahl der Störche und der Zahl der Geburten.

Meistens läßt sich aber von der Sache her entscheiden, wann man aus einem nahe ± 1 gelegenen Wert von r auf einen echten Zusammenhang zwischen den beobachteten Ausprägungen zweier Merkmale schließen kann.

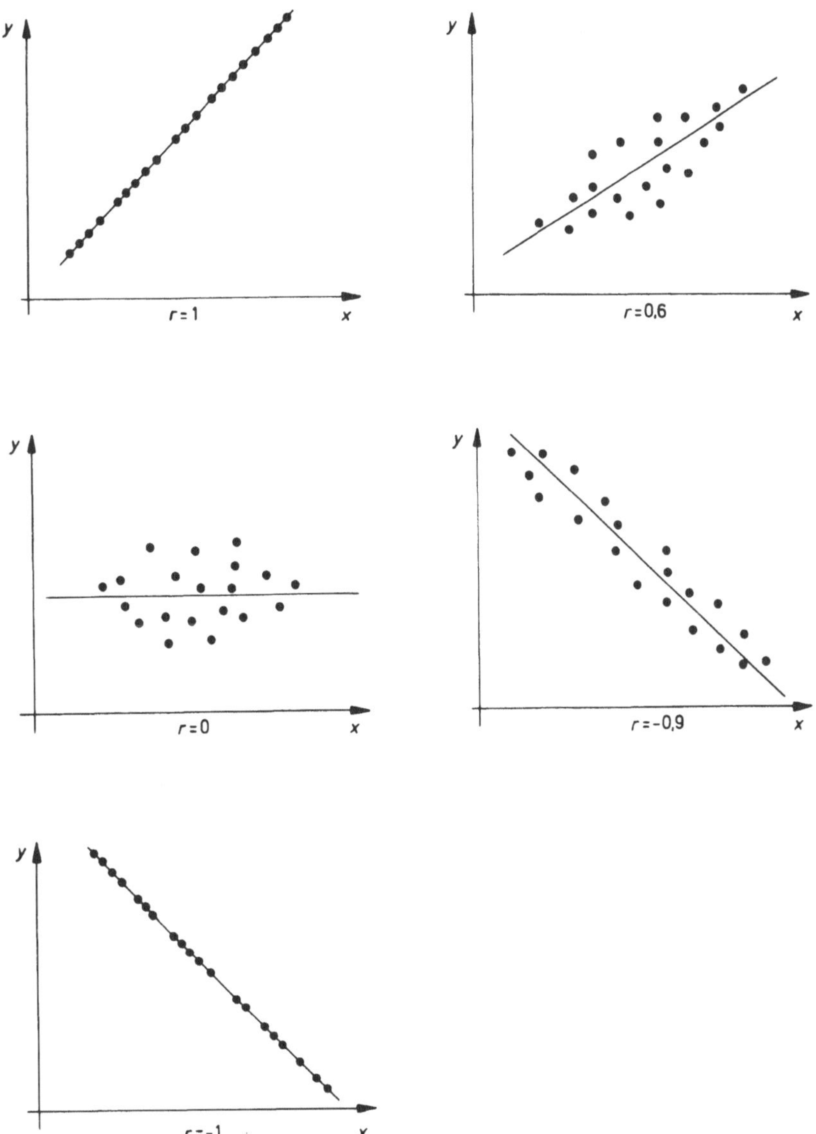

Bild 2-22. Veranschaulichung der Bedeutung des empirischen Korrelationskoeffizienten an Hand der Lage der Regressionsgeraden

Mathematische Behandlung

Wir wollen für Leser mit genügenden mathematischen Kenntnissen noch den Weg angeben, wie man die Gleichung der Regressionsgeraden mit Hilfe des Datenmaterials der Urliste bestimmen kann.

Mathematische Durchführung

Gegeben seien n Wertepaare (x_i, y_i), $i = 1, 2, \ldots, n$. Zu bestimmen sind die Koeffizienten $\hat{a}$, $\hat{b}$ einer linearen Funktionsgleichung (2.13) so, daß die Quadratsumme

$$F(\hat{a}, \hat{b}) := \sum_{i=1}^{n} (\hat{y} - y_i)^2 = \sum_{i=1}^{n} (\hat{a} + \hat{b}x_i - y_i)^2 \qquad (2.15)$$

einen möglichst kleinen Wert annimmt, d.h. zum Minimum gemacht wird. Da x_i und y_i bekannt sind, ist F in (2.15) allein von $\hat{a}$ und $\hat{b}$ abhängig. F ist eine (reellwertige) Funktion von zwei unabhängigen Veränderlichen $\hat{a}, \hat{b}$. Die Veränderlichen $\hat{a}, \hat{b}$ variieren in einem rechteckigen Bereich B der $\hat{a}, \hat{b}$-Ebene (siehe 8.1.4, Bild 8-7).

Als erste partielle Ableitungen der Funktion F nach $\hat{a}$ bzw. $\hat{b}$ bezeichnet man die Grenzwerte

$$F_{\hat{a}}(\hat{a}, \hat{b}) = \frac{\partial F}{\partial \hat{a}} = \lim_{h \to 0} \frac{F(\hat{a} + h, \hat{b}) - F(\hat{a}, \hat{b})}{h},$$

$$F_{\hat{b}}(\hat{a}, \hat{b}) = \frac{\partial F}{\partial \hat{b}} = \lim_{k \to 0} \frac{F(\hat{a}, \hat{b} + k) - F(\hat{a}, \hat{b})}{k}.$$

Partielle Ableitungen

Die Regeln für die Berechnung der partiellen Ableitungen sind dieselben, wie sie bei der Berechnung der Ableitungen von Funktionen von einer Veränderlichen angewendet werden (siehe 8.2.6). Es ist jedoch stets zu beachten, nach welcher Veränderlichen abgeleitet wird, die andere wird dann wie eine Konstante behandelt. Dann folgt aus der Forderung $F(\hat{a}, \hat{b}) = $ Min. notwendig das Verschwinden der partiellen Ableitungen von F nach $\hat{a}$ und $\hat{b}$:

Notwendige Bedingungen für ein Extremum

$$\frac{\partial F(\hat{a}, \hat{b})}{\partial \hat{a}} = 2 \sum_{i=1}^{n} (\hat{a} + \hat{b}x_i - y_i) = 0,$$

$$\frac{\partial F(\hat{a}, \hat{b})}{\partial \hat{b}} = 2 \sum_{i=1}^{n} x_i (\hat{a} + \hat{b}x_i - y_i) = 0. \qquad (2.16)$$

(2.16) stellt ein System von zwei linearen Gleichungen zur Bestimmung der beiden Unbekannten $\hat{a}, \hat{b}$ dar. (Diese Methode entspricht der diskreten Gaußschen Fehlerquadratmethode zur Approximation von Funktionen.) Zur Berechnung von $\hat{a}$ und $\hat{b}$ dividieren wir zunächst die beiden Gleichungen (2.16) durch 2 und bringen sie anschließend auf die Form:

$$n\hat{a} + \hat{b} \sum_{i=1}^{n} x_i = \sum_{i=1}^{n} y_i, \qquad (2.17)$$

$$\hat{a} \sum_{i=1}^{n} x_i + \hat{b} \sum_{i=1}^{n} x_i^2 = \sum_{i=1}^{n} x_i y_i. \qquad (2.18)$$

Im folgenden schreiben wir statt $\sum_{i=1}^{n}$ nur noch $\sum_i$.

Zur Lösung des Systems (2.17), (2.18) bilden wir $(2.17) \cdot \sum\limits_i x_i - (2.18) \cdot n$ und erhalten

$$\hat{b}\left(n \sum_i x_i^2 - \left(\sum_i x_i\right)^2\right) = n \sum_i x_i y_i - \left(\sum_i x_i\right)\left(\sum_i y_i\right)$$

bzw. aufgelöst nach $\hat{b}$

$$\hat{b} = \frac{n \sum\limits_i x_i y_i - \left(\sum\limits_i x_i\right)\left(\sum\limits_i y_i\right)}{n \sum\limits_i x_i^2 - \left(\sum\limits_i x_i\right)^2} \,. \tag{2.19}$$

Nach Satz 2-1 gilt

$$n \sum_i x_i^2 - \left(\sum_i x_i\right)^2 = n(n-1)\, s_x^2 \,. \tag{2.20}$$

Zusätzlich führen wir die sogenannte *Verbundstreuung (Kovarianz)* durch die Größe

$$s_{xy} = \frac{1}{n-1} \sum_i (x_i - \overline{x})(y_i - \overline{y}) \tag{2.21}$$

ein. Auf analoge Weise, wie (2.20) gewonnen wurde, findet man eine weitere Form für s_{xy} mit

$$s_{xy} = \frac{1}{n(n-1)} \left(n \sum_i x_i y_i - \left(\sum_i x_i\right)\left(\sum_i y_i\right)\right) . \tag{2.22}$$

Mit (2.22) und (2.20) erhalten wir für $\hat{b}$ nach (2.19) die Beziehung

$$\hat{b} = \frac{s_{xy}}{s_x^2} \,. \tag{2.23}$$

Für $\hat{a}$ erhalten wir dann aus (2.17) mit $\overline{x} = \frac{1}{n} \sum\limits_i x_i$ und $\overline{y} = \frac{1}{n} \sum\limits_i y_i$

$$\hat{a} = \overline{y} - \hat{b}\,\overline{x} \,. \tag{2.24}$$

Setzen wir (2.21) und s_x^2 aus (2.20) in (2.23) ein, so erhalten wir schließlich für $\hat{b}$

$$\hat{b} = \frac{\sum\limits_i (x_i - \overline{x})(y_i - \overline{y})}{\sum\limits_i (x_i - \overline{x})^2} \,. \tag{2.25}$$

Damit ist der folgende Satz bewiesen:

Von zwei Merkmalen x, y sind n Paare von Merkmalsausprägungen (x_i, y_i), $i = 1, 2, \ldots, n$, $n \geq 2$, gegeben. Dann existiert genau eine Regressionsgerade, die den Zusammenhang zwischen den Merkmalen beschreibt (Abhängigkeit y von x); sie hat die Gleichung

$$\hat{y} = \hat{a} + \hat{b}x \tag{2.26}$$

mit

$$\hat{a} = \overline{y} - \hat{b}\,\overline{x} \quad \text{und} \quad \hat{b} = \frac{\sum\limits_i (x_i - \overline{x})(y_i - \overline{y})}{\sum\limits_i (x_i - \overline{x})^2} \,.$$

Dabei sind $\overline{x} = \frac{1}{n} \sum\limits_i x_i$ und $\overline{y} = \frac{1}{n} \sum\limits_i y_i$ die Mittelwerte der Merkmale x bzw. y.

Verbundstreuung
(Kovarianz)

Berechnung des
empirischen Korrela-
tionskoeffizienten

Satz 2-2

Bestimmung der
1. Regressionsgeraden
aus den Daten der
Urliste

Die Gleichung (2.26) wird durch $x = \bar{x}$ und $y = \bar{y}$ erfüllt; die Regressionsgerade enthält also den Punkt $(\bar{x}, \bar{y})$.

Den bereits im Abschnitt „Anschauliche Behandlung" eingeführten empirischen Korrelationskoeffizienten wollen wir hier noch allgemein definieren.

Definition 2-9
Empirischer
Korrelations-
koeffizient

Die Größe

$$r = \frac{s_{xy}}{s_x \, s_y}$$

heißt empirischer Korrelationskoeffizient; *r ist eine Maßzahl für die gegenseitige lineare Abhängigkeit zweier Merkmale.*

Mathematische
Aussagen

Mit (2.21) und (2.8 c, d) erhalten wir

$$r = \frac{s_{xy}}{s_x \, s_y} = \frac{\sum_i (x_i - \bar{x})(y_i - \bar{y})}{\sqrt{\sum_i (x_i - \bar{x})^2 \, \sum_i (y_i - \bar{y})^2}} \qquad *)$$

$$= \frac{n \sum_i x_i y_i - (\sum_i x_i)(\sum_i y_i)}{\sqrt{(n \sum_i x_i^2 - (\sum_i x_i)^2)(n \sum_i y_i^2 - (\sum_i y_i)^2)}} . \qquad (2.27)$$

Wegen $(\sum_i (x_i - \bar{x})(y_i - \bar{y}))^2 \leq (\sum_i (x_i - \bar{x})^2)(\sum_i (y_i - \bar{y})^2)$ gilt

$$r^2 \leq 1, \quad \text{d.h.} \ -1 \leq r \leq +1 .$$

Die Gleichheit ($r^2 = 1$) gilt nur, wenn alle Beobachtungspunkte (x_i, y_i) auf der Regressionsgeraden $\hat{y} = \hat{a} + \hat{b}x$ liegen, dann ist nämlich wegen

$$y_i = \hat{a} + \hat{b}x_i = \bar{y} - \hat{b}\bar{x} + \hat{b}x_i$$

$$y_i - \bar{y} = \hat{b}(x_i - \bar{x})$$

und daher $s_{xy}^2 = s_x^2 s_y^2$. Es bedeutet $r = +1$ oder $r = -1$, daß strenge lineare Abhängigkeit, d.h. ein spezieller funktionaler Zusammenhang vorliegt. Bei $r = +1$ nimmt y mit wachsendem x zu, bei $r = -1$ ab; es ist $F(\hat{a}, \hat{b}) = 0$.

Sind alle $y_i = \bar{y}$, so sind die y_i von den x_i unabhängig, es gilt $r^2 = 0$. Es besteht keine Korrelation.

Für $-1 < r < 0$ und $0 < r < +1$ sind die Merkmale negativ bzw. positiv korreliert. Je größer $|r|$ ist, umso stärker ist die Abhängigkeit der Merkmale. Wegen (2.23) und Definition 2-9 folgt für $\hat{b}$ auch die Darstellung

$$\hat{b} = \frac{s_y}{s_x} r ,$$

so daß die Gleichung der Regressionsgeraden für die Regression von y auf x in der Form

Andere Form:
Regressionsgerade 1

$$\hat{y} - \bar{y} = \frac{s_y}{s_x} r (x - \bar{x}) \qquad (2.28)$$

geschrieben werden kann. Die Gleichung der Regressionsgeraden für die Regression von x und y erhält analog die Form

---

*) In der für r angegebenen Formel muß unter der Wurzel im Nenner das Produkt aus zwei Summen stehen. Die Grafik in der Sendung enthält ein Summenzeichen zu wenig.

68

$$\hat{x} - \overline{x} = \frac{s_x}{s_y} \, r \, (y - \overline{y}) \, . \qquad\qquad (2.29)$$

Für $r^2 = 1$ fallen die beiden Geraden (2.28) und (2.29) zusammen.

Es soll untersucht werden, ob ein Zusammenhang zwischen dem Brustumfang und der Menge der nach einem tiefen Atemzug ausgeatmeten Luft besteht (sogenannte Vitalkapazität); zu ihrer Messung dient ein sogenanntes Spirometer.

In Tabelle 2-14 sind die gemessenen Werte und die daraus errechneten Größen angegeben.

Nr.	x Brustumfang [cm]	y Vitalkapazität [l]
1	90	5,2
2	82	4,4
3	94	5,0
4	98	5,8

$$\overline{x} = 91 \qquad\qquad \overline{y} = 5,1$$

$$\sum_i (x_i - \overline{x})^2 = 140, \qquad s_x = 6,83 \, ,$$

$$\sum_i (y_i - \overline{y})^2 = 1,00 \, , \qquad s_y = 0,577 \, ,$$

$$\sum_i (x_i - \overline{x}) \, (y_i - \overline{y}) = 10,8 \, , \quad s_{xy} = 3,60 \, .$$

Tabelle 2-14 Angabe der Urliste und der Mittelwerte und Streuungsmaße zu Beispiel 2-39 (Brustumfang, Vitalkapazität)

Für den Korrelationskoeffizienten erhalten wir damit

$$r = \frac{s_{xy}}{s_x \, s_y} = \frac{3,60}{6,83 \cdot 0,577} = \frac{3,60}{3,94} = 0,914 \, .$$

Die Merkmale sind folglich positiv korreliert ($0 < r < +1$), und es besteht ein enger Zusammenhang. Allerdings ist die Beobachtungsmenge zu klein, um aus dem Ergebnis auf Allgemeingültigkeit schließen zu können.   □

Die Autorin dankt für das sorgfältige Lesen der Korrekturen zu den Kapiteln 2, 3 und 8 Frau Dipl.-Math. Angelika Reutter und Herrn stud. inf. Rolf Hollmann, letzterem außerdem für die Herstellung der Vorlagen für den Grafiker zu den Bildern in den genannten Kapiteln.

3 Wahrscheinlichkeit

von Gisela Jordan-Engeln, Aachen

Wahrscheinlichkeit

Zur einheitlichen Beschreibung von zufallsbedingten Vorgängen wird ein mathematisches Denkmodell entwickelt, das an den Stützpunktbegriff „Zufallsexperiment" anknüpft.

Erster Schritt: Zuordnung der Ergebnisse des Experiments zu den Elementen einer Menge, der „Ergebnismenge" M. „Ereignisse" A sind Teilmengen von M. (Stützpunktbegriffe: Sicheres Ereignis, unmögliches Ereignis, unverträgliche Ereignisse.)

Zweiter Schritt: Zuordnung einer Zahl P(A) „Wahrscheinlichkeit" zu jedem A als Maß dafür, wie stark mit dem Eintreten von A zu rechnen ist.

Für die relative Häufigkeit $h_n(A)$, mit der A bei n-maliger Wiederholung eines Zufallsexperiments eintritt, werden drei Regeln angegeben. Da die empirisch bestimmten Werte $h_n(A)$ für verschiedene, aber große n sich immer weniger unterscheiden, können wir annehmen, daß sie von einem gedachten Zahlenwert nicht weit weg liegen.

Dritter Schritt: Wir nehmen an, daß es die genannte Zahl P(A) gibt und fordern, daß für sie drei zu den Regeln für die $h_n(A)$ analoge Regeln gelten. Diese Regeln heißen Axiome der Wahrscheinlichkeit.

Sendung 5

In Kapitel 2 lag allen Überlegungen das Ergebnis von Beobachtungen in Form eines Datenmaterials zugrunde. Daß das Erfassen der Daten meist vom Zufall beeinflußt ist, blieb zunächst außer Betracht. Ebenso blieb offen, wie aus Ergebnissen, die auf Grund der Beobachtung eines zufällig ausgewählten Teils einer größeren Gesamtheit zustande kamen, Aussagen über die größere Gesamtheit gewonnen werden können.

Einfluß des Zufalls bei der Datenerfassung

Wir werden uns nun mit Gesetzmäßigkeiten für das Entstehen unseres vom Zufall beeinflußten Datenmaterials beschäftigen. Die Wahrscheinlichkeitstheorie stellt mathematische Modelle zur Beschreibung dieser Gesetzmäßigkeiten bereit und bildet damit eine Grundlage für die mathematische Statistik.

Mathematische Denkmodelle

3.1 Zufallsexperiment, Ereignis

3.1.1 Wahrscheinlichkeit in der Umgangssprache

Der Begriff *Wahrscheinlichkeit* taucht im täglichen Sprachgebrauch in verschiedenen Bedeutungen auf.

a) Herr X sagt, es werde wahrscheinlich morgen in Rom regnen.

b) Schüler sagen, es sei wahrscheinlich, daß die morgige Arbeit aus einem bestimmten Themenkreis entnommen sein wird.

c) Wahrscheinlich wird Herr X mit diesem alten Wagen nicht mehr nach München kommen.

d) Wahrscheinlich führt Herr X eine glückliche Ehe. □

Beispiel 3-1
„Wahrscheinlich"
im Sprachgebrauch

In allen solchen Fällen verwenden wir das Wort „wahrscheinlich". Bei a) bis c) bringen wir damit unser persönliches Überzeugtsein zum Ausdruck, daß ein bestimmtes Ereignis eintreten wird. Beispiel 3-1 d) formulieren wir etwas um:

d') Die Wahrscheinlichkeit dafür, daß Herr X eine glückliche Ehe führt, ist ... .

Hier verstehen wir unter „Wahrscheinlichkeit" ein Maß für unser subjektives Dafürhalten.

Wie groß ist die Wahrscheinlichkeit dafür, beim Werfen eines Würfels eine „6" zu werfen? □

In diesem Beispiel wird die Wahrscheinlichkeit eine „6" zu werfen, von allen Menschen bei gleicher Kenntnislage gleich groß eingeschätzt. Mit Wahrscheinlichkeiten in diesem objektiven Sinn wollen wir uns hier beschäftigen.

3.1.2 Zufallsexperiment

Ein Experiment, wie es das Werfen eines Würfels darstellt, können wir als Beispiel für eine Klasse von Experimenten ansehen, die wir *Zufallsexperimente* nennen. Zunächst werden wir den Begriff „Zufallsexperiment" genau definieren, da sich der Begriff „Wahrscheinlichkeit" im folgenden stets auf diese Klasse von Experimenten bezieht.

Ein Experiment heißt Zufallsexperiment, *falls folgende Bedingungen erfüllt sind:*

a) Es kann nicht mit Sicherheit vorhergesagt werden, welches Ergebnis sich einstellen wird.

b) Das Experiment soll beliebig oft unter den gleichen Bedingungen wiederholt werden können.

c) Sämtliche überhaupt möglichen Ergebnisse des Experiments sollen vor der Durchführung des Experiments angegeben werden können.

Obwohl das Ergebnis eines Zufallsexperiments nicht mit Sicherheit vorhergesagt werden kann, können sich bei häufiger Wiederholung des Experiments gewisse Regelmäßigkeiten zeigen, die wir mit Hilfe der Wahrscheinlichkeitstheorie beschreiben wollen.

Man führe das Experiment „Münzwurf" aus. Mögliche Ergebnisse des Experiments sind „Wappen" und „Zahl". Wie groß ist die Wahrscheinlichkeit dafür, daß nach einem Münzwurf „Wappen" (oder „Zahl") obenliegt?

Hier handelt es sich um ein Zufallsexperiment, denn:

a) Der einzelne Münzwurf ist ein Experiment, dessen Ergebnis nicht mit Sicherheit vorhergesagt werden kann.

b) Das Experiment kann beliebig oft wiederholt werden.

c) Sämtliche überhaupt möglichen Ergebnisse des Experiments können angegeben werden; es sind die Ergebnisse „Wappen" und „Zahl".

Bei häufiger Wiederholung des Experiments stellen wir fest, daß die Ergebnisse „Wappen" und „Zahl" etwa gleich oft eintreten. □

Die Zählung der von einer radioaktiven Substanz in einer Sekunde emittierten α-Teilchen wird bei ganz bestimmter Versuchsanordnung mittels eines Zählrohrs durchgeführt. Die möglichen Ergebnisse sind 0, 1, 2, 3, 4, ...

Beispiel 3-4
α-Teilchen

Hier geht es um ein diskretes quantitatives Merkmal mit den Ausprägungen 0, 1, 2, 3, 4, ... Welche Zahl bei einer bestimmten Zählung auftritt, wissen wir nicht. Aus der Physik ist jedoch bekannt, daß die Anzahl der emittierten Teilchen innerhalb einer bestimmten Zeit in einem ganz bestimmten Bereich liegen wird. Dieser Bereich hängt von der Art der radioaktiven Substanz, ihrer Masse und der Versuchsanordnung ab.

Interpretation
des Beispiels

Führe das Experiment „Werfen mit einem Würfel" durch. Mögliche Ergebnisse sind die Augenzahlen 1, 2, 3, 4, 5, 6. Wie groß ist die Wahrscheinlichkeit dafür,

a) eine „6" zu erzielen,

b) keine „6" zu erzielen?

Beispiel 3-5
Würfeln
(Fortsetzung
von Beispiel 3-2)

Jeder, der schon einmal gewürfelt hat, weiß, daß die Chance, eine 6 zu werfen, wesentlich geringer ist als die Chance, keine 6 (d.h. eine der Zahlen 1, 2, 3, 4, 5) zu werfen. Hier ist die Augenzahl ein diskretes quantitatives Merkmal mit den Ausprägungen 1, 2, 3, 4, 5, 6. Es handelt sich um ein Zufallsexperiment, da a) das Ergebnis des einzelnen Wurfs nicht mit Sicherheit vorhergesagt werden kann, b) das Experiment beliebig oft wiederholbar ist und c) sämtliche möglichen Ergebnisse, nämlich 1, 2, 3, 4, 5, 6 bekannt sind (vorausgesetzt, der Würfel geht beim Wurf nicht verloren!).

Es ist die Zeit in Sekunden zu messen, die ein Pendel für 10 Ausschläge benötigt. Die möglichen Ergebnisse sind positive reelle Zahlen (siehe 8.1.4).

Die Zeitdauer für 10 Pendelausschläge ist ein stetiges quantitatives Merkmal; es können nämlich alle Werte eines Intervalls (siehe Definition 8-9) der Zeitachse (t-Achse) als Ergebnis auftreten. Bei häufiger Wiederholung des Experiments zeigen sich Regelmäßigkeiten; hier liegen die Meßergebnisse in der Regel sehr nahe bei einem durch die Beschaffenheit des Pendels bestimmten Wert, bei der 10-fachen Schwingungsdauer des Pendels.

Beispiel 3-6
Zeitdauer eines
Pendelausschlags

Wir haben nun eine Reihe von recht verschiedenartigen Vorgängen aus der realen Welt betrachtet, denen allen gemeinsam ist, daß sie die Bedingungen für ein Zufallsexperiment nach Definition 3-1 erfüllen. Zur Beschreibung von Gesetzmäßigkeiten, die sich aus gleichartigen Eigenschaften verschiedener Experimente ergeben, entwickeln wir ein *mathematisches Denkmodell*. Für jeden möglichen Versuchsausgang suchen wir eine Zahl als ein Maß dafür, wie stark mit dem Eintreten dieses bestimmten Versuchsausganges gerechnet werden kann. Man nennt diese Zahl die *Wahrscheinlichkeit für das Eintreten eines bestimmten Versuchsausganges*.

Schlußfolgerungen
aus den Beispielen

Entwicklung eines
mathematischen
Denkmodells

Von jetzt an wollen wir nur noch in Verbindung mit Zufallsexperimenten von Wahrscheinlichkeit sprechen, d.h. mit Experimenten, die wie die gezeigten Beispiele wiederholbar sind, deren mögliche Ergebnisse festgelegt sind, deren tatsächliches Ergebnis aber vor dem Versuch nicht vorhergesagt werden kann.

Wahrscheinlichkeit
nur noch in Verbindung mit Zufallsexperiment!

Damit ist es klar, daß eine Frage nach der Wahrscheinlichkeit, daß es morgen in Rom regnet, aus unseren Überlegungen ausscheidet, denn dieses „Experiment" ist nicht beliebig oft wiederholbar.

3.1.3 Ergebnismenge und Ereignis

Modellbildung:
Denkschritt 1

Für die Entwicklung des mathematischen Denkmodells ist von Bedeutung, daß das Zufallsexperiment wiederholbar ist und die möglichen Ergebnisse festgelegt sind. Der erste Schritt, einem realen Zufallsexperiment ein mathematisches Denkmodell gegenüberzustellen, besteht nämlich in der Zuordnung der möglichen (voneinander verschiedenen) Ergebnisse des Experiments zu den Elementen einer Menge M (siehe 8.1.1).

Für das im Beispiel 3-3 ausgeführte Experiment „Münzwurf" ist z.B. die Zuordnung „Wappen" zu dem Element 0 und „Zahl" zu dem Element 1 der Menge $M = \{0, 1\}$ möglich.

Interpretation
der Beispiele

In den Beispielen 3-4 bis 3-6 handelt es sich ausschließlich um quantitative Merkmale, so daß eine Zusammenfassung der möglichen Ergebnisse zu Elementen einer Menge in einfacher Weise möglich ist. Die auftretenden Mengen sind Zahlenmengen.

a) Zu Beispiel 3-4: Die Ergebnismenge ist die Menge der natürlichen Zahlen einschließlich der Null: $M = \{0, 1, 2, 3, \ldots\}$. Jedes Element von M kennzeichnet eine mögliche Anzahl von pro Sekunde emittierten α-Teilchen.

b) Zu Beispiel 3-5: $M = \{1, 2, 3, 4, 5, 6\}$ ist die Menge der Augenzahlen der obenliegenden Würfelseite.

c) Zu Beispiel 3-6: $M = \{x \mid x \geq 0, x \in R\}$ ist die Menge aller reellen Zahlen $x \geq 0$, die die Dauer für 10 Pendelausschläge in Sekunden angeben.

Definition 3-2
Ergebnismenge

Die der Gesamtheit aller möglichen voneinander verschiedenen Ergebnisse eines Zufallsexperiments zugeordnete Menge M heißt Ergebnismenge *des Zufallsexperiments.*

Erläuterung des
Begriffs Ergebnismenge

In der Ergebnismenge muß zu jedem Versuchsergebnis, das in der Realität vorkommen kann, ein zugeordnetes Element vorhanden sein. Umgekehrt verlangen wir jedoch nicht, daß auch jedem Element der Ergebnismenge ein Versuchsergebnis entspricht. In der beschreibenden Statistik entspricht dies der Tatsache, daß nicht alle beobachtbaren Merkmalsausprägungen x_j^* als Wert x_i in der Urliste vorkommen müssen, jedoch vorkommen können. Soll, wie in Beispiel 3-4, die Anzahl der pro Zeiteinheit emittierten α-Teilchen ermittelt werden, so können für die Elemente von M alle nichtnegativen ganzen Zahlen gewählt werden, obwohl die real möglichen Ergebnisse einen bestimmten Wert nicht überschreiten können, der durch die begrenzte Masse der radioaktiven Substanz bestimmt ist.

Darstellungsformen
von Ergebnismengen

Die Elemente von M, d.h. also die den Versuchsergebnissen entsprechenden Elemente von M, bezeichnen wir bei endlichen Ergebnismengen und bei Ergebnismengen mit abzählbar unendlich vielen Elementen mit x_i, $i = 1, 2, 3, \ldots, n$ bzw. $i = 1, 2, \ldots$

Form 1

$$M = \{x_1, x_2, \ldots, x_n\} \quad \text{bzw.} \quad M = \{x_1, x_2, x_3, \ldots\}.$$

74

Hier empfiehlt es sich in den meisten Fällen, direkt die durch das spezielle Beispiel gegebenen Daten als Elemente x_i zu nehmen, wie wir es bereits in den Beispielen 3-4 und 3-5 getan haben.

Empfehlung

Ist die Ergebnismenge eine Menge aus nicht abzählbar vielen Punkten eines endlichen oder unendlichen Intervalls (siehe Definition 8-9) wie in Beispiel 3-6 (jede Zahl eines Intervalls der Zeitachse ist als Ergebnis möglich), so läßt sie sich in der Form darstellen

$$M = \{x \mid a \leq x \leq b\}.$$

Form 2

Beispiele solcher Ergebnismengen findet man u.a. in der Fertigungskontrolle (z.B. Maschinenteile mit Bohrlöchern von vorgeschriebenem Toleranzbereich). Es handelt sich hier um die beobachtbaren Merkmalsausprägungen eines stetigen Merkmals.

Das Roulettespielen ist ein Zufallsexperiment mit der Ergebnismenge $M = \{0, 1, 2, \ldots, 36\}$. Setzt ein Spieler auf „gerade", so gewinnt er, wenn das Ergebnis eine gerade Zahl ist, d.h. wenn das Ergebnis ein Element der Menge

Beispiel 3-7
Roulette

$$A = \{2, 4, 6, 8, \ldots, 36\}$$

ist. (Beim Roulette spielt die Zahl 0 eine besondere Rolle; insbesondere wird sie nicht zu den geraden Zahlen gerechnet.) A ist eine Teilmenge (siehe Definition 8-4) der Ergebnismenge: $A \subset M$.

Hier liegt wieder ein Beispiel für ein diskretes quantitatives Merkmal vor, wo eine Zusammenfassung der möglichen Ergebnisse $0, 1, 2, \ldots, 36$ zu einer (endlichen) Menge erfolgt. Beim Setzen auf „gerade" interessiert den Spieler nur, ob das Ergebnis eine der möglichen geraden Zahlen der Menge A ist; es interessiert nicht das einzelne Ergebnis. □

Eine Teilmenge A der Ergebnismenge M heißt Ereignis. Wir sagen kurz „das Ereignis A ist eingetreten", falls das Ergebnis des Experiments ein Element von A ist.

Definition 3-3
Ereignis

Beim Würfeln bilden die Augenzahlen $1, 3, 5$ eine Teilmenge A der Ergebnismenge M, also ein Ereignis

Beispiel 3-8
Würfeln
(Fortsetzung von
Beispiel 3-2 und 3-5)

$$A = \{1, 3, 5\} \subset M = \{1, 2, 3, 4, 5, 6\}.$$

Das Ereignis A ist eingetreten, wenn das Ergebnis des Experiments einem Element der Menge A entspricht, d.h. beim Würfeln eine ungerade Augenzahl obenliegt. □

Jede Menge $\{x_i\}$ bzw. $\{x\}$, die nur aus einem einzigen Element der Ergebnismenge M besteht, ist somit ein Ereignis im Sinne von Definition 3-3. Man bezeichnet diese einelementigen Mengen bzw. Ereignisse als Elementarereignisse.

Elementarereignis

Das Ziehen eines Buchstabens aus der Menge aller Buchstaben des Alphabets, die einzeln auf kleine Tafeln eingraviert sind, stellt ein Zufallsexperiment dar mit der Ergebnismenge

Beispiel 3-9

$$M = \{a, b, c, \ldots, x, y, z\}.$$

Ein Ereignis ist z.B. die Menge

$$A = \{x, y\}.$$

Wünscht man z.B., daß das Ereignis A nicht eintritt, dann soll einer der Buchstaben außer x, y gezogen werden. Das ist dann das Ereignis, das genau dann eintritt, wenn A nicht eintritt; man nennt es das zu A komplementäre Ereignis $\overline{A}$ und erhält hier

$$\overline{A} = \{a, b, c, \ldots, u, v, w, z\}.$$

□

Definition 3-4
Komplementäres
Ereignis

Ein Ereignis $\overline{A}$ $(\overline{A} \subset M)$, das immer genau dann eintritt, wenn das Ereignis A $(A \subset M)$ nicht eintritt, heißt das zu A komplementäre Ereignis.

Mathematische
Schlußfolgerung

Es gelten die folgenden Beziehungen

$$A \cup \overline{A} = M, \quad M \setminus A = \overline{A}, \quad A \cap \overline{A} = \emptyset \quad \text{(siehe 8.1.3).} \tag{3.1}$$

Es gibt also zu einem Ereignis A genau ein komplementäres Ereignis $\overline{A}$.

Nach Vereinbarung wird die Ergebnismenge M immer so gewählt, daß dem Ergebnis des Experiments mit Sicherheit ein Element von M entspricht. Deshalb ist die folgende Definition sinnvoll.

Definition 3-5
Sicheres Ereignis,
unmögliches Ereignis

Die Menge M heißt sicheres Ereignis, *die leere Menge $\emptyset$ heißt* unmögliches Ereignis.

Zusammengesetztes
Ereignis

Wir bezeichnen die folgenden Ereignisse als *zusammengesetzte Ereignisse*:

a) $A \cap B$, das genau dann eintritt, wenn sowohl A als auch B eintreten.

b) $A \cup B$, das genau dann eintritt, wenn A oder B (oder beide zugleich) eintreten.

Beispiel 3-10
Geschwindigkeits-
messung

Es geht um das Experiment „Messung der Geschwindigkeit x in km/h bei Automobilen". Es seien vorgegeben: eine Richtgeschwindigkeit von 80 bis 110 km/h, die Ereignisse

$$A = \{x \mid 0 \leq x \leq 110\}, \qquad B = \{x \mid x \geq 80\}$$

und die Meßergebnisse

$$x' = 50, \qquad x'' = 115, \qquad x''' = 95.$$

Dann gilt für:

x':   Das Ereignis A ist eingetreten.

x'':   Das Ereignis B ist eingetreten.

x''':   Beide Ereignisse (A und B) sind eingetreten, d.h. es ist das zusammengesetzte Ereignis $A \cap B = \{x \mid 80 \leq x \leq 110\}$ eingetreten. □

Es kann nun Ereignisse $A \subset M$ und $B \subset M$ geben, die nicht zugleich eintreten können, z.B. die Ereignisse „gerade Zahl" und „ungerade Zahl" beim Roulette:

$$A = \{2, 4, 6, \ldots, 36\}, \qquad B = \{1, 3, 5, \ldots, 35\}.$$

Dann besitzen wegen $A \cap B = \emptyset$ die Ereignisse A und B keine gemeinsamen Elemente.

Zwei Ereignisse A und B heißen unverträglich, *wenn sie nicht zugleich eintreten können $(A \cap B = \emptyset)$.*

Das Ereignis $A \cap B = \emptyset$ ist dann immer ein unmögliches Ereignis.

Definition 3-6
Unverträgliche
Ereignisse

Beim Experiment „Werfen mit einem Würfel" sind die Ereignisse $A = \{6\}$ und $B = \{1, 3, 5\}$ unverträglich, da A und B nicht zugleich eintreten können; es ist $A \cap B = \emptyset$ ein unmögliches Ereignis.   □

Beispiel 3-11
Würfeln
(Fortsetzung der
Beispiele 3-2, 3-5
und 3-8)

Beim Roulettespielen setzt ein Spieler auf „gerade" und „unteres Drittel". Die möglichen Ereignisse sind dann

$$A = \{2, 4, 6, \ldots, 36\} \quad \text{und} \quad B = \{1, 2, 3, \ldots, 12\}.$$

Beispiel 3-12
Roulette
(Fortsetzung von
Beispiel 3-7)

Der Spieler hofft darauf, daß das Ereignis A oder das Ereignis B eintritt, d.h. er setzt auf das zusammengesetzte Ereignis

$$A \cup B = \{1, 2, 3, \ldots, 11, 12, 14, 16, \ldots, 36\}.$$ □

Wir fassen noch einmal die Begriffe zusammen, die mit unserer Modellvorstellung verknüpft sind:

a) M   ist die Ergebnismenge.

b) $A \subset M$ ist ein Ereignis. M selbst kann ebenfalls als Ereignis angesehen werden; es ist das sichere Ereignis.

c) $\overline{A} = M \setminus A$ ist das zu A komplementäre Ereignis; die Menge $\overline{A}$ besteht aus den Elementen von M, die A nicht enthält. $\overline{M} = M \setminus M = \emptyset$ ist das unmögliche Ereignis.

d) $A \cap B$ ist das Ereignis „A und B", d.h. die Menge der Elemente, die sowohl A als auch B angehören. Dieses Ereignis ist nur möglich, wenn $A \cap B \neq \emptyset$ ist, d.h. A und B nicht unverträglich (nicht elementfremd) sind.

e) $A \cup B$ ist das Ereignis „entweder A oder B" (oder gleichzeitig „A und B").

Zusammenfassung
der eingeführten
Begriffe

Die möglichen Verknüpfungen zweier Ereignisse $A \subset M$, $B \subset M$ mit $M = \{x_1, x_2, \ldots, x_n\}$ lassen sich durch sogenannte *Venn-Diagramme* veranschaulichen (Bild 3-1), siehe auch 8.1.3.

a)

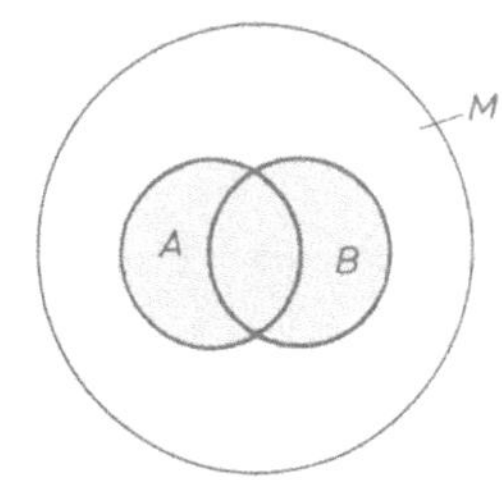

$A \cup B$ (Vereinigungsmenge) = Menge aller Elemente von M, die mindestens zu einem der beiden Ereignisse A oder B gehören.

b)

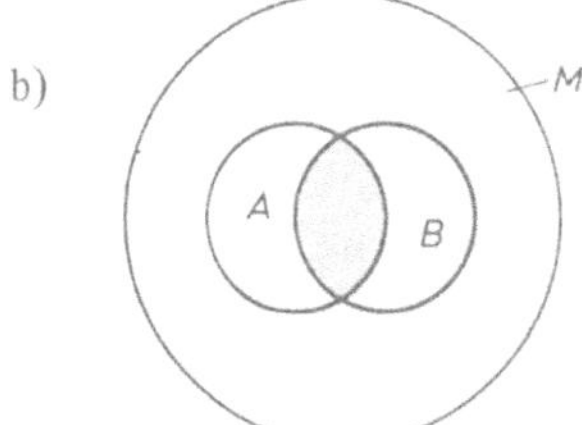

$A \cap B$ (Durchschnittsmenge) = Menge aller Elemente von M, die sowohl zu A als auch zu B gehören.

c)

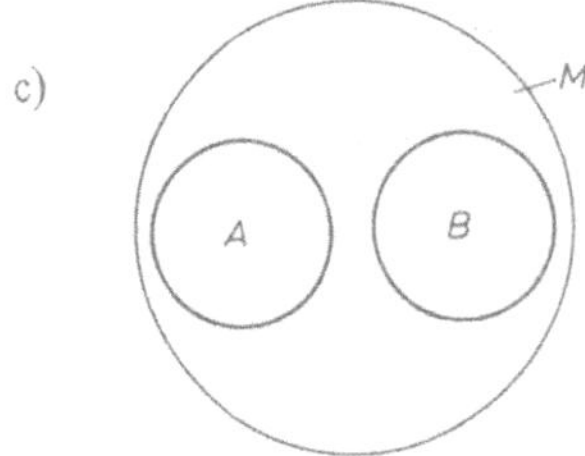

$A \cap B = \emptyset$ (Durchschnitt zweier elementfremder Mengen) = leere Menge.

d)

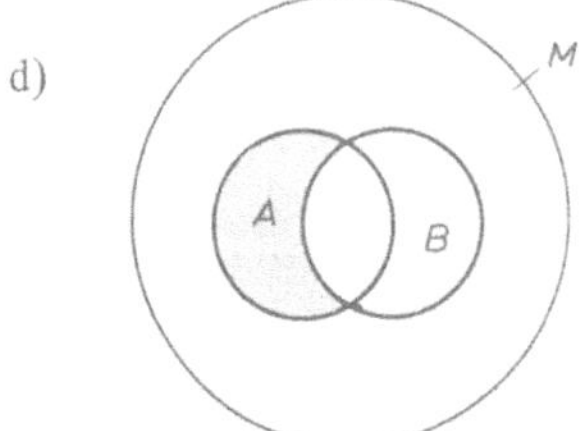

$A \setminus B$ (Differenzmenge) = Menge aller Elemente von M, die zu A, aber nicht zu B gehören (A ohne B).

e)

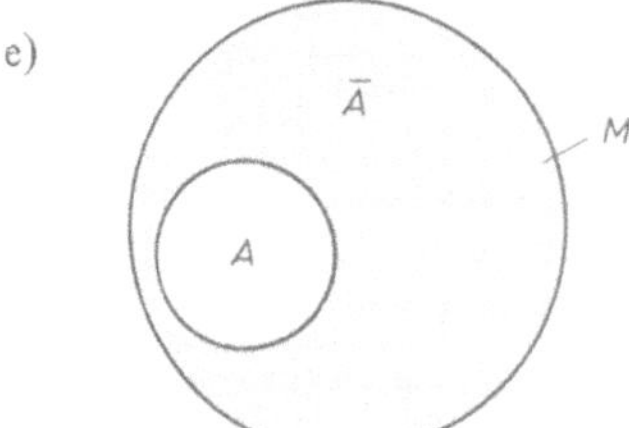

$\bar{A} = M \setminus A$ (die zu A komplementäre Menge) = Menge aller Elemente von M, die nicht zu A gehören.

Bild 3-1. Venndiagramme zur Veranschaulichung der möglichen Verknüpfungen zweier Ereignisse. Das Ergebnis der Verknüpfung ist jeweils durch Rasterung gekennzeichnet. (Zur Veranschaulichung von Mengenoperationen mit ebenen Punktmengen siehe auch 8.1.3.)

Im folgenden geben wir noch einige mögliche Verknüpfungen für drei Ereignisse
A, B, C an mit $A \subset M$, $B \subset M$, $C \subset M$:

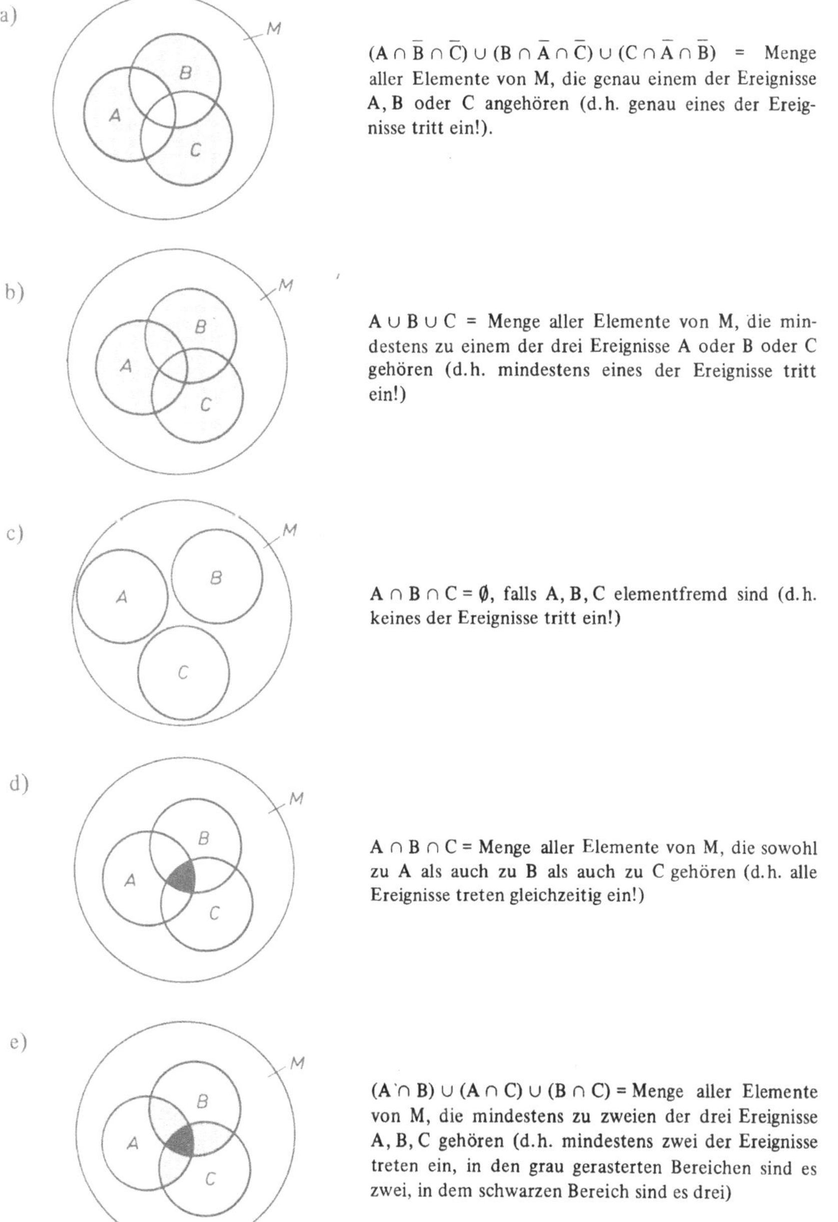

a) $(A \cap \bar{B} \cap \bar{C}) \cup (B \cap \bar{A} \cap \bar{C}) \cup (C \cap \bar{A} \cap \bar{B})$ = Menge
aller Elemente von M, die genau einem der Ereignisse
A, B oder C angehören (d.h. genau eines der Ereignisse tritt ein!).

b) $A \cup B \cup C$ = Menge aller Elemente von M, die mindestens zu einem der drei Ereignisse A oder B oder C gehören (d.h. mindestens eines der Ereignisse tritt ein!)

c) $A \cap B \cap C = \emptyset$, falls A, B, C elementfremd sind (d.h. keines der Ereignisse tritt ein!)

d) $A \cap B \cap C$ = Menge aller Elemente von M, die sowohl zu A als auch zu B als auch zu C gehören (d.h. alle Ereignisse treten gleichzeitig ein!)

e) $(A \cap B) \cup (A \cap C) \cup (B \cap C)$ = Menge aller Elemente von M, die mindestens zu zweien der drei Ereignisse A, B, C gehören (d.h. mindestens zwei der Ereignisse treten ein, in den grau gerasterten Bereichen sind es zwei, in dem schwarzen Bereich sind es drei)

Bild 3-2. Venndiagramme zur Veranschaulichung von möglichen Verknüpfungen zwischen drei Ereignissen

Verknüpfungen von
drei Ereignissen

3.2 Definition der Wahrscheinlichkeit

Eines der wesentlichen Merkmale eines Zufallsexperiments ist, daß wir vor der Durchführung nicht wissen, welches der möglichen Ergebnisse eintreten wird. Ist A ein bestimmtes Ereignis, so können wir nicht mit Sicherheit sagen, ob es eintreten wird oder nicht; dies können wir nur beim unmöglichen und beim sicheren Ereignis. Deshalb erscheint es sinnvoll, dem Ereignis A eine Zahl zuzuordnen, die in einem bestimmten Sinne ein Maß dafür ist, wie stark mit dem Eintreten von A zu rechnen ist. Diese Zuordnung von Zahlen zu Ereignissen führt zur Wahrscheinlichkeit. Die Antwort auf die Frage „Mit welcher Wahrscheinlichkeit tritt das Ereignis A ein?" soll eine Zahl sein. Wie erhalten wir nun diese Zahl, die Wahrscheinlichkeit P(A) für das Eintreten des Ereignisses A?

3.2.1 Relative Häufigkeit eines Ereignisses

Die Zuordnung zwischen den möglichen Ergebnissen eines Zufallsexperiments und den Elementen der Ergebnismenge M stellt einen ersten Denkschritt zur Entwicklung des mathematischen Denkmodells dar. Dadurch gelangten wir zu dem Begriff „Ereignis" als Teilmenge der Ergebnismenge. Ein weiterer Denkschritt besteht nun in der Zuordnung einer Zahl zum Ereignis. Diese Zahl stellt ein Maß dafür dar, wie sehr mit dem Eintreten des einzelnen Ereignisses zu rechnen ist. Mit diesem Schritt erreichen wir, daß wir Aussagen über das Eintreten von Ereignissen rechnerisch miteinander vergleichen und das Eintreten zusammengesetzter Ereignisse rechnerisch behandeln können. Versuchen wir, durch ein Zufallsexperiment eine Vorstellung über solche Zahlen zu gewinnen.

Es geht um das Einschießen eines eingespannten Gewehrs. Trotz unveränderter Einstellung des Gewehrs liegen die Einschüsse nicht gleich. Wir sprechen von Treffern, wenn die Einschüsse noch innerhalb der schwarzen Kreisfläche auf der Zielscheibe liegen. Die möglichen Ergebnisse sind: kein Treffer „0", Treffer „1", also ist M = {0, 1} die zugeordnete Ergebnismenge.

A sei das Ereignis „Treffer", also A = {1}. Man zählt nun bei Wiederholung des Experiments, wie oft bei einer bestimmten Gesamtzahl von Schüssen das Ereignis A eintritt. Es seien bei insgesamt 20 Schüssen 15 Treffer gezählt worden. Dann ist 15 geteilt durch 20 die relative Häufigkeit für das Eintreten von A. Diese Vorgehensweise läßt sich allgemein formulieren. □

Ein Zufallsexperiment werde n-mal durchgeführt und zwar so, daß die Versuchsausgänge vorangehender Durchführungen keinen Einfluß haben auf die nachfolgenden Durchführungen. $A \subset M$ und $B \subset M$ seien zwei Ereignisse, die bei dem einzelnen Experiment eintreten können. Bei n Ausführungen des Experiments sei das Ereignis A n(A)-mal und das Ereignis B n(B)-mal eingetreten. Dann heißt

$$h_n(A) = \frac{n(A)}{n} \qquad \left(bzw. \;\; h_n(B) = \frac{n(B)}{n} \right)$$

relative Häufigkeit von A (bzw. B) bei diesen n Ausführungen.

Bei n Ausführungen des Experiments kann das Ereignis A höchstens n-mal eintreten, d.h. n(A) kann jede ganze Zahl zwischen 0 und n sein, es gilt die Beziehung

$$0 \leq n(A) \leq n \,.$$

Für die relative Häufigkeit $h_n(A) = n(A)/n$ folgt daraus

$$0 \leq h_n(A) \leq 1 \,. \tag{3.2}$$

Da M das sichere Ereignis ist, d.h. immer eintritt, gilt wegen $n(M) = n$

$$h_n(M) = 1 \,. \tag{3.3}$$

Sind A und B unverträgliche Ereignisse, d.h. gilt $A \cap B = \emptyset$, so ergibt sich für das Eintreten des zusammengesetzten Ereignisses $A \cup B$ die Beziehung

$$n(A \cup B) = n(A) + n(B) \,,$$

d.h. für die relative Häufigkeit folgt

$$h_n(A \cup B) = h_n(A) + h_n(B) \,. \tag{3.4}$$

Berechnen wir nun die relativen Häufigkeiten $h_n(A)$ eines Ereignisses A in Abhängigkeit von der Anzahl n der Versuchsausführungen, so erhalten wir eine Folge von Zahlen für die relative Häufigkeit, die i.a. voneinander abweichen, jedoch mit wachsendem n meistens enger um einen bestimmten Zahlenwert herum schwanken. Könnten wir uns also für eine der gefundenen Zahlen als Maß für das Eintreten von A entscheiden? Oder: Wie oft sollen wir das Zufallsexperiment durchführen, d.h. wie groß ist n zu wählen? Zur Untersuchung dieser Frage betrachten wir das folgende Zufallsexperiment.

Der Münzwurf ist ein einfaches Zufallsexperiment, das jeder selbst ausführen kann. Bei der Zuordnung „Wappen" zu 0 und „Zahl" zu 1 ist $M = \{0, 1\}$ die Ergebnismenge. $A = \{0\}$ und $B = \{1\}$ sind zwei Ereignisse, die beim einzelnen Experiment eintreten können. Wir interessieren uns für die relative Häufigkeit $h_n(B)$ bei 40 Ausführungen des Experiments mit den Ergebnissen:

n	1	2	3	4	5	6	7	8	9	10	11	12	13	14	15
Ergebnis	0	1	0	1	0	1	1	1	1	0	1	0	1	1	0

n	16	17	18	19	20	21	22	23	24	25	26	27	28
Ergebnis	0	1	1	0	0	1	1	0	1	0	0	1	1

n	29	30	31	32	33	34	35	36	37	38	39	40
Ergebnis	0	0	1	0	0	0	1	0	1	1	0	1

Tritt bei n Ausführungen n(B)-mal das Ereignis B auf, so erhalten wir für $h_n(B) = \frac{n(B)}{n}$ z.B. folgende Werte

n	1	5	10	15	20	25	30	35	40
$h_n(B)$	0	2/5	6/10	9/15	11/20	14/25	16/30	18/35	21/40

Wir veranschaulichen die Ergebnisse anhand einer Graphik (Bild 3-3).

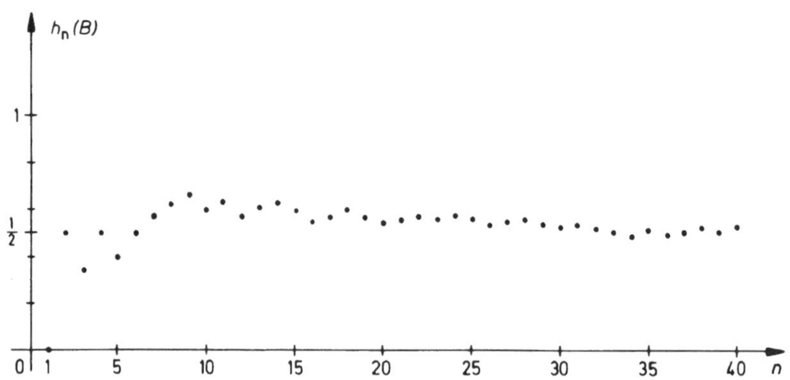

Bild 3-3. Häufigkeitsverteilung beim Münzwurf. Das Bild zeigt, daß die anfangs recht großen Schwankungen mit zuneh.nendem n immer kleiner werden. Man erhält hier eine Folge von Zahlen, die mit wachsendem n immer enger um den Wert $\frac{1}{2}$ schwankt.

Beispiel 3-15
Würfeln
(Fortsetzung der
Beispiele 3-2, 3-5,
3-8 und 3-11)

Uns interessiert die relative Häufigkeit $h_n(A)$ für das Ereignis A = {6} beim Würfeln. Bei 40 Ausführungen des Experiments erhalten wir nacheinander folgende Ergebnisse (Augenzahlen):

n	1	2	3	4	5	6	7	8	9	10	11	12	13	14	15
Augenzahl	5	2	4	4	4	6	5	6	2	5	1	4	6	4	6

n	16	17	18	19	20	21	22	23	24	25	26	27	28
Augenzahl	2	3	5	3	4	4	2	1	4	1	5	6	5

n	29	30	31	32	33	34	35	36	37	38	39	40
Augenzahl	1	6	6	4	4	2	2	1	6	1	5	2

Tritt bei n Ausführungen das Ereignis A (Würfeln einer „6") n(A)-mal auf, so erhalten wir die folgende Tabelle der relativen Häufigkeiten $h_n(A) = \frac{n(A)}{n}$:

n	1	2	3	4	5	6	7	8	9	10
$h_n(A)$	0	0	0	0	0	1/6	1/7	2/8	2/9	2/10

n	11	12	13	14	15	16	17	18	19	20
$h_n(A)$	2/11	2/12	3/13	3/14	4/15	4/16	4/17	4/18	4/19	4/20

n	21	22	23	24	25	26	27	28	29	30
$h_n(A)$	4/21	4/22	4/23	4/24	4/25	4/26	5/27	5/28	5/29	6/30

n	31	32	33	34	35	36	37	38	39	40
$h_n(A)$	7/31	7/32	7/33	7/34	7/35	7/36	8/37	8/38	8/39	8/40

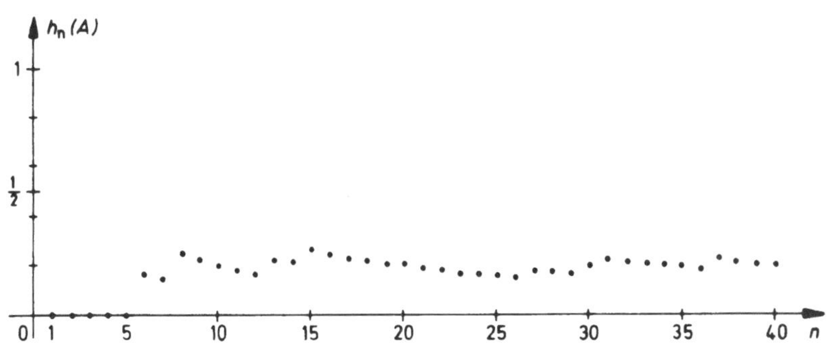

Bild 3-4. Häufigkeitsverteilung für das Ereignis, beim Werfen mit einem Würfel eine „6" zu erzielen. Die Schwankungen sind anfangs wieder wie bei Bild 3-3 verhältnismäßig groß, jedoch sind sie im Bereich großer n mit dem Auge kaum noch wahrzunehmen. Die Folge von Zahlen $h_n(A)$ stabilisiert sich, d.h. die relativen Häufigkeiten, die wir empirisch ermittelt haben, liegen alle von einem gedachten Zahlenwert nicht weit entfernt.

Es ist klar, daß für festes n die Zahl $h_n(A)$ ein gewisses Maß dafür ist, wie stark mit dem Eintreten von A zu rechnen ist. Es ist auch klar, daß der „gedachte Zahlenwert", um den herum sich die Folge der relativen Häufigkeiten bei wachsendem n im allgemeinen stabilisiert, ebenfalls ein Maß für das Eintreten des Ereignisses A ist; wir kennen diese Zahl aber nicht genau. Wir nehmen jedoch an, daß es eine solche Zahl, die *Wahrscheinlichkeit von A*, gibt. Diese Zahl sollte einerseits unabhängig sein von der speziellen Folge der Versuchsausführungen, andererseits aber ähnliche Eigenschaften wie die relativen Häufigkeiten besitzen.

Wir wollen also dem Ereignis A eine Zahl zuordnen, die die Eigenschaft hat, daß bei großem n die relativen Häufigkeiten in noch zu präzisierender Weise in ihrer Nähe liegen.

Folgerungen aus
der Diskussion
der Beispiele

Hypothese

Festlegung einer
Eigenschaft, die
die Zahl „Wahrschein-
lichkeit" besitzen soll!

3.2.2 Axiome der Wahrscheinlichkeit

Rückblick

Wir haben für das Zufallsexperiment mit seinen durch die Definition 3-1 festgelegten Eigenschaften ein mathematisches Denkmodell zur Beschreibung von zufallsabhängigen realen Vorgängen entwickelt und die mit dem Modell verknüpften Begriffe Ergebnismenge, Ereignis, relative Häufigkeit eines Ereignisses kennengelernt.

Modellbildung:
Denkschritt 3

Es bleibt noch immer die Aufgabe, für jedes Ereignis A $(A \subset M)$ eine (Maß-) Zahl P(A) für die Chance seines Eintretens anzugeben. Wir nennen P(A) die Wahrscheinlichkeit des Ereignisses A.

Axiome – Aussagen
über Beziehungen
zwischen Grund-
begriffen

Jede systematische Theorie benötigt als Grundlage ein System von Grundannahmen, aus denen alle weiteren Aussagen abgeleitet werden können, während die Grundannahmen selbst nicht beweisbar sind. Solche nicht beweisbaren Aussagen über Beziehungen zwischen Grundbegriffen heißen *Axiome*. Ein systematischer Aufbau der Wahrscheinlichkeitstheorie bedarf eines Axiomensystems.

Axiome aus der
Geometrie

Wir wollen zunächst an einem Beispiel aus der Geometrie erläutern, was ein Axiom ist.

In der Geometrie werden Begriffe wie Punkt, Gerade, Ebene nicht inhaltlich definiert; es kommt nur auf Beziehungen zwischen ihnen an, wie sie durch Axiome definiert sind. Wir führen zwei Axiome der Verknüpfung an:

„Durch je zwei verschiedene Punkte gibt es eine Gerade."

„Irgend zwei verschiedene Punkte einer Geraden bestimmen diese Gerade."

Die genannten Axiome sagen aus, in welcher Weise Punkte und Geraden miteinander in Beziehung stehen (verknüpft sind). Sie sagen nicht aus, was ein Punkt und was eine Gerade ist. Verbindet man mit den Begriffen Punkt und Gerade die übliche anschauliche Deutung (wenn es auch schwerfallen dürfte, diese näher zu beschreiben), so erscheinen die Forderungen der Axiome evident.

Hinführung zu den
Axiomen der Wahr-
scheinlichkeit

Ähnlich wie in der Geometrie die Anschauung zu den Axiomen hinführt, führen empirische Betrachtungen zu den Axiomen der Wahrscheinlichkeit. Die Anschauung zeigt: Eine Gerade ist durch zwei verschiedene Punkte bestimmt. Unsere empirischen Betrachtungen zeigen, daß die gesuchte Maßzahl P(A) sich für große Werte von n nicht allzusehr von der relativen Häufigkeit $h_n (A)$ unterscheiden sollte.

Formulierung
der Axiome

Es sei M die Ergebnismenge irgendeines Zufallsexperiments, A $(A \subset M)$ ein Ereignis. Jedem A denken wir uns eine Zahl P(A), die Wahrscheinlichkeit von A, zugeordnet. Diese Zuordnung ist nicht willkürlich. Man stellt sinnvollerweise die Forderung, daß für die Zahlen P(A) zu den Rechenregeln (3.2), (3.3) und (3.4) analoge Regeln gelten sollen; diese Regeln heißen *Axiome der Wahrscheinlichkeit* und werden wie folgt formuliert:

Axiom 1

Jedem Ereignis $A \subset M$ sei eine Zahl P(A) zugeordnet mit

$$0 \leq P(A) \leq 1 \,. \tag{3.5}$$

Axiom 2

Das sichere Ereignis M habe die Wahrscheinlichkeit Eins:

$$P(M) = 1 \,. \tag{3.6}$$

(Das Ereignis tritt mit hundertprozentiger Sicherheit ein.)

Sind A (A ⊂ M) und B (B ⊂ M) zwei unverträgliche Ereignisse (A ∩ B = ∅), so ist die Wahrscheinlichkeit, daß eines von beiden eintritt, gleich der Summe der Wahrscheinlichkeiten für das Eintreten der einzelnen Ereignisse:

Axiom 3

$$P(A \cup B) = P(A) + P(B), \quad \text{falls } A \cap B = \emptyset. \tag{3.7}$$

(Additivität der Wahrscheinlichkeit).

Die Axiome erlauben nicht die Bestimmung der Zahl $P(A)$ selbst, sie legen aber den Wahrscheinlichkeiten $P(A)$ für Ereignisse A in einer Ergebnismenge Bedingungen auf. Offensichtlich können z.B. $P(A)$, $P(B)$ für $A \subset M$, $B \subset M$ und $A \cap B = \emptyset$ keine beliebigen Werte annehmen; es muß vielmehr gelten

Einfache
Folgerung aus
den Axiomen

$$0 \leq P(A) + P(B) \leq 1.$$

Folgerungen aus den Axiomen 1 und 3

Sind A_i ($A_i \subset M$), $i = 1, 2, \ldots, n$, unverträgliche Ereignisse ($A_i \cap A_j = \emptyset$ für $i \neq j$), so folgt mit Axiom 3 die Beziehung

Mathematische
Formulierung

$$P(A_1 \cup A_2 \cup \ldots \cup A_n) = P(A_1) + P(A_2) + \ldots + P(A_n) \tag{3.8}$$

bzw. mit $\bigcup\limits_{i=1}^{n} A_i := A_1 \cup A_2 \cup \ldots \cup A_n$

$$P\left(\bigcup_{i=1}^{n} A_i\right) = \sum_{i=1}^{n} P(A_i). \tag{3.8'}$$

Der Beweis hierzu findet sich in 3.2.4 unter Regel 5.

Liegt die Ergebnismenge M mit endlich vielen Elementen x_i vor

$$M = \{x_1, x_2, \ldots, x_n\}$$

und ist p_i die Wahrscheinlichkeit für das Eintreten des Ereignisses x_i, so folgt wegen (3.6) und (3.8)

$$P(M) = \sum_{i=1}^{n} p_i = 1 \tag{3.9}$$

und für ein Ereignis $A \subset M$

$$P(A) = \sum_{x_i \in A} p_i. \tag{3.10}$$

Rechenregeln und Interpretation der Wahrscheinlichkeit

Sendung 6

Wahrscheinlichkeiten als Zahlenwerte sind ein wesentlicher Bestandteil unseres mathematischen Denkmodells. Doch selbst wenn wir im Einzelfall den Wert P(A) kennen, bedarf er einer Interpretation, wenn seine Kenntnis für unser Verhalten eine Bedeutung haben soll. Hierfür gibt es zwei Regeln:

a) Ist P(A) fast gleich 1, so kann das Ereignis A als praktisch sicher angesehen werden.

b) Wahrscheinlichkeiten lassen sich durch empirisch ermittelte relative Häufigkeiten approximieren (annähern).

3.3 Rechenregeln und Interpretation der Wahrscheinlichkeit

3.3.1 Die Interpretationsregeln

Rückblick

Brauchbarkeit
des Modells

In den letzten Abschnitten haben wir uns mit einem Denkmodell zur Beschreibung von Zufallsexperimenten beschäftigt. Mit der Ergebnismenge M, die der Menge der möglichen Ergebnisse des Zufallsexperiments entspricht, den Ereignissen A und den Wahrscheinlichkeiten P(A) der Ereignisse als Zahlenwerte ist das mathematische Denkmodell bereits vollständig aufgebaut. Die Brauchbarkeit dieses Modells hängt wesentlich davon ab, wie realistisch die Größen der Wahrscheinlichkeiten der einzelnen Ereignisse angenommen wurden. Verfahren, die gestatten, durch Beobachtung eines Zufallsexperiments diese Wahrscheinlichkeiten zu berechnen, werden in der Mathematischen Statistik behandelt. Diese Verfahren schlagen somit eine Brücke zwischen der Wirklichkeit und dem mathematischen Modell.

Wahrscheinlichkeiten
müssen interpretiert
werden!

Sind also Ergebnismenge, Ereignisse und Wahrscheinlichkeiten der Ereignisse bekannt, so können wir innerhalb unserer Theorie (z.B. durch Rechnen) zu Resultaten gelangen, deren Bedeutung für die Realität dann wiederum zu interpretieren ist. Dazu werden wir zwei sogenannte *Interpretationsregeln* angeben. Zur Hinführung auf diese Regeln behandeln wir drei Beispiele.

Beispiel 3-16a)
Zugreisen

Herr X ruft seine Frau von außerhalb seines Heimatortes aus an und sagt: ,,Der Zug geht in 10 Minuten. Du kannst ganz sicher sein, daß ich in 2 Stunden zu Hause bin".

Warum sagt Herr X ,,ganz sicher"? Schließlich könnte doch eine Betriebsstörung oder gar ein Eisenbahnunfall eintreten. □

Beispiel 3-16b)
Autoreisen

Ein Autofahrer, der über eine Autobahnbrücke fährt, hält es für praktisch sicher, drüben anzukommen, obwohl z.B. ein Erdbeben während seiner Fahrt die Brücke zerstören kann. □

Beispiel 3-16c)
Flugreisen

Ganz analoge Aussagen zu denen von a) und b) gelten für Flugreisen. □

Was heißt
,,praktisch sicher"?

Bei diesen Beispielen aus dem täglichen Leben *betrachten* wir das Eintreten von Ereignissen *als gesichert*, obwohl wir uns eingestehen müssen, daß ein Nichteintreten nicht völlig ausgeschlossen werden kann. Nach diesem Prinzip wollen wir uns bei der Beurteilung unserer Ereignisse stets richten und kommen so zur Interpretationsregel I:

*Interpretations-
regel I*

Hat ein Ereignis A eine Wahrscheinlichkeit P(A), die fast gleich 1 ist, so sollen wir handeln, als ob das Eintreten von A gesichert wäre. Das Ereignis A heißt dann praktisch sicher.

Die Formulierung „fast gleich 1" läßt dabei einen gewissen Spielraum. Ein vorsichtiger Mensch wird erst bereit sein, ein Ereignis als praktisch sicher zu betrachten, wenn seine Wahrscheinlichkeit mindestens 0,99 beträgt, während bei einem anderen diese Schranke bereits bei 0,97 liegt.

Daß diese erste Interpretationsregel sinnvoll ist, wird an den Beispielen 3-16 und 3-17 klar. Obwohl bei der Benutzung eines Verkehrsmittels die Wahrscheinlichkeit, gesund am Zielort anzukommen, keineswegs gleich 1 ist, wie die Meldungen über Verkehrsunfälle zeigen, halten wir es für praktisch sicher, nach einer Bahnfahrt (oder Autofahrt oder einem Flug) unser Ziel wohlbehalten zu erreichen.

Wie nahe bei 1 man den Wert $P(A)$ fordern sollte, um ein Ereignis A als praktisch sicher ansehen zu können (oder das komplementäre Ereignis $\overline{A}$ als praktisch unmöglich), hängt natürlich auch von den möglichen Folgen ab, die das Eintreten des komplementären Ereignisses $\overline{A}$ hätte.

Wenn eine schwere Last von einem Turmdrehkran am Drahtseil hängend bewegt wird, besteht eine sehr große Wahrscheinlichkeit, daß kein Bruch des Seiles auftritt (Ereignis A), wodurch die Last oder gar Menschen Schaden erleiden könnten. Hier wird die haftende Firma alle Vorkehrungen treffen, damit $P(A)$ der 1 noch sehr viel näher kommt, als etwa der Wert 0,999.

Die Interpretationsregel I für Ereignisse mit der Wahrscheinlichkeit nahezu gleich eins stellt den Zusammenhang zwischen unserem Denkmodell mit den von uns bisher untersuchten realen Vorgängen her. Nun ein Beispiel, bei dem es um Ereignisse geht, die nicht als praktisch sicher anzusehen sind. Dieses Beispiel führt uns zur zweiten Interpretationsregel.

Die Wahrscheinlichkeit, daß bei einem neuen Kraftfahrzeug ein Defekt auftritt, der unter die Garantiebedingungen fällt, beträgt etwa 1/50.

Was bedeutet diese Aussage? Sie bedeutet, daß etwa jedes 50. neue Fahrzeug irgendeinen Defekt haben wird.

Wir benötigen hier also eine Regel zur Interpretation von Wahrscheinlichkeiten, die nicht nahezu gleich 1 sind. Hier ist die relative Häufigkeit, mit der das Ereignis A eintritt, ungefähr gleich der Wahrscheinlichkeit dieses Ereignisses.

Führt man ein Zufallsexperiment unter den gleichen Bedingungen hinreichend oft durch und beeinflussen sich die Ergebnisse nicht gegenseitig, so ist die relative Häufigkeit, mit der das Ereignis A eintritt, ungefähr gleich der Wahrscheinlichkeit P(A) dieses Ereignisses.

Mit der Interpretationsregel II wird der in Abschnitt 3.2.1 bereits vermutete Zusammenhang zwischen der relativen Häufigkeit $h_n(A)$ für große n und der Wahrscheinlichkeit $P(A)$ hergestellt. Wichtig ist hierbei, daß das einzelne Ergebnis nicht von den vorhergehenden beeinflußt wird. Daß die Interpretationsregel II nicht angewendet werden kann, wenn diese Bedingung nicht erfüllt ist, zeigt das folgende Beispiel.

Will man etwa entsprechend der Interpretationsregel II näherungsweise die Wahrscheinlichkeit dafür ermitteln, daß an einer bestimmten Straßenstelle ein zufällig vorbeifahrendes Auto die Geschwindigkeitsbegrenzung überschreitet, so führt die empirische Ermittlung der relativen Häufigkeit solcher Fälle nicht zu einem zutreffenden Ergebnis. Hier ist nämlich die Bedingung, unter der die Interpretationsregel II anwendbar ist, nicht erfüllt. Muß nämlich z.B. ein schneller PKW seine Geschwindigkeit erheblich reduzieren, weil er in die Nähe eines vor ihm fahrenden LKW's kommt, und würden die Geschwindigkeiten beider Autos gemessen, so wäre das Meßergebnis beim PKW beeinflußt worden von dem vorhergehenden Meßergebnis, d.h. vom Meßergebnis beim LKW. □

Während die Interpretationsregel I als eine anschaulich evidente Festsetzung anzusehen ist, kann die Interpretationsregel II aus der Interpretationsregel I abgeleitet werden (vergleiche dazu Abschnitt 5.3.1). Beide Regeln enthalten einen entsprechenden Spielraum: Wie nahe $P(A)$ dem Wert 1 liegen muß, damit das Ereignis A als praktisch sicher gelten kann, bleibt offen. Je näher $P(A)$ dem Wert 1 liegt, desto sicherer ist A. Wie groß n sein muß, damit die relative Häufigkeit $h_n(A)$ der Wahrscheinlichkeit $P(A)$ nahezu gleich wird, bleibt offen. Je größer n gewählt wird, umso geringere Abweichungen der relativen Häufigkeit $h_n(A)$ von $P(A)$ darf man erwarten.

Die Interpretationsregeln liefern uns also nur eine intuitive Vorstellung des Begriffs Wahrscheinlichkeit; sie stellen die Verbindung zwischen dem Denkmodell und der Wirklichkeit dar, sind jedoch für das mathematische Modell selbst ohne Bedeutung. Im mathematischen Modell ist es nur wichtig, für jedes Ereignis A einen Zahlenwert $P(A)$ zur Verfügung zu haben und zwar so, daß diese Werte den Axiomen der Wahrscheinlichkeit genügen. Die Wahrscheinlichkeiten als Zahlen sind also Teil unseres Denkmodells. Sie haben die angenehme Eigenschaft, daß man mit ihnen rechnen kann, und zwar nach den folgenden Regeln.

3.3.2 Regeln für das Rechnen mit Wahrscheinlichkeiten

Aus den Axiomen der Wahrscheinlichkeit (3.5), (3.6) und (3.7) lassen sich noch die folgenden Regeln für das Rechnen mit Wahrscheinlichkeiten ableiten:

Das unmögliche Ereignis hat die Wahrscheinlichkeit Null

$$P(\emptyset) = 0 \,. \tag{3.11}$$

Die Wahrscheinlichkeit dafür, daß das Ereignis A nicht eintritt, ist

$$P(\overline{A}) = 1 - P(A) \,. \tag{3.12}$$

Die Wahrscheinlichkeit dafür, daß A oder B (oder A und B zugleich) eintreten, ist gleich der Summe der Wahrscheinlichkeiten von A und B vermindert um die Wahrscheinlichkeit dafür, daß A und B gleichzeitig eintreten

$$P(A \cup B) = P(A) + P(B) - P(A \cap B) \,. \tag{3.13}$$

Die Regel 3 ist eine Verallgemeinerung von (3.7) für den Fall, daß $A \cap B \neq \emptyset$ ist. Für $A \cap B = \emptyset$ folgt mit (3.13) wieder (3.7).

Die Wahrscheinlichkeit für das Eintreten von A ist kleiner oder höchstens gleich der Wahrscheinlichkeit für das Eintreten von B, wenn A eine Teilmenge von B ist

Regel 4

$$P(A) \leq P(B), \quad \text{falls } A \subset B \tag{3.14}$$

(Monotonie der Wahrscheinlichkeit).

Sind A_i ($A_i \subset M$), $i = 1, 2, \ldots, n$, unverträgliche Ereignisse, so ist die Wahrscheinlichkeit dafür, daß A_1 oder A_2 oder ... oder A_n eintreten, gleich der Summe der Wahrscheinlichkeiten der A_i für $i = 1, 2, \ldots, n$

Regel 5

$$P(A_1 \cup A_2 \cup \ldots \cup A_n) = P(A_1) + P(A_2) + \ldots + P(A_n), \tag{3.8}$$

falls $A_i \cap A_j = \emptyset$ für $i \neq j$.

Regel 5 ist eine Verallgemeinerung von (3.7) (Axiom 3). Für $n = 2$ folgt (3.7) wegen $A_1 \cap A_2 = \emptyset$.

Wir setzen in (3.7) $B = \overline{A}$. Dann erhalten wir wegen $A \cap \overline{A} = \emptyset$: $P(A \cup \overline{A}) = P(A) + P(\overline{A})$. Wegen $A \cup \overline{A} = M$ folgt weiter aus (3.6)

Beweise der Regeln
Zu Regel 2

$$P(A \cup \overline{A}) = P(A) + P(\overline{A}) = 1 \,, \tag{3.15}$$

woraus sich sofort $P(\overline{A}) = 1 - P(A)$ ergibt. Damit ist Regel 2 bewiesen.   ○

Mit $A = M$ und $\overline{M} = \emptyset$ folgt wegen $P(M) = 1$ aus

Zu Regel 1

$$P(M) + P(\emptyset) = 1, \quad \text{d.h. } P(\emptyset) = 1 - 1 = 0 \,. \tag{3.16}$$

Damit ist Regel 1 bewiesen.   ○

Ist $A \cap B \neq \emptyset$, so würden die Ereignispunkte, die A und B gemeinsam haben, doppelt gezählt, falls nur P(A) und P(B) addiert werden. Deshalb ist einmal die Wahrscheinlichkeit für das Ereignis $A \cap B$ zu subtrahieren.   ○

Zu Regel 3

Ist das Ereignis A eingetreten, so ist wegen $A \subset B$ auch B eingetreten. Die Wahrscheinlichkeit für das Eintreten von B kann also nicht kleiner sein als die für das Eintreten von A: $P(A) \leq P(B)$, oder: Aus $A \subset B$ folgt $B = A \cup B \setminus A$. Damit folgt aus $P(B) = P(A) + P(B \setminus A)$ wegen $P(B \setminus A) \geq 0$ die Ungleichung $P(A) \leq P(B)$. Diese Eigenschaft nennt man Monotonie der Wahrscheinlichkeit.   ○

Zu Regel 4

Es sei $A_I = A_1 \cup A_2$, $A_1 \cap A_2 = \emptyset$. Dann folgt aus (3.7): $P(A_I) = P(A_1) + P(A_2)$. Weiter sei $A_{II} = A_I \cup A_3$, $A_1 \cap A_3 = \emptyset$, $A_2 \cap A_3 = \emptyset$, also gilt mit (3.7) und der Beziehung für $P(A_I)$:

Zu Regel 5

$$P(A_{II}) = P(A_I) + P(A_3) = P(A_1) + P(A_2) + P(A_3) \,.$$

Durch fortgesetzte Anwendung dieser Vorgehensweise — Induktionsbeweis genannt — folgt schließlich (3.8).   ○

Oft ist es sinnvoll, anstelle des Axioms 3 (endliche Additivität) das nachfolgende Axiom 3* zu verwenden, d.h. die Gültigkeit einer auf den Fall abzählbar unendlich vieler Ereignisse erweiterten Regel 5 zu verlangen.

*Axiom 3** Sind A_i, $i = 1, 2, \ldots$ *abzählbar unendlich viele (siehe Seite 259) paarweise unverträg-liche Ereignisse* $(A_i \cap A_j = \emptyset$ *für* $i \neq j)$, *so ist die Wahrscheinlichkeit, daß eines der Ereignisse eintritt, gleich der Summe der Wahrscheinlichkeiten für das Eintreten der einzelnen Ereignisse.*

Mit $A = \bigcup\limits_{i=1}^{\infty} A_i$ gilt

$$P(A) = \sum_{i=1}^{\infty} P(A_i). \tag{3.17}$$

Im Falle $A = M$, also $M = \bigcup\limits_{i=1}^{\infty} A_i$ erhalten wir mit (3.6) für (3.17)

$$P(M) = \sum_{i=1}^{\infty} P(A_i) = 1 . \tag{3.17'}$$

*Beweis von Regel 5 mit Axiom 3** Man kann die Regel 5, also insbesondere auch die Aussage des Axioms 3 mit Axiom 3* beweisen, wenn man für $i = n + 1, n + 2, \ldots$ $A_i = \emptyset$ (unmögliches Ereignis) setzt. Es gilt dann nämlich $P(A_i) = 0$ für $i = n + 1, n + 2, \ldots$.   ○

Beispiel 3-20 Kartenspiel (zu Regel 3) Gegeben seien die 52 Karten eines Spiels. Wir entnehmen diesem Spiel eine Karte und fragen nach der Wahrscheinlichkeit, daß diese Karte ein As (Ereignis A_1) ist oder die Farbe Karo (Ereignis A_2) hat. Diese beiden Ereignisse schließen einander nicht aus, denn die gezogene Karte kann ja Karo-As sein; es gilt also $A_1 \cap A_2 \neq \emptyset$. Nehmen wir an, daß jede Karte mit der gleichen Wahrscheinlichkeit gezogen wird, so erhalten wir $P(A_1) = \frac{4}{52}$, $P(A_2) = \frac{13}{52}$ und $P(A_1 \cap A_2) = \frac{1}{52}$.

Daher finden wir mit (3.13)

$$P(A_1 \cup A_2) = P(A_1) + P(A_2) - P(A_1 \cap A_2) = \frac{4}{52} + \frac{13}{52} - \frac{1}{52} = \frac{16}{52} = 0,308 .$$

(Bei diesem Beispiel handelt es sich um ein Laplace-Experiment; siehe dazu Abschnitt 3.3.3.)   □

Beispiel 3-21 Landung einer Raumkapsel (zu Regel 4) Es sei A das Ereignis, daß eine Raumkapsel ein bestimmtes Landegebiet I trifft (Bild 3-5). B sei das Ereignis, daß die Kapsel das größere Landegebiet II trifft, welches I einschließt.

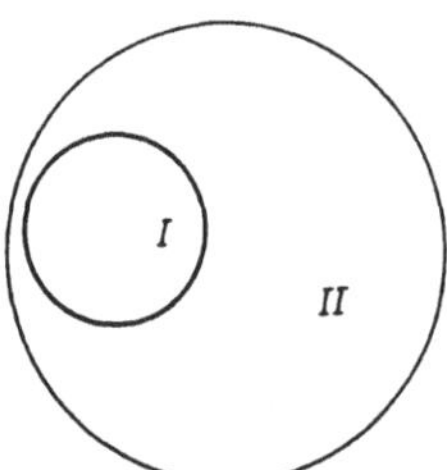

Bild 3-5. Symbolische Darstellung zweier Landegebiete für eine Raumkapsel. Die Gebiete liegen so zueinander, daß das Gebiet II immer dann getroffen wird, wenn I getroffen wird, aber nicht umgekehrt.

Die Wahrscheinlichkeit, daß das größere Gebiet II getroffen wird (Ereignis B), ist also mindestens so groß wie die, daß das Gebiet I getroffen wird (Ereignis A); also ist $P(B) \geq P(A)$.   □

Gegeben seien die Ergebnismenge

M = {a, b, c, d, e, f, g}

und die Ereignisse

$$A_1 = \{a, c\}, \qquad A_2 = \{b, g\}, \qquad A_3 = \{e\}$$

mit den Wahrscheinlichkeiten

$$P(A_1) = \tfrac{1}{4}, \qquad P(A_2) = \tfrac{1}{3}, \qquad P(A_3) = \tfrac{1}{6} .$$

Gesucht ist die Wahrscheinlichkeit $P(A)$ für $A = A_1 \cup A_2 \cup A_3$. Wegen $A_1 \cap A_2 = \emptyset$, $A_2 \cap A_3 = \emptyset$, $A_3 \cap A_1 = \emptyset$ folgt mit (3.8)

$$P(A) = P(A_1) + P(A_2) + P(A_3) = \tfrac{1}{12}(3 + 4 + 2) = \tfrac{3}{4} . \qquad \square$$

3.3.3 Die Laplace-Experimente

Die Wahrscheinlichkeit für das Eintreten eines Ereignisses läßt sich nicht in allen Fällen bestimmen, oft ist es nur auf Umwegen möglich.

Eine wichtige Klasse von Zufallsexperimenten läßt eine genaue Berechnung der Wahrscheinlichkeit zu; es sind die *Laplace-Experimente*.

Ein Zufallsexperiment, bei dem nur endlich viele Ergebnisse möglich sind, und es keinen Grund gibt, eines dieser Ergebnisse hinsichtlich der Möglichkeit seines Eintretens gegenüber den anderen höher zu bewerten, heißt Laplace-Experiment. Die Einzelergebnisse sind somit gleichwahrscheinlich, d.h. die Elementarereignisse haben die gleiche Wahrscheinlichkeit.

Bei dem Experiment „Werfen mit einem Würfel" können wir annehmen, daß keines der sechs möglichen Ergebnisse 1, 2, 3, 4, 5, 6 mit größerer Wahrscheinlichkeit eintritt, als die anderen; d.h. die Ergebnisse sind gleichwahrscheinlich, es handelt sich um ein Laplace-Experiment.

Die Elementarereignisse bezeichnen wir mit E_i, es gilt hier $E_i = \{i\}$, $i = 1, 2, \ldots, 6$. Für die Ergebnismenge M gilt dann

$$M = \{1, 2, 3, 4, 5, 6\} = \bigcup_{i=1}^{6} E_i = E_1 \cup E_2 \cup \ldots \cup E_6 . \qquad (3.18)$$

Wegen (3.8) erhalten wir mit (3.18)

$$\sum_{i=1}^{6} P(E_i) = 1 . \qquad (3.19)$$

Da die Ergebnisse gleichwahrscheinlich sind, folgt ferner

$$P(E_1) = P(E_2) = \ldots = P(E_6) , \qquad (3.20)$$

so daß wir mit (3.19) und (3.20) erhalten

$$P(E_i) = \tfrac{1}{6} \quad \text{für } i = 1, 2, \ldots, 6 .$$

Beispiel 3-22
(zu Regel 5)

Experimente, für die
$P(A)$ genau bestimmt
werden kann

Was ist ein Laplace-
Experiment?

Beispiel 3-23
Würfeln
(Fortsetzung der
Beispiele 3-2, 3-5,
3-8, 3-11, 3-15)

Bezeichnung der
Elementarereignisse

Wahrscheinlichkeit
der Elementar-
ereignisse

Die Wahrscheinlichkeit $P(E_i)$ dafür, daß beim Würfeln die Seite mit der Augenzahl i obenliegt, ist $\frac{1}{6}$. □

Münzwurf – ein
Laplace-Experiment

In analoger Weise ergeben sich bei dem Experiment „Münzwurf" (Beispiel 3-3) unter der Annahme, daß die beiden Ergebnisse Wappen (0) und Zahl (1) gleichwahrschein-lich sind, die Wahrscheinlichkeiten $P(E_1) = P(E_2) = \frac{1}{2}$ mit $E_1 = \{0\}$, $E_2 = \{1\}$ und $M = E_1 \cup E_2 = \{0, 1\}$. Denn auch hier handelt es sich um ein Laplace-Experiment, da es nur endlich viele (zwei) mögliche Ergebnisse sind, von denen wir annehmen, sie seien gleichwahrscheinlich.

Berechnung der
Wahrscheinlichkeit
von Elementar-
ereignissen

Ist m die Anzahl der möglichen Ergebnisse x_i, $i = 1, 2, \ldots, m$, eines Laplace-Experi-ments, so ist

$$M = \{x_1, x_2, \ldots, x_m\}$$

die zugehörige Ergebnismenge. Die Ergebnisse x_i, $i = 1, 2, \ldots, m$, sind gleichwahr-scheinlich. Dann gilt für die Elementarereignisse

$$E_i := \{x_i\}, \quad i = 1, 2, \ldots, m \tag{3.21}$$

die Beziehung

$$P(E_1) = P(E_2) = \ldots = P(E_m) \geq 0 . \tag{3.22}$$

Wegen (3.8) gilt wegen $M = E_1 \cup E_2 \cup \ldots \cup E_m$

$$P(M) = \sum_{i=1}^{m} P(E_i) = 1 . \tag{3.23}$$

Mit (3.22) folgt für (3.23)

$$P(M) = m \cdot P(E_i) = 1 ,$$

d. h.

$$P(E_i) = \frac{1}{m} \quad \text{für alle } i = 1, 2, \ldots, m. \tag{3.24}$$

Berechnung der
Wahrscheinlichkeit
für ein beliebiges
Ereignis

Für ein beliebiges Ereignis G ($G \subset M$) mit g Elementen gilt dann wegen (3.9)

$$P(G) = \sum_{E_i \subset G} P(E_i) = g \cdot P(E_i) = g \cdot \frac{1}{m} ,$$

d. h.

Berechnungsformel

$$P(G) = \frac{g}{m} = \frac{\text{Anzahl der Elemente von G}}{\text{Anzahl der Elemente von M}} \tag{3.25}$$

oder

$$P(G) = \frac{\text{Anzahl der (für das Ereignis G) günstigen Fälle}}{\text{Anzahl der insgesamt möglichen Fälle}} . \tag{3.25'}$$

Damit haben wir für das Laplace-Experiment einfache Formeln (3.24), (3.25) zur Be-rechnung der Wahrscheinlichkeiten gefunden.

Beim Werfen eines Würfels (oder einer Münze) ist aus Symmetriegründen die Annahme berechtigt, daß jede der Seiten mit gleicher Wahrscheinlichkeit obenliegt. Ist das Material des Würfels jedoch inhomogen (bzw. hat die Münze einen Knick), so ist die Annahme nicht mehr berechtigt; es liegt kein Laplace-Experiment vor. Um dies zu prüfen, kann man z.B. den Würfel mit 1, 2, 3, 4, 5, 6 aufgesetzten kleinen Bleikugeln oder mit 1, 2, 3, 4, 5, 6 Bohrungen versehen (bzw. die Münze knicken) und dann die relativen Häufigkeiten $h_m(E_i)$ der Elementarereignisse E_i für großes m berechnen. In der Regel werden sich dann für die $h_m(E_i)$ Zahlenwerte ergeben, die von den Werten $\frac{1}{6}$ (bzw. $\frac{1}{2}$) merkbar abweichen. Für $i \neq j$ ist i.a. $h_m(E_i) \neq h_m(E_j)$. Da nach der Interpretationsregel II für hinreichend große m der Wert $h_m(E_i)$ ungefähr gleich $P(E_i)$ wird, folgt jetzt $P(E_i) \neq P(E_j)$ für $i \neq j$, d.h. es ist unrealistisch, hier die Annahme „Laplace-Experiment" zu machen.

Wir sprechen im folgenden von einem *idealen Würfel* bzw. einer *idealen Münze,* wenn wir ausdrücken wollen, daß der Wurf durch ein Laplace-Experiment beschrieben werden soll. Wir sprechen auch von einem *idealen Kartenblatt* bzw. einer *idealen Urne* mit Kugeln verschiedener Farbe, wenn das Kartenblatt bzw. die Urne mit Kugeln so gut gemischt ist, daß wir einen Zug daraus als Laplace-Experiment auffassen können.

Beim Werfen mit einem idealen Würfel sind 6 Ergebnisse möglich, d.h. die Ergebnismenge M = {1, 2, 3, 4, 5, 6} besitzt m = 6 Elemente. Für die Wahrscheinlichkeiten der Elementarereignisse $E_i = \{i\}$ gilt $P(E_i) = \frac{1}{m} = \frac{1}{6}$, i = 1, 2, …, 6. Wie groß ist nun die Wahrscheinlichkeit, keine 6 zu werfen? Wir geben die Lösung auf zwei Wegen an.

Ist $E_6 = \{6\}$ das Ereignis, eine „6" zu werfen, so ist $\overline{E}_6 = \{1, 2, 3, 4, 5\}$ das komplementäre Ereignis, d.h. das Ereignis keine „6" zu werfen. Dann erhalten wir unter Anwendung der Regel 2 (3.12)

$$P(\overline{E}_6) = 1 - P(E_6) = 1 - \tfrac{1}{6} = \tfrac{5}{6} = 0,83\overline{3} \, .$$

Es sei G = {1, 2, 3, 4, 5} das Ereignis, keine „6" zu werfen, es besitzt g = 5 Elemente. Die Anzahl der insgesamt möglichen Fälle ist m = 6. Dann erhalten wir mit (3.25)

$$P(G) = \tfrac{g}{m} = \tfrac{5}{6} = 0,83\overline{3} \, . \qquad \square$$

Wir betrachten das Experiment „Auswahl von je zwei Karten aus den 32 Karten eines idealen Kartenblatts". Die Anzahl der voneinander verschiedenen Möglichkeiten ist $\binom{32}{2} = \frac{32 \cdot 31}{1 \cdot 2} = 496$ (siehe hierzu Abschnitt 3.4.2, Gl. (3.34)). Die Ergebnismenge M besitzt somit m = 496 Elemente. Nehmen wir an, daß 496 Elementarereignisse die gleiche Wahrscheinlichkeit haben, so liegt also ein Laplace-Experiment vor. Die Anzahl g der für das Ereignis G „zwei Buben" günstigen Fälle beträgt $\binom{4}{2} = \frac{4 \cdot 3}{1 \cdot 2} = 6$. Die Wahrscheinlichkeit für das Eintreten von G ist somit wegen (3.25)

$$P(G) = \tfrac{g}{m} = \tfrac{6}{496} \approx 0,012 \, . \qquad \square$$

Wie groß ist die Wahrscheinlichkeit, daß beim „Werfen mit zwei idealen Würfeln" (ein weißer, ein roter), mindestens einer eine „6" zeigt?

Die Ergebnismenge besteht aus $m = 6 \cdot 6 = 36$ möglichen Elementen (Zahlenpaaren), die in der Tabelle 3-1 angegeben sind.

(1.1)	(1.2)	(1.3)	(1.4)	(1.5)	(1.6)
(2.1)	(2.2)	(2.3)	(2.4)	(2.5)	(2.6)
(3.1)	(3.2)	(3.3)	(3.4)	(3.5)	(3.6)
(4.1)	(4.2)	(4.3)	(4.4)	(4.5)	(4.6)
(5.1)	(5.2)	(5.3)	(5.4)	(5.5)	(5.6)
(6.1)	(6.2)	(6.3)	(6.4)	(6.5)	(6.6)

Tabelle 3-1 Ergebnismenge beim Würfeln mit zwei idealen Würfeln. Die Tabelle umfaßt alle auftretenden Elementarereignisse (vgl. auch Bild 3-6 zu Beispiel 3-28 b)).

Dabei ist die erste Zahl die Augenzahl des weißen Würfels, die zweite Zahl die Augenzahl des roten Würfels. Aus Tabelle 3-1 entnehmen wir die gewünschten Ergebnisse (mindestens ein Würfel zeigt eine 6) und fassen sie zum Ereignis G zusammen:

$G = \{(6.1), (6.2), (6.3), (6.4), (6.5), (6.6), (1.6), (2.6), (3.6), (4.6), (5.6)\}$.

Durch Abzählen der Elemente von G finden wir $g = 11$. Dann folgt mit (3.25)

$$P(G) = \frac{g}{m} = \frac{11}{36} .$$
□

Das Lotto-Spiel „6 aus 49" ist ebenfalls ein Laplace-Experiment. Die Ziehung ist ein Zufallsexperiment mit $m = \binom{49}{6} = \frac{49 \cdot 48 \cdot 47 \cdot 46 \cdot 45 \cdot 44}{1 \cdot 2 \cdot 3 \cdot 4 \cdot 5 \cdot 6} = 13\,989\,816$ möglichen Ergebnissen (ohne Berücksichtigung der Zusatzzahl!). Jede der m Kombinationen von 6 Zahlen ist gleichwahrscheinlich, so daß die Wahrscheinlichkeit, bei einem Tip 6 richtige zu haben, $\frac{1}{13\,989\,816}$ ist. Bei zwei verschiedenen Tips mit $g = 2$ ist die Wahrscheinlichkeit, einen Hauptgewinn zu erhalten

$$P(\text{Hauptgewinn}) = \frac{g}{m} \approx \frac{1}{7\,000\,000} .$$
□

Ob ein in der Wirklichkeit stattfindendes Experiment wie z.B. der Wurf mit einem Würfel ein Laplace-Experiment ist oder nicht, kann nicht entschieden werden. Ist der Würfel jedoch aus homogenem Material vollkommen symmetrisch gefertigt, so können wir ihn als „ideal" betrachten, d.h. wir können annehmen, daß ein Wurf mit diesem Würfel ein Laplace-Experiment ist.

Oft ist es sinnvoll, davon auszugehen, als handele es sich um ein Laplace-Experiment, obwohl man genau weiß, daß diese Annahme falsch ist. So kommen z.B. Knabengeburten häufiger vor als Mädchengeburten. Für viele praktische Untersuchungen ist es jedoch ausreichend, anzunehmen, daß Knaben- und Mädchengeburten mit der gleichen Wahrscheinlichkeit eintreten. Kleine Abweichungen werden also vernachlässigt, und doch liefert das Modell „Laplace-Experiment" eine befriedigende Beschreibung der Wirklichkeit.

Ein anderes Beispiel für dieses Vorgehen:

Die üblicherweise bei Würfelspielen verwendeten Würfel sind so gefertigt, daß die Zahlen durch in den Würfel eingebohrte Löcher gekennzeichnet sind. Dadurch wird die Symmetrie dieser Würfel zerstört. Es läßt sich sogar experimentell nachweisen, daß bei diesen Würfeln gerade Zahlen häufiger gewürfelt werden als ungerade. Trotzdem ist es sinnvoll, bei der Berechnung von Gewinnchancen in Würfelspielen die Annahme zu machen, ein Wurf mit einem solchen Würfel sei ein Laplace-Experiment.

Bedingte Wahrscheinlichkeit und stochastische Unabhängigkeit   *Sendung 7*

Gegenstand der Sendung und des hier folgenden Stoffes sind die Stützpunktbegriffe „bedingte Wahrscheinlichkeit" und „stochastische Unabhängigkeit". A und B seien zwei verschiedene Ereignisse eines Zufallsexperiments. Es entsteht die Frage, ob durch das Eintreten von B die Chance für das Eintreten von A verändert wird. Das ist der Fall, wenn P(A|B), die „bedingte Wahrscheinlichkeit von A unter der Bedingung B", von P(A) verschieden ist. Ist die Annahme gerechtfertigt, daß durch das Eintreten von B das Eintreten von A nicht beeinflußt wird und umgekehrt, so heißen A und B stochastisch unabhängig. Den Abschluß bilden hier Beispiele für unabhängige Wiederholungen eines Zufallsexperiments, die auf die sogenannte Binomialverteilung führen.

3.4 Bedingte Wahrscheinlichkeit und stochastische Unabhängigkeit

3.4.1 Bedingte Wahrscheinlichkeit

Wir betrachten jetzt zwei verschiedene Ereignisse A, B eines Zufallsexperiments und stellen uns die Frage: Wird durch das Eintreten von A die Chance für das Eintreten von B verändert oder durch das Eintreten von B die Chance für das Eintreten von A? Dazu ein Beispiel.   Fragestellung

Aus einer idealen Urne mit drei weißen und zwei roten Kugeln werden nacheinander zwei Kugeln entnommen — natürlich ohne hinzusehen. Wir nehmen an, daß für jede Kugel die Wahrscheinlichkeit, gezogen zu werden, gleich groß ist (Laplace-Experiment). Das Zufallsexperiment besteht also in dem Ziehen eines Kugelpaares.   *Beispiel 3-28* Ideale Urne (Ziehen von Kugeln ohne Zurücklegen)

a) A sei das Ereignis „die zweite Kugel ist rot" und B das Ereignis „die erste Kugel ist rot". Die Ergebnismenge hat 20 Elemente; denn beim Zug der ersten Kugel gibt es 5, beim Zug der zweiten Kugel 4 Möglichkeiten, d.h. insgesamt $5 \cdot 4 = 20$ Möglichkeiten zum Ziehen eines Kugelpaares. Den Elementen von A entsprechen die Fälle, in denen eine der beiden roten Kugeln als zweite gezogen wird und als erste Kugel die andere rote oder eine der weißen Kugeln, d.h. A hat $2 \cdot 4 = 8$ Elemente. Damit haben wir $P(A) = \frac{8}{20} = \frac{2}{5}$, und für B gilt $P(B) = \frac{2}{5}$.

Unterbrechen wir nun das Experiment nach dem ersten Zug. Es sei B eingetreten. Wie groß ist dann die Wahrscheinlichkeit, daß A noch eintritt?

Diese Wahrscheinlichkeit bezeichnen wir mit $P(A|B)$. Dafür gilt $P(A|B) = \frac{1}{4}$, da nach dem Eintreten von B noch drei weiße, aber nur eine rote Kugel in der Urne sind.

95

Wir stellen fest: Nachdem B schon eingetreten ist, hat sich die Chance, daß beim Gesamtexperiment doch noch A eintritt, verringert. Das Ereignis B beeinflußt also die Chance für das Eintreten des Ereignisses A. Die Wahrscheinlichkeit des Eintretens von A ist beim Gesamtexperiment $\frac{2}{5}$. Unter der Bedingung, daß B schon eingetreten ist, ist die sogenannte „bedingte Wahrscheinlichkeit von A unter der Bedingung B" $P(A \mid B)$ nur noch $\frac{1}{4}$. Betrachten wir noch die Wahrscheinlichkeit dafür, daß A und B zugleich eintreten: $P(A \cap B)$, so sehen wir, daß es dafür nur zwei Möglichkeiten gibt: Eine der beiden roten Kugeln wird zuerst und die andere als zweite gezogen. Es gilt daher $P(A \cap B) = \frac{2}{20} = \frac{1}{10}$ und daraus folgt für die im Beispiel betrachteten Ereignisse A und B

$$P(A \mid B) = \frac{P(A \cap B)}{P(B)} = \frac{\frac{1}{10}}{\frac{2}{5}} = \frac{1}{4} \,.$$

Die Wahrscheinlichkeit $P(A)$ von A für das Gesamtexperiment ist verschieden von der Wahrscheinlichkeit $P(A \mid B)$ von A, wenn B schon eingetreten ist. Die beiden Ereignisse treten nicht unabhängig voneinander ein.

b) Es bezeichne A jetzt das Ereignis „die zweite Kugel ist weiß"; B sei wie unter a) definiert. Statt wie unter a) vorzugehen, bedienen wir uns der Darstellung der Ergebnismenge in einem Schema (Bild 3-6) oder in einem sogenannten Baumdiagramm (Bild 3-7). Das empfiehlt sich, wenn die Abzählung der Elemente von M, A und B nicht so einfach ist wie unter a). Die Ergebnismenge M hat wieder 20 Elemente, das Ereignis B tritt in 8 Fällen, das Ereignis A in 12 Fällen und das Ereignis $A \cap B$ in 6 Fällen auf. Damit wird $P(B) = \frac{8}{20} = 0{,}4$, $P(A) = \frac{12}{20} = 0{,}6$, $P(A \cap B) = \frac{6}{20} = 0{,}3$ und $P(A \mid B) = P(A \cap B)/P(B) = \frac{3}{4} = 0{,}75$.

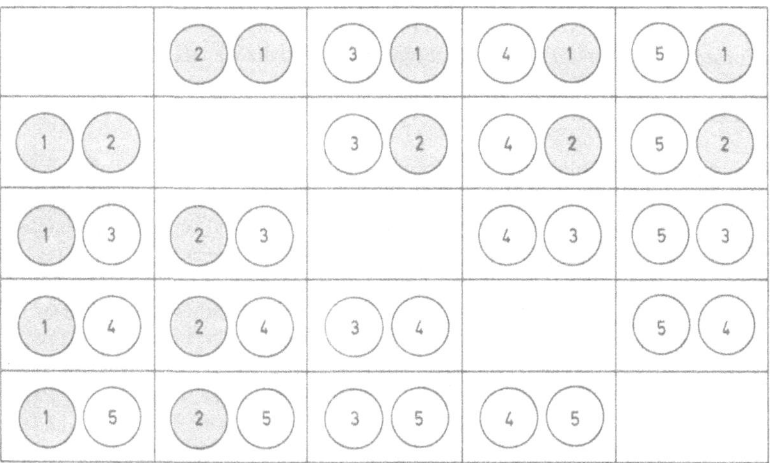

Bild 3-6. Schema zur Darstellung der Ergebnismenge des Zufallsexperiments: Ziehen von Kugeln aus einer idealen Urne ohne Zurücklegen. Die Urne in Beispiel 3-28 b) enthält zwei rote Kugeln, die durch die Nummern 1 und 2 sowie durch Rasterung der die Kugeln darstellenden Kreise gekennzeichnet sind und drei weiße Kugeln 3, 4, 5. In jedem Kästchen im Schema ist ein Elementarereignis dargestellt. Das Ereignis $A \cap B$ (1. Kugel rot, 2. Kugel weiß) tritt z. B. sechsmal (Kästchen Nr. 3, 4, 5 der ersten und zweiten Reihe) ein.

Jetzt hat sich, nachdem B eingetreten ist, die Chance für das Eintreten von A vergrößert.

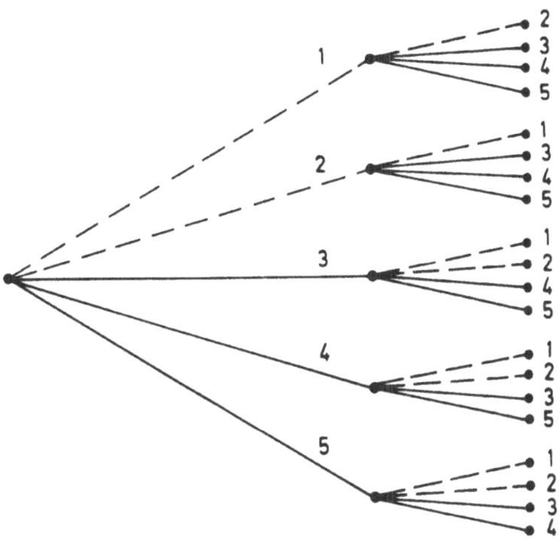

Bild 3-7. „Baumdiagramm" zur Darstellung der Ergebnismenge im Zufallsexperiment Beispiel 3-28 b). Den beiden roten Kugeln 1, 2 entsprechen „Äste" mit Strichelung, den drei weißen Kugeln 3, 4, 5 durchgezogene „Äste". Beim ersten Zug kann jeder der Kugeln 1 bis 5 gezogen werden. Die fünf größten Äste stellen diese Möglichkeiten dar. Die für den zweiten Zug verbleibenden Möglichkeiten sind durch die kleineren „Zweige" dargestellt. Das Ergebnis A ∩ B tritt z.B. sechsmal (Äste 1 und 2 jeweils mit den Zweigen 3, 4, 5) ein.

Mit Hilfe der Bilder 3-6 oder 3-7 läßt sich auch leicht der Wert von P(A|B) durch Abzählen ermitteln. Ist beim 1. Zug bereits das Ereignis B, also rot, eingetreten, dann stehen für den 2. Zug noch eine rote und drei weiße Kugeln zur Verfügung. Daher wird jetzt die Wahrscheinlichkeit, beim 2. Zug eine weiße Kugel zu erwischen, $\frac{3}{4}$ sein. □

Es seien A und B zwei Ereignisse und P(B) > 0. Der Ausdruck

$$P(A \mid B) = \frac{P(A \cap B)}{P(B)} \quad mit \ P(B) > 0 \tag{3.26}$$

heißt bedingte Wahrscheinlichkeit von A unter der Bedingung B.

Definition 3-8
Bedingte
Wahrscheinlichkeit

Eine Verallgemeinerung von (3.26) ergibt sich auf die folgende Weise.

Es seien $B_1, B_2, \ldots, B_n$ paarweise unverträgliche Ereignisse mit $P(B_i) > 0$, d.h. es gilt $B_j \cap B_k = \emptyset$ für $j \neq k$, $j, k = 1, 2, \ldots, n$. Außerdem seien $M = \bigcup_{i=1}^{n} B_i$ das sichere Ereignis und $A \subset M$ irgendein Ereignis. Dann gilt die Formel von der totalen Wahrscheinlichkeit

$$P(A) = \sum_{i=1}^{n} P(B_i) \, P(A \mid B_i) . \tag{3.27}$$

Satz 3-1
Formel von der
totalen Wahrschein-
lichkeit

Beweis	Wegen $B_j \cap B_k = \emptyset$ für $j \neq k$ ist auch

$$(A \cap B_j) \cap (A \cap B_k) = \emptyset, \quad A \cap (B_j \cap B_k \cap A) = A \cap B_j \cap B_k \cap A = \emptyset. \quad \text{(siehe 8.1.3)}$$

Wegen $A \cap M = \bigcup_{i=1}^{n} (A \cap B_i) = A$ und der aus (3.26) folgenden Beziehung

$P(A \cap B_i) = P(B_i) P(A \mid B_i)$ folgt mit (3.8') die Beziehung (3.27). $\quad\circ$

Beispiel 3-29 Würfeln und Münzwurf	Ein idealer Würfel wird geworfen; danach werden so viele ideale Münzen geworfen, wie der Würfel Augen zeigt. Wir betrachten die folgenden Ereignisse:

A: „Alle Münzen zeigen Wappen",

B_i: „Würfel zeigt i Augen", $i = 1, 2, \ldots, 6$.

Mit $P(B_i) = \frac{1}{6}$ und $P(A \mid B_i) = \frac{1}{2^i}$ für $i = 1, 2, \ldots, 6$ folgt nach (3.27)

$$P(A) = \frac{1}{6} \left(\frac{1}{2} + \frac{1}{4} + \frac{1}{8} + \frac{1}{16} + \frac{1}{32} + \frac{1}{64} \right)$$

$$= \frac{1}{6} \cdot \frac{1}{64} (32 + 16 + 8 + 4 + 2 + 1) = \frac{63}{6 \cdot 64} \approx \frac{1}{6}. \quad\square$$

Sonderfall der totalen Wahrschein- lichkeit	Ein Sonderfall zu (3.27) ergibt sich für $n = 2$, $B_1 = B$, $B_2 = \overline{B}$:

$$P(A) = P(B) P(A \mid B) + P(\overline{B}) P(A \mid \overline{B}).$$

Beispiel 3-30 Ideale Urne (Fortsetzung von Beispiel 3-28 a))	Es war $P(B) = \frac{2}{5}$. Wegen $B \cup \overline{B} = M$ und $P(M) = 1$ ist dann $P(\overline{B}) = 1 - P(B) = \frac{3}{5}$. Ferner war $P(A \mid B) = \frac{1}{4}$, und es ist $P(A \mid \overline{B}) = \frac{1}{2}$, da nach dem Eintreten von $\overline{B}$ zwei rote und zwei weiße Kugeln in der Urne sind. Setzen wir diese Ergebnisse in (3.27') ein, so erhalten wir

$$P(A) = \frac{1}{4} \cdot \frac{2}{5} + \frac{1}{2} \cdot \frac{3}{5} = \frac{2}{5}. \quad\square$$

Im Anschluß beweisen wir noch das sogenannte *Bayessche Theorem*.

Satz 3-2 Bayessches Theorem	*Es seien B_i, $i = 1, 2, \ldots, n$, paarweise unverträgliche Ereignisse mit*

$$M = \bigcup_{i=1}^{n} B_i \quad und \quad P(B_i) > 0 \quad für\ alle\ i.$$

Dann ist die bedingte Wahrscheinlichkeit des Ereignisses B_i unter der Bedingung A gegeben durch die Bayessche Formel

$$P(B_i \mid A) = \frac{P(A \mid B_i) P(B_i)}{\sum\limits_{i=1}^{n} P(B_i) P(A \mid B_i)}. \tag{3.28}$$

Beispiel 3-31 Würfeln und Münzwurf (Fortsetzung von Beispiel 3-29)	Mit $P(B_i) = \frac{1}{6} > 0$ für alle $i = 1, 2, \ldots, 6$ und $P(A \mid B_i) = \frac{1}{2^i}$ folgt für die Summe

$$\sum_{i=1}^{6} P(B_i) P(A \mid B_i) = \frac{1}{6} \sum_{i=1}^{6} P(A \mid B_i) = \frac{1}{6} \sum_{i=1}^{6} \frac{1}{2^i} = \frac{21}{128}. \quad\square$$

Mit der Bayesschen Formel (3.28) ergibt sich damit für die bedingte Wahrscheinlichkeit von B_i unter der Bedingung A die Beziehung

$$P(B_i \mid A) = \frac{128}{21} \cdot \frac{1}{6} \cdot \frac{1}{2^i} = \frac{64}{63} \cdot \frac{1}{2^i} .$$

Wird man nun nach Ende des Versuchs darüber informiert, daß alle Münzen Wappen zeigen, und soll die Anzahl i der Münzen erraten, so hat man mit dem Tip $i = 1$ die größte Chance ($P(B_1 \mid A) \approx \frac{1}{2}$). Oder: Unter den Versuchen, bei denen am Ende alle Münzen Wappen zeigen, wird am häufigsten das Ereignis B_1 (Würfel zeigt ein Auge) eintreten. □

Wegen $A \cap B_i = B_i \cap A$ folgt mit (3.26)

$$P(B_i)\,P(A \mid B_i) = P(A \cap B_i) = P(B_i \cap A) = P(A)\,P(B_i \mid A)$$

und weiter

$$P(B_i \mid A) = \frac{P(A \mid B_i)\,P(B_i)}{P(A)} .$$

Setzt man für $P(A)$ die Beziehung (3.27) ein, so folgt die Bayessche Formel (3.28), was zu beweisen war. ○

3.4.2 Stochastische Unabhängigkeit

Ereignisse A und B, die nicht gleichzeitig eintreten können, für die also $A \cap B = \emptyset$ gilt, haben wir unverträglich genannt. Für ein solches Paar gilt, falls $P(B) > 0$, wegen (3.26)

$$P(A \mid B) = 0 . \tag{3.29}$$

Ein anderer Extremfall liegt vor, falls $B \subset A$ und $P(B) > 0$. Dann gilt

$$P(A \mid B) = 1 . \tag{3.30}$$

Kriterium dafür, daß sich A und B nicht gegenseitig beeinflussen

In den beiden genannten Fällen liefert das Wissen über das Eingetretensein von B eine ganz präzise Information über das mögliche Eintreten von A.

Es gibt jedoch Situationen, in denen das Wissen davon, daß B eingetreten ist, überhaupt nichts darüber aussagt, ob A eintritt oder nicht. Wir betrachten dazu das folgende Beispiel.

Aus einer idealen Urne mit drei weißen und zwei roten Kugeln werden nacheinander zwei Kugeln entnommen, jedoch wird die zuerst gezogene Kugel vor dem zweiten Griff in die Urne zurückgelegt. Es sei A das Ereignis „die zweite Kugel ist weiß", B das Ereignis „die erste Kugel ist rot".

Jetzt besitzt die Ergebnismenge 25 Elemente. Zu den 20 Elementen in Beispiel 3-28 b) kommen hier nämlich noch die hinzu, bei denen beim zweiten Zug dieselbe Kugel wie beim ersten noch einmal gezogen wird. Das sind die Paare $(1,1), (2,2), (3,3), (4,4),$ $(5,5)$; sie füllen die leeren Kästchen im Schema von Bild 3-6 aus. Daß die zweite Kugel weiß ist, tritt bei 15 Ergebnissen, daß die erste Kugel rot ist, bei 10 Ergebnissen des

Interpretation des Beispiels

Zufallsexperiments ein. Es ist also $P(A) = \frac{15}{25} = 0{,}6$, $P(B) = \frac{10}{25} = 0{,}4$. Betrachten wir noch die Wahrscheinlichkeit dafür, daß A und B zugleich eintreten: Das ist bei 6 Ergebnissen der Fall, also $P(A \cap B) = \frac{6}{25}$. Damit erhalten wir

$$P(A\,|\,B) = P(A \cap B)/P(B) = \frac{6}{25} : \frac{10}{25} = 0{,}6 = P(A)$$

$$P(B\,|\,A) = P(A \cap B)/P(A) = \frac{6}{25} : \frac{15}{25} = 0{,}4 = P(B)$$

und daher

$$P(A \cap B) = P(A\,|\,B) \cdot P(B) = P(A)\,P(B)\,,$$
$$P(A \cap B) = P(B\,|\,A) \cdot P(A) = P(B)\,P(A)\,. \qquad \square$$

Beispiel 3-33
Werfen mit zwei
Würfeln

Zwei ideale Würfel, ein weißer und ein roter, werden geworfen. A sei das Ereignis, mit dem weißen Würfel eine ungerade Zahl zu werfen, B das Ereignis, mit dem roten eine 5 oder eine 6 zu werfen.

Es ist intuitiv klar, daß die beiden Ereignisse völlig unabhängig voneinander eintreten. M ist die Menge der $m = 6 \cdot 6 = 36$ Zahlenpaare in Tabelle 3-1, die den gleichwahrscheinlichen Ergebnissen (bzw. gleichwahrscheinlichen Elementarereignissen) entsprechen.

Wir erhalten: $P(A) = \frac{18}{36} = \frac{1}{2}$, $P(B) = \frac{12}{36} = \frac{1}{3}$, $P(A \cap B) = \frac{6}{36} = \frac{1}{6}$. Gemäß (3.26) folgt

$$P(A\,|\,B) = \frac{P(A \cap B)}{P(B)} = \frac{\frac{1}{6}}{\frac{1}{3}} = \frac{1}{2}\,. \tag{3.31}$$
$$\square$$

Damit ist also die („unbedingte") Wahrscheinlichkeit P(A) hier gleich der bedingten Wahrscheinlichkeit $P(A\,|\,B)$.

Weiter ist

$$P(B\,|\,A) = \frac{P(A \cap B)}{P(A)} = \frac{\frac{1}{6}}{\frac{1}{2}} = \frac{1}{3} = P(B)\,. \tag{3.32}$$

Aus (3.31) und (3.32) folgen die Gleichungen

$$P(A \cap B) = P(A\,|\,B) \cdot P(B) = P(A) \cdot P(B)\,,$$
$$P(A \cap B) = P(B\,|\,A) \cdot P(A) = P(B) \cdot P(A)\,.$$

Dieses Ergebnis nehmen wir zum Anlaß für die folgende Definition.

Definition 3-9
Stochastische
Unabhängigkeit

Zwei Ereignisse A und B heißen stochastisch unabhängig, *falls gilt*

$$P(A \cap B) = P(A) \cdot P(B)\,. \tag{3.33}$$

Folgerung

In diesem Fall hat die Kenntnis davon, daß B eingetreten ist, keinen Einfluß darauf, ob und mit welcher Wahrscheinlichkeit A eintritt und umgekehrt.

Daß Gleichung (3.33) nicht für beliebige Ereignisse gilt, wird an dem folgenden Beispiel klar.

Wie in Beispiel 3-33 werden wieder ein weißer und ein roter Würfel geworfen. A sei jetzt das Ereignis „weißer Würfel zeigt keine 5" und B das Ereignis „Augensumme ist 11". Dann gilt:

$$P(A) = \tfrac{5}{6}, \quad P(B) = \tfrac{2}{36} = \tfrac{1}{18} \quad \text{und} \quad P(A \cap B) = \tfrac{1}{36} \neq P(A) \cdot P(B).$$

A und B sind nicht stochastisch unabhängig. □

Immer, wenn auf Grund der Versuchsanordnung die Annahme gerechtfertigt erscheint, daß das Eintreten eines Ereignisses A das Eintreten eines Ereignisses B nicht beeinflußt, wollen wir umgekehrt bei der Beschreibung dieser Situation im mathematischen Denkmodell die Annahme der stochastischen Unabhängigkeit von A und B machen, d.h. wir wollen annehmen, daß

$$P(A \cap B) = P(A) \cdot P(B)$$

gilt.

Die Wahrscheinlichkeit, daß von zwei Flugzeugen beide in einem Jahr verunglücken, wird man i.a. unter der Annahme berechnen, daß die Ereignisse A „Unglück für Flugzeug 1" und B „Unglück für Flugzeug 2" stochastisch unabhängig sind. Ein Ausnahmefall ist z.B. folgender: Flugzeug 2 ist ein Segelflugzeug, das von Flugzeug 1 (Motorflugzeug) hochgeschleppt wird. Hier ist die Annahme $P(A \cap B) = P(A) \cdot P(B)$ nicht gerechtfertigt.

3.5 Binomialverteilung

3.5.1 Unabhängige Wiederholungen eines Zufallsexperiments

Wir betrachten nun die mehrfache Wiederholung eines Zufallsexperiments, bei der die Versuchsanordnung die Annahme rechtfertigt, daß das Ergebnis eines beliebigen Teilexperiments keinen Einfluß hat auf die Ergebnisse der anderen.

Sind $A_1, A_2, \ldots, A_n$ Ereignisse, bei denen das Eintreten des i-ten Ereignisses allein durch den Ausgang des i-ten Teilexperiments bestimmt ist, so wollen wir bei der Beschreibung dieser Situation im mathematischen Denkmodell annehmen, daß gilt

$$P(A_1 \cap A_2 \cap \ldots \cap A_n) = P(A_1) \cdot P(A_2) \cdot \ldots \cdot P(A_n).$$

Man spricht dann von unabhängigen Wiederholungen des Zufallsexperiments.

Eine Münze wird dreimal hintereinander geworfen („3 unabhängige Wiederholungen des Experiments Münzwurf"). Die möglichen 8 Ergebnisfolgen sind dann (0 = Wappen, 1 = Zahl):

$$000, \quad 001, \quad 010, \quad 011, \quad 100, \quad 101, \quad 110, \quad 111.$$

Unter der Annahme der stochastischen Unabhängigkeit können wir die Wahrscheinlichkeit für das Eintreten z.B. des Ereignisses 010 nach der Produktregel einfach berechnen:

$$P(\{010\}) = P(\text{„0 beim 1. Wurf"}) \cdot P(\text{„1 beim 2. Wurf"}) \cdot P(\text{„0 beim 3. Wurf"}) =$$
$$= \tfrac{1}{2} \cdot \tfrac{1}{2} \cdot \tfrac{1}{2} = \tfrac{1}{8}.$$

Für die anderen 7 Elementarereignisse erhalten wir ebenso die Wahrscheinlichkeit $\frac{1}{8}$.
Sei W_i, $i = 0, 1, 2, 3$, das Ereignis „genau i-mal Wappen", so erhalten wir

$P(W_0) = P(\{000\}) = \frac{1}{8}$,

$P(W_1) = P(\{011, 101, 110\}) = \frac{3}{8}$,

$P(W_2) = P(\{001, 010, 100\}) = \frac{3}{8}$,

$P(W_3) = P(\{111\}) = \frac{1}{8}$. $\qquad\qquad\square$

Wir führen das gleiche Zufallsexperiment mit einer geknickten Münze durch, so daß die
Annahme, daß es sich bei einem Wurf der Münze um ein Laplace-Experiment handelt,
nicht mehr gerechtfertigt ist, sondern $P(\text{„Wappen"}) = p \neq \frac{1}{2}$ gilt. Es ergibt sich das
folgende Bild:

Nr.	Ereignis	Wahrscheinlichkeit	Anzahl der Wappen
1	000	p^3	3
2	001	$p^2(1 - p)$	.2
3	010	$p^2(1 - p)$	2
4	011	$p(1 - p)^2$	1
5	100	$p^2(1 - p)$	2
6	101	$p(1 - p)^2$	1
7	110	$p(1 - p)^2$	1
8	111	$(1 - p)^3$	0

Tabelle 3-2. Ergebnismenge, Elementarereignisse, Wahrscheinlichkeiten beim Werfen mit einer geknickten Münze

Daraus folgt wie oben:

$P(W_0) = (1 - p)^3$,

$P(W_1) = 3p(1 - p)^2$,

$P(W_2) = 3p^2(1 - p)$,

$P(W_3) = p^3$.

Es ist $P(W_i)$ die Wahrscheinlichkeit dafür, daß bei einem 3-fachen Wurf einer „nicht-
idealen" Münze, bei dem „Wappen" mit der Wahrscheinlichkeit p auftritt, genau i-mal
Wappen erscheint.

Aus einer idealen Urne mit w weißen und r roten Kugeln sollen nacheinander drei
Kugeln entnommen werden, jede gezogene Kugel aber nach Feststellung, ob sie weiß
oder rot ist, wieder zurückgelegt werden („3 unabhängige Wiederholungen des Zufallsexperiments"). Bezeichnet 0 das Ergebnis rote Kugel und 1 das Ergebnis weiße Kugel,
so treten dieselben 8 Ergebnisfolgen $000, 001, 010, 011, 100, 101, 110, 111$ wie in
Beispiel 3-36 auf, und unter der Annahme der stochastischen Unabhängigkeit können
wir die Wahrscheinlichkeit für das Eintreten eines dieser Ereignisse wie dort nach der
Produktregel aus den Wahrscheinlichkeiten $P(0) = p$, $P(1) = 1 - p$ berechnen. Die
Wahrscheinlichkeit, aus einer Urne mit w weißen und r roten Kugeln eine rote Kugel
zu ziehen, ist nach (3.25′) $p = \frac{r}{w + r}$; die Wahrscheinlichkeit, eine weiße Kugel zu

ziehen, ist $1 - p$. Sei w_i, $i = 0, 1, 2, 3$, das Ereignis „genau i-mal rote Kugel", so ist die weitere Behandlung analog zu Beispiel 3-36; es gilt wieder Tabelle 3-2. Für $w = 3$, $r = 2$ ergibt sich $p = \frac{2}{5}$, für $w = r$ ist $p = \frac{1}{2}$. $\square$

3.5.2 Die Binomialverteilung

Die eben behandelten Beispiele 3-36 und 3-37 waren Spezialfälle des folgenden Problems:

Sei A ein Ereignis, das bei einem Zufallsexperiment auftreten kann, und $p = P(A)$ seine Wahrscheinlichkeit. Von dem Zufallsexperiment werden n unabhängige Wiederholungen durchgeführt. Man bezeichnet diese n-fache Wiederholung des Zufallsexperiments als *Bernoulli-Experiment*. Wie groß ist die Wahrscheinlichkeit dafür, daß bei diesen n Durchführungen des Zufallsexperiments genau i-mal $(i = 0, 1, 2, \ldots, n)$ das Ereignis A eintritt?

(Randnotiz: Problemstellung)

(Randnotiz: Bernoulli-Experiment)

Die Wahrscheinlichkeit für das Ereignis des i-maligen Eintretens von A sei mit $b_{n,p}(i)$ bezeichnet. Dieses Ereignis ist z.B. dann eingetreten, wenn bei den ersten i Durchführungen A eintrat und bei den restlichen $n - i$ das Ereignis $\overline{A}$, wenn sich also die folgende Reihenfolge ergab:

$$\underbrace{A, A, A, A, \ldots, A}_{\text{i-mal}} \, , \qquad \underbrace{\overline{A}, \overline{A}, \ldots, \overline{A}}_{(n-i)\text{-mal}} \, .$$

Wegen der Annahme, daß es sich um unabhängige Wiederholungen handelt, ist die Wahrscheinlichkeit dafür, daß diese spezielle Reihenfolge auftritt

$$p^i (1 - p)^{n-i} \, .$$

Aber mit der gleichen Wahrscheinlichkeit tritt jede andere Reihenfolge auf, die i-mal A und $(n-i)$-mal $\overline{A}$ enthält. Wie man in der Kombinatorik zeigt, ist die Anzahl der verschiedenen Reihenfolgen

(Randnotiz: Anzahl verschiedener Reihenfolgen)

$$\binom{n}{i} = \frac{n(n-1)\ldots(n-i+1)}{1 \cdot 2 \cdot \ldots \cdot i} \, , \tag{3.34}$$

dabei setzt man $\binom{n}{0} := 1$. Die Größen $\binom{n}{i}$ heißen *Binomialkoeffizienten*.

Damit wird

$$b_{n,p}(i) := \binom{n}{i} p^i (1 - p)^{n-i} \tag{3.35}$$

Die Gesamtheit der Zahlenpaare

(Randnotiz: Binomialverteilung)

$$(i, b_{n,p}(i)), \quad i = 0, 1, 2, \ldots, n \, ,$$

heißt *Binomialverteilung mit den Parametern (n, p)*.

Es geht um die Prüfung von Kandidaten mit Hilfe eines Prüfungsbogens, der 8 Fragen enthält. Bei jeder Frage ist in (dem Prüfling) unbekannter Reihenfolge eine richtige und eine falsche Antwort angegeben. Die richtige Antwort ist anzukreuzen. Wir nehmen an, daß die Wahrscheinlichkeit, bei einer Frage durch Raten (also zufällig)

(Randnotiz: Beispiel 3-38 Fragebogen bei einer Prüfung)

die richtige Antwort anzukreuzen, $\frac{1}{2}$ ist. Die Wahrscheinlichkeit P(„5"), bei diesen 8 Fragen genau 5 richtige Antworten anzukreuzen, ist

$$P(\text{„5"}) = b_{8,\,1/2}(5) = \binom{8}{5}\left(\frac{1}{2}\right)^5\left(1 - \frac{1}{2}\right)^3 = \frac{56}{256} = \frac{7}{32} \approx 0{,}219 \; .$$

Sind nun mindestens 5 richtige Antworten zum Bestehen der Prüfung erforderlich, dann gilt

$$P(\text{„bestanden"}) = P(\text{„mindestens 5"}) = P(\text{„5"}) + P(\text{„6"}) + P(\text{„7"}) + P(\text{„8"}) =$$
$$= \frac{7}{32} + \frac{7}{64} + \frac{1}{32} + \frac{1}{256} = \frac{93}{256} \approx 0{,}36 \; .$$

Wenn ein Kandidat also nur durch Raten die Prüfung bestehen will, so ist die Wahrscheinlichkeit für einen Erfolg ungefähr $\frac{1}{3}$. $\qquad\qquad\square$

Berechnung der Binomialkoeffizienten

Die Binomialkoeffizienten $\binom{n}{i}$ treten auch bei der Berechnung von $(a + b)^n$ auf; es gilt

$$(a + b)^n = \sum_{i=0}^{n} \binom{n}{i} a^i b^{n-i} \; . \tag{3.36}$$

Damit erhalten wir für

$$
\begin{aligned}
n = 0: \quad & (a+b)^0 = 1 \; , \\
n = 1: \quad & (a+b)^1 = a + b \; , \\
n = 2: \quad & (a+b)^2 = a^2 + 2ab + b^2 \; , \\
n = 3: \quad & (a+b)^3 = a^3 + 3a^2b + 3ab^2 + b^3 \; , \\
n = 4: \quad & (a+b)^4 = a^4 + 4a^3b + 6a^2b^2 + 4ab^3 + b^4 \; , \\
n = 5: \quad & (a+b)^5 = a^5 + 5a^4b + 10a^3b^2 + 10a^2b^3 + 5ab^4 + b^5 \; ,
\end{aligned}
\tag{3.36$'$}
$$

usw.

Die Binomialkoeffizienten für (3.36) bzw. (3.36$'$) ergeben sich sehr schnell und leicht aus dem Pascalschen Dreieck (Bild 3-8).

Pascalsches Dreieck

$$
\begin{array}{ccccccccccccc}
 & & & & & \binom{0}{0} & & & & & & & & & & & & 1 \\
 & & & & \binom{1}{0} & & \binom{1}{1} & & & & & & & & & 1 & & 1 \\
 & & & \binom{2}{0} & & \binom{2}{1} & & \binom{2}{2} & & & & & & & 1 & & 2 & & 1 \\
 & & \binom{3}{0} & & \binom{3}{1} & & \binom{3}{2} & & \binom{3}{3} & & & & & 1 & & 3 & & 3 & & 1 \\
 & \binom{4}{0} & & \binom{4}{1} & & \binom{4}{2} & & \binom{4}{3} & & \binom{4}{4} & & & 1 & & 4 & & 6 & & 4 & & 1 \\
\binom{5}{0} & & \binom{5}{1} & & \binom{5}{2} & & \binom{5}{3} & & \binom{5}{4} & & \binom{5}{5} & \; 1 & & 5 & & 10 & & 10 & & 5 & & 1 \\
\end{array}
$$

Bild 3-8. Pascalsches Dreieck. Links sind die Symbole für die Binomialkoeffizienten von $n = 0$ bis $n = 5$ angegeben, rechts die zugehörigen Zahlenwerte.

Erläuterung zum Pascalschen Dreieck

Man addiert zwei nebeneinanderstehende Zahlen des Pascalschen Dreiecks und erhält damit die darunter auf Lücke stehende Zahl. Die Gesetzmäßigkeit dazu lautet allgemein

$$\binom{n-1}{k-1} + \binom{n-1}{k} = \binom{n}{k} \; . \tag{3.37}$$

Der Beweis folgt sofort mit (3.34).

Für ein Beispiel ergibt sich unter Verwendung von (3.34)

$$\binom{4}{1} + \binom{4}{2} = 4 + 6 = 10 = \binom{5}{2}.$$

Das Schema des Pascalschen Dreiecks kann beliebig fortgesetzt werden. Die ersten beiden Zeilen des Dreiecks (n = 0, n = 1) reichen also bereits aus, um alle folgenden Zeilen mit Hilfe des Bildungsgesetzes (3.37) zu berechnen.

<table><tr><td>

Bild 3-9 zeigt verschiedene Stabdiagramme für die Binomialverteilungen $b_{n,p}(i)$. (Zum Begriff Stabdiagramm für eine Verteilung siehe Abschnitt 2.2.1, Bild 2-3.) Jedes Bild der Zeichnung stellt für n = 8 und einen festen Wert von p eine Verteilung der Wahrscheinlichkeiten

</td><td>

Stabdiagramme für die Binomialverteilung

</td></tr></table>

$$P(w_i) = b_{n,p}(i) = \binom{n}{i} p^i (1 - p)^{n - i}$$

über den diskreten Ergebniswerten i, i = 0, 1, …, n, dar.

Solche Verteilungen entstehen bei der n-maligen Ausführung von Zufallsexperimenten mit der Wahrscheinlichkeit p für das Eintreten des Ereignisses A (z.B. Wappen) im Einzelexperiment. Das komplementäre Ereignis $\overline{A}$ (z.B. Zahl) hat die Wahrscheinlichkeit $1 - p$. Für $p = \frac{1}{2}$ ist das zugehörige Stabdiagramm (Bild 3-9) symmetrisch zum Ergebniswert i = 4.

<table><tr><td>

Eine ausgezeichnete Veranschaulichung der Binomialverteilung für den Fall $p = \frac{1}{2}$ gibt das *Galton-Brett*. In ein senkrecht stehendes Brett sind in konstantem Abstand a in n parallelen Reihen Nägel eingeschlagen und zwar so, daß sich jeder Nagel in der Reihe k genau auf Lücke von zwei Nägeln der darüberliegenden Reihe k − 1 befindet.

</td><td>

Galton-Brett

</td></tr></table>

<table><tr><td>

Durch einen Trichter am oberen Ende läßt man Kugeln vom Durchmesser a einlaufen, die ohne Spielraum und ohne Reibung zwischen den Nägeln hindurchfallen können. Trifft eine Kugel auf einen Nagel, so kann sie entweder nach rechts oder nach links weiterfallen. Dies wiederholt sich in jeder Nagelreihe: Die Kugel macht einen Zufallsweg durch das Nagelbrett und zwar so, daß sie an jedem Nagel mit der Wahrscheinlichkeit $p = \frac{1}{2}$ nach rechts und mit der Wahrscheinlichkeit $1 - p = \frac{1}{2}$ nach links abgelenkt wird. Es sind also zwei gleichwahrscheinliche Elementarereignisse beim Einzelexperiment.

</td><td>

Beschreibung des Experiments

</td></tr></table>

<table><tr><td>

Nach dem Durchlaufen der n Nagelreihen werden die Kugeln in n + 1 Fächern aufgefangen. Eine Kugel fällt in das Fach Nr. i genau dann, wenn sie i-mal nach rechts und (n − i)-mal nach links abgelenkt wurde. Wir denken uns das Nagelbrett „ideal", d.h. ohne Asymmetrien, gearbeitet; dann können wir annehmen, daß im Einzelversuch (Ablenkung einer Kugel an einem Nagel) ein Laplace-Experiment vorliegt. Weiter wollen wir annehmen, daß es sich beim Gesamtexperiment um unabhängige Wiederholungen eines Zufallsexperiments handelt. Wir wollen z.B. nicht annehmen, daß eine nach rechts abgelenkte Kugel zum nächsten Nagel einen Impuls mitbringt, der sie weiter nach rechts treibt.

</td><td>

Ergebnis

</td></tr></table>

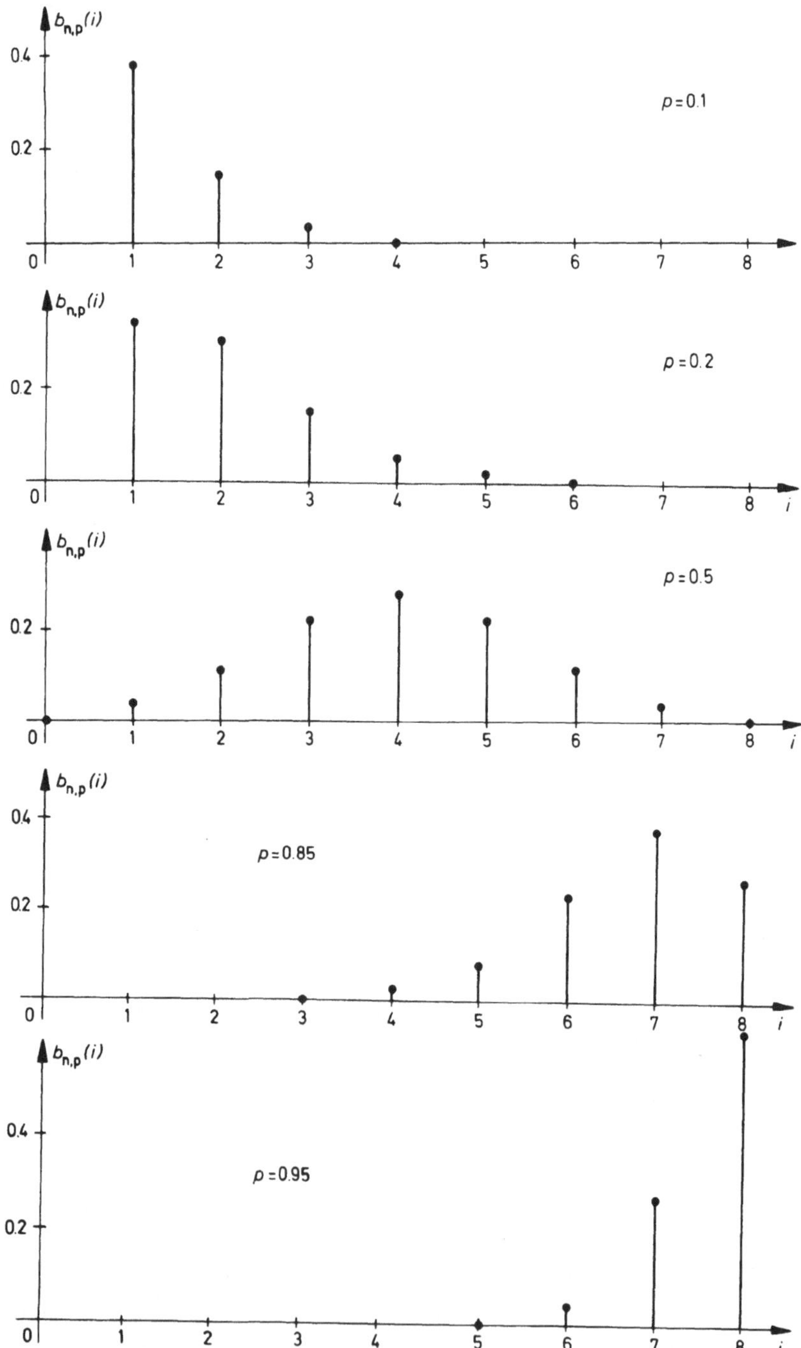

Bild 3-9. Stabdiagramme der Binomialverteilung für $n = 8$ und die Werte $p = 0,1$; $p = 0,2$; $p = 0,5$; $p = 0,85$; $p = 0,95$. Die auf der Abszisse eingetragenen Punkte bezeichnen nicht exakt den Wert Null, jedoch ist z.B. für $p = 0,2$ und $i = 6$ $b_{n,p}(i) = 0,0011$, d.h. nicht mehr in diesem Maßstab darstellbar.

Die Wahrscheinlichkeit, daß die Kugel im Fach i landet, ist daher

$$b_{8,1/2}(i) = \binom{8}{i}\left(\frac{1}{2}\right)^i\left(1-\frac{1}{2}\right)^{8-i} = \binom{8}{i}\left(\frac{1}{2}\right)^8.$$

Die Höhe der schraffierten Rechtecke in Bild 3-10 ist gegeben durch die Zahlen $b_{8,1/2}(i)$ in der Tabelle 3-3.

i	0	1	2	3	4	5	6	7	8
$b_{8,1/2}(i)$	0,004	0,031	0,109	0,219	0,273	0,219	0,109	0,031	0,004

Wahrscheinlichkeiten dafür, daß eine Kugel im Fach i landet

Tabelle 3-3. Werte von $b_{8,1/2}(i)$ zum Zufallsexperiment „Galton-Brett" (siehe auch Bild 3-11)

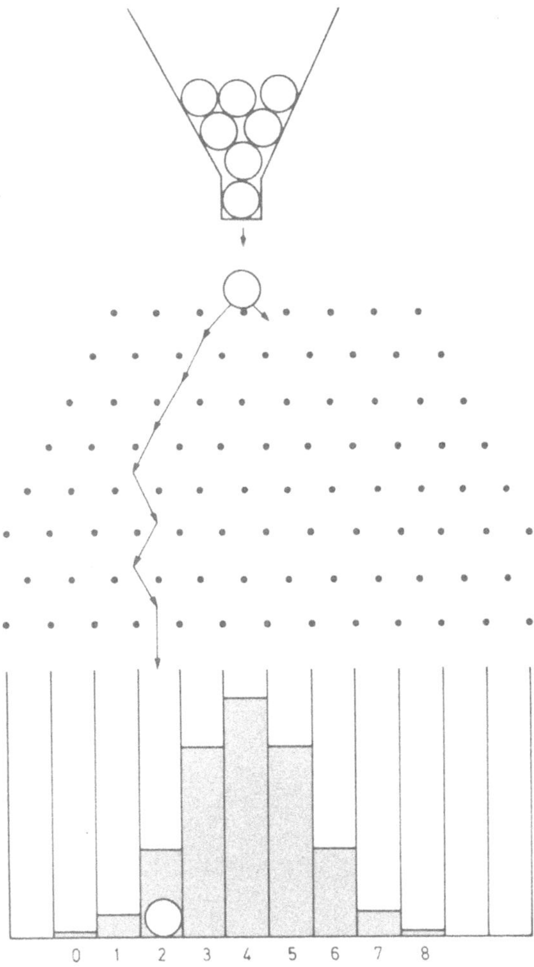

Bild 3-10. Schematische Darstellung eines Galton-Bretts mit Nagelreihen, Einfülltrichter und Auffangfächern für die Kugeln

Interpretation

Wir erinnern uns an den intuitiven Zusammenhang mit den relativen Häufigkeiten. Bei genügend häufiger Wiederholung des Zufallsexperiments, d.h. wenn wir genügend viele Kugeln durch das Brett laufen lassen, erwarten wir z.B., daß (siehe Tabelle 3-3) etwa 21,9 % der Kugeln im Fach Nr. 3 liegen.

Versuch mit
256 Kugeln

Zur Veranschaulichung denken wir uns einen Versuch mit 256 Kugeln, die den Zufallsweg durch das in Bild 3-10 dargestellte Galton-Brett mit n = 8 parallelen Nagelreihen durchlaufen. Die Wahrscheinlichkeit, daß eine bestimmte Kugel nach Durchlaufen des Brettes in das Fach Nr. 3 fällt, ist $b_{8,1/2}(3) \approx 0{,}219$. Daraus schließen wir mit Hilfe der Interpretationsregel II, daß sich im Fach Nr. 3 etwa 21,9 % von 256 Kugeln, das sind 56 Kugeln, befinden.

Bild 3-11 enthält für jeden Nagel bzw. jedes Fach die zu erwartende Anzahl von Kugeln, die auftreffen bzw. darin zu liegen kommen. In den meisten Fällen werden die sich tatsächlich ergebenden Zahlen nicht wesentlich von den angegebenen abweichen. Es sei jedoch darauf hingewiesen, daß auch alle 256 Kugeln im gleichen Fach liegen können. Das kann nicht ausgeschlossen werden. Allerdings ist die Wahrscheinlichkeit dafür sehr gering. Betrachtet man etwa das Fach Nr. 0 oder Nr. 8, so ist diese Wahrscheinlichkeit $\dfrac{1}{256^{256}} \approx 10^{-600}$.

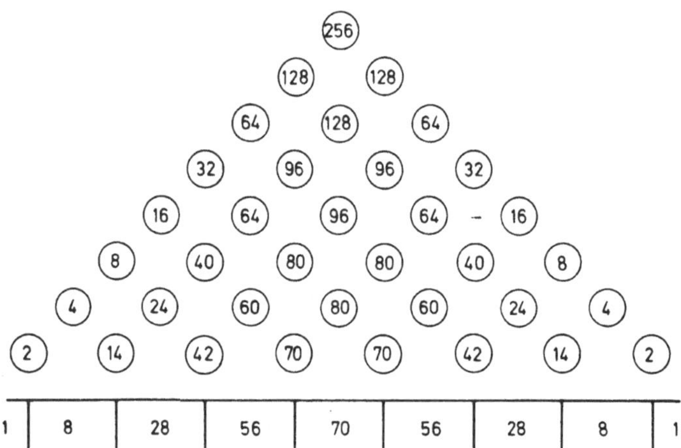

Bild 3-11. Schematische Darstellung eines Versuchs am Galton-Brett mit 8 Nagelreihen und 256 Kugeln

4 Zufallsvariable

von Karl Bosch, Braunschweig

Zufallsvariable   *Sendung 8*

Wird jedem Element a der Ergebnismenge M eines Zufallsexperimentes durch eine wohlbestimmte Vorschrift ein Zahlenwert X(a) zugeordnet, so erhält man eine Zufallsvariable X als Abbildung der Ergebnismenge M in die Zahlengerade IR.

In Sendung 8 und den hier folgenden Abschnitten werden im wesentlichen nur diskrete Zufallsvariable betrachtet, das sind Zufallsvariable, deren Wertevorrat endlich oder höchstens abzählbar unendlich ist.

Mit Hilfe der Wahrscheinlichkeiten, mit denen eine diskrete Zufallsvariable ihre einzelnen Werte annehmen kann, wird die Verteilung einer diskreten Zufallsvariablen erklärt. Schließlich wird die Verteilungsfunktion einer allgemeinen Zufallsvariablen definiert und deren Eigenschaften im diskreten Fall diskutiert.

4.1 Definition einer Zufallsvariablen

Bei vielen Zufallsexperimenten tritt als Versuchsergebnis unmittelbar ein Zahlenwert auf, wie z.B. beim Messen der Körpergröße eines aus einer Schulklasse zufällig ausgewählten Kindes oder bei der Bestimmung der pro Quadratmeter auf verschiedenen Feldern geernteten Getreidemenge. Auch wenn die bei einem Zufallsexperiment auftretenden Ergebnisse nicht selbst Zahlenwerte sind, interessiert man sich häufig für einen durch das Ergebnis bestimmten Zahlenwert. Ein paar Beispiele mögen dies illustrieren.

Problemstellung

Einführende Beispiele

Die Gesamtzahl der im laufenden Jahr durch Unfälle ausfallenden Arbeitsstunden eines Betriebes hängt vom Zufall ab. Wie viele Arbeiter dabei einen Unfall erleiden und wie lange die Arbeitsunfähigkeit jeweils dauert, ist aus dieser Zahl nicht zu erkennen. □

Beispiel 4-1

Das Gewicht eines auf einer Hühnerfarm produzierten Eies hängt vom Zufall ab. Die Eier werden nach Gewichtsklassen sortiert. Für den Erlös eines Eies ist nicht das exakte Gewicht, sondern nur die Gewichtsklasse maßgebend. □

Beispiel 4-2

Werden 100 Werkstücke auf ihre Brauchbarkeit untersucht, so interessiert man sich im allgemeinen nur für die Anzahl der fehlerhaften Stücke und nicht dafür, in welcher Reihenfolge die brauchbaren und die fehlerhaften Stücke vorgefunden werden. □

Beispiel 4-3

Ein weißer und ein roter Würfel werden geworfen. Die möglichen Versuchsergebnisse können als Zahlenpaare (i, k) dargestellt werden, wobei an der ersten Stelle jeweils die Augenzahl des weißen und an der zweiten Stelle die des roten Würfels steht. Insgesamt gibt es 36 mögliche Zahlenpaare, die in Tabelle 4-1 dargestellt sind.

Beispiel 4-4

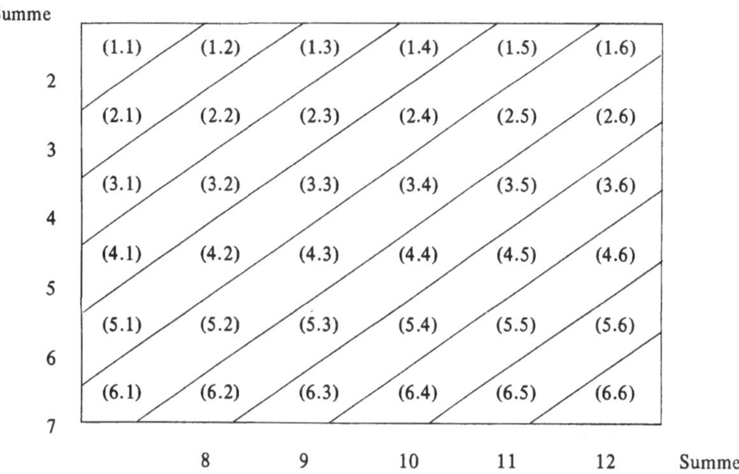

Tabelle 4-1. Augensummen zweier Würfel. Alle Paare in einem Block ergeben dieselbe Summe.

Bei vielen Würfelspielen interessiert nicht das Zahlenpaar selbst, sondern die Augensumme. Jedem Wurf mit zwei Würfeln wird durch die Summenbildung ein einzelner Zahlenwert zugeordnet. So tritt z.B. die Summe 2 auf, wenn beide Würfel eine 1 zeigen, sie ist also nur auf eine Art erzeugbar. Die Summe ist gleich 3, wenn der weiße Würfel eine 2 und der rote eine 1 zeigt oder wenn der weiße eine 1 und der rote eine 2 zeigt; man erhält die Augensumme 3 somit auf 2 Arten. Als mögliche Summenwerte kommen die Zahlen 2, 3, ..., 12 in Frage. In Tabelle 4-1 haben wir diese 11 Zahlen dem Schema, in dem die 36 möglichen Augenpaare stehen, links bzw. unten hinzugefügt. Dabei erkennt man, daß alle Paare, die in einem der eingezeichneten Blöcke stehen, denselben Summenwert ergeben.

Für die Augensumme 7 ist es z.B. belanglos, welches der sechs möglichen Paare (6, 1), (5, 2), (4, 3), (3, 4), (2, 5), (1, 6) auftritt; notwendig ist nur das Auftreten eines dieser Ergebnisse. Durch die Summenbildung wird somit jedem Zahlenpaar einer der Zahlenwerte 2, 3, ..., 12 zugeordnet, wobei verschiedene Paare, die in einem in Tabelle 4-1 eingezeichneten Block stehen, auf denselben Summenwert abgebildet werden.   □

Begriffsbildung

Die bisher behandelten Beispiele haben eines gemeinsam: Es wurde immer nach einer *Zahl* gefragt, die sich im allgemeinen nicht vorhersagen läßt.

Wir stellen uns allgemein folgende Situation vor: Jedem Element a der Ergebnismenge M eines Zufallsexperiments wird durch eine Vorschrift ein Zahlenwert X(a) zugeordnet. Damit wird die Ergebnismenge M durch die Zuordnungsvorschrift X in die Zahlengerade $\mathbb{R}$ abgebildet, wobei natürlich nicht alle Zahlen als Bildpunkte auftreten müssen. Man sagt auch, X ist eine Funktion auf M. Bild 4-1 illustriert diesen Zusammenhang.

Zuordnungs-
vorschrift

Liegt das Ergebnis a des entsprechenden Experimentes fest, so ist dadurch auch der Zahlenwert X(a) bestimmt. Man muß dazu ja nur die Zuordnungsvorschrift X auf a anwenden.

110

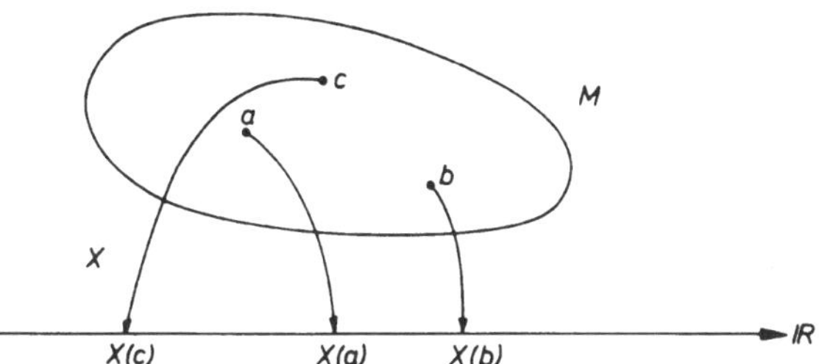

Bild 4-1. Zufallsvariable X als Abbildung der Ergebnismenge M in die reelle Achse. Dem Ergebnis a des Zufallsexperiments wird der Zahlenwert X(a) zugeordnet. Dabei müssen nicht alle reellen Zahlen als Bildpunkte auftreten.

In Beispiel 4-1 besteht die Zuordnung darin, daß in der Buchhaltung des Betriebes sämtliche Unfälle während eines Jahres registriert und die daraus resultierenden Ausfallstunden aufaddiert werden. In Beispiel 4-2 vollzieht die Eiersortiermaschine diese Zuordnung. Im dritten Beispiel wird die Gesamtzahl der defekten Gegenstände festgestellt, während im vierten Beispiel die Augenzahlen der beiden Würfel zu addieren sind. Wie die Ergebnisse a eines Experiments, so hängen auch die Zahlenwerte X(a) vom Zufall ab. Daher nennen wir X eine *Zufallsvariable*. Diese Begriffe fassen wir nochmals in der folgenden Definition zusammen.

Eine Funktion X, welche die Ergebnismenge M eines Zufallsexperiments in die Zahlengerade IR *abbildet, heißt* Zufallsvariable.

Definition 4-1
Zufallsvariable

4.2 Diskrete Zufallsvariable und deren Verteilungsfunktion

Während beim Messen der Körpergröße einer zufällig ausgewählten Person jeder Zahlenwert eines bestimmten Bereichs der Zahlengeraden auftreten kann, sind in den vier angegebenen Beispielen des Abschnitts 4.1 nur endlich viele verschiedene Zahlenwerte möglich. Man spricht hier von einem endlichen Wertevorrat, den wir mit W bezeichnen. Im folgenden Beispiel treten zwar unendlich viele Zahlenwerte auf, die aber im Gegensatz zu den möglichen Zahlenwerten der Körpergröße durchnumeriert werden können.

Endlicher
Wertevorrat

Beim Spiel „Mensch ärgere Dich nicht" darf ein Spieler erst dann starten, wenn er die erste 6 geworfen hat. Die Zufallsvariable X gebe die Anzahl der Würfe an, die bis zum Erscheinen der ersten 6 notwendig sind. Als Wert der Zufallsvariablen X kann jede natürliche Zahl n vorkommen. X kann also unendlich viele Werte annehmen, nämlich die Zahlen 1, 2, 3, ... Man spricht hier von einem *abzählbar unendlichen Wertevorrat* W (vgl. Abschnitt 8.1.1).

Beispiel 4-5
Abzählbar unendlicher
Wertevorrat

Den Zufallsvariablen von der in den Beispielen 4-1 bis 4-5 angegebenen Gestalt geben wir einen besonderen Namen in der Definition 4-2.

Eine Zufallsvariable X, deren Wertevorrat endlich oder abzählbar unendlich ist, heißt diskrete Zufallsvariable.

Definition 4-2
Diskrete
Zufallsvariable

Die Werte einer diskreten Zufallsvariablen brauchen nicht ganzzahlig zu sein. Beispiele dafür erhalten wir, wenn wir in Beispiel 4-1 die Anzahl der ausgefallenen Arbeitsstunden durch die Anzahl aller dem Betrieb angehörenden Arbeiter dividieren, d.h. die Ausfallstunden pro Arbeiter betrachten, oder wenn wir in Beispiel 4-4 nicht die Augensumme, sondern das arithmetische Mittel der beiden Augenzahlen bilden. In diesem Fall erhalten wir den Wertebereich

$$W = \{1, \tfrac{3}{2}, 2, \tfrac{5}{2}, 3, \tfrac{7}{2}, 4, \tfrac{9}{2}, 5, \tfrac{11}{2}, 6\}.$$

Bei einer diskreten Zufallsvariablen mit endlichem Wertevorrat kann z.B. die in Bild 4-2 dargestellte Situation vorkommen. Dabei werden alle Elemente des Ereignisses A_i auf den einen Zahlenwert x_i abgebildet ($i = 1, 2, 3, 4$).

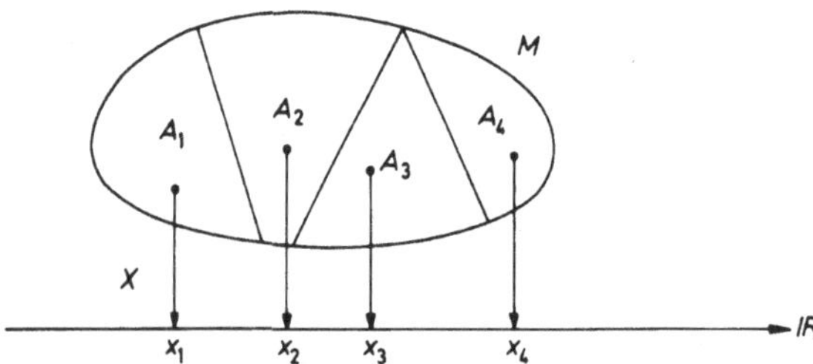

Bild 4-2. Diskrete Zufallsvariable mit nur 4 Werten. Alle Elemente des Ereignisses x_i werden auf den gleichen Zahlenwert x_i abgebildet, es gilt also $X(a) = x_i$ für alle a aus A_i für $i = 1, 2, 3, 4$.

Durch diskrete Zufallsvariable festgelegte Ereignisse

Der Wert einer Zufallsvariablen hängt vom Ergebnis des Zufallsexperiments ab. Daher nimmt die Zufallsvariable X einzelne Werte mit gewissen Wahrscheinlichkeiten an. So ist z.B. die Augensumme zweier Würfel genau dann gleich 8, wenn das Ereignis $A = \{(6, 2), (5, 3), (4, 4), (3, 5), (2, 6)\}$ eintritt.

Nehmen wir hier an, daß es sich um ein Laplace-Experiment mit 36 (gleichwahrscheinlichen) Versuchsausgängen handelt, so erhalten wir für die Wahrscheinlichkeit dafür, daß X den Wert 8 annimmt, den Zahlenwert $P(A) = \tfrac{5}{36}$.

Die Wahrscheinlichkeit, mit der eine diskrete Zufallsvariable einen bestimmten Wert annimmt

Ist x_i irgendein Zahlenwert, den die diskrete Zufallsvariable X annehmen kann (d.h. $x_i \in W$), so nimmt die Zufallsvariable X den Wert x_i genau dann an, wenn eines der Elemente $a \in M$ eintritt, die aufgrund der durch X bestimmten Zuordnungsvorschrift auf den Zahlenwert x_i abgebildet werden, wenn also das Ereignis $A_i = \{a \in M \mid X(a) = x_i\}$ eintritt. In Bild 4-3 ist ein solches Ereignis schematisch dargestellt.

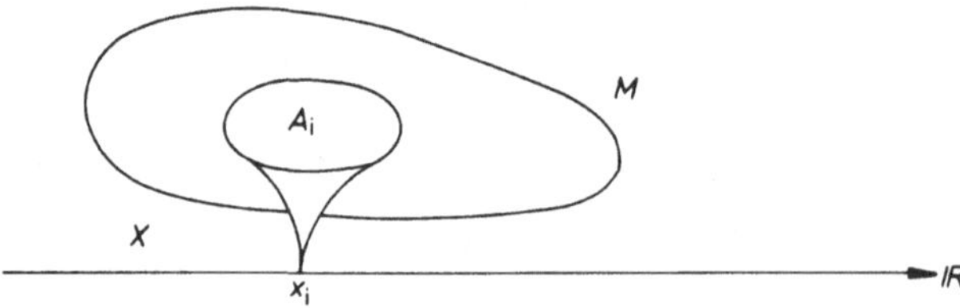

Bild 4-3. Berechnung der Wahrscheinlichkeiten einer diskreten Zufallsvariablen. Wird das Ereignis A_i auf die reelle Zahl x_i abgebildet, so nimmt die Zufallsvariable X den Zahlenwert x_i mit der Wahrscheinlichkeit $P(X = x_i) = P(A_i)$ an.

Für das Ereignis A_i schreiben wir kurz $X = x_i$. Die Wahrscheinlichkeit dafür, daß X den Wert x_i annimmt, ist daher gegeben durch die Gleichung

$$P(X = x_i) = P(A_i) = P(\{a \in M \mid X(a) = x_i\}) . \qquad (4.1)$$

Diese Gleichung hat natürlich nur dann einen Sinn, wenn für das Ereignis A_i die Wahrscheinlichkeit auch erklärt ist, wenn also das Ereignis A_i zu den „interessierenden" Ereignissen gehört. Für alle hier betrachteten diskreten Zufallsvariablen sei diese Voraussetzung erfüllt, d.h. für alle Ereignisse A_i in der Form $A_i = \{a \in M \mid X(a) = x_i\}$ sei $P(A_i)$ berechenbar.

Gehört ein Zahlenwert x nicht zum Wertebereich W der diskreten Zufallsvariablen X, d.h. $x \notin W$, so folgt aus $\{a \in M \mid X(a) = x\} = \emptyset$ die Identität

$$P(X = x) = P(\emptyset) = 0 \quad \text{für} \quad x \notin W. \qquad (4.2)$$

Für die in Beispiel 4-4 betrachtete Zufallsvariable X, welche die Augensumme zweier Würfel beschreibt, erhalten wir aus Tabelle 4-1 unmittelbar folgende Wahrscheinlichkeiten

Fortsetzung von
Beispiel 4-4

x_i	2	3	4	5	6	7	8	9	10	11	12
$P(X = x_i)$	$\frac{1}{36}$	$\frac{2}{36}$	$\frac{3}{36}$	$\frac{4}{36}$	$\frac{5}{36}$	$\frac{6}{36}$	$\frac{5}{36}$	$\frac{4}{36}$	$\frac{3}{36}$	$\frac{2}{36}$	$\frac{1}{36}$

Diese Wahrscheinlichkeiten stellen wir in Bild 4-4 graphisch dar.

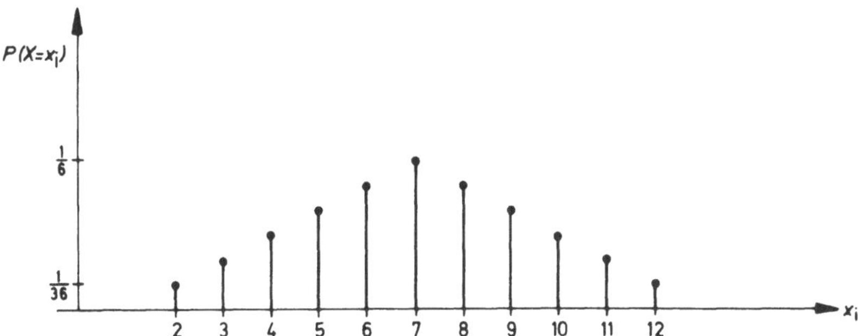

Bild 4-4. Stabdiagramm einer diskreten Zufallsvariablen X. Die diskrete Zufallsvariable, welche die Augensumme zweier idealer Würfel aus Beispiel 4-4 beschreibt, besitzt den Wertevorrat $W = \{2, 3, ..., 12\}$. Die Längen der Stäbe sind die Wahrscheinlichkeiten, mit denen die Zufallsvariable die einzelnen Werte annimmt. Diese Summe der Längen aller Stäbe ist gleich Eins.

Gelegentlich interessiert man sich für die Wahrscheinlichkeiten zusammengesetzter Ereignisse. B sei z.B. das Ereignis, das eintritt, wenn die Zufallsvariable X der Augensumme einen Wert zwischen 6 und 8 annimmt, die Grenzen mit eingeschlossen. Dieses Ereignis tritt genau dann ein, wenn eines der 3 (disjunkten) Ereignisse $X = 6$, $X = 7$, $X = 8$ eintritt. Hieraus folgt unmittelbar

Zusammengesetzte
Ereignisse

$$P(B) = P(X = 6) + P(X = 7) + P(X = 8) = \frac{4}{9} .$$

Wahrscheinlichkeitstheoretische Aussagen über eine diskrete Zufallsvariable X sind also bereits möglich, wenn man den Wertebereich W und die Wahrscheinlichkeiten kennt, mit der die einzelnen Werte $x_i \in W$ angenommen werden. Die Ergebnismenge M des zugrunde liegenden Experiments spielt dabei keine Rolle.

Daher kann eine diskrete Zufallsvariable X allgemein durch eine Tabelle beschrieben werden, in welcher die Zahlenwerte x_i, welche die Zufallsvariable X annimmt, und die zugehörigen Wahrscheinlichkeiten $P(X = x_i)$ eingetragen sind.

x_i	x_1	x_2	x_3	x_4	...
$P(X = x_i)$	$P(X = x_1)$	$P(X = x_2)$	$P(X = x_3)$	$P(X = x_4)$	...

Da eine diskrete Zufallsvariable mit Sicherheit einen der Werte x_i, zugleich aber nicht zwei verschiedene Werte annehmen kann, erhält man durch Summation über alle Wahrscheinlichkeiten $P(X = x_i)$ die Zahl 1. Es gilt also

$$\sum_i P(X = x_i) = 1 . \tag{4.3}$$

Wir wollen diese Eigenschaft nachweisen und im abzählbar unendlichen Fall kurz auf unendliche Reihen eingehen.

Beweis der
Gleichung (4.3)

Die Ereignisse $A_i = \{a \in M \mid X(a) = x_i\}$ sind für verschiedene Werte x_i paarweise unvereinbar, d.h. es gilt $A_i \cap A_k = \emptyset$ für $i \neq k$. Außerdem gilt $\bigcup_i A_i = M$, da die Zufallsvariable X einen der Werte x_i ihres Wertevorrats annimmt. Daraus folgt

$$\sum_i P(X = x_i) = \sum_i P(A_i) = P(\bigcup_i A_i) = P(M) = 1 ,$$

womit (4.3) bewiesen ist.

Die Summation bei
abzählbar unend-
lichem Wertevorrat

Nimmt die Zufallsvariable X abzählbar unendlich viele Werte an, so schreiben wir für $\sum_i P(X = x_i)$ auch $\sum_{i=1}^{\infty} P(X = x_i)$, und $\sum_{i=1}^{\infty} P(X = x_i) = 1$ bedeutet dann folgendes:

Die Summenwerte $\sum_{i=1}^{n} P(X = x_i)$, die man durch Addition der ersten n Wahrscheinlichkeiten $P(X = x_1), ..., P(X = x_n)$ erhält, kommen der Zahl 1 beliebig nahe, wenn man nur n hinreichend groß wählt. Genauer verstehen wir unter $\sum_{i=1}^{\infty} P(X = x_i) = 1$ folgendes: Zu jeder noch so kleinen Zahl $\epsilon > 0$ gibt es eine Zahl n_0 (die natürlich von ϵ abhängt), so daß sich $\sum_{i=1}^{n_0} P(X = x_i)$ von 1 um höchstens ϵ unterscheidet, d.h.

es gilt $\quad 1 - \sum_{i=1}^{n_0} P(X = x_i) \leq \epsilon .$

Wir werden dazu noch in diesem Abschnitt ein Beispiel bringen.

Die Wahrscheinlichkeit,
mit welcher X Werte
aus einem abgeschlos-
senen Intervall an-
nimmt

Zur Berechnung der Wahrscheinlichkeit dafür, daß die diskrete Zufallsvariable X Werte aus einem bestimmten Intervall $[a, b]$ annimmt, d.h. daß die Werte von X zwischen a und b liegen (die Grenzen mit eingeschlossen), muß man die Wahrscheinlichkeiten $P(X = x_i)$ für alle x_i, die in dem Intervall liegen, aufsummieren; es gilt also

$$P(a \leq X \leq b) = \sum_{a \leq x_i \leq b} P(X = x_i) . \tag{4.4}$$

114

Zur Berechnung der Wahrscheinlichkeiten für Ereignisse der Gestalt $a \leq X \leq b$ muß man nur die Werte der Zufallsvariablen X und die Wahrscheinlichkeiten, mit denen X die einzelnen Werte annimmt, kennen. Dies gibt Anlaß zur Definition 4-3.

Ist X eine diskrete Zufallsvariable mit dem Wertebereich W, so heißt die Gesamtheit aller Zahlenpaare $(x_i, P(X = x_i))$, $x_i \in W$, die Verteilung der Zufallsvariablen X.

Wir behandeln nun zwei spezielle Verteilungen.

4.2.1 Die geometrische Verteilung

Ein Zufallsexperiment werde so lange unabhängig wiederholt, bis das Ereignis A zum ersten Mal eintritt. Das Ereignis A besitze dabei die Wahrscheinlichkeit $p = P(A)$ mit $0 < p < 1$. Eine solche Situation liegt beim Spiel „Mensch ärgere Dich nicht" vor, wobei A das Ereignis ist, mit einem Würfel eine 6 zu werfen. Sind beim Werfen eines Würfels alle 6 Versuchsausgänge gleichwahrscheinlich, so gilt $p = P(A) = \frac{1}{6}$.

Die Zufallsvariable X gebe die Anzahl der bis zum ersten Eintreffen von A benötigten Versuche an. Dann gilt $P(X = 1) = P(A) = p$. Für $i > 1$ nimmt X den Wert i genau dann an, wenn bei den ersten $(i - 1)$ Versuchen jeweils das Ereignis $\overline{A}$ und beim i-ten Versuch das Ereignis A eintritt. Die Wahrscheinlichkeit dafür ist wegen $P(\overline{A}) = 1 - p$ und wegen der vorausgesetzten Unabhängigkeit der Einzelversuche gleich $(1 - p)^{i-1} \cdot p$.

Eine Zufallsvariable X mit der Verteilung $(i, (1-p)^{i-1} \cdot p)$, $i = 1, 2, 3, \dots$ $(0 < p < 1)$ heißt geometrisch verteilt *mit dem Parameter p.*

Wir zeigen die Identität $\displaystyle\sum_{i=1}^{\infty} (1-p)^{i-1} \cdot p = 1$. Dazu setzen wir $1 - p = q$ und berechnen die endliche Summe

$$S_n = \sum_{i=1}^{n} (1-p)^{i-1} \cdot p = p(1 + q + q^2 + \dots + q^{n-1}). \qquad (4.5)$$

Multiplikation dieser Gleichung mit q ergibt

$$q\,S_n = p(q + q^2 + \dots + q^{n-1} + q^n) \qquad (4.6)$$

und Subtraktion der Gleichung (4.6) von (4.5) liefert

$$(1 - q)\,S_n = p(1 - q^n).$$

Wegen $1 - q = p \neq 0$ folgt hieraus nach Division durch p

$$S_n = 1 - q^n \qquad (4.7)$$

oder

$$1 - S_n = q^n.$$

Wegen $0 < q < 1$ wird q^n beliebig klein, wenn nur n hinreichend groß ist. Dieser Sachverhalt bedeutet aber gerade

$$\sum_{i=1}^{\infty} P(X = x_i) = \sum_{i=1}^{\infty} (1-p)^{i-1} p = 1.$$

Da in der Summe S_n die Wahrscheinlichkeiten $P(X = x_i)$ für $i = 1, 2, \ldots, n$ aufaddiert werden, gilt für eine geometrisch verteilte Zufallsvariable X die Identität

$$P(X \leq n) = \sum_{i=1}^{n} (1-p)^{i-1} \cdot p = S_n = 1 - (1-p)^n. \qquad (4.8)$$

Für die Zufallsvariable X, welche die Anzahl des zum Start eines Spielers beim „Mensch ärgere Dich nicht" benötigten Versuche beschreibt, erhalten wir $P(X = i) = \left(\frac{5}{6}\right)^{i-1} \cdot \frac{1}{6}$ für $i = 1, 2, 3, \ldots$ und für die Wahrscheinlichkeit dafür, daß spätestens beim n-ten Wurf die erste 6 erscheint

$$P(X \leq n) = S_n = 1 - \left(\frac{5}{6}\right)^n \quad \text{für} \quad n = 1, 2, \ldots \qquad (4.9)$$

Für $n = 3$ ergibt sich z.B. der Zahlenwert $P(X \leq 3) = 1 - \left(\frac{5}{6}\right)^3 \approx 0{,}42$, d.h. mit Wahrscheinlichkeit von ungefähr 0,42 darf der Spieler spätestens nach dem dritten Wurf starten. Die Wahrscheinlichkeit, 100 mal hintereinander keine 6 zu werfen, beträgt $\left(\frac{5}{6}\right)^{100} \approx 0{,}000000012 = 1{,}2 \cdot 10^{-8}$. Die Wahrscheinlichkeit, mit einer Reihe im Lotto 6 Richtige zu tippen, ist ungefähr gleich $7{,}15 \cdot 10^{-8}$, also wesentlich größer als mit einem idealen Würfel 100 mal hintereinander keine 6 zu werfen.

Beispiel 4-6

Ein Mann hat insgesamt N ähnliche Schlüssel in seiner Tasche, von denen nur einer paßt. Er kommt im angetrunkenen Zustand nach Hause und versucht seine Wohnungstüre folgendermaßen zu öffnen: Er holt zufällig einen Schlüssel aus seiner Tasche. Falls dieser nicht paßt, legt er ihn wieder zu den anderen zurück und wählt danach wiederum einen Schlüssel zufällig. Wie groß ist die Wahrscheinlichkeit dafür, daß er beim i-ten Versuch zum erstenmal den passenden Schlüssel findet?

Die Zufallsvariable X, welche die Anzahl der zum Öffnen der Tür notwendigen Versuche beschreibt, ist geometrisch verteilt. Der Parameter p ist dabei die Wahrscheinlichkeit dafür, daß bei einem Einzelversuch der passende Schlüssel gezogen wird. Unter der Annahme, daß es sich bei der Auswahl der Schlüssel um ein Laplace-Experiment handelt, gilt $p = \frac{1}{N}$. Damit erhalten wir

$$P(X = i) = \left(1 - \frac{1}{N}\right)^{i-1} \cdot \frac{1}{N} \quad \text{für} \quad i = 1, 2, \ldots$$

Für $N = 6$ erhalten wir $P(X = i) = \left(\frac{5}{6}\right)^{i-1} \cdot \frac{1}{6}$, $i = 1, 2, \ldots$ Die Zufallsvariable X besitzt dann dieselbe Verteilung wie die Zufallsvariable, welche beim Spiel „Mensch ärgere Dich nicht" mit einem Laplace-Würfel die benötigte Anzahl der Würfe bis zum Erscheinen der ersten 6 beschreibt. Es liegen also zwei Situationen vor, die zwar völlig verschieden sind, aber durch Zufallsvariable mit derselben Verteilung beschrieben werden. Die Werte einer Zufallsvariablen X und deren Wahrscheinlichkeiten können somit aus verschiedenen Experimenten gewonnen werden. Daher kann man diesen Hintergrund vergessen und sich nur auf die Betrachtung der Zufallsvariablen und ihrer Verteilung beschränken, die beide Vorgänge beschreibt. □

4.2.2 Die Binomialverteilung

Bezeichnet X die Anzahl der Versuche, bei denen in einem Bernoulli-Experiment vom Umfang n das Ereignis A mit $P(A) = p$ eintritt, so gilt (siehe Abschnitt 3.5.1) $P(X = i) = \binom{n}{i} p^i (1-p)^{n-i}$ für $i = 0, 1, 2, \ldots, n$. Für solche Zufallsvariable geben wir die folgende Definition.

Eine Zufallsvariable mit der Verteilung $(i, \binom{n}{i} p^i (1-p)^{n-i})$, $i = 0, 1, 2, \ldots, n$ heißt binomialverteilt mit den Parametern (n, p) *oder kurz* $B(n, p)$-verteilt.

Wir betrachten dazu das folgende Beispiel 4-7.

Definition 4-5
Binomialverteilung

Ein Medikament wird 50 Patienten verabreicht, wobei die Heilwahrscheinlichkeit für einen einzelnen Patienten gleich 0,9 sei. Man berechne die Wahrscheinlichkeit dafür, daß genau i Patienten geheilt werden für $i = 0, 1, \ldots, 50$.

Die Zufallsvariable, welche die Anzahl der geheilten Patienten beschreibt, ist $B(50; 0,9)$-verteilt. Daher gilt

$$P(X = i) = \binom{n}{i} 0,9^i \cdot 0,1^{50-i} \quad \text{für} \quad i = 0, 1, 2, \ldots, 50. \qquad \square$$

Beispiel 4-7

Daß die Summe der Wahrscheinlichkeiten, die in einer Binomialverteilung auftreten, gleich 1 ist, zeigen wir mit Hilfe des binomischen Satzes.

Danach gilt für beliebige reelle Zahlen a, b und für jede natürliche Zahl n die Identität

$$(a + b)^n = \sum_{i=0}^{n} \binom{n}{i} a^i b^{n-i}.$$

Mit $a = p$ und $b = 1 - p$ erhalten wir hieraus

$$1 = 1^n = (p + (1-p))^n = \sum_{i=0}^{n} \binom{n}{i} p^i (1-p)^{n-i},$$

also gerade die Behauptung.

Binomischer
Lehrsatz

4.2.3 Die Verteilungsfunktion einer diskreten Zufallsvariablen

Beim Spiel „Mensch ärgere Dich nicht" wird sich ein Spieler vor Beginn einer Partie fragen, mit welcher Wahrscheinlichkeit er spätestens nach n Würfen bereits „im Spiel" ist. Nach (4.9) lautet diese Wahrscheinlichkeit

$$P(X \leq n) = 1 - \left(\tfrac{5}{6}\right)^n \quad \text{für} \quad n = 1, 2, 3, \ldots \,.$$

Die Bedeutung dieser Wahrscheinlichkeit gibt Anlaß zur Definition 4-6.

Einführendes
Beispiel

Ist X eine beliebige Zufallsvariable, so heißt die durch $F(x) = P(X \leq x)$ definierte Funktion $F: \mathbb{R} \to \mathbb{R}$ Verteilungsfunktion *der Zufallsvariablen X.*

Definition 4-6
Verteilungsfunktion

Ist x eine vorgegebene reelle Zahl, so ist $F(x) = P(X \leq x)$ die Wahrscheinlichkeit dafür, daß die Zufallsvariable X einen Wert annimmt, der kleiner oder höchstens gleich x, also nicht größer als x ist.

Auch hier müssen wir wieder voraussetzen, daß für die Ereignisse $A_x = \{a \in M \mid X(a) \leq x\}$ die Wahrscheinlichkeit $P(A_x) = P(X \leq x)$ für jedes $x \in \mathbb{R}$ erklärt ist. Ist X eine diskrete Zufallsvariable mit der Verteilung $(x_i, P(X = x_i))$, $x_i \in W$, so tritt das Ereignis $X \leq x$ genau dann ein, wenn X einen der Werte x_i mit $x_i \leq x$ annimmt. Die Wahrscheinlichkeit $P(X \leq x)$ erhält man somit durch Addition aller Werte $P(X = x_i)$, für die $x_i \leq x$ erfüllt ist, d. h. durch

Bestimmung der
Verteilungsfunktion

$$F(x) = P(X \leq x) = \sum_{x_i \leq x} P(X = x_i). \tag{4.10}$$

Als Beispiel zeichnen wir den Graphen der Verteilungsfunktion F jener Zufallsvariablen X, welche die Augensumme zweier Würfel beschreibt. Dabei gehen wir von Bild 4-4 aus, in der die einzelnen Wahrscheinlichkeiten als Stäbe eingezeichnet sind. Da die Zufallsvariable X keinen Wert annehmen kann, der kleiner als 2 ist, erhalten wir $F(x) = 0$ für $x < 2$. Für $x = 2$ ergibt sich $F(2) = P(X \leq 2) = P(X = 2) = \frac{1}{36}$. Für alle Zahlen x, die größer als 2 und kleiner als 3 sind — wir schreiben dafür $2 < x < 3$ — gilt

$$F(x) = P(X \leq x) = P(X = 2) = \frac{1}{36},$$

da als mögliche Werte der Zufallsvariablen X, die nicht größer als x sind, nur der Wert 2 auftreten kann. Die Funktionswerte $F(x)$ sind daher für alle x mit $2 \leq x < 3$ gleich $\frac{1}{36}$, die Funktion F ist also in diesem Bereich konstant (siehe Bild 4-5). An der Stelle $x = 3$ kommt ein Wert hinzu, der von der Zufallsvariablen X mit positiver Wahrscheinlichkeit angenommen werden kann. Daher gilt $F(3) = P(X = 2) + P(X = 3) = \frac{3}{36} = \frac{1}{12}$. Danach bleibt die Funktion wieder konstant bis zur Stelle $x = 4$, an der sie sich um den Wert $P(X = 4)$ vergrößert, also einen sogenannten Sprung nach oben um die „Sprunghöhe" $P(X = 4) = \frac{1}{12}$ macht. Die Stelle $x = 4$ heißt daher *Sprungstelle*

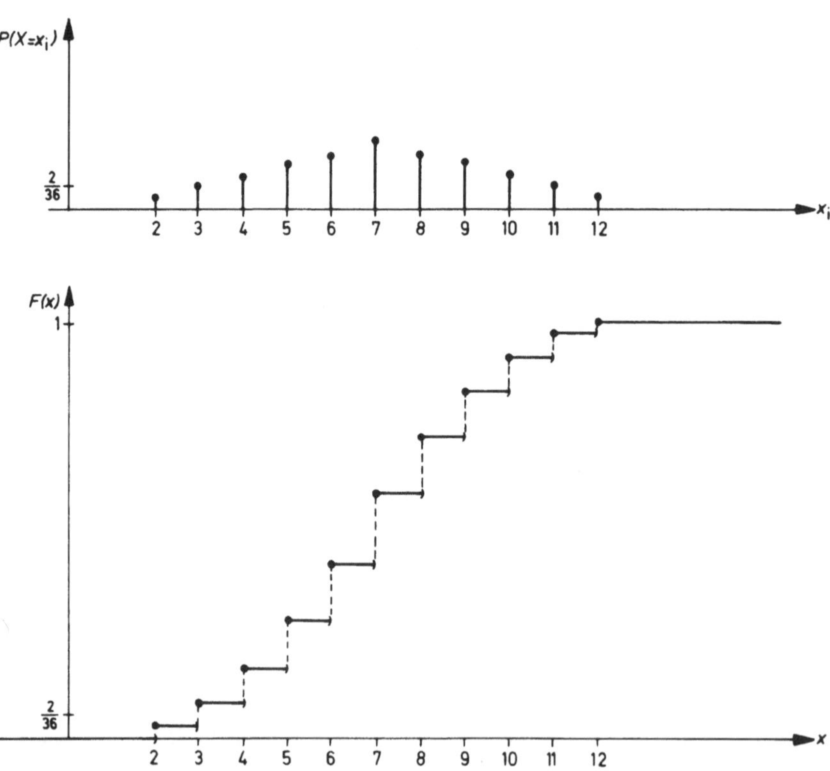

Bild 4-5. Stabdiagramm und Verteilungsfunktion einer diskreten Zufallsvariablen (Augensumme zweier idealer Würfel). Die Sprunghöhe der Verteilungsfunktion F an der Stelle x_i ist gleich $P(X = x_i)$, also gleich der Wahrscheinlichkeit, mit der die Zufallsvariable X den entsprechenden Wert x_i annimmt.

der Funktion F mit der Sprunghöhe $\frac{1}{12}$. Setzt man dieses Konstruktionsverfahren fort, so erhält man schließlich an der Stelle $x = 12$ den Funktionswert $F(12) = 1$, da die Zufallsvariable X keinen Wert annehmen kann, der größer als 12 ist. Danach bleibt die Funktion F konstant, d.h. es gilt $F(x) = 1$ für alle $x \geq 12$.

Der Graph dieser Verteilungsfunktion sieht ähnlich aus wie der einer empirischen Verteilungsfunktion aus Abschnitt 2.2.1 (vgl. Bild 2-3).

Allgemein besitzt die Verteilungsfunktion F einer diskreten Zufallsvariablen an jeder Stelle $x_i \in W$ einen Sprung der Höhe $P(X = x_i)$.

x_i und x_{i+1} seien zwei benachbarte Werte aus dem Definitionsbereich W mit $x_i < x_{i+1}$. Für jeden Zahlenwert x, der größer als x_i und kleiner als x_{i+1} ist, gilt dann $F(x) = F(x_i)$. Die Funktion F ist also in diesem Bereich konstant, d.h. es gilt

$$F(x) = F(x_i) \quad \text{für alle } x \text{ mit } x_i \leq x < x_{i+1}.$$

Der Graph von F hat die Gestalt einer Treppe. Dabei ist an der Stelle x_i als Funktionswert $F(x_i)$ der Wert der oberen Treppenstufe zu nehmen, während unmittelbar links von x_i als Funktionswert der Wert der unteren Treppenstufe zu nehmen ist, auch wenn der entsprechende x-Wert noch so nahe bei x_i liegt. Wegen dieser Eigenschaft nennt man F auch *„Treppenfunktion"*.

Diese Treppenfunktionen besitzen folgende Eigenschaften, die unmittelbar aus (4.10) folgen

a) Mit wachsendem x wird der Funktionswert $F(x)$ nicht kleiner, d.h. aus $x < x'$ folgt $F(x) \leq F(x')$.

   Funktionen mit dieser Eigenschaft nennt man *monoton nichtfallend*. Verteilungsfunktionen diskreter Zufallsvariabler sind also monoton nichtfallend.

b) $F(x)$ kommt der Zahl 0 beliebig nahe, wenn nur x hinreichend klein gewählt wird. Dafür schreiben wir $\lim\limits_{x \to -\infty} F(x) = 0$.

c) $F(x)$ nähert sich der Zahl 1 beliebig nahe, wenn x nur genügend groß gewählt wird. Hierfür schreiben wir $\lim\limits_{x \to \infty} F(x) = 1$.

Besitzt der Wertevorrat W nur endlich viele verschiedene Elemente, so nimmt die Verteilungsfunktion F die Werte 0 und 1 an. Ist nämlich x_{min} der kleinste und x_{max} der größte Wert aus W, den die Zufallsvariable X annehmen kann, so gilt $F(x) = 0$ für $x < x_{min}$ und $F(x) = 1$ für $x \geq x_{max}$. Diese Eigenschaft besteht auch noch, wenn es zwei Zahlen m und M gibt, so daß für alle $x_i \in W$ gilt $m \leq x_i \leq M$. In diesem Fall ist $F(x) = 0$ für $x < m$ und $F(x) = 1$ für $x \geq M$.

Bei einer mit dem Parameter $p = \frac{1}{6}$ geometrisch verteilten Zufallsvariablen wird jedoch der Wert 1 von der Verteilungsfunktion nicht angenommen, denn nach (4.9) gilt für jede natürliche Zahl n

$$F(n) = P(X \leq n) = 1 - \left(\tfrac{5}{6}\right)^n < 1.$$

Da sich die Zahlenwerte $1 - \left(\tfrac{5}{6}\right)^n$ der Zahl Eins beliebig nähern, gilt zwar $\lim\limits_{x \to \infty} F(x) = 1$, für jede reelle Zahl x ist jedoch $F(x) < 1$.

Jede diskrete Zufallsvariable besitzt also eine Treppenfunktion mit den Eigenschaften a), b), c) als Verteilungsfunktion.

Umgekehrt ist jede Treppenfunktion mit den Eigenschaften a), b), c) Verteilungsfunktion einer diskreten Zufallsvariablen X. Der Wertebereich W der diskreten Zufallsvariablen besteht aus allen Punkten x_i der Zahlengeraden, an denen die Treppenfunktion einen Sprung aufweist. Die Wahrscheinlichkeit $P(X = x_i)$ ist gleich der entsprechenden Sprunghöhe. Durch die Verteilungsfunktion (= Treppenfunktion) ist also die Verteilung $(x_i, P(X = x_i))$, $x_i \in W$, einer diskreten Zufallsvariablen X eindeutig bestimmt.

<table>
<tr><td>

Wahrscheinlichkeit,
mit der X Werte
aus einem Intervall
annimmt

</td><td>

Aus der Verteilungsfunktion lassen sich aber auch Wahrscheinlichkeiten anderer
Ereignisse direkt ablesen. Betrachten wir z.B. das Ereignis $a < X \le b$, das genau dann
eintritt, wenn die Zufallsvariable X Werte annimmt, die größer als a und nicht größer
als b sind. Zur Berechnung der Wahrscheinlichkeit für dieses Ereignis müssen die
Sprunghöhen derjenigen Sprungstellen aufaddiert werden, die größer als a und nicht
größer als b sind. Falls b Sprungstelle ist, muß sie bei der Addition berücksichtigt
werden, die Stelle a jedoch nicht. Die Summe dieser Sprunghöhen ist aber gerade die
Differenz $F(b) - F(a)$ (siehe Bild 4-6a).

</td></tr>
</table>

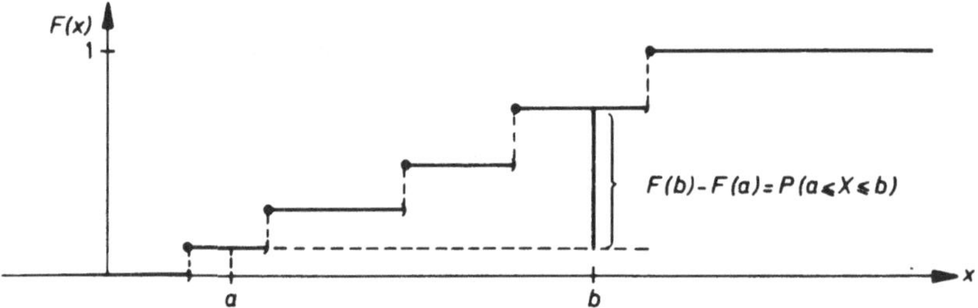

Bild 4-6a). Bestimmung von Wahrscheinlichkeiten einer diskreten Zufallsvariablen X aus deren
Verteilungsfunktion F. Ist a keine Sprungstelle von F, so ist die Wahrscheinlichkeit des Ereignisses
$a \le X \le b$ gleich der Differenz der Funktionswerte $F(b)$ und $F(a)$, d.h. $P(a \le X \le b) = F(b) - F(a)$.
Hier gilt also $P(a \le X \le b) = P(a < X \le b)$.

Damit erhält man die Beziehung

$$P(a < X \le b) = F(b) - F(a). \tag{4.11}$$

Ist a keine Sprungstelle, so besitzt auch noch das Ereignis $a \le X \le b$ die Wahrscheinlichkeit $P(a \le X \le b) = F(b) - F(a)$. Ist dagegen a eine Sprungstelle von F, so muß
die Wahrscheinlichkeit $P(X = a)$ noch zusätzlich dazuaddiert werden. Wir erhalten
dann

$$P(a \le X \le b) = F(b) - F(a) + P(X = a) \tag{4.12}$$

oder

$$P(a \le X \le b) = F(b) - [F(a) - P(X = a)].$$

Von $F(b)$ darf also nicht der Funktionswert $F(a)$, sondern $F(a) - P(X = a)$ subtrahiert
werden. Dies ist aber gerade der Funktionswert unmittelbar links von der Stelle a
(siehe Bild 4-6b).

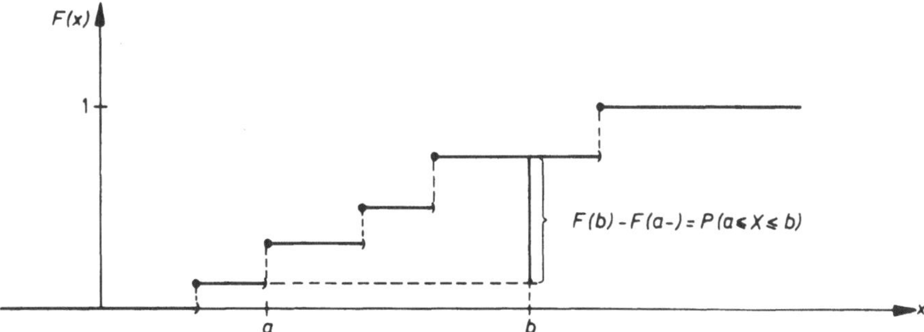

Bild 4-6b). Bestimmung von Wahrscheinlichkeiten einer diskreten Zufallsvariablen X aus deren Verteilungsfunktion F. Ist a Sprungstelle von F, so ist $P(a \le X \le b) = F(b) - F(a-)$, wobei $F(a-)$ der unmittelbar links von a liegende Funktionswert ist. Hier gilt also $P(a \le X \le b) = P(a < X \le b) + P(X = a)$.

Parameter einer Zufallsvariablen　　　　　　　　　　　　　　　　　　*Sendung 9*

Ausgehend vom Mittelwert $\bar{x}$ einer Stichprobe wird der Erwartungswert μ einer diskreten Zufallsvariablen erklärt, wobei sich als Interpretationsregel die Näherung $\bar{x} \approx \mu$ ergibt. Für die praktische Rechnung ist die Eigenschaft der Linearität des Erwartungswertes sehr nützlich.

Als zweiter Parameter wird als Maß für die Abweichung der Werte einer diskreten Zufallsvariablen vom Erwartungswert die Varianz eingeführt.

In den anschließenden Abschnitten, deren Inhalte in der Sendung nicht behandelt werden, werden stetige Zufallsvariable betrachtet. Dabei werden die für diskrete Zufallsvariable erklärten Begriffe auch auf stetige Zufallsvariable übertragen, wobei zur Motivation eine „Diskretisierung" vorgenommen wird.

In der Ungleichung von Tschebyscheff wird ein Zusammenhang zwischen der Varianz und den Abweichungen einer Zufallsvariablen vom Erwartungswert hergestellt.

Schließlich werden der Median und die für die beurteilende Statistik wichtigen Quantile einer Zufallsvariablen behandelt.

4.3 Erwartungswert und Varianz einer diskreten Zufallsvariablen

4.3.1 Erwartungswert

Wir beginnen mit dem einführenden Beispiel 4-8.

Die auf einer Hühnerfarm produzierten Eier werden nach 5 Gewichtsklassen sortiert.　*Beispiel 4-8*
Die Wahrscheinlichkeiten, mit der ein zufällig ausgewähltes Ei einer bestimmten　*Einführendes*
Gewichtsklasse angehört, seien bekannt und in Tabelle 4-2 angegeben. Gleichzeitig　*Beispiel*
enthält die Tabelle den Reingewinn, den der Farmer mit einem Ei der entsprechenden
Gewichtsklasse erzielt. Dabei deckt der Erlös für ein Ei der Klasse 5 die Unkosten
nicht. Der Verlust beträgt dabei 1,5 Pfg pro Ei. Der Erlös für ein Ei der Klasse 4 sei
gerade kostendeckend, während die Eier der Klassen 3, 2, 1 der Reihe nach jeweils
einen Gewinn von $\frac{1}{2}$, 1 bzw. 2 Pfg erbringen.

Gewichtsklasse	1	2	3	4	5
Wahrscheinlichkeit	0,1	0,3	0,3	0,2	0,1
Reingewinn pro Ei (Pfg)	2	1	0,5	0	$-1,5$

Tabelle 4-2. Wahrscheinlichkeitsverteilung

Zur Aufstellung eines Rentabilitätsplanes möchte der Farmer gerne wissen, welchen mittleren Gewinn ihm ein Ei im kommenden Jahr ungefähr bringen wird. Dabei geht er davon aus, daß sich die Wahrscheinlichkeitsverteilung für die Klassenzugehörigkeit und der Reingewinn pro Ei einer festen Gewichtsklasse im nächsten Jahr nicht ändert. Die Anzahl der zur Gewichtsklasse i gehörenden Eier, die von allen Hühnern zusammen im kommenden Jahr gelegt werden, ist im voraus unbekannt. Wir bezeichnen sie mit n_i für $i = 1, 2, 3, 4, 5$. Damit erhalten wir für den im voraus nicht bekannten Jahresgewinn x die Gleichung

$$x = 2 \cdot n_1 + 1 \cdot n_2 + 0,5 \cdot n_3 + 0 \cdot n_4 - 1,5\, n_5 \,.$$

Division durch die Gesamtanzahl $n = n_1 + n_2 + n_3 + n_4 + n_5$ liefert den mittleren Gewinn pro Ei als (siehe Abschnitt 2.2.3)

$$\bar{x} = 2 \cdot \frac{n_1}{n} + 1 \cdot \frac{n_2}{n} + 0,5 \cdot \frac{n_3}{n} + 0 \cdot \frac{n_4}{n} - 1,5 \cdot \frac{n_5}{n} \,.$$

Die Faktoren $\frac{n_i}{n}$ stellen die relativen Häufigkeiten h_i der zur i-ten Klasse gehörenden Eier dar. Damit gilt

$$\bar{x} = 2 \cdot h_1 + 1 \cdot h_2 + 0,5 \cdot h_3 + 0 \cdot h_4 - 1,5 \cdot h_5 \,.$$

Aufgrund der Interpretationsregel II wollen wir annehmen, daß die im nächsten Jahr für die einzelnen Gewichtsklassen auftretenden relativen Häufigkeiten etwa gleich den in Tabelle 4-2 angegebenen Wahrscheinlichkeiten sind, daß also gilt

$$h_1 \approx 0,1; \quad h_2 \approx 0,3; \quad h_3 \approx 0,3; \quad h_4 \approx 0,2; \quad h_5 \approx 0,1 \,.$$

Für den im nächsten Jahr anfallenden mittleren Gewinn $\bar{x}$ erhalten wir daher folgenden Näherungswert (Schätzwert)

$$\bar{x} \approx 2 \cdot 0,1 + 1 \cdot 0,3 + 0,5 \cdot 0,3 + 0 \cdot 0,2 - 1,5 \cdot 0,1 = 0,5 \,.$$

Stellt die Zufallsvariable X den Gewinn pro Ei dar, so ist der oben berechnete Zahlenwert 0,5 allein durch die Verteilung der Zufallsvariablen X bestimmt. Zu seiner Berechnung müssen die aus den Werten von X und den entsprechenden Wahrscheinlichkeiten gebildeten Produkte aufaddiert werden. Da der zukünftige mittlere Gewinn pro Ei in der Nähe des Zahlenwertes 0,5 liegen wird, nennen wir die Zahl 0,5 den *Erwartungswert* der Zufallsvariablen X. Wir schreiben dafür $E(X) = 0,5$.

Ist $(x_i, P(X = x_i))$, $i = 1, 2, \ldots, n$ die Verteilung der Zufallsvariablen X mit endlichem Wertevorrat, so berechnet sich der Erwartungswert nach der Formel

$$E(X) = \sum_{i=1}^{n} x_i\, P(X = x_i) \,. \qquad \square$$

Dieses Beispiel veranlaßt uns zur Definition 4-7.

Ist $(x_i, P(X = x_i))$, $i = 1, 2, \ldots, n$ die Verteilung einer diskreten Zufallsvariablen X mit endlichem Wertevorrat, so heißt der Zahlenwert

$$E(X) = \sum_{i=1}^{n} x_i P(X = x_i) \tag{4.13}$$

der Erwartungswert der Zufallsvariablen X.

Ein 50-jähriger Mann muß für eine Risiko-Lebensversicherung über eine Summe von DM 10.000,– eine Jahresprämie von DM 100,– bezahlen. Stellt die Zufallsvariable X den Gewinn bzw. Verlust dar, den die Versicherungsgesellschaft an dem einen Vertrag in einem Jahr erzielt, so nimmt im Überlebensfall X den Wert 100 an, während im Todesfall der Verlust DM 9.900,– (DM 10.000,– Auszahlung – DM 100,– Prämieneinnahme) beträgt. Aus Erfahrungswerten sei bekannt, daß die Sterbewahrscheinlichkeit für einen 50-jährigen während eines Jahres gleich 0,008 ist. Damit ergibt sich für X folgende Verteilung

	Überlebensfall	Todesfall
x_i	+ 100,–	– 9.900,–
$P(X = x_i)$	0,992	0,008

Hieraus erhalten wir den Erwartungswert (in DM)

$$E(X) = 100 \cdot 0{,}992 - 9.900 \cdot 0{,}008 = 20.$$

Interpretation des Erwartungswertes

Welche praktische Bedeutung besitzt dieser Erwartungswert? Von keinem einzigen Versicherten mit einem solchen Vertrag wird die Versicherungsgesellschaft DM 20,– als Gewinn erhalten. Bei einem festen Vertrag gibt es für sie nur die beiden Alternativen: Entweder DM 100,– Gewinn oder DM 9.900,– Verlust, wobei allerdings die Gewinnwahrscheinlichkeit wesentlich größer ist als die Verlustwahrscheinlichkeit. Wir nehmen an, daß viele 50-jährige einen Vertrag über DM 10.000,– abschließen und daß sie unabhängig voneinander das Jahr überleben oder nicht. Dann ist die relative Häufigkeit h_1 der Überlebenden gleich der relativen Häufigkeit der Verträge, bei denen die Versicherungsgesellschaft DM 100,– verdient. Diese wird dann ungefähr gleich der Wahrscheinlichkeit dafür sein, daß die Gesellschaft DM 100,– aus einem Vertrag gewinnt. Ebenso wird die relative Häufigkeit h_2 derjenigen, die innerhalb eines Jahres sterben, ungefähr gleich der Wahrscheinlichkeit dafür sein, daß ein 50-jähriger innerhalb eines Jahres stirbt. Daher erhalten wir für den Mittelwert $\bar{x}$, d.h. für den aus vielen einzelnen Verträgen im Mittel erzielten Gewinn die Näherungsformel

$$\bar{x} = \sum_{i=1}^{2} x_i h_i \approx \sum_{i=1}^{2} x_i P(X = x_i) = E(X).$$

Bei vielen Verträgen ist also der mittlere Gewinn pro Vertrag ungefähr gleich dem Erwartungswert der Zufallsvariablen X, es gilt also

$$\boxed{\bar{x} \approx E(X).}$$

Für eine $B(n, p)$-verteilte Zufallsvariable X mit der Verteilung $(i, \binom{n}{i} p^i (1-p)^{n-i})$, $i = 0, 1, \ldots, n$ erhalten wir

$$E(X) = \sum_{i=0}^{n} i \binom{n}{i} p^i (1-p)^{n-i} = \sum_{i=1}^{n} i \binom{n}{i} p^i (1-p)^{n-i}$$

$$= \sum_{i=1}^{n} i \cdot \frac{n(n-1) \cdot \ldots \cdot (n-i+1)}{1 \cdot 2 \cdot \ldots \cdot i} p^i (1-p)^{n-i}$$

$$= \sum_{i=1}^{n} \frac{n \cdot (n-1) \cdot \ldots \cdot (n-i+1)}{1 \cdot 2 \cdot \ldots \cdot (i-1)} p^i (1-p)^{n-i}$$

$$= n \cdot p \sum_{i=1}^{n} \frac{(n-1) \ldots (n-i+1)}{1 \cdot 2 \ldots (i-1)} p^{i-1} (1-p)^{n-i}$$

$$= np \sum_{i=1}^{n} \binom{n-1}{i-1} p^{i-1} (1-p)^{n-i}.$$

Setzt man in dieser Summe $i - 1 = k$ (der neue Summationsindex läuft dann von 0 bis $n - 1$), so erhalten wir

$$E(X) = np \sum_{k=0}^{n-1} \binom{n-1}{k} p^k (1-p)^{n-1-k}$$

und mit Hilfe der binomischen Formel

$$E(X) = np[p + (1-p)]^{n-1} = n \cdot p \cdot 1 = n \cdot p. \qquad \square$$

Eine $B(n, p)$-verteilte Zufallsvariable X besitzt also den Erwartungswert

$$E(X) = n \cdot p. \tag{4.14}$$

Ist X eine diskrete Zufallsvariable, die nur endlich viele Werte $x_1, x_2, \ldots, x_n$ annehmen kann, so ist der Erwartungswert $E(X) = \sum_{i=1}^{n} x_i P(X = x_i)$ als Summe endlich vieler Werte ein endlicher Zahlenwert. Daß man die Definition 4-7 nicht ohne weiteres auf diskrete Zufallsvariable mit unendlich vielen Werten $x_1, x_2, x_3, \ldots$ übertragen kann, zeigt das Beispiel 4-11.

Wir betrachten folgendes Spiel: Eine ideale Münze werde solange geworfen, bis zum ersten Mal Wappen auftritt. Falls dies insgesamt beim i-ten Wurf geschieht, muß Spieler 2 an Spieler 1 DM 2^i bezahlen. Die Wahrscheinlichkeit dafür ist $\frac{1}{2^i}$ für $i = 1, 2, \ldots$. Die Zufallsvariable X beschreibe den Gewinn (in DM) des Spielers 1 bei diesem Spiel.

Die Verteilung der diskreten Zufallsvariablen X ist $(2^i, P(X = 2^i) = \frac{1}{2^i})$, $i = 1, 2, \ldots$.

Wegen $\sum_{i=1}^{\infty} \frac{1}{2^i} = 1$ ist hierdurch tatsächlich die Verteilung einer diskreten Zufallsvariablen X gegeben. Zunächst bilden wir für festes n die endliche Summe

$$S_n = \sum_{i=1}^{n} 2^i \, P(X = 2^i) = \sum_{i=1}^{n} 2^i \cdot \frac{1}{2^i} = (1 + 1 + \ldots + 1) = n.$$

Die Summe S_n wird beliebig groß, wenn n nur hinreichend groß gewählt wird. Für diesen Sachverhalt schreiben wir $\sum_{i=1}^{\infty} 2^i \, P(X = 2^i) = \sum_{i=1}^{\infty} x_i \, P(X = x_i) = \infty$.

$E(X) = \sum_{i=1}^{\infty} x_i \, P(X = x_i)$ ist also in diesem Beispiel kein endlicher Zahlenwert, wir sagen daher, $E(X)$ existiert nicht. $\qquad\qquad\qquad\qquad\qquad\qquad\square$

<table>
<tr><td>

Sind die Werte x_i, $i = 1, 2, \ldots$ einer diskreten Zufallsvariablen X *nichtnegativ*, d.h. gilt $x_i \geq 0$ für alle i, so bedeutet $\sum_{i=1}^{\infty} x_i \, P(X = x_i) = E(X) < \infty$ folgendes: Der Teilsummenwert $S_n = \sum_{i=1}^{n} x_i \, P(X = x_i)$ kommt der (endlichen) Zahl $E(X)$ beliebig nahe, wenn n hinreichend groß gewählt wird.

</td><td>

Wertevorrat mit unendlich vielen nichtnegativen Werten

</td></tr>
</table>

Im folgenden Beispiel betrachten wir eine diskrete Zufallsvariable, deren Wertevorrat sowohl unendlich viele positive als auch unendlich viele negative Zahlen enthält.

<table>
<tr><td>

Wie in Beispiel 4-11 werde eine ideale Münze solange geworfen, bis erstmals Wappen auftritt. Geschieht dies insgesamt beim i-ten Wurf, so wird nochmals geworfen und Spieler 1 muß an Spieler 2 DM 2^i bezahlen, falls bei diesem zusätzlichen Wurf Wappen auftritt; sonst erhält Spieler 1 von Spieler 2 DM 2^i. Die Zufallsvariable X, die bei diesem Spiel den Gewinn von Spieler 1 beschreibt, besitzt die Verteilung

</td><td>

Beispiel 4-12
Wertevorrat mit jeweils unendlich vielen positiven und negativen Werten

</td></tr>
</table>

$\ldots$	-2^i	$\ldots$	-2^3	-2^2	-2	2	2^2	2^3	$\ldots$	2^i	$\ldots$
$\ldots$	$\dfrac{1}{2^{i+1}}$	$\ldots$	$\dfrac{1}{2^4}$	$\dfrac{1}{2^3}$	$\dfrac{1}{2^2}$	$\dfrac{1}{2^2}$	$\dfrac{1}{2^3}$	$\dfrac{1}{2^4}$	$\ldots$	$\dfrac{1}{2^{i+1}}$	$\ldots$

Faßt man jeweils die beiden Werte 2^i und -2^i zusammen, so folgt mit dieser Zusammenfassung aus

$$2^i \, P(X = 2^i) - 2^i \, P(X = -2i) = 0$$

die Identität

$$\sum_i x_i \, P(X = x_i) = 0.$$

Faßt man dagegen der Reihe nach jeweils zwei positive und einen negativen Wert zusammen, so ergibt sich

$$\sum_i x_i \, P(X = x_i) = (1 + 1 - 1) + (1 + 1 - 1) + \ldots = \infty.$$

Wählt man dagegen die Werte — beginnend mit einem positiven — alternierend, so existiert $\sum\limits_i x_i\,P(X = x_i)$ nicht wegen

$$S_{2n} = \sum_{i=1}^{2n} x_i\,P(X = x_i) = 1 - 1 + 1 - 1 + 1 - 1 + \ldots + 1 - 1 = 0$$

$$S_{2n+1} = \sum_{i=1}^{2n+1} x_i\,P(X = x_i) = 1 - 1 + 1 - 1 + 1 - 1 + \ldots + 1 - 1 + 1 = 1\,.$$

Die Zufallsvariable X besitzt somit keinen Erwartungswert, da dieser doch von der Durchnumerierung und der Zusammenfassung von bestimmten Werten des Wertevorrats W unabhängig sein sollte. $\qquad\square$

Im Falle $\sum\limits_{i=1}^{\infty} |x_i|\,P(X = x_i) < \infty$ (man spricht hier von einer absolut konvergenten Reihe) kann man jedoch zeigen, daß bei jeder beliebigen Durchnumerierung und Zusammenfassung der x_i-Werte für $\sum\limits_{i=1}^{\infty} x_i\,P(X = x_i)$ stets derselbe endliche Wert herauskommt.

Diese Eigenschaft benutzen wir zur Definition des Erwartungswertes einer diskreten Zufallsvariablen, die unendlich viele Werte annehmen kann.

<table>
<tr>
<td>Definition 4-8
Erwartungswert einer diskreten Zufallsvariablen mit unendlichem Wertevorrat</td>
<td>X sei eine diskrete Zufallsvariable mit der Verteilung $(x_i, P(X = x_i))$, $i = 1, 2, 3, \ldots$ Es gelte $\sum\limits_{i=1}^{\infty} |x_i|\,P(X = x_i) < \infty$. Dann heißt (der existierende und von der Summationsreihenfolge unabhängige) Reihenwert $E(X) = \sum\limits_{i}^{\infty} x_i\,P(X = x_i)$ der Erwartungswert der diskreten Zufallsvariablen X.</td>
</tr>
</table>

Erwartungswert einer geometrisch verteilten Zufallsvariablen

Für eine geometrisch verteilte Zufallsvariable X mit der Verteilung $(i, (1 - p)^{i-1}p)$, $i = 1, 2, \ldots$ gilt

$$E(X) = \frac{1}{p}\,.$$

Beweis

Mit $q = 1 - p$ gilt

$$S_n = \sum_{i=1}^{n} x_i\,P(X = x_i) = p(1 + 2q + 3q^2 + \ldots + nq^{n-1});$$

$$q\,S_n = p(q + 2q^2 + 3q^3 + nq^n).$$

Subtraktion dieser beiden Gleichungen ergibt

$$(1 - q)\,S_n = p\,S_n = p(1 + q + q^2 + \ldots + q^{n-1} - nq^n)\,.$$

Hieraus folgt

$$E(X) = \lim_{n \to \infty} S_n = 1 + q + q^2 + \ldots = \frac{1}{1 - q} = \frac{1}{p}\,.$$

Der Erwartungswert einer geometrisch mit dem Parameter p verteilten Zufallsvariablen lautet $E(X) = \frac{1}{p}$.

Für das Spiel „Mensch ärgere Dich nicht" erhalten wir wegen $p = \frac{1}{6}$ den Erwartungs-wert $E(X) = 6$. Nach der Interpretationsregel bedeutet dies, daß ein Spieler im Mittel etwa sechs Würfe zum Start benötigt.

4.3.2 Symmetrische Verteilungen

Zwei Spieler werfen je einen Würfel. Derjenige, der die kleinere Augenzahl geworfen hat, zahlt an den anderen soviel Geldeinheiten, wie die Differenz der Augenzahlen angibt. Sind die Augenzahlen gleich, so erfolgt keine Auszahlung. Dabei handle es sich um ein Laplace-Experiment.

Aus den 36 möglichen Würfelpaaren kann der Gewinn für jeden Spieler durch die diskrete Zufallsvariable mit der folgenden Verteilung beschrieben werden, die in Bild 4-7 als Stabdiagramm dargestellt ist.

x_i	-5	-4	-3	-2	-1	0	1	2	3	4	5
$P(X = x_i)$	$\frac{1}{36}$	$\frac{2}{36}$	$\frac{3}{36}$	$\frac{4}{36}$	$\frac{5}{36}$	$\frac{6}{36}$	$\frac{5}{36}$	$\frac{4}{36}$	$\frac{3}{36}$	$\frac{2}{36}$	$\frac{1}{36}$

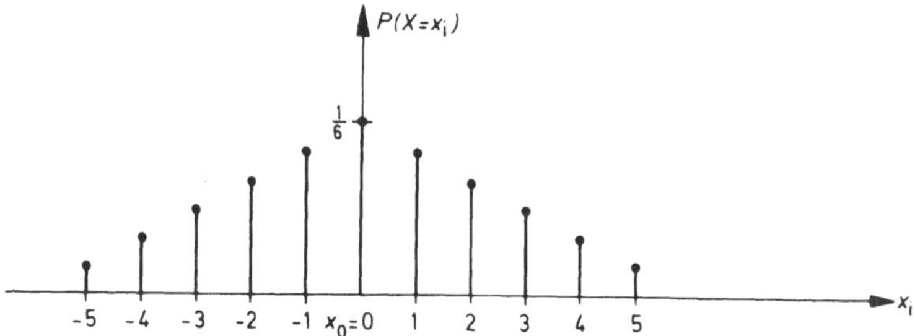

Bild 4-7. Stabdiagramm einer zum Punkt $x_0 = 0$ symmetrisch verteilten Zufallsvariablen X. Die Werte der Zufallsvariablen X liegen symmetrisch zum Punkt 0. Zwei Stäbe, die von der Ordinaten-achse gleich weit entfernt sind, besitzen jeweils dieselbe Länge. Das Stabdiagramm ist also symmetrisch zur Ordinatenachse $x = 0$. Aus dieser Symmetrie folgt $E(X) = 0$ (vgl. Beispiel 4-13).

In Bild 4-7 fällt sofort die Symmetrie bzgl. des Nullpunktes auf. Es gilt

$$P(X = i) = P(X = -i) \quad \text{für} \quad i = 1, 2, \ldots, 5.$$

Man nennt die Zufallsvariable X *zum Nullpunkt symmetrisch verteilt*. Aus der Symmetrie zum Nullpunkt folgt

$$E(X) = \sum_{i=-5}^{+5} i\,P(X = i) = \sum_{i=1}^{5} (-i)\,P(X = -i) + 0\,P(X = 0) + \sum_{i=1}^{5} i\,P(X = i)$$

$$= \sum_{i=1}^{5} (-i)\,P(X = i) + \sum_{i=1}^{5} i\,P(X = i) = \sum_{i=1}^{5} (-i + i)\,P(X = i) = 0. \qquad \square$$

Der Erwartungswert $E(X)$ verschwindet allgemein für eine zum Nullpunkt symmetrisch verteilte diskrete Zufallsvariable X, falls er existiert.

Allgemein erklären wir die Symmetrie bzgl. eines Punktes x_0 in der folgenden Definition.

<table>
<tr><td>Definition 4-9
Symmetrische
Verteilung</td><td>Eine diskrete Zufallsvariable X heißt zum Punkt x_0 symmetrisch verteilt, wenn die Werte von X zum Punkt x_0 symmetrisch liegen und wenn jeweils die beiden Werte, die von x_0 den gleichen Abstand haben, dieselbe Wahrscheinlichkeit besitzen. Man nennt dann auch die Verteilung von X symmetrisch zum Punkt x_0.</td></tr>
</table>

Für symmetrisch verteilte diskrete Zufallsvariable gilt der Satz 4-1.

<table>
<tr><td>Satz 4-1
Erwartungswert
einer symmetrisch
verteilten Zufalls-
variablen</td><td>Die diskrete Zufallsvariable X sei zum Punkt x_0 symmetrisch verteilt. Existiert der Erwartungswert $E(X)$, so gilt

$$E(X) = x_0.$$ (4.15) </td></tr>
</table>

Beweis

Gehört der Symmetriepunkt x_0 zum Wertebereich der Zufallsvariablen X, so können wir den Wertebereich W folgendermaßen darstellen

$$W = \{x_0, x_0 + z_1, x_0 - z_1, x_0 + z_2, x_0 - z_2, x_0 + z_3, x_0 - z_3, \ldots\}.$$

Wegen der vorausgesetzten Symmetrieeigenschaft gilt dabei

$$P(X = x_0 + z_j) = P(X = x_0 - z_j) \quad \text{für} \quad \text{alle } j.$$

Gehört der Symmetriepunkt x_0 nicht zum Wertebereich, d.h. gilt $x_0 \notin W$, so können wir wegen $P(X = x_0) = 0$ bei der Bildung des Erwartungswertes auch den Summanden $x_0 P(X = x_0)$ hinzunehmen.

Im Falle der Existenz des Erwartungswertes können die entsprechenden Werte in beliebiger Reihenfolge aufsummiert werden. Daher gilt wegen (4.15)

$$\begin{aligned}
E(X) &= x_0 P(X = x_0) + \sum_j \left[(x_0 + z_j) P(X = x_0 + z_j) + (x_0 - z_j) P(X = x_0 - z_j) \right] \\
&= x_0 P(X = x_0) + \sum_j \left[(x_0 + z_j) + (x_0 - z_j) \right] P(X = x_0 + z_j) \\
&= x_0 P(X = x_0) + \sum_j 2 x_0 \cdot P(X = x_0 + z_j) \\
&= x_0 P(X = x_0) + \sum_j x_0 \left[P(X = x_0 + z_j) + P(X = x_0 - z_j) \right] \\
&= x_0 \left[P(X = x_0) + \sum_j P(X = x_0 + z_j) + \sum_j P(X = x_0 - z_j) \right]
\end{aligned}$$

Der Wert in der Klammer ist aber gleich 1, da über alle Wahrscheinlichkeiten summiert wird. Damit gilt

$$E(X) = x_0,$$

womit der Satz bewiesen ist.

4.3.3 Rechenregeln für den Erwartungswert

Wie man aus einer diskreten Zufallsvariablen X eine neue Zufallsvariable gewinnen kann, wird im folgenden Beispiel gezeigt.

Hat ein 50-jähriger Mann eine Risiko-Lebensversicherung über DM 15.000,— abgeschlossen, so ergibt sich für die Zufallsvariable Y, die den Gewinn der Versicherungsgesellschaft in einem Jahr aus diesem Vertrag beschreibt, folgende Verteilung (vgl. Beispiel 4-9).

	Überlebensfall	Todesfall
$y_i = 1{,}5\, x_i$	+ 150,—	− 14.850,—
$P(Y = y_i)$	0,992	0,008

Dabei müssen die Werte der Zufallsvariablen X aus dem Vertrag über DM 10.000,— nur mit 1,5 multipliziert werden, während die entsprechenden Wahrscheinlichkeiten erhalten bleiben.

Diese neue Zufallsvariable Y bezeichnet man auch mit $1{,}5 \cdot X$, wobei die Multiplikation mit 1,5 bedeutet, daß alle Werte der Zufallsvariablen X mit 1,5 multipliziert werden müssen.

Für den Erwartungswert der Zufallsvariablen $Y = 1{,}5 \cdot X$ erhalten wir

$$E(Y) = E(1{,}5 \cdot X) = 1{,}5\, x_1 \cdot P(X = x_1) + 1{,}5\, x_2 \cdot P(X = x_2)$$
$$= 1{,}5 \left[x_1 \cdot P(X = x_1) + x_2 \cdot P(X = x_2) \right] = 1{,}5 \cdot E(X).$$

Er geht also aus dem Erwartungswert von X durch Multiplikation mit 1,5 hervor. □

Allgemein gilt für eine diskrete Zufallsvariable X

$$E(aX) = a\,E(X) \quad \text{für} \quad a \in \mathbb{R}. \tag{4.16}$$

Wir werden diese Eigenschaft in Satz 4-2 beweisen.

In folgendem Beispiel wird von allen Werten von X ein fester Zahlenwert subtrahiert.

Erhöhen sich die Betriebskosten in einer Hühnerfarm, ohne daß sich gleichzeitig die Verkaufspreise erhöhen, so verdient der Farmer pro Ei weniger, d.h. die Gewinnerwartung sinkt. Die Kostensteigerung betrage z.B. 0,3 Pfg je Ei. Damit erniedrigt sich der Gewinn pro Ei um 0,3 Pfg. Die Zufallsvariable, die jetzt den Gewinn beschreibt, erhalten wir durch Subtraktion der Zahl 0,3 von den Werten der Zufallsvariablen X aus Beispiel 4-8. Wir bezeichnen sie mit $X - 0{,}3$. Sie besitzt folgende Verteilung

x_i	− 1,5	0	0,5	1	2
$x_i - 0{,}3$	− 1,8	− 0,3	0,2	0,7	1,7
$P(X-0{,}3 = x_i - 0{,}3)$	0,1	0,3	0,3	0,2	0,1

Für den Erwartungswert dieser Zufallsvariablen erhalten wir

$$E(X - 0{,}3) = \sum_{i=1}^{5} (x_i - 0{,}3)\, P(X = x_i) = \sum_{i=1}^{5} x_i\, P(X = x_i) - 0{,}3 \underbrace{\sum_{i=1}^{5} P(X = x_i)}_{=1}$$
$$= E(X) - 0{,}3. \qquad \square$$

Die allgemeine Gültigkeit von

$$E(X + b) = E(X) + b, \quad b \in \mathbb{R} \tag{4.17}$$

werden wir ebenfalls in Satz 4-2 beweisen.

<table>
<tr><td>

Verteilung der
Zufallsvariablen
$aX + b$

</td><td>

Ist X eine diskrete Zufallsvariable mit der Verteilung $(x_i, P(X = x_i))$, $x_i \in W$, so besitzt die Zufallsvariable $aX + b$ die Verteilung $(ax_i + b, P(X = x_i))$, $x_i \in W$. Die Zufallsvariable $aX + b$ nimmt also genau dann den Wert $ax_i + b$ an, wenn X den Wert x_i annimmt. Für die sogenannte „lineare Transformation" $aX + b$ gilt der folgende Satz.

</td></tr>
<tr><td>

Satz 4-2
$E(aX + b)$

</td><td>

X sei eine diskrete Zufallsvariable mit dem Erwartungswert $E(X)$. Dann gilt für beliebige $a, b \in \mathbb{R}$

$$E(aX + b) = a \cdot E(X) + b.$$

</td></tr>
<tr><td>

Beweis

</td><td>

Da die Zufallsvariable $aX + b$ die Verteilung $(ax_i + b, P(X = x_i))$, $x_i \in W$, besitzt, erhalten wir für den Erwartungswert dieser Zufallsvariablen

$$
\begin{aligned}
E(aX + b) &= \sum_i (ax_i + b)\, P(X = x_i) \\
&= \sum_i ax_i\, P(X = x_i) + \sum_i b\, P(X = x_i) \\
&= a \sum_i x_i\, P(X = x_i) + b \underbrace{\sum_i P(X = x_i)}_{= 1} \\
&= aE(X) + b,
\end{aligned}
$$

womit der Satz bewiesen ist. ○

</td></tr>
<tr><td>

Bemerkung

</td><td>

Für $b = 0$ erhält man die Gleichung (4.16) und für $a = 1$ die Gleichung (4.17).

Ist X eine diskrete Zufallsvariable mit existierendem Erwartungswert $E(X)$, so erhält man mit $a = 1$ und $b = -E(X)$ aus Satz 4-2 unmittelbar die Gleichung

$$E[X - E(X)] = 0. \tag{4.18}$$

</td></tr>
</table>

4.3.4 Varianz einer diskreten Zufallsvariablen

Im folgenden Beispiel geben wir zwei diskrete Zufallsvariable an, die zwar verschiedene Verteilungen, jedoch denselben Erwartungswert besitzen.

<table>
<tr><td>

Beispiel 4-16
Einleitendes
Beispiel

</td><td>

Beim Roulette setzen zwei Spieler bei jedem Spiel dieselbe Spieleinheit. Dabei benutzen sie folgende Strategie: Spieler 1 setzt immer auf das untere Drittel, Spieler 2 immer auf die Zahl 1. Wird eine der Zahlen 1, 2, ..., 12 ausgespielt, so erhält Spieler 1 den dreifachen Einsatz ausbezahlt; nach Abzug seines Einsatzes verbleibt ihm dann ein Reingewinn von 2 Spieleinheiten. Da das Roulette insgesamt 37 Felder mit den Zahlen 0, 1, 2, ..., 36 besitzt, beträgt für den Spieler 1 im Falle eines Laplace-Experiments die Gewinnwahrscheinlichkeit $\frac{12}{37}$. Wird keine der Zahlen 1, 2, ..., 12 gezogen, so verliert Spieler 1 seinen Einsatz. Die Zufallsvariable X, die den Gewinn des Spielers 1 beschreibt, besitzt also folgende Verteilung

</td></tr>
</table>

x_i	2	-1
$P(X = x_i)$	$\frac{12}{37}$	$\frac{25}{37}$

Die Zufallsvariable X besitzt somit den Erwartungswert

$$E(X) = 2 \cdot \frac{12}{37} - 1 \cdot \frac{25}{37} = -\frac{1}{37} \,.$$

Spieler 2 gewinnt mit Wahrscheinlichkeit $\frac{1}{37}$. In diesem Fall erhält er den 36-fachen Einsatz ausbezahlt; es verbleibt ihm somit ein Reingewinn von 35 Einheiten. Die Zufallsvariable Y, die den Gewinn des Spielers 2 beschreibt, besitzt also die Verteilung

y_i	35	-1
$P(Y = y_i)$	$\frac{1}{37}$	$\frac{36}{37}$

und den Erwartungswert

$$E(Y) = 35 \cdot \frac{1}{37} - 1 \cdot \frac{36}{37} = -\frac{1}{37} \,.$$

Beide Zufallsvariablen besitzen somit denselben Erwartungswert. Wenn die Spieler nur genügend oft spielen, werden sie ungefähr denselben mittleren Gewinn von $-\frac{1}{37}$ Einheiten erhalten, d.h. einen durchschnittlichen Verlust je Ausspielung von etwa $\frac{1}{37}$ erleiden. Das heißt jedoch nicht, daß ein Spieler an einem Abend keinen großen Gewinn erzielen oder keinen enormen Verlust erleiden kann. Auch bei sehr langen Serien ist dies noch möglich.

Aus Bild 4-8, in der die Verteilungen beider Zufallsvariabler dargestellt sind, ist deutlich zu sehen, daß die Werte der Zufallsvariablen X näher beim gemeinsamen Erwartungswert liegen als die der Zufallsvariablen Y.

Daß der Erwartungswert von Y wesentlich näher bei dem Wert -1 als bei 35 ist, liegt an der Tatsache, daß der Zahlenwert 35 eine wesentlich geringere Wahrscheinlichkeit als der andere Wert -1 besitzt. Für die genaue Lage des Erwartungswertes sind das Verhältnis dieser beiden Wahrscheinlichkeiten und der Abstand der beiden Werte der Zufallsvariablen maßgebend. □

Um allgemein ein Maß für die Abweichungen der Werte einer diskreten Zufallsvariablen X vom Erwartungswert $E(X)$ zu erhalten, gehen wir ähnlich vor wie bei der Bestimmung des Streuungsmaßes einer Stichprobe (siehe Definition 2-7). Dazu berechnen wir zunächst die Abstandsquadrate der Werte x_i vom Erwartungswert $E(X)$, also die Zahlen $[x_i - E(X)]^2$ für alle x_i aus dem Wertevorrat W der diskreten Zufallsvariablen X. Durch die Zuordnungsvorschrift $x_i \rightarrow [x_i - E(X)]^2$ wird aus der Zufallsvariablen X die Zufallsvariable $[X - E(X)]^2$ gewonnen. Liegen zwei Werte x_j und x_k auf der Zahlengeraden zum Punkt $E(X)$ symmetrisch, so gilt $[x_j - E(X)]^2 = [x_k - E(X)]^2 = c$. Im Wertevorrat der Zufallsvariablen $[X - E(X)]^2$ darf dieser Punkt dann nur einmal gezählt werden. Für die entsprechende Wahrscheinlichkeit gilt dann

$$P([X - E(X)]^2 = c) = P(X = x_j) + P(X = x_k).$$

Benutzt man bei der Erwartungswertbildung jedoch die Identität

$$c \cdot P([X - E(X)]^2 = c) = [x_j - E(X)]^2 P(X = x_j) + [x_k - E(X)]^2 P(X = x_k), \qquad (4.19)$$

so erhält man im Falle der Existenz für die Zufallsvariable $[X - E(X)]^2$ den Erwartungswert

$$E([X - E(X)]^2) = \sum_i [x_i - E(X)]^2 P(X = x_i),$$

wobei über alle x_i aus dem Wertevorrat der Zufallsvariablen X summiert werden muß.

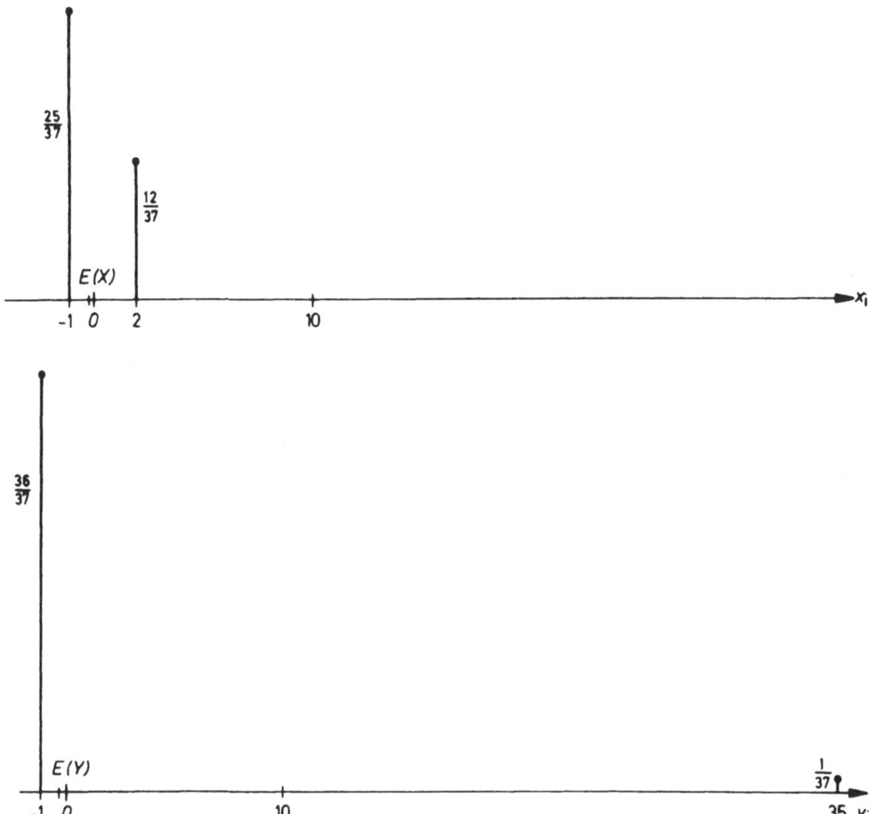

Bild 4-8. Stabdiagramme zweier Zufallsvariabler X und Y aus Beispiel 4-16, die denselben Erwartungswert $E(X) = E(Y) = -\frac{1}{37}$ besitzen. Die Werte der einzelnen Zufallsvariablen „streuen" jedoch verschieden stark um den Erwartungswert.

Liegen die Werte x_i in der Nähe des Erwartungswertes $E(X)$ oder besitzen die weiter entfernten eine sehr kleine Wahrscheinlichkeit, so ist $E([X - E(X)]^2)$ klein. Daher ist $E([X - E(X)]^2)$ ein gewisses Maß dafür, wie stark die Werte x_i der Zufallsvariablen X vom Erwartungswert $E(X)$ abweichen, wie stark die Werte x_i also „variieren" oder „streuen". Diese Eigenschaft ist die Ursache für die folgende Definition.

Definition 4-10 Varianz und Standard- abweichung	*Im Falle der Existenz heißt der Erwartungswert der diskreten Zufallsvariablen* $[X - E(X)]^2$ Varianz von X *(abkürzend Var(X)), d.h.* $$Var(X) = E[X - E(X)]^2.$$ *Die positive Quadratwurzel* $+\sqrt{Var(X)}$ *heißt* Standardabweichung *der Zufallsvariablen X.*
Satz 4-3 Verschwindende Varianz	*Die Varianz einer diskreten Zufallsvariablen ist genau dann gleich Null, wenn die Zufallsvariable X nur einen Wert c annimmt. Wir schreiben dafür X = c. Dabei gilt E(X) = c.*

Nach Definition der Varianz gilt

$$\mathrm{Var}\,(X) = \sum_i [x_i - E(X)]^2\, P(X = x_i),$$

wobei über alle Werte x_i des Wertebereichs von X summiert werden muß. Für diese Werte gilt dann $P(X = x_i) > 0$. Ferner ist $[x_i - E(X)]^2 \geq 0$. Die Varianz ist genau dann gleich Null, wenn alle Quadrate $[x_i - E(X)]^2$ verschwinden, was mit der Behauptung, daß X nur einen Wert (nämlich E(X)) annimmt, äquivalent ist.

Beweis

Für die in Beispiel 4-16 (Roulette) definierten Zufallsvariablen X, Y erhalten wir

$$\begin{aligned}
\mathrm{Var}\,(X) &= [2 - (-\tfrac{1}{37})]^2\, \tfrac{12}{37} + [-1 - (-\tfrac{1}{37})]^2 \cdot \tfrac{25}{37} \\
&= (\tfrac{75}{37})^2\, \tfrac{12}{37} + (\tfrac{36}{37})^2\, \tfrac{25}{37} \approx 2{,}0. \\[4pt]
\mathrm{Var}\,(Y) &= [35 - (-\tfrac{1}{37})]^2\, \tfrac{1}{37} + [-1 - (-\tfrac{1}{37})]^2\, \tfrac{36}{37} \\
&= [35 + \tfrac{1}{37}]^2 \cdot \tfrac{1}{37} + (\tfrac{36}{37})^2 \cdot \tfrac{36}{37} \approx 34{,}1.
\end{aligned}$$

Beispiel 4-17
Roulette

4.3.5 Eigenschaften der Varianz

Verdreifacht ein Spieler seinen Einsatz, so verdreifacht sich wegen $E(3X) = 3E(X)$ auch seine Gewinnerwartung. Für die Varianz der Zufallsvariablen $3X$ erhalten wir

$$\begin{aligned}
\mathrm{Var}\,(3X) &= E[3X - E(3X)]^2 = E[3X - 3E(X)]^2 \\
&= E[3(X - E(X)]^2 = E[3^2(X - E(X))^2] \\
&= 3^2 E[X - E(X)]^2 = 3^2\, \mathrm{Var}(X).
\end{aligned}$$

Beispiel

Die allgemeine Gültigkeit der Gleichung

$$\mathrm{Var}(aX) = a^2\, \mathrm{Var}(X) \quad \text{für} \quad a \in \mathbb{R} \tag{4.20}$$

werden wir für diskrete Zufallsvariable im Satz 4-4 beweisen.

Die Varianz von $a \cdot X$ erhält man somit durch Multiplikation von $\mathrm{Var}(X)$ mit a^2. Dieser Zusammenhang überrascht nicht, da die Varianz als „quadratischer Ausdruck" eingeführt wurde.

Multiplikation
mit einer Konstanten

Addiert man zu allen Werten x_i einer diskreten Zufallsvariablen X einen festen Zahlenwert b, so werden dadurch die Werte von X auf dem Zahlenstrahl um b verschoben. Wegen $E(X + b) = E(X) + b$ erfährt der Erwartungswert dieselbe Verschiebung. Somit streuen die Werte der Zufallsvariablen $X + b$ um den Erwartungswert $E(X) + b$ genauso stark wie die Werte der Zufallsvariablen X um E(X). Daher besitzen die beiden Zufallsvariablen $X + b$ und X dieselbe Varianz, d.h. es gilt

Addition einer
Konstanten

$$\mathrm{Var}(X + b) = \mathrm{Var}(X) \quad \text{für} \quad b \in \mathbb{R}. \tag{4.21}$$

Für eine diskrete Zufallsvariable X mit existierender Varianz und für beliebige Zahlen $a, b \in \mathbb{R}$ gilt

$$Var(aX + b) = a^2\, Var(X).$$

Satz 4-4
Lineare
Transformation

Beweis

Die Zufallsvariable $aX + b$ besitzt nach Satz 4-3 die Verteilung $(ax_i + b, P(X = x_i))$, $x_i \in W$, und den Erwartungswert $E(aX + b) = aE(X) + b$. Daraus folgt

$$
\begin{aligned}
\mathrm{Var}(aX + b) &= \sum_i [ax_i + b - (aE(X) + b)]^2 \, P(X = x_i) \\
&= \sum_i [ax_i + b - aE(X) - b]^2 \, P(X = x_i) \\
&= \sum_i [ax_i - aE(X)]^2 \, P(X = x_i) \\
&= \sum_i a^2 [x_i - E(X)]^2 \, P(X = x_i) \\
&= a^2 \sum_i [x_i - E(X)]^2 \, P(X = x_i) = a^2 \, \mathrm{Var}(X),
\end{aligned}
$$

womit der Satz bewiesen ist.

Bemerkung

Mit $b = 0$ erhält man aus der im Satz 4-4 angegebenen Formel die Gleichung (4.20) und aus $a = 1$ folgt (4.21).

Aus X gewinnen wir eine für die spätere Anwendung wichtige neue Zufallsvariable in der Definition 4-11.

Definition 4-11
Standardisierung
einer Zufallsvariablen

Für die Zufallsvariable X gelte $0 < Var(X) < \infty$. Dann heißt die Zufallsvariable

$$
\widetilde{X} = \frac{X - E(X)}{\sqrt{Var(X)}}
$$

die Standardisierung *von X.*

Aus den Sätzen 4-3 und 4-4 folgen unmittelbar die Eigenschaften

$$
E(\widetilde{X}) = \frac{1}{\sqrt{\mathrm{Var}(X)}} \, E[X - E(X)] = 0;
$$

$$
\begin{aligned}
\mathrm{Var}(\widetilde{X}) &= \frac{1}{\mathrm{Var}(X)} \, \mathrm{Var}[X - E(X)] \\
&= \frac{1}{\mathrm{Var}(X)} \cdot \mathrm{Var}(X) = 1.
\end{aligned}
$$

$\widetilde{X}$ besitzt somit den Erwartungswert 0 und die Varianz (und damit auch die Standardabweichung) 1.

*4.4 Stetige Zufallsvariable

In den vorangehenden beiden Abschnitten haben wir uns mit diskreten Zufallsvariablen beschäftigt, mit Zufallsvariablen, die nur endlich oder höchstens abzählbar unendlich viele verschiedene Werte annehmen können.

Im folgenden Beispiel betrachten wir eine Zufallsvariable, die im Gegensatz zu einer diskreten Zufallsvariablen sämtliche Werte eines Intervalls der Zahlengeraden annehmen kann.

Beispiel 4-18
Einleitendes Beispiel

Eine Straßenbahn kommt an einer bestimmten Haltestelle alle zehn Minuten an. Jemand kennt den Fahrplan nicht und geht daher zufällig zur Haltestelle. Die Zufallsvariable X beschreibe dabei die Zeit, die der Fahrgast an der Haltestelle bis zum Eintreffen der Straßenbahn warten muß. Zur Vereinfachung des Modells nehmen wir an, daß die Straßenbahn immer pünktlich ankommt. Dann kann die Zufallsvariable X jeden Wert zwischen 0 und 10 Minuten annehmen.

Zunächst berechnen wir die Verteilungsfunktion

$$F(x) = P(X \leq x)$$

der Zufallsvariablen X (vgl. Definition 4-6 in Abschnitt 4.1). Dabei ist $F(x)$ die Wahrscheinlichkeit dafür, daß der Fahrgast, der zu einem zufällig gewählten Zeitpunkt zur Haltestelle geht, bis zur Ankunft der Straßenbahn höchstens x Minuten warten muß. Die Wartezeit beträgt wegen der vorausgesetzten Pünktlichkeit der Bahn höchstens 10 Minuten, woraus $F(10) = P(X \leq 10) = 1$ folgt. Der Zeitpunkt $x = 3$ z.B. teilt das Intervall [0, 10], das alle möglichen Werte von X enthält, in zwei Teilintervalle mit den jeweiligen Längen 3 und 7 ein.

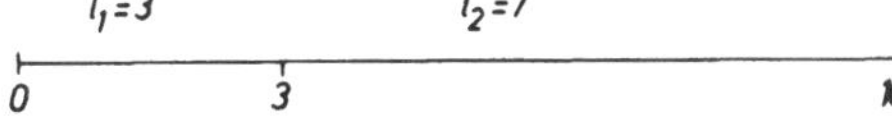

Mit p_1 bezeichnen wir die Wahrscheinlichkeit dafür, daß die Zufallsvariable X Werte aus dem ersten Teilintervall annimmt, d.h.

$$p_1 = P(0 \leq X \leq 3) = P(X \leq 3).$$

Zur Berechnung von p_1 nehmen wir sinnvollerweise an, daß sich p_1 zur Gesamtwahrscheinlichkeit 1 wie die Länge l_1 des Intervalls [0, 3] zur Länge des Gesamtintervalls [0, 10] verhält, also $p_1 : 1 = 3 : 10$. Damit gilt

$$p_1 = P(X \leq 3) = 0,3.$$

Für eine beliebige Zahl x aus dem Intervall [0, 10] erhält man durch dieselbe Überlegung

$$F(x) = P(X \leq x) = 0,1 \cdot x \quad \text{für} \quad 0 \leq x \leq 10.$$

Die Wartezeit liegt mit Sicherheit im Intervall [0, 10]. Daraus folgt

$$F(x) = 0 \text{ für } x \leq 0 \text{ und } F(x) = 1 \text{ für } x \geq 10.$$

Die Verteilungsfunktion F besitzt somit den in Bild 4-9 gezeichneten Graphen.

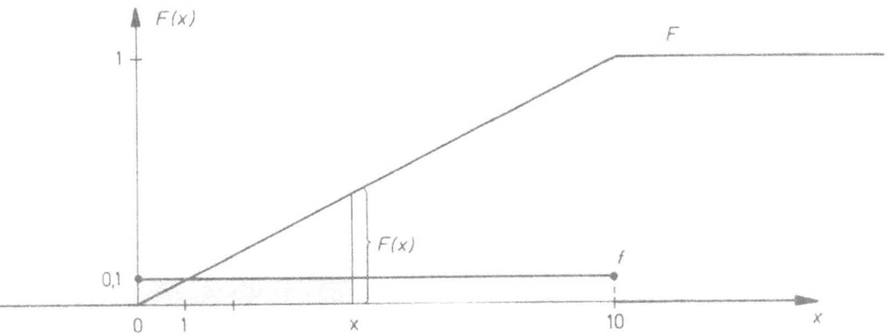

Bild 4-9. Verteilungsfunktion F und Dichte f der stetigen Zufallsvariablen X aus Beispiel 4-18. Die Dichte f schließt mit der x-Achse zwischen $x = 0$ und $x = 10$ eine Fläche mit dem Inhalt 1 ein. Für jeden Zahlenwert x ist $F(x)$ gleich dem Inhalt derjenigen Fläche, welche f links vom Punkt x mit der Abszissenachse einschließt. Der Funktionswert $F(x)$ ist also gleich dem Inhalt der gerasterten Rechtecksfläche.

Für $0 \leq x \leq 10$ kann der Funktionswert $F(x)$ auch als Flächeninhalt eines Rechtecks mit der Höhe 0,1 und der Breite x aufgefaßt werden (gerasterte Fläche in Bild 4-9). Aus diesem Grunde haben wir in Bild 4-9 neben dem Graphen der Verteilungsfunktion F noch den Graphen einer zweiten Funktion f eingezeichnet, deren Werte folgendermaßen festgelegt sind:

$f(x) = 0,1$ für $0 \leq x \leq 10$; $f(x) = 0$ sonst.

Den Inhalt des in Bild 4-9 gerasterten Flächenstücks bezeichnet man in der Mathematik symbolisch mit $\displaystyle\int_{-\infty}^{x} f(t)\,dt$. Man spricht dabei vom „Integral über die Funktion f von $-\infty$ bis x". Damit besteht zwischen den beiden Funktionen F und f die Beziehung

$$F(x) = \int_{-\infty}^{x} f(t)\,dt, \quad x \in \mathbb{R}. \tag{4.22}$$

Die Verteilungsfunktion F ist also durch die Funktion f bestimmt. $\qquad\qquad\square$

Bezüglich des Integralbegriffs sei auf den Abschnitt 8.2.7 verwiesen.

Liegt ein solcher Zusammenhang zwischen einer Verteilungsfunktion F und irgendeiner Funktion f vor, so ist die Verteilungsfunktion F *stetig*; sie besitzt also keine Sprungstellen.

Definition 4-12
Stetige Zufalls-
variable und Dichte

Eine Zufallsvariable X heißt stetig, wenn eine nichtnegative Funktion f existiert, so daß für die Verteilungsfunktion F der Zufallsvariablen X die Darstellung

$$F(x) = \int_{-\infty}^{x} f(t)\,dt \quad \text{für jedes } x \in \mathbb{R}$$

gilt. Die Funktion f heißt Dichte *der Zufallsvariablen X.*

Eigenschaften
einer Dichte

$$\int_{-\infty}^{+\infty} f(t)\,dt = 1. \tag{4.23}$$

Diese Eigenschaft folgt unmittelbar aus der Tatsache, daß die Zufallsvariable X mit Wahrscheinlichkeit 1 Werte auf der reellen Achse annimmt. Der Inhalt der gesamten zwischen der x-Achse und dem Graphen von f liegenden Fläche muß daher 1 sein.

$$P(a < X \leq b) = \int_{a}^{b} f(t)\,dt \quad \text{für } a < b. \tag{4.24}$$

Beweis

Aus den Rechenregeln für das Integral (siehe 8.2.7) folgt

$$\int_{-\infty}^{a} f(t)\,dt + \int_{a}^{b} f(t)\,dt = \int_{-\infty}^{b} f(t)\,dt, \quad \text{d.h.} \quad \int_{a}^{b} f(t)\,dt = \int_{-\infty}^{b} f(t)\,dt - \int_{-\infty}^{a} f(t)\,dt = F(b) - F(a).$$

$$\tag{4.25}$$

Andererseits gilt

$$P(X \le a) + P(a < X \le b) = P(X \le b)$$

oder

$$P(a < X \le b) = P(X \le b) - P(X \le a) = F(b) - F(a).$$

Hieraus folgt zusammen mit (4.25) gerade die Behauptung

$$P(a < X \le b) = \int_a^b f(t)\,dt. \qquad \circ$$

Die Wahrscheinlichkeit des Ereignisses $a < X \le b$ ist also gleich dem Inhalt der in Bild 4-10 gerasterten Fläche.

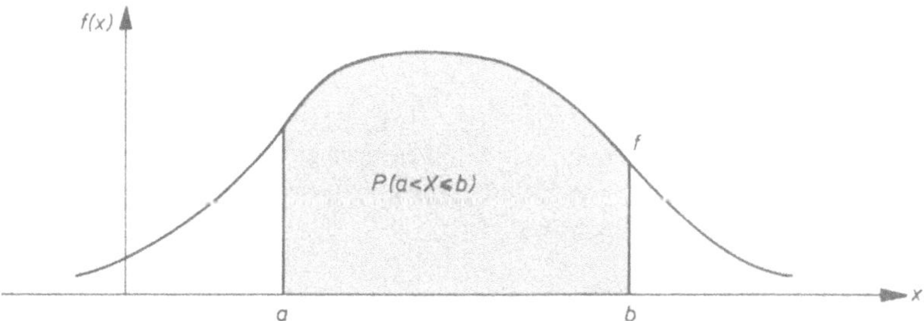

Bild 4-10. Dichte und Wahrscheinlichkeiten einer stetigen Zufallsvariablen X. Die Wahrscheinlichkeit $P(a < X \le b)$ ist gleich dem Inhalt der gerasterten Fläche, welche die Dichte f zwischen a und b mit der x-Achse einschließt.

Die Zahlenwerte f(x) selbst stellen keine Wahrscheinlichkeiten für die Zufallsvariable X dar. Die Dichte f kann (im Gegensatz zu den Wahrscheinlichkeiten) Werte annehmen, die größer als 1 sind.

Dichten sind keine Wahrscheinlichkeiten

Eine stetige Zufallsvariable X nimmt jeden festen Wert $x \in$ IR nur mit Wahrscheinlichkeit 0 an; es gilt also

$$P(X = x) = 0 \quad \textit{für jedes} \quad x \in \text{IR}. \tag{4.26}$$

Satz 4-5
$P(X = x) = 0$
für alle $x \in$ IR

Wir beweisen den Satz nur für sog. beschränkte Dichten, also für Dichten f, zu denen es eine Zahl c gibt mit $f(x) \le c$ für alle $x \in$ IR.

Beweis

Für jede natürliche Zahl n gilt offensichtlich

$$P(X = x) \le P(x - \tfrac{1}{n} < X \le x + \tfrac{1}{n}).$$

Die Wahrscheinlichkeit $P(x - \tfrac{1}{n} < X \le x + \tfrac{1}{n})$ ist für festes n gleich dem Inhalt der in Bild 4-11 gerasterten Fläche. Diese ist aber nicht größer als die Fläche des eingezeichneten Rechtecks mit den Seitenlängen $\tfrac{2}{n}$ und c.

Daraus folgt

$$P(X = x) \le P(x - \tfrac{1}{n} < X \le x + \tfrac{1}{n}) \le c \cdot \tfrac{2}{n} \quad \text{für jedes } n.$$

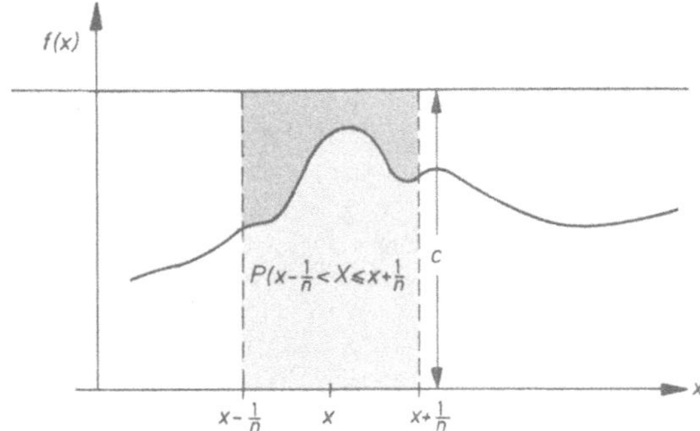

Bild 4-11. Abschätzung der Wahrscheinlichkeiten einer stetigen Zufallsvariablen X mit einer beschränkten Dichte f. Die Wahrscheinlichkeit $P(x - \frac{1}{n} < X \leq x + \frac{1}{n})$ ist als Inhalt der gerasterten Fläche unterhalb der Kurve f nicht größer als die Fläche des Rechtecks. Es gilt also
$P(x - \frac{1}{n} < X \leq x + \frac{1}{n}) \leq c \cdot \frac{2}{n}$.

$c \cdot \frac{2}{n}$ wird aber beliebig klein, wenn nur n hinreichend groß gewählt wird. Damit ist $P(X = x)$ kleiner als jede noch so kleine positive Zahl. Dies ist nur möglich, wenn $P(X = x) = 0$ gilt, womit der Satz bewiesen ist. ○

Bemerkungen
$P(X = x) = 0$
bedeutet nicht, daß
$X = x$ nicht eintreten
kann

a) Eine stetige Zufallsvariable X nimmt zwar jeden einzelnen Wert nur mit Wahrscheinlichkeit 0 an. Daraus folgt jedoch nicht, daß ein fest gewählter Wert von der Zufallsvariablen nicht angenommen werden kann. Bei der Durchführung des entsprechenden Zufallsexperiments *muß* ja ein Versuchsergebnis auftreten und die Zufallsvariable den zugeordneten Zahlenwert annehmen.

b) Bei der Berechnung von Wahrscheinlichkeiten dafür, daß stetige Zufallsvariable Werte in bestimmten Intervallen annehmen, kann man die Randpunkte der Intervalle berücksichtigen oder weglassen, ohne die entsprechenden Wahrscheinlichkeiten zu ändern. So gelten für eine stetige Zufallsvariable X die Identitäten

$$P(X \geq a) = P(X > a) = \int_a^\infty f(t)\, dt. \tag{4.27}$$

$$P(a \leq X \leq b) = P(a < X \leq b) = P(a \leq X < b) = P(a < X < b) = \int_a^b f(t)\, dt. \tag{4.28}$$

Stetige
Verteilungsfunktion

c) Wie bereits bemerkt, ist die Verteilungsfunktion F einer stetigen Zufallsvariablen X stetig. Sie besitzt also im Gegensatz zu Verteilungsfunktionen diskreter Zufallsvariabler keine Sprungstellen, da sonst die Wahrscheinlichkeit dafür, daß X den Wert der Sprungstelle annimmt, gleich der Sprunghöhe, also im Widerspruch zu Satz 4-5 von 0 verschieden sein müßte. Wie im diskreten Fall ist F monoton nichtfallend und es gelten entsprechend

$$\lim_{x \to -\infty} F(x) = 0 \quad \text{und} \quad \lim_{x \to +\infty} F(x) = 1.$$

138

Dagegen braucht die Dichte f nicht stetig zu sein. In Bild 4-9 ist f in den Punkten 0
und 10 unstetig.

d) Ist x ein Stetigkeitspunkt der Dichte f, so gilt für kleine Werte $\Delta x > 0$
(vgl. Bild 4-11) offensichtlich die Näherungsformel

$$P(x \leq X \leq x + \Delta x) = F(x + \Delta x) - F(x) \approx f(x) \cdot \Delta x.$$

Wegen der Stetigkeit von f im Punkt x läßt sich zeigen, daß diese Approximation
umso besser wird, je kleiner Δx gewählt wird. Daraus folgt

$$\lim_{\Delta x \to 0} \frac{F(x + \Delta x) - F(x)}{\Delta x} = f(x).$$

Für $\Delta x < 0$ erhält man entsprechend denselben Grenzwert.

$$\lim_{\Delta x \to 0} \frac{F(x + \Delta x) - F(x)}{\Delta x} = F'(x)$$

ist die Ableitung (Steigung) der Funktion F an der Stelle x.

In den Stetigkeitspunkten der Dichte f ist also f die Ableitung der Verteilungsfunktion F, es gilt daher

$$F'(x) = f(x) \quad \text{für alle } x, \tag{4.29}$$

an denen f stetig ist.

Die Ableitung einer Funktion wird in Abschnitt 8.2.6 kurz behandelt.

Erwartungswert und Varianz

Bevor wir den Erwartungswert und die Varianz einer stetigen Zufallsvariablen erklären,
behandeln wir folgenden Fall.

Wir betrachten eine stetige Zufallsvariable X mit der Dichte f und setzen voraus, daß
sie nur Werte aus dem Intervall $[u, v]$ mit $u < v$ annehmen kann. Die Dichte f ver-
schwinde also außerhalb dieses Intervalls $[u, v]$ (siehe Bild 4-12). Ferner sei f stetig.

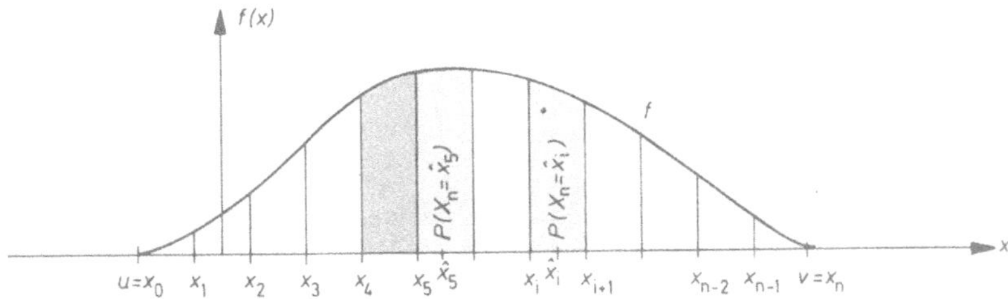

Bild 4-12. Approximation einer stetigen Zufallsvariablen X mit der Dichte f durch diskrete Zufallsvariable. Die Näherungsvariable X_n besitzt als Werte die Intervallmitten $\hat{x}_0, \hat{x}_1, \ldots, \hat{x}_{n-1}$. Die
Wahrscheinlichkeit $P(X_n = \hat{x}_i)$ ist dabei gleich dem Inhalt der gerasterten Fläche; es gilt also

$$P(X_n = \hat{x}_i) = P(x_i \leq X \leq x_{i+1}) \quad \text{für } i = 0, 1, \ldots, n - 1.$$

Das Intervall $[u, v]$ zerlegen wir in n Teilintervalle mit den konstanten Längen $\frac{v-u}{n}$. Als Randpunkte erhalten wir

$$x_0 = u; \quad x_1 = u + \frac{v-u}{n}, \quad x_2 = u + 2 \cdot \frac{v-u}{n}, \quad x_3 = u + 3 \cdot \frac{v-u}{n}, \ldots,$$

$$x_{n-1} = u + (n-1) \frac{v-u}{n}, \quad x_n = v.$$

Nach (4.24) gilt

$$P(x_i < X \leq x_{i+1}) = \int_{x_i}^{x_{i+1}} f(t)\, dt = q_i, \quad i = 0, 1, 2, \ldots, n-1. \tag{4.30}$$

Wie beim Runden von Meßwerten ordnen wir nun jedem Intervall $(x_i, x_{i+1}]$ die Intervallmitte $\hat{x}_i = \frac{1}{2}(x_i + x_{i+1})$ zu. Aus der stetigen Zufallsvariablen X gewinnen wir eine diskrete Zufallsvariable X_n durch folgende Zuordnungsvorschrift: Nimmt die Zufallsvariable X einen Wert aus dem Intervall $(x_i, x_{i+1}]$ an, d.h. gilt $x_i < X \leq x_{i+1}$, so soll X_n die Intervallmitte $\hat{x}_i$ annehmen. Dabei gelte

$$P(X_n = \hat{x}_i) = P(x_i < X \leq x_{i+1}) \quad \text{für} \quad i = 0, 1, 2, \ldots, n-1.$$

Für den Erwartungswert und Varianz dieser diskreten Zufallsvariablen X_n erhalten wir definitionsgemäß

$$E(X_n) = \sum_{i=0}^{n-1} \hat{x}_i \int_{x_i}^{x_{i+1}} f(t)\, dt. \tag{4.31}$$

$$\mathrm{Var}(X_n) = \sum_{i=1}^{n-1} [\hat{x}_i - E(X_n)]^2 \int_{x_i}^{x_{i+1}} f(t)\, dt. \tag{4.32}$$

Für große n wird die Länge $\frac{v-u}{n}$ der Teilintervalle klein. Aus der Stetigkeit von f ergibt sich die Näherung

$$\int_{x_i}^{x_{i+1}} f(t)\, dt \approx f(\hat{x}_i)(x_{i+1} - x_i) = f(\hat{x}_i) \frac{v-u}{n}. \tag{4.33}$$

Damit erhalten wir aus (4.31) und (4.32) die Approximationen

$$E(X_n) \approx \sum_{i=0}^{n-1} \hat{x}_i f(\hat{x}_i)(x_{i+1} - x_i); \tag{4.34}$$

$$\mathrm{Var}(X_n) \approx \sum_{i=0}^{n-1} [\hat{x}_i - E(X_n)]^2 f(\hat{x}_i)(x_{i+1} - x_i), \tag{4.35}$$

wobei die Näherungen mit wachsendem n besser werden.

Existiert nun ein Zahlenwert, dem $S_n = \sum_{i=0}^{n-1} \hat{x}_i f(\hat{x}_i)(x_{i+1} - x_i)$ beliebig nahe kommt, wenn nur n hinreichend groß ist, so bezeichnen wir diesen Grenzwert mit $\int_u^v x\, f(x)\, dx$

und nennen ihn den *Erwartungswert der stetigen Zufallsvariablen X*, d.h.

$$E(X) = \int_u^v x\,f(x)\,dx = \lim_{n \to \infty} \sum_{i=0}^{n-1} \hat{x}_i\,f(\hat{x}_i)\,(x_{i+1} - x_i). \qquad (4.36)$$

Entsprechend erhält man im Falle der Existenz die Varianz der stetigen Zufallsvariablen X durch

$$Var(X) = \int_u^v [x - E(X)]^2\,f(x)\,dx. \qquad (4.37)$$

Diese Integralbildung ist eventuell auch für eine stetige Zufallsvariable X mit einer beliebigen Dichte f möglich. Allgemein geben wir dafür die folgende Definition.

Ist X eine stetige Zufallsvariable mit der Dichte f, so heißen im Falle der Existenz

$$E(X) = \int_{-\infty}^{+\infty} x\,f(x)\,dx \quad (4.38) \qquad\qquad Var(X) = \int_{-\infty}^{+\infty} [x - E(X)]^2\,f(x)\,dx \quad (4.39)$$

der Erwartungswert *bzw. die* Varianz *von X.*

Wir behandeln nun eine Zufallsvariable, welche als Spezialfall die in Beispiel 4-18 betrachtete Zufallsvariable X liefert.

Eine Zufallsvariable X heißt im Intervall $[a, b]$ *mit* $a < b$ gleichverteilt, *wenn sie eine Dichte der folgenden Form besitzt*

$$f(x) = \begin{cases} 0 & \text{für } x < a, \\ \dfrac{1}{b-a} & \text{für } a \leq x \leq b, \\ 0 & \text{für } x > b. \end{cases}$$

Definition 4-13
Erwartungswert
und Varianz

Definition 4-14
Gleichverteilung

Die Funktion f ist Dichte, da sie nichtnegativ ist und ihr Graph mit der x-Achse ein Rechteck mit dem Flächeninhalt $(b-a)\frac{1}{b-a} = 1$ einschließt. Sie ist in Bild 4-13 graphisch dargestellt.

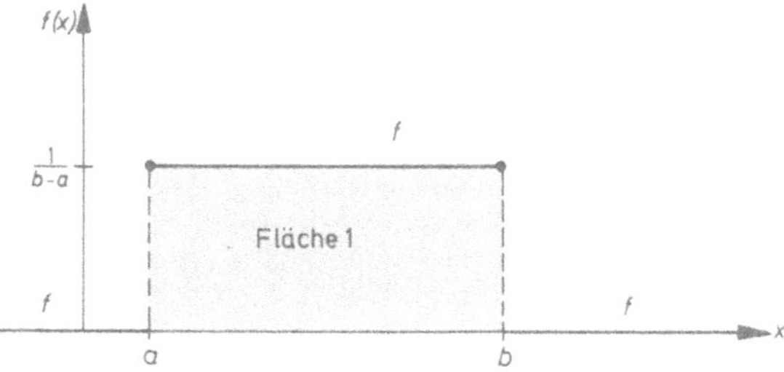

Bild 4-13. Dichte f einer im Intervall [a, b] mit $<$ b gleichverteilten Zufallsvariablen. Das gerasterte Rechteck besitzt die Fläche 1 (= Gesamtwahrscheinlichkeit).

Erwartungswert und Varianz einer in $[a, b]$ gleichverteilten Zufallsvariablen lauten

$$E(X) = \tfrac{1}{2}(a + b); \quad \text{Var}(X) = \tfrac{1}{12}(b - a)^2.$$

(4.40)

<table>
<tr><td>Beweis von (4.40)</td><td>

$$E(X) = \int_{-\infty}^{+\infty} x\, f(x)\, dx = \int_a^b x\, \frac{1}{b-a}\, dx = \frac{1}{b-a}\, \frac{x^2}{2}\,\Big|_a^b = \frac{1}{2}\, \frac{b^2 - a^2}{b - a}$$

$$= \frac{1}{2}\, \frac{(b - a)(b + a)}{(b - a)} = \frac{1}{2}(a + b);$$

$$\text{Var}(X) = \int_a^b \left[x - \frac{(a + b)}{2} \right]^2 \frac{1}{b-a}\, dx = \frac{1}{b-a} \int_a^b \left[x^2 - (a + b)x + \left(\frac{a + b}{2}\right)^2 \right] dx$$

$$= \frac{1}{b-a} \left[\frac{x^3}{3} - \frac{(a + b)x^2}{2} + \left(\frac{a + b}{2}\right)^2 x \right] \Bigg|_a^b$$

$$= \frac{1}{b-a} \left[\frac{b^3 - a^3}{3} - \frac{(a + b)(b^2 - a^2)}{2} + \frac{(a + b)^2 (b - a)}{4} \right]$$

$$= \frac{1}{b-a} \left[\frac{(b - a)(b^2 + ab + a^2)}{3} - \frac{(a + b)(a + b)(b - a)}{2} + \frac{(a + b)^2 (b - a)}{4} \right]$$

$$= \frac{a^2}{3} + \frac{ab}{3} + \frac{b^2}{3} - \frac{a^2}{4} - \frac{ab}{2} - \frac{b^2}{4} = \frac{1}{12}(a^2 - 2ab + b^2) = \frac{1}{12}(a - b)^2. \qquad \circ$$

</td></tr>
</table>

Für die Zufallsvariable X aus Beispiel 4-18, welche die Wartezeit in Minuten an der Straßenbahnhaltestelle beschreibt, erhalten wir mit $a = 0$, $b = 10$

$$E(X) = 5; \quad \text{Var}(X) = \tfrac{1}{12} \cdot 10^2 = \tfrac{25}{3}.$$

Das bedeutet, wie wir in Abschnitt 5.3 erläutern werden, daß man im „Mittel" mit einer Wartezeit von etwa 5 Minuten rechnen muß. Die Abweichungsquadrate der Wartezeit vom Erwartungswert 5 sind im „Mittel" gleich $\frac{25}{3} = 8{,}33$. Der mittlere Abstand beträgt $\sqrt{8{,}33} \approx 2{,}9$.

Für das Rechnen mit dem Erwartungswert und der Varianz einer stetigen Zufallsvariablen gelten dieselben Formeln wie bei den diskreten Zufallsvariablen

<table>
<tr><td>

Satz 4-6
Lineare Transformation $aX + b$

</td><td>

X sei eine stetige Zufallsvariable, deren Erwartungswert $E(X) = \int_{-\infty}^{+\infty} x\, f(x)\, dx$ *existiert.*

Dann gilt für den Erwartungswert der Zufallsvariablen $aX + b$, $a, b \in \mathbb{R}$ *die Gleichung*

$$E(aX + b) = aE(X) + b.$$

(4.41)

</td></tr>
<tr><td>Beweis</td><td>

a) Für $a = 0$ ist die Behauptung richtig, da der Erwartungswert der konstanten Zufallsvariablen $Y = b$ gleich b ist.

b) Für $a > 0$ setzen wir $Y = aX + b$. Für die Verteilungsfunktion der Zufallsvariablen Y erhalten wir

$$P(Y \le y) = P(aX + b \le y) = P\left(X \le \frac{y - b}{a} \right) = \int_{-\infty}^{\frac{y - b}{a}} f(t)\, dt.$$

</td></tr>
</table>

142

Durch die Substitution $t = \frac{u-b}{a}$ geht dieses Integral über in $P(Y \le y) = \frac{1}{a} \int_{\infty}^{y} f(\frac{u-b}{a})\,du$.

Somit ist $g(y) = \frac{1}{a} f(\frac{y-b}{a})$ Dichte der Zufallsvariablen Y. Sie besitzt den Erwartungswert $E(aX + b) = E(Y) = \int_{-\infty}^{+\infty} y\, g(y)\,dy = \frac{1}{a} \int_{-\infty}^{+\infty} y\, f(\frac{y-b}{a})\,dy$. Mit der Substitution $\frac{y-b}{a} = x$ geht dieses Integral über in

$$\int_{-\infty}^{+\infty} (ax + b)\, f(x)\,dx = a \int_{-\infty}^{+\infty} x\, f(x)\,dx + b \underbrace{\int_{-\infty}^{+\infty} f(x)\,dx}_{=1} = aE(X) + b,$$

womit die Behauptung für $a > 0$ bewiesen ist.

c) Für $a < 0$ erhalten wir entsprechend

$$P(Y \le y) = P(aX + b \le y) = P\left(X \ge \frac{y-b}{a}\right) = \int_{\frac{y-b}{a}}^{\infty} f(t)\,dt = \frac{1}{a} \int_{y}^{-\infty} f\left(\frac{u-b}{a}\right) du$$

$$= -\frac{1}{a} \int_{-\infty}^{y} f\left(\frac{u-b}{a}\right) du, \quad \text{also} \quad g(y) = -\frac{1}{a} f\left(\frac{y-b}{a}\right).$$

Daraus folgt wiederum

$$E(Y) = E(aX + b) = -\frac{1}{a} \int_{-\infty}^{+\infty} y\, f\left(\frac{y-b}{a}\right) dy = - \int_{+\infty}^{-\infty} (ax + b)\, f(x)\,dx$$

$$= \int_{-\infty}^{+\infty} (ax + b)\, f(x)\,dx = a \int_{-\infty}^{+\infty} x\, f(x)\,dx + b \underbrace{\int_{-\infty}^{+\infty} f(x)\,dx}_{=1} = aE(X) + b,$$

womit der Satz bewiesen ist. $\circ$

<table>
<tr><td>

Besitzt die stetige Zufallsvariable X die Varianz Var (X), so gilt

$$Var(aX + b) = a^2\, Var(X); \quad a, b \in \mathbb{R} \tag{4.42}$$

</td><td>

Satz 4-7

</td></tr>
<tr><td>

Nach Definition der Varianz und nach Satz 4-6 gilt

</td><td>

Beweis

</td></tr>
</table>

$$Var(aX + b) = E[aX + b - E(aX + b)]^2 = E[aX + b - aE(X) - b]^2 =$$
$$= E[a(X - E(X))]^2 = a^2\, E[X - E(X)]^2 = a^2\, Var(X).$$

<table>
<tr><td>

X sei eine stetige Zufallsvariable mit der in Bild 4-14 dargestellten Dichte. Man sagt, X genügt der *Simpson-Verteilung* auf dem Intervall [0; 10]. Sind Y und Z zwei im Intervall [0, 5] gleichverteilte Zufallsvariablen und nehmen die beiden Zufallsvariablen ihre Werte unabhängig voneinander an, so besitzt die Summe X = Y + Z die in Bild 4-14 dargestellte Dichte.

</td><td>

Beispiel 4-19
Simpson-Verteilung

</td></tr>
</table>

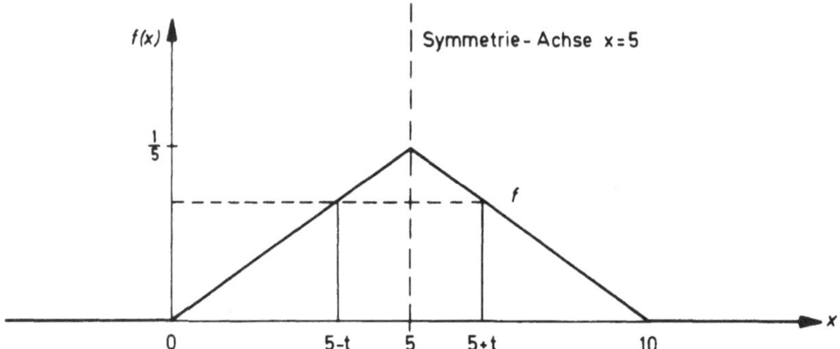

Bild 4-14. Dichte f der Simpson-Verteilung auf dem Intervall [0, 10] aus Beispiel 4-19. f ist Dichte der Summe zweier (stochastisch) unabhängiger jeweils in [0;5] gleichverteilter Zufallsvariabler. Die Dichte f ist achsensymmetrisch zur Symmetrie-Achse x = 5, es gilt also $f(5 - t) = f(5 + t)$ für jedes $t \in \mathbb{R}$. Aus dieser Symmetrie-Eigenschaft folgt für die entsprechende Zufallsvariable E(X) = 5.

Die Dichte f ist symmetrisch zur Achse $x_0 = 5$. Für jeden Wert $t \in \mathbb{R}$ gilt also $f(5 + t) =$ $= f(5 - t)$. Wie bei symmetrischen diskreten Zufallsvariablen gilt auch hier

$$E(X) = x_0 = 5 \, .$$

Der Beweis dieser Behauptung wird aus Satz 4-8 mit $x_0 = 5$ folgen. □

Symmetrische
Dichte

Allgemein ist eine Dichte f genau dann symmetrisch zur Achse $x = x_0$, wenn bei der Spiegelung an der Achse $x = x_0$ der rechte Teil des Graphen von f und der linke ineinander übergehen (siehe Bild 4-15).

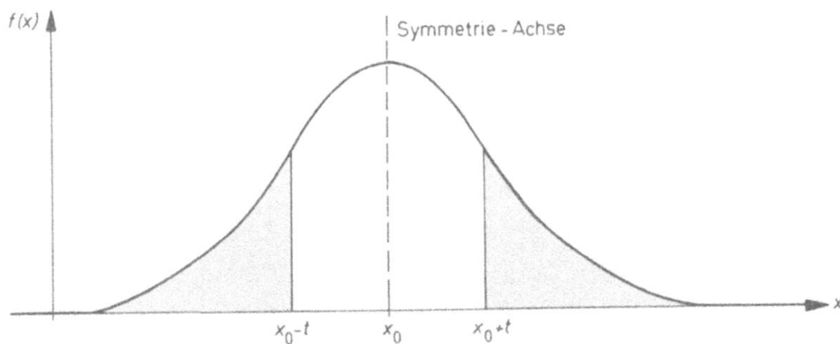

Bild 4-15. Zur Achse $x = x_0$ symmetrische Dichte. Durch Spiegelung an der Symmetrie-Achse gehen die beiden gerasterten Flächen ineinander über.

Diese Symmetrieeigenschaft liegt genau dann vor, wenn für alle Werte $t \in \mathbb{R}$ gilt

$$f(x_0 + t) = f(x_0 - t) \, .$$

Für stetige Zufallsvariablen mit symmetrischen Dichten zeigen wir den Satz 4-8.

Satz 4-8

Ist die Dichte f einer stetigen Zufallsvariablen symmetrisch zur Achse $x = x_0$, d. h. ist $f(x_0 + t) = f(x_0 - t)$ für alle $t \in \mathbb{R}$, so gilt im Falle der Existenz des Erwartungswertes

$$E(X) = \int\limits_{-\infty}^{+\infty} x \, f(x) \, dx = x_0 \, . \tag{4.43}$$

Aus den Regeln für das Rechnen mit Integralen ergeben sich wegen $f(x_0 - t) = f(x_0 + t)$ folgende Gleichungen

$$\begin{aligned}
E(X) &= \int\limits_{-\infty}^{+\infty} x\, f(x)\, dx = \int\limits_{-\infty}^{x_0} x\, f(x)\, dx + \int\limits_{x_0}^{\infty} x\, f(x)\, dx \\[2ex]
&= \int\limits_{0}^{\infty} (x_0 - t)\, f(x_0 - t)\, dt + \int\limits_{0}^{\infty} (x_0 + t)\, f(x_0 + t)\, dt \\[2ex]
&= x_0 \left[\int\limits_{0}^{\infty} f(x_0 - t)\, dt + \int\limits_{0}^{\infty} f(x_0 + t)\, dt \right] + \int\limits_{0}^{\infty} (t - t)\, f(x_0 + t)\, dt \\[2ex]
&= x_0 \left[\int\limits_{-\infty}^{x_0} f(x)\, dx + \int\limits_{x_0}^{\infty} f(x)\, dx \right] + 0 = x_0 \int\limits_{-\infty}^{+\infty} f(x)\, dx = x_0 \cdot 1 = x_0 \, .
\end{aligned}$$

Wegen der Achsensymmetrie der Dichte f haben die in Bild 4-16 gerasterten Flächen denselben Inhalt. Die beiden Flächeninhalte stellen die Wahrscheinlichkeiten $P(X \le x_0 - t)$ bzw. $P(X \ge x_0 - t)$ dar. Wegen $P(X \ge x_0 - t) = 1 - P(X \le x_0 - t)$ gilt daher für die Verteilungsfunktion F der stetigen Zufallsvariablen X

$$F(x_0 - t) = 1 - F(x_0 + t) \quad \text{für alle} \quad t \in \mathbb{R}. \tag{4.44}$$

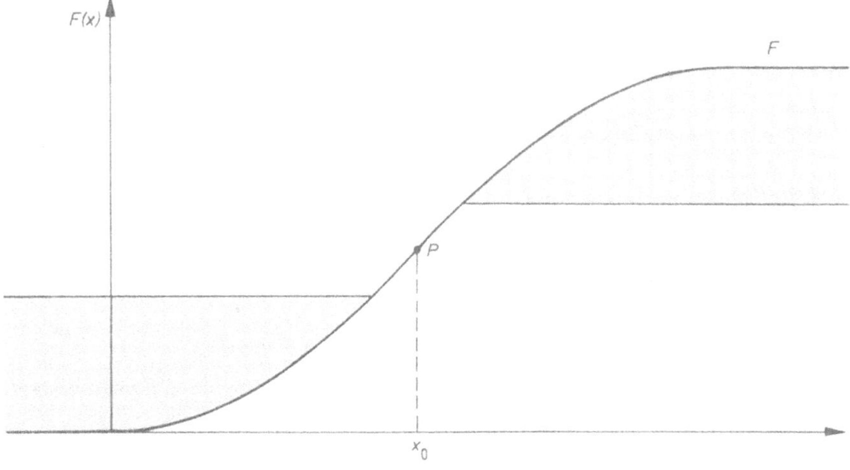

Bild 4-16. Verteilungsfunktion einer zur Achse $x = x_0$ symmetrisch verteilten Zufallsvariablen. Durch Drehung der Funktion F um den Punkt P mit den Koordinaten x_0 und $\frac{1}{2}$ können die gerasterten Flächen ineinander übergeführt werden. Dabei sind diese Flächen begrenzt durch die Verteilungsfunktion F und durch zwei zur x-Achse parallelen Geraden, die vom Drehpunkt P beide gleich weit entfernt sind.

Aus dieser Eigenschaft folgt, daß sich in Bild 4-16 die beiden schraffierten Flächen durch Drehung um den Punkt P mit den Koordinaten $(x_0, \frac{1}{2})$ zur Deckung bringen lassen. Diese Drehsymmetrie hat die Identität

$$E(X) = x_0$$

zur Folge. Diese Beziehung gilt nicht nur für stetige Zufallsvariable, sondern für beliebige Zufallsvariable, deren Verteilungsfunktion Sprungstellen besitzen kann, wie z.B. bei diskreten Zufallsvariablen. Der Punkt P muß dabei nicht unbedingt auf dem Graphen von F liegen.

*4.5 Die Ungleichung von Tschebyscheff

Denkschritt 1

Die Wahrscheinlichkeit dafür, daß die Werte einer Zufallsvariablen X vom Erwartungswert E(X) um mindestens eine Zahl $c > 0$ abweichen, können wir berechnen, wenn X diskret oder stetig ist und deren Verteilung $(x_i, P(X = x_i))$, $x_i \in W$, bzw. deren Dichte f bekannt ist. Zu ihrer Berechnung müssen im diskreten Fall die Wahrscheinlichkeiten $P(X = x_i)$ derjenigen Werte x_i aus dem Wertebereich von X addiert werden, deren Abstand von E(X) mindestens c beträgt. Darunter fallen alle Werte x_i mit $x_i \leq E(X) - c$ oder $x_i \geq E(X) + c$.

Damit gilt

$$P(|X - E(X)| \geq c) = \sum_{x_i\,:\,|x_i - E(X)| \geq c} P(X = x_i). \qquad (4.45)$$

Im stetigen Fall muß über die entsprechenden Bereiche integriert werden, d.h.

$$P(|X - E(X)| \geq c) = \int_{-\infty}^{E(X) - c} f(x)\,dx + \int_{E(X) + c}^{\infty} f(x)\,dx. \qquad (4.46)$$

Häufig ist jedoch die Verteilung bzw. Dichte einer Zufallsvariablen nicht bekannt, wohl aber deren Erwartungswert und Varianz. Da die Varianz ein Maß für die Abweichung der Werte einer Zufallsvariablen vom Erwartungswert ist, wird die Wahrscheinlichkeit $P(|X - E(X)| \geq c)$ in irgendeinem Zusammenhang mit der Varianz stehen. Ein solcher Zusammenhang wird ausgedrückt in dem folgenden Satz.

Satz 4-9
Varianz und
Wahrscheinlichkeit
$P(|X - E(X)| \geq c)$

Tschebyscheffsche Ungleichung.
X sei eine beliebige Zufallsvariable, deren Erwartungswert und Varianz existieren.
Dann gilt für jede Zahl $c > 0$ die Ungleichung

$$\boxed{P(|X - E(X)| \geq c) \leq \frac{Var(X)}{c^2}.} \qquad (4.47)$$

Beweis

Wir wollen die Ungleichung nur für den stetigen Fall beweisen. Im diskreten Fall verläuft der Beweis entsprechend. Das Integral $\int_{-\infty}^{+\infty} [x - E(X)]^2\,f(x)\,dx$ zerlegen wir nach folgender Skizze in eine Summe von 3 Integralen.

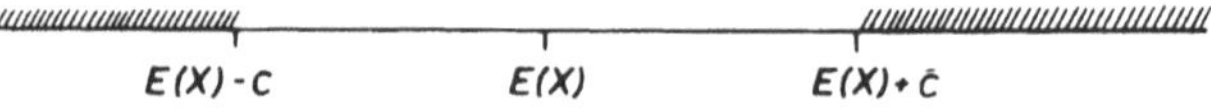

$$\mathrm{Var}(X) = \int\limits_{-\infty}^{+\infty} [x - E(X)]^2 \, f(x)\, dx$$

$$= \int\limits_{-\infty}^{E(X)-c} [x - E(X)]^2 \, f(x)\, dx + \int\limits_{E(X)-c}^{E(X)+c} [x - E(X)]^2 \, f(x)\, dx$$

$$+ \int\limits_{E(X)+c}^{\infty} [x - E(X)]^2 \, f(x)\, dx.$$

Auf den Integrationsbereichen des 1. und 3. Integrals gilt $[x - E(X)]^2 \geq c^2$. Da ferner das 2. Integral nichtnegativ ist, erhalten wir hieraus

$$\mathrm{Var}(X) \geq c^2 \int\limits_{-\infty}^{E(X)-c} f(x)\, dx + c^2 \int\limits_{E(X)+c}^{\infty} f(x)\, dx$$

$$= c^2\, P(X \leq E(X) - c) + c^2\, P(X \geq E(X) + c) = c^2\, P(\,|X - E(X)| \geq c)\,.$$

Division durch c^2 liefert schließlich die Behauptung. $\qquad\qquad\circ$

Mit $c = k\,\sqrt{\mathrm{Var}(X)}$ erhält man im Falle $\mathrm{Var}(X) > 0$ aus (4.47) unmittelbar die Gleichung

$$P\left(|X - E(X)| \geq k\,\sqrt{\mathrm{Var}(X)}\right) \leq \frac{1}{k^2}\,. \tag{4.48}$$

Die Wahrscheinlichkeit für die Abweichung um mindestens die doppelte Streuung ist daher höchstens gleich $\frac{1}{4}$ ($k = 2$), für $k = 3$ ergibt sich z.B.

$$P(\,|X - E(X)| \geq 3\,\sqrt{\mathrm{Var}(X)}) \leq \tfrac{1}{9}\,.$$

Eine Zufallsvariable besitze den Erwartungswert $E(X) = 5$ und die Varianz $\mathrm{Var}(X) = 9$. Dann folgt mit $k = 2$ aus (4.48) *Beispiel 4-20*

$$P(\,|X - 5| \geq 2\cdot 3) \leq \tfrac{1}{4}$$

oder

$$P(\,|X - 5| < 6) \geq 1 - \tfrac{1}{4} = 0{,}75\,.$$

Mit Wahrscheinlichkeit von mindestens 0,75 tritt $-1 < X < 11$ ein. $\qquad\qquad\square$

Die Zufallsvariable X besitze den Erwartungswert 0 und die Varianz 10. Man gebe ein Intervall an, in dem die Werte von X mit einer Wahrscheinlichkeit von mindestens 0,9 liegen. *Beispiel 4-21*

Ein solches Intervall erhalten wir aus (4.47). Es ist nämlich für $c = 10$

$$P(\,|X| \geq c) \leq \frac{10}{c^2} = 0{,}1\,.$$

Daraus folgt $P(\,|X| < 10) \geq 0{,}9$, d.h. $P(-10 < X < 10) \geq 0{,}9$. $\qquad\qquad\square$

*4.6 Median und Quantile einer beliebigen Zufallsvariablen

Neben den diskreten und stetigen Zufallsvariablen gibt es auch solche vom gemischten Typ, d.h. jedoch nicht, daß er nur diese drei Typen von Zufallsvariablen gibt. Eine derartige Zufallsvariable beschreiben wir im folgenden Beispiel.

<table><tr><td>Beispiel 4-22
Zufallsvariable,
die weder stetig
noch diskret ist</td><td>Zur Beschreibung der Wartezeit an einer Straßenbahnhaltestelle ist die in Beispiel 4-18 angegebene Zufallsvariable X aus folgendem Grund nicht ganz geeignet: Wenn jemand auf dem Weg zur Haltestelle eine Straßenbahn heranfahren sieht, so wird er sich beeilen und evtl. die letzten Meter seines Weges im Laufschritt zurücklegen, um die Bahn gerade noch zu erreichen. Andererseits wartet die Straßenbahn häufig, um Nachzügler noch mitzunehmen. So wird der Fall, daß die Wartezeit mehr als 9 Min. 50 sec. beträgt, in der Praxis im allgemeinen nicht eintreten, sofern die Bahn immer pünktlich ankommt. Dann ist aber die Wahrscheinlichkeit dafür, daß die Wartezeit gleich Null ist, größer als Null. Nehmen wir an, daß es einem Fahrgast wegen der günstigen Lage der Haltestelle möglich ist, durch schnelleres Gehen während der letzten Anfahrtphase der Bahn bis zu 15 Sekunden Zeit zu gewinnen. Ferner richte der Fußgänger sein beschleunigtes Tempo dann immer so ein, daß er mit der Straßenbahn zusammen ankommt. Zur Beschreibung der Wartezeit eignet sich daher viel besser folgende Zufallsvariable $\hat{X}$, die weder überall stetig noch überall diskret ist: $\hat{X} = 0$ tritt genau dann ein, wenn für die in Beispiel 4-18 beschriebene stetige Zufallsvariable das Ereignis $9{,}75 \leq X \leq 10$ eintritt. Daraus folgt</td></tr></table>

$$P(\hat{X} = 0) = P(9{,}75 \leq X \leq 10) = 0{,}1 \cdot \int\limits_{9{,}75}^{10} dx = 0{,}025 \,. \tag{4.49}$$

Die Zufallsvariable $\hat{X}$ kann nur Werte zwischen 0 und 9,75 annehmen. Im Bereich außerhalb des Nullpunktes ist $\hat{X}$ „stetig" mit der Dichte $f(x) = 0{,}1$. Für den Erwartungswert von $\hat{X}$ erhalten wir somit

$$E(\hat{X}) = 0 \cdot 0{,}025 + 0{,}1 \cdot \int\limits_{0}^{9{,}75} x\, dx = 0{,}1 \cdot \frac{9{,}75^2}{2} = 4{,}75 \text{ min.} \tag{4.50}$$

und für deren Verteilungsfunktion F

$$F(0) = P(\hat{X} \leq 0) = 0{,}025$$

sowie

$$F(x) = P(\hat{X} \leq x) = P(\hat{X} = 0) + 0{,}1 \cdot \int\limits_{0}^{x} dt = 0{,}025 + 0{,}1\, x \quad \text{für} \quad 0 < x \leq 9{,}75\,;$$

$$F(x) = 1 \quad \text{für} \quad x \geq 9{,}75.$$

Die Verteilungsfunktion F der Zufallsvariablen $\hat{X}$ besitzt somit den in Bild 4-17 gezeichneten Graphen.

Die Verteilungsfunktion F besitzt an der Stelle $x = 0$ einen Sprung der Höhe $P(\hat{X} = 0)$ und ist sonst stetig. Die Zufallsvariable $\hat{X}$ setzt sich also aus einem diskreten und einem stetigen Anteil zusammen. $\qquad\square$

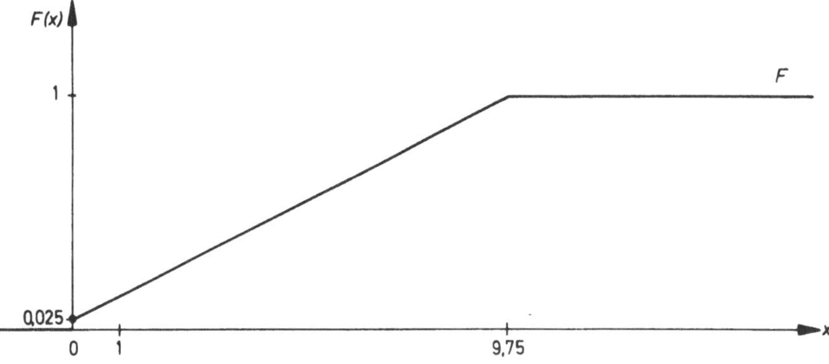

Bild 4-17. Verteilungsfunktion F einer Zufallsvariablen X aus Beispiel 4-22, die weder diskret noch stetig ist. x = 0 ist Sprungstelle von F. Daher nimmt die Zufallsvariable X diesen Wert mit positiver Wahrscheinlichekeit an. Die Wahrscheinlichkeit dafür ist gleich der Sprunghöhe 0,025. Jeder andere Wert wird nur mit Wahrscheinlichkeit 0 angenommen; es gilt also $P(X = x) = 0$ für $x \neq 0$.

Auf ähnliche Weise wird man auf Verteilungsfunktionen mit mehreren Sprungstellen geführt, die im Gegensatz zu denen diskreter Zufallsvariabler zwischen zwei Sprungstellen nicht konstant zu sein brauchen.

Zur Kennzeichnung der Verteilung einer Zufallsvariablen führen wir neben dem Erwartungswert und der Varianz in Analogie zum empirischen Median in der beschreibenden Statistik den Median einer Zufallsvariablen X ein. Dazu betrachten wir zunächst eine Zufallsvariable mit stetiger Verteilungsfunktion F. Diese Funktion nimmt an mindestens einer Stelle den Wert $\frac{1}{2}$ an. In Bild 4-18a) gibt es nur einen Wert x_0 mit $F(x_0) = 0,5$, während es in Bild 4-18b) ein ganzes Intervall gibt. Wir nennen jeden Punkt x_0 mit $F(x_0) = \frac{1}{2}$ *Median* von X oder kurz Med(X).

Begriffsbildung

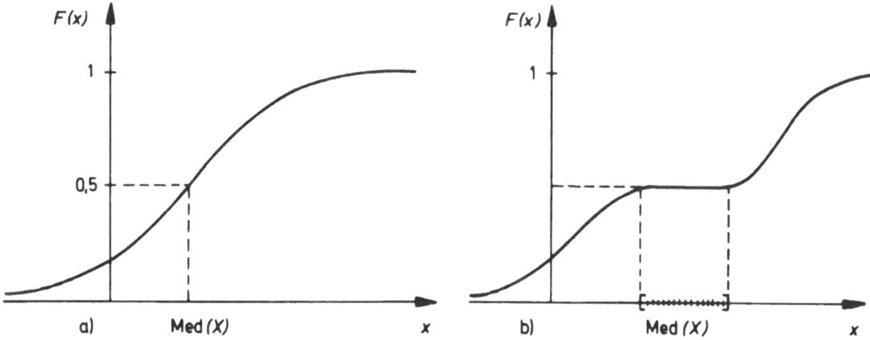

Bild 4-18. Bestimmung des Medians aus einer Verteilungsfunktion, die an der Stelle x_0 mit $F(x_0) = \frac{1}{2}$ stetig ist.

a) Hier gibt es genau eine reelle Zahl x_0 mit $F(x_0) = \frac{1}{2}$. Der Zahlenwert x_0 ist der Median, er ist hier eindeutig bestimmt.

b) Jeder Punkt des gerasterten Intervalls erfüllt die Gleichung $F(x) = \frac{1}{2}$. Daher ist jeder Punkt aus diesem Intervall Median.

Ist F nicht stetig, so kann der Fall eintreten, daß keine Stelle x_0 existiert mit $F(x_0) = 0{,}5$ wie z.B. bei der in Bild 4-19 dargestellten Verteilungsfunktion.

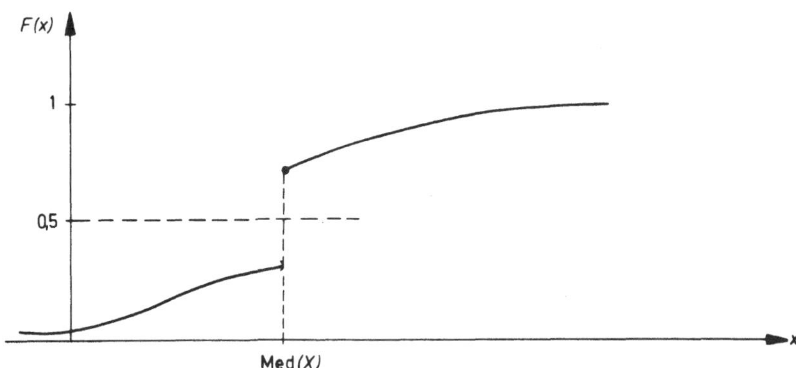

Bild 4-19. Bestimmung des Medians aus einer Verteilungsfunktion, welche den Wert $\frac{1}{2}$ nicht annimmt. Hier gibt es keinen Punkt x_0 mit $F(x_0) = \frac{1}{2}$. Für den eingezeichneten Punkt x_1 gilt jedoch $P(X < x_1) \le \frac{1}{2}$ und $P(X > x_1) \le \frac{1}{2}$. Der Median ist hier durch $Med(X) = x_1$ eindeutig bestimmt.

Für die Stelle x_1 gelten jedoch in diesem Fall folgende Ungleichungen: $P(X < x_1) \le \frac{1}{2}$; $P(X > x_1) \le \frac{1}{2}$. Der Wert x_1 wird von der Zufallsvariablen X also höchstens mit Wahrscheinlichkeit $\frac{1}{2}$ überschritten und höchstens mit Wahrscheinlichkeit $\frac{1}{2}$ nicht erreicht. Diese Eigenschaft von x_1 ist charakteristisch für einen Median. Ein solcher Zahlenwert existiert immer. Daher geben wir die folgende Definition.

Definition 4-15

Sei X eine beliebige Zufallsvariable. Jeder Zahlenwert Med(X), für den gilt

$$P(X < Med(X)) \le \frac{1}{2} \quad und \quad P(X > Med(X)) \le \frac{1}{2},$$

heißt Median von X.

Beispiel 4-23

X sei $B(3; \frac{1}{2})$-verteilt mit der Verteilung

x_i	0	1	2	3
$P(X = x_i)$	$\frac{1}{8}$	$\frac{3}{8}$	$\frac{3}{8}$	$\frac{1}{8}$

und der in Bild 4-20 dargestellten Verteilungsfunktion F.

Hier ist jeder Wert x_0 mit $1 \le x_0 \le 2$ Median von X, insbesondere der Erwartungswert $E(X) = \frac{3}{2}$ (siehe Beispiel 4-10). Daß $\frac{3}{2}$ der Erwartungswert der Zufallsvariablen X ist, folgt auch aus der Tatsache, daß durch Drehung um den Punkt P mit den Koordinaten $(\frac{3}{2}; \frac{1}{2})$ die in Bild 4-20 gerasterten Flächen ineinander übergeführt werden können. $\quad\square$

Erwartungswert und Median

Vergleich von Erwartungswert und Median

Der Erwartungswert ist jedoch nicht immer ein Median, wie folgendes Beispiel zeigt.

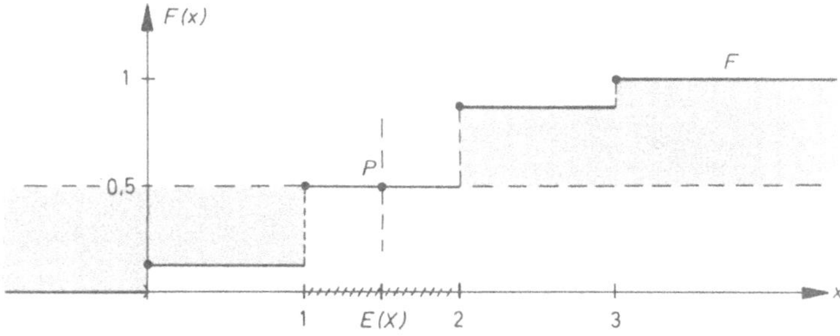

Bild 4-20. Median und Erwartungswert der Zufallsvariablen aus Beispiel 4-24. Jeder Zahlenwert aus dem Intervall [1, 2] ist Median. Da die gerasterten Flächen durch Drehung um den Punkt P mit den Koordinaten 1,5 und 0,5 zur Deckung gebracht werden können, ist E(X) = 1,5 der Erwartungswert der Zufallsvariablen X.

Beispiel 4-24

Sei X eine diskrete Zufallsvariable mit der Verteilung

x_i	0	1	10	100
$P(X = x_i)$	0,4	0,3	0,2	0,1

Für den Erwartungswert E(X) erhalten wir

$$E(X) = 0 \cdot 0{,}4 + 1 \cdot 0{,}3 + 10 \cdot 0{,}2 + 100 \cdot 0{,}1 = 12{,}3 \, .$$

Wegen $P(X < 1) = 0{,}4$; $P(X > 1) = 0{,}3$ ist 1 Median von X. Kein anderer Zahlenwert erfüllt die in Definition 4-15 angegebenen Bedingungen. Daher besitzt X nur einen Median, nämlich Med(X) = 1. Der Erwartungswert ist größer als 10, obwohl nur mit einer Wahrscheinlichkeit von 0,1 ein Wert eintreten kann, der größer als 10 ist. Dies liegt daran, daß ein „sehr großer Wert" mit „ziemlich kleiner" Wahrscheinlichkeit auftritt. Dieser große Wert fällt bei der Berechnung des Erwartungswertes stark ins Gewicht. Auf die Bildung des Medians hat er dagegen kaum einen Einfluß. □

In Verallgemeinerung zum Begriff Median geben wir die Definition 4-16.

Definition 4-16
Quantil

Es sei $0 < q < 1$. Jede Zahl x_q mit $P(X < x_q) \leq q$ und $P(X > x_q) \leq 1 - q$ heißt q-Quantil von X.

Ein Median von X ist also ein $\frac{1}{2}$-Quantil von X. Die q-Quantile werden nach dem selben Verfahren wie Mediane bestimmt. Ist z.B. die Verteilungsfunktion F streng monoton wachsend (siehe Bild 4-21), so sind die q-Quantile eindeutig bestimmt.

Da Quantile in der mathematischen Statistik eine wichtige Rolle spielen, sind Quantile vieler Zufallsvariabler in Tabellen zu finden.

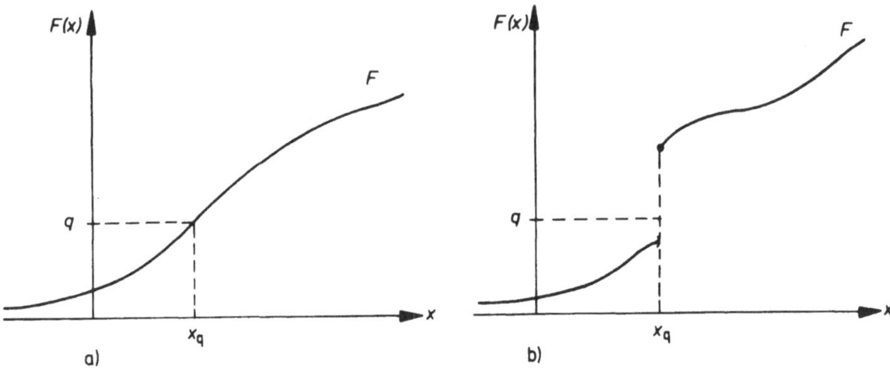

Bild 4-21. Bestimmung der q-Quantile. In a) gibt es genau einen Wert x_q mit $F(x_q) = q$. In b) ist x_q der kleinste Zahlenwert mit $F(x_q) > q$. Daher sind beide Werte jeweils die eindeutig bestimmten q-Quantile.

Sendung 10

Mehrere Zufallsvariable

Zunächst werden gleichzeitig zwei Zufallsvariable auf derselben Ergebnismenge M betrachtet. Dabei wird der diskrete und anschließend der stetige Fall behandelt.

Über die (stochastische) Unabhängigkeit von Ereignissen wird die (stochastische) Unabhängigkeit zweier Zufallsvariablen eingeführt. Dabei spielt die zweidimensionale Verteilungsfunktion eine wichtige Rolle.

Durch Summen- bzw. Produktbildung wird aus zwei Zufallsvariablen eine eindimensionale Zufallsvariable gewonnen. Dabei werden einige Eigenschaften des Erwartungswertes und der Varianz abgeleitet.

Als gewisses Abhängigkeitsmaß zweier Zufallsvariablen dient der Korrelationskoeffizient.

Einige für zwei Zufallsvariable betrachteten Größen werden auf mehrere Zufallsvariable übertragen.

4.7 Gemeinsame Verteilung mehrerer Zufallsvariablen

Begriffsbildung und Beispiele

Häufig werden gleichzeitig mehrere Zufallsvariable betrachtet. So werden bei einer amtsärztlichen Untersuchung eines Patienten mehrere Größen gemessen, die alle vom Zufall abhängen. Als Beispiele seien angegeben: X = Körpergröße, Y = Gewicht, Z = Blutdruck und T = Körpertemperatur. Die Abhängigkeit vom Zufall kann darin bestehen, daß der Patient zufällig ausgewählt wird, oder darin, daß der Zeitpunkt, zu dem die Untersuchung bei diesem Patienten stattfindet, zufällig gewählt wird. Die Zufallsvariablen X und Y werden in gewisser Weise voneinander abhängig sein, wobei man allerdings von der Körpergröße nicht eindeutig auf das Gewicht schließen kann. Im wesentlichen werden wir uns auf die gleichzeitige Betrachtung zweier Zufallsvariabler X und Y beschränken. Die für diesen Fall gebildeten Begriffe und Eigenschaften können leicht auf mehrere Zufallsvariablen übertragen werden.

X und Y seien zwei Zufallsvariable, deren Werte durch das gleiche Zufallsexperiment bestimmt sind. Bei jedem Versuchsausgang nimmt die Zufallsvariable X einen Wert x und Y einen Wert y an. Wird z.B. die Körpergröße und das Gewicht zweier zufällig ausgewählter Personen a und b festgestellt, so bezeichnen wir mit X(a) und X(b) die Körpergröße von a bzw. b, während Y(a) und Y(b) die Gewichte der beiden Personen sind. Allgemein sind X und Y jeweils Abbildungen der Ergebnismenge M in die Zahlengerade IR. Diesen Sachverhalt stellen wir in Bild 4-22 graphisch dar.

Zwei Zufallsvariable

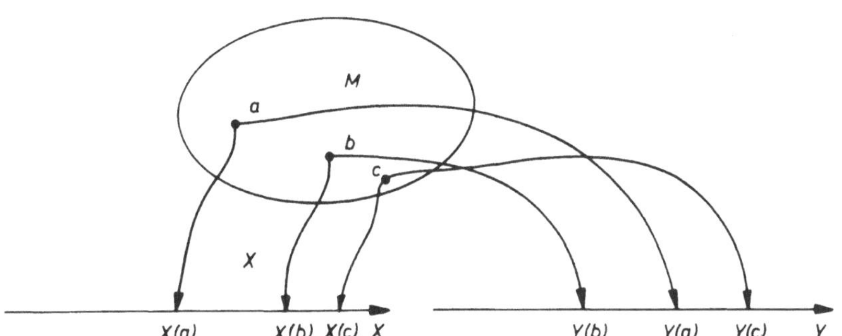

Bild 4-22. Zwei Zufallsvariable X und Y. Gleichzeitig werden zwei auf derselben Ergebnismenge M definierte Zufallsvariable X und Y betrachtet. Das Element $a \in M$ wird dabei durch die Zufallsvariable X auf Zahlenwert X(a) und durch Y auf den Zahlenwert Y(a) abgebildet. Die Werte der Zufallsvariablen X werden auf der x-Achse, die von Y auf der y-Achse dargestellt.

Wir betrachten zunächst den Fall, daß beide Zufallsvariable X und Y diskret sind.

4.7.1 Gemeinsame Verteilung zweier diskreter Zufallsvariabler

Wir beginnen wieder mit einem einführenden Beispiel.

Eine Kiste enthalte 10 Werkstücke, von denen 3 fehlerhaft sind. Daraus werde zweimal ohne zwischenzeitliches Zurücklegen je ein Werkstück herausgegriffen. Die Zufallsvariable X beschreibe die Anzahl der fehlerhaften Stücke beim ersten Zug und Y die entsprechende Anzahl beim zweiten Zug. Wir nehmen an, daß es sich dabei um ein Laplace-Experiment handelt. Dann besitzt die Zufallsvariable X die Verteilung

Beispiel 4-25
Einführendes
Beispiel

x_i	0	1
$P(X = x_i)$	0,7	0,3

Die Zufallsvariable Y kann genauso wie die Zufallsvariable X nur die Werte 0 und 1 annehmen. Zur Berechnung der Wahrscheinlichkeiten $P(Y = 0)$ und $P(Y = 1)$ betrachten wir zunächst beide Zufallsvariable zusammen, also das Gesamtexperiment, das aus dem zweimaligen Herausgreifen je eines Werkstücks besteht. Bei der Versuchsdurchführung kann eines der folgenden Ereignisse eintreten:

$(Y = 0, X = 0)$, $(Y = 0, X = 1)$,

$(Y = 1, X = 0)$, $(Y = 1, X = 1)$.

Dabei tritt das Ereignis $(Y = i, X = j)$ genau dann ein, wenn die beiden Ereignisse $Y = i$ *und* $X = j$ eintreten, wenn also beim ersten Zug j fehlerhafte und beim zweiten Zug i fehlerhafte Werkstücke gezogen werden für $i, j = 0,1$. Nach Gleichung (3.26) lassen sich die gemeinsamen Wahrscheinlichkeiten $P(Y = i, X = j)$ berechnen nach der Formel

$$P(Y = i, X = j) = P(Y = i \mid X = j)\, P(X = j) \quad \text{für} \quad i, j = 0,1. \tag{4.51}$$

Dabei ist $P(Y = i \mid X = j)$ die bedingte Wahrscheinlichkeit dafür, daß das Ereignis $Y = i$ eintritt unter der Bedingung, daß $X = j$ eingetreten ist.

Im Falle $X = 0$ sind vor dem zweiten Zug noch 3 fehlerhafte und 6 brauchbare Werkstücke übriggeblieben. Damit gilt

$$P(Y = 0 \mid X = 0) = \tfrac{6}{9} = \tfrac{2}{3} \quad \text{und} \quad P(Y = 1 \mid Y = 0) = \tfrac{1}{3}\,.$$

Im Falle $X = 1$ sind dagegen noch 2 fehlerhafte und 7 brauchbare vorhanden. Damit ergibt sich

$$P(Y = 0 \mid X = 1) = \tfrac{7}{9}\,, \quad P(Y = 1 \mid X = 1) = \tfrac{2}{9}\,.$$

Hieraus erhalten wir folgende Wahrscheinlichkeiten.

$$P(Y = 0, X = 0) = P(Y = 0 \mid X = 0)\, P(X = 0) = \tfrac{2}{3} \cdot \tfrac{7}{10} = \tfrac{14}{30}\,;$$
$$P(Y = 1, X = 0) = P(Y = 1 \mid X = 0)\, P(X = 0) = \tfrac{1}{3} \cdot \tfrac{7}{10} = \tfrac{7}{30}\,;$$
$$P(Y = 0, X = 1) = P(Y = 0 \mid X = 1)\, P(X = 1) = \tfrac{7}{9} \cdot \tfrac{3}{10} = \tfrac{7}{30}\,;$$
$$P(Y = 1, X = 1) = P(Y = 1 \mid X = 1)\, P(X = 1) = \tfrac{2}{9} \cdot \tfrac{3}{10} = \tfrac{2}{30} \qquad \square$$

<table>
<tr><td>Wahrscheinlichkeiten
bei zwei
Zufallsvariablen</td><td>

Wir betrachten jetzt allgemein zwei diskrete Zufallsvariable X und Y, die beide durch das gleiche Zufallsexperiment bestimmt sind. X nehme dabei die Werte x_i, $i = 1, 2, \ldots$ und Y die Werte y_j, $j = 1, 2, \ldots$ an. Mit den Ereignissen

</td></tr>
</table>

$$\begin{aligned} A_i &= \{a \in M \mid X(a) = x_i\}, & i &= 1, 2, \ldots \\ B_j &= \{a \in M \mid Y(a) = y_j\}, & j &= 1, 2, \ldots \end{aligned} \tag{4.52}$$

erhalten wir die Wahrscheinlichkeiten

$$P(X = x_i) = P(A_i) \quad \text{und} \quad P(Y = y_j) = P(B_j).$$

Neben diesen Wahrscheinlichkeiten interessieren noch wie im Beispiel 4-25 die Wahrscheinlichkeiten, mit denen gleichzeitig X den Wert x_i und Y den Wert y_j annimmt. Diese Wahrscheinlichkeiten bezeichnen wir mit $P(X = x_i, Y = y_j)$. Das Ereignis $(X = x_i, Y = y_j)$ tritt genau dann ein, wenn sowohl das Ereignis A_i als auch B_j eintreten. Damit gilt

$$P(X = x_i, Y = y_j) = P(A_i \cap B_j), \quad \begin{array}{l} i = 1, 2, \ldots \\ j = 1, 2, \ldots \end{array} \tag{4.53}$$

In Analogie zur Verteilung *einer* diskreten Zufallsvariablen geben wir die folgende Definition.

<table>
<tr><td>*Definition 4-17*
Gemeinsame
Verteilung</td><td>

Die Gesamtheit der Zahlentripel $(x_i, y_j, P(X = x_i, Y = y_j))$, $i = 1, 2, \ldots$; $j = 1, 2, \ldots$ heißt gemeinsame Verteilung *der diskreten Zufallsvariablen X und Y.*

</td></tr>
</table>

Randverteilungen

Ist die gemeinsame Verteilung zweier diskreter Zufallsvariabler X und Y bekannt, so kann man daraus die Verteilungen von X und Y folgendermaßen berechnen: Die Zufallsvariable X nimmt den Wert x_i genau dann an, wenn X den Wert x_i und Y irgendeinen Wert annimmt. Eine entsprechende Überlegung gilt für $Y = y_j$. Damit erhalten wir

$$P(X = x_i) = \sum_j P(X = x_i, Y = y_j), \qquad i = 1, 2, \dots$$

$$P(Y = y_j) = \sum_i P(X = x_i, Y = y_j), \qquad j = 1, 2, \dots \tag{4.54}$$

Besitzen beide Zufallsvariable X und Y nur endlich viele Werte, so läßt sich deren gemeinsame Verteilung in einem „zweidimensionalen" Schema übersichtlich darstellen. In die 1. Zeile des in der Tabelle 4-3 dargestellten Schemas werden die Werte $x_1, x_2, \dots, x_n$ der Zufallsvariablen X und in die erste Spalte die Werte $y_1, y_2, \dots, y_m$ der Zufallsvariablen Y eingetragen. An der „Kreuzungsstelle" der Spalte in der x_i steht, mit der Zeile, in der y_j steht, werden die Wahrscheinlichkeiten $P(X = x_i, Y = y_j)$ eingetragen.

Zur Berechnung von $P(X = x_i)$ müssen alle Wahrscheinlichkeiten der entsprechenden Spalte und für $P(Y = y_j)$ die der entsprechenden Zeile addiert werden. Die beiden Verteilungen der Zufallsvariablen X bzw. Y treten somit durch Summenbildungen auf dem Rand des Schemas auf. Daher nennt man sie auch *Randverteilungen*.

x_i y_j	0	1	Zeilensummen
0	$\frac{14}{30} = P(Y = 0, X = 0)$	$\frac{7}{30} = P(Y = 0, X = 1)$	$\frac{7}{10} = P(Y = 0)$
1	$\frac{7}{30} = P(Y = 1, X = 0)$	$\frac{2}{30} = P(Y = 1, X = 1)$	$\frac{3}{10} = P(Y = 1)$
Spaltensummen	$\frac{7}{10} = P(X = 0)$	$\frac{3}{10} = P(X = 1)$	1 (Summenprobe)

Tabelle 4-3. Gemeinsame Verteilung zweier diskreter Zufallsvariabler. Die Wahrscheinlichkeiten der Zufallsvariablen X erhält man als Spaltensummen, die von Y als Zeilensummen (Beispiel 4-25).

In Tabelle 4-3 haben wir die gemeinsame Verteilung der in Beispiel 4-25 beschriebenen Zufallsvariablen X und Y, sowie deren Randverteilungen dargestellt. Man erkennt insbesondere, daß die Verteilungen der beiden Zufallsvariablen übereinstimmen.

Beispiel 4-26

Eine „ideale" Münze werde dreimal hintereinander geworfen. Dabei beschreibe die Zufallsvariable X die Anzahl derjenigen Würfe, bei denen Wappen auftritt. X besitzt also den Wertevorrat $W(X) = \{0, 1, 2, 3\}$. Die Zufallsvariable Y beschreibe die Anzahl der Wechsel von „Wappen" nach „Zahl" und umgekehrt in der auftretenden Folge. Da höchstens zwei Wechsel möglich sind, hat Y den Wertevorrat $W(Y) = \{0, 1, 2\}$. Die 8 möglichen Ergebnisse des Zufallsexperiments und die ihnen entsprechenden Werte der Zufallsvariablen X und Y sind in der Tabelle 4-4 zusammengestellt. Dabei steht W für das Ereignis, daß Wappen geworfen wird, und Z für Zahl.

a	X(a)	Y(a)
WWW	3	0
WWZ	2	1
WZW	2	2
WZZ	1	1
ZWW	2	1
ZWZ	1	2
ZZW	1	1
ZZZ	0	0

Tabelle 4-4. Ergebnismenge (1. Spalte) und zwei darauf erklärte Zufallsvariable (Beispiel 4-26)

Handelt es sich bei dem beschriebenen Experiment um ein Laplace-Experiment, so erhalten wir durch elementare Rechnung die in Tabelle 4-5 angegebene gemeinsame Verteilung der beiden Zufallsvariablen X und Y.

x_i \\ y_j	0	1	2	3	Zeilensummen
0	$\frac{1}{8}$	0	0	$\frac{1}{8}$	$\frac{1}{4}$
1	0	$\frac{1}{4}$	$\frac{1}{4}$	0	$\frac{1}{2}$
2	0	$\frac{1}{8}$	$\frac{1}{8}$	0	$\frac{1}{4}$
Spaltensummen	$\frac{1}{8}$	$\frac{3}{8}$	$\frac{3}{8}$	$\frac{1}{8}$	1

Tabelle 4-5. Gemeinsame Verteilung der Zufallsvariablen aus Beispiel 4-26

Die Zufallsvariablen X und Y besitzen danach folgende Verteilungen

x_i	0	1	2	3
$P(X = x_i)$	$\frac{1}{8}$	$\frac{3}{8}$	$\frac{3}{8}$	$\frac{1}{8}$

bzw.

y_j	0	1	2
$P(Y = y_j)$	$\frac{1}{4}$	$\frac{1}{2}$	$\frac{1}{4}$

(Stochastisch) unabhängige Zufallsvariable

Beispiel 4-27
Einführendes
Beispiel

Anstelle des in Beispiel 4-25 beschriebenen Zufallsexperiments betrachten wir folgendes: Aus der Kiste mit 3 fehlerhaften und 7 brauchbaren Werkstücken wird zufällig ein Werkstück herausgegriffen. Das gezogene Stück wird registriert und wieder zurückgelegt. Nach dem Mischen der Werkstücke wird ein zweites gezogen.
$\hat{X}$ und $\hat{Y}$ seien dabei die Zufallsvariablen, welche die Anzahl der fehlerhaften Stücke beim ersten bzw. zweiten Zug beschreiben. Wir nehmen an, daß es sich hierbei um ein Laplace-Experiment handelt, und daß die bei den einzelnen Zügen auftretenden Ereignisse unabhängig sind. Dann gilt

$$P(\hat{X} = 0) = P(\hat{Y} = 0) = \tfrac{7}{10}, \quad P(\hat{X} = 1) = P(\hat{Y} = 1) = \tfrac{3}{10}$$

und wegen der vorausgesetzten Unabhängigkeit

$$P(\hat{X} = i, \hat{Y} = j) = P(\hat{X} = i) \cdot P(\hat{X} = j) \quad \text{für} \quad i, j = 0, 1. \tag{4.55}$$

Die Wahrscheinlichkeit $P(\hat{X} = i, \hat{Y} = j)$ ist also gleich dem Produkt der entsprechenden Randwahrscheinlichkeiten $P(\hat{X} = i)$ und $P(\hat{Y} = j)$. Die gemeinsame Verteilung der Zufallsvariablen $\hat{X}$ und $\hat{Y}$ ist somit durch die Verteilungen von $\hat{X}$ und $\hat{Y}$ bestimmt. Wir stellen sie in Tabelle 4-6 dar.

x_i / y_j	0	1	$P(\hat{Y} = y_j)$
0	$\frac{49}{100}$	$\frac{21}{100}$	$\frac{7}{10}$
1	$\frac{21}{100}$	$\frac{9}{100}$	$\frac{3}{10}$
$P(\hat{X} = x_i)$	$\frac{7}{10}$	$\frac{3}{10}$	1

Tabelle 4-6. Gemeinsame Verteilung zweier (stochastisch) unabhängiger Zufallsvariabler. Hier gilt $P(\hat{X} = x_i, \hat{Y} = y_j) = P(\hat{X} = x_i) \, P(\hat{Y} = y_j)$ für alle Paare (x_i, y_j) (Beispiel 4-27). □

Für die in den Beispielen 4-25 und 4-26 beschriebenen Zufallsvariablen X und Y gilt die Produktdarstellung $P(X = x_i, Y = y_j) = P(X = x_i) \cdot P(Y = y_j)$ nicht, wie man leicht nachrechnen kann. Im Münzenbeispiel 4-26 kann z.B. das Ereignis $(X = 0, Y = 1)$ überhaupt nicht eintreten, während die Einzelereignisse $X = 0$ bzw. $Y = 1$ eintreten können, allerdings nicht beide gleichzeitig.

Die beiden Zufallsvariablen $\hat{X}$ und $\hat{Y}$ aus Beispiel 4-27 nennt man *(stochastisch) unabhängig.*

Allgemein geben wir die folgende Definition.

Zwei diskrete Zufallsvariable X und Y heißen (stochastisch) unabhängig, *wenn für alle Wertepaare (x_i, y_j) die Produktdarstellung*

$$P(X = x_i, Y = y_j) = P(X = x_i) \cdot P(Y = y_j) \tag{4.56}$$

gilt.

Wir betrachten nun ein Beispiel, in dem wir aufgrund des im täglichen Sprachgebrauchs benutzten Unabhängigkeitsbegriffs die stochastische Unabhängigkeit voraussetzen.

X sei die Zufallsvariable aus Beispiel 4-9, die den Gewinn einer Versicherungsgesellschaft aus einem bestimmten Lebensversicherungsvertrag beschreibt, mit der Verteilung

x_i	$+ 100,-$	$- 9.900,-$
$P(X = x_i)$	0,992	0,008

a) Wir nehmen an, ein Herr Meier aus München und ein Herr Müller aus Hamburg seien beide 50 Jahre alt, kennen sich nicht und besitzen beide einen Lebensversicherungsvertrag über DM 10.000,—. Dann kann die Versicherungsgesellschaft die beiden Zufallsvariablen X (= Gewinn aus dem Vertrag mit Herrn Meier) und Y (= Gewinn aus dem Vertrag mit Herrn Müller) als (stochastisch) unabhängig ansehen. Zur Berechnung der gemeinsamen Verteilung wenden wir die Produktregel an, woraus sich die in Tabelle 4-7 dargestellten Werte ergeben.

Definition 4-18
(stochastisch)
unabhängige diskrete
Zufallsvariable

Beispiel 4-28

x_i / y_j	100	− 9.900	$P(Y = y_j)$
100	$(0{,}992)^2$	$0{,}992 \cdot 0{,}008$	0,992
− 9.900	$0{,}992 \cdot 0{,}008$	$(0{,}008)^2$	0,008
$P(X = x_i)$	0,992	0,008	1

Tabelle 4-7. Produktbildung bei der gemeinsamen Verteilung zweier (stochastisch) unabhängiger Zufallsvariabler (Beispiel 4-28a)

b) Anders ist dagegen die Situation, wenn bei einem Ehepaar jeder der gleichaltrigen Ehepartner einen solchen Vertrag bei derselben Versicherungsgesellschaft abgeschlossen hat. Dann sind zwar wieder die Verteilungen der Zufallsvariablen X und Y gleich. Doch ist z.B. durch gemeinsame Unfallgefahr die Wahrscheinlichkeit, daß beide Ehepartner innerhalb eines Jahres sterben, größer als bei zwei Personen, die unabhängig voneinander leben. Es gilt also

$$P(Y = -9900, X = -9900) > P(Y > -9900)\, P(X > -9900) = (0{,}008)^2 = 0{,}000064.$$

Aus Sterbetafeln sei die gemeinsame Verteilung von X und Y für zwei 50-jährige Ehepartner bekannt und in Tabelle 4-8 dargestellt.

x_i / y_j	100	− 9.900	$P(Y = y_j)$
100	0,98407	0,00793	0,992
− 9.900	0,00793	0,00007	0,008
$P(X = x_i)$	0,992	0,008	1

Tabelle 4-8. Gemeinsame Verteilung zweier (stochastisch) abhängiger Zufallsvariabler (Beispiel 4-28b)

□

Gemeinsame Verteilungsfunktion

Häufig interessiert man sich für das Ereignis $(X \leq x, Y \leq y)$, das eintritt, wenn die Werte von X nicht größer als x und die von Y nicht größer als y sind, $x, y \in \mathbb{R}$. Durch

$$F(x, y) = P(X \leq x, Y \leq y), \quad x, y \in \mathbb{R} \tag{4.57}$$

wird als Verallgemeinerung der Verteilungsfunktion einer Zufallsvariablen eine Funktion F in den beiden Veränderlichen x und y erklärt. Jedem Zahlenpaar (x, y) wird durch F eine reelle Zahl $F(x, y) \in \mathbb{R}$ zugeordnet. Bezeichnen wir die Gesamtheit aller Zahlenpaare (x, y) mit $\mathbb{R} \times \mathbb{R}$, so bildet F die Ebene $\mathbb{R} \times \mathbb{R}$ in $\mathbb{R}$ ab. Wir schreiben dafür $F: \mathbb{R} \times \mathbb{R} \rightarrow \mathbb{R}$. In Analogie zur Definition 4-6 geben wir die Definition 4-19.

158

Sind X und Y zwei Zufallsvariable, so heißt die durch

$$F(x, y) = P(X \leq x, Y \leq y), \quad (x, y) \in \mathbb{R} \times \mathbb{R}$$

definierte Funktion F: $\mathbb{R} \times \mathbb{R} \to \mathbb{R}$, *die zweidimensionale Verteilungsfunktion der Zufallsvariablen X und Y.*

Sind X und Y diskrete Zufallsvariable mit der gemeinsamen Verteilung $(x_i, y_i, P(X = x_i, Y = y_j))$, $i = 1, 2, \ldots, j = 1, 2, \ldots$, so gilt für jedes Zahlenpaar (x, y) die Summendarstellung

$$F(x, y) = P(X \leq x, Y \leq y) = \sum_{\substack{x_i \leq x \\ y_j \leq y}} P(X = x_i, Y = y_j). \tag{4.58}$$

Dabei sind die Wahrscheinlichkeiten derjenigen Ereignisse $(X = x_i, Y = y_j)$ zu addieren, für die $x_i \leq x$ und $y_j \leq y$ gilt.

Sind die beiden Zufallsvariablen X und Y stochastisch unabhängig, so erhalten wir

$$F(x, y) = P(X \leq x, Y \leq y) = \sum_{\substack{x_i \leq x \\ y_j \leq v}} P(X = x_i) \cdot P(Y = y_j)$$

$$= \sum_{x_i \leq x} P(X = x_i) \cdot \sum_{y_j \leq y} P(Y = y_j). \tag{4.59}$$

Wir bezeichnen mit F_1 die Verteilungsfunktion der diskreten Zufallsvariablen X und mit F_2 die der diskreten Zufallsvariablen Y. Wegen (4.59) folgt dann aus der (stochastischen) Unabhängigkeit von X und Y die Identität

$$F(x, y) = P(X \leq x, Y \leq y) = P(X \leq x) \cdot P(Y \leq y) = F_1(x) \cdot F_2(y), \quad x, y \in \mathbb{R}. \tag{4.60}$$

Umgekehrt kann man zeigen, daß aus der Identität (4.60) die (stochastische) Unabhängigkeit der beiden Zufallsvariablen X und Y folgt. Es gilt also der folgende Satz.

X und Y seien zwei diskrete Zufallsvariable mit der Verteilungsfunktion F_1 bzw. F_2. Die zweidimensionale Verteilungsfunktion von X und Y sei F. X und Y sind genau dann (stochastisch) unabhängig, wenn für alle $x, y \in \mathbb{R}$ gilt

$$F(x, y) = P(X \leq x, Y \leq y) = P(X \leq x) \cdot P(Y \leq y) = F_1(x) \cdot F_2(y).$$

*4.7.2 Paare stetiger Zufallsvariablen

Gemeinsame Dichte

Wir gehen von einer nichtnegativen Funktion f in den beiden Veränderlichen x und y aus, die wir dreidimensional folgendermaßen graphisch darstellen können: In jedem Punkt (x, y) der von der x- und y-Achse aufgespannten Ebene trägt man senkrecht auf diese Ebene nach oben eine Strecke der Länge $f(x, y)$ an. Die Endpunkte dieser Strecken bilden dann eine Fläche. In Bild 4-23 ist eine solche Fläche über einem Rechteck der x-y-Ebene dargestellt.

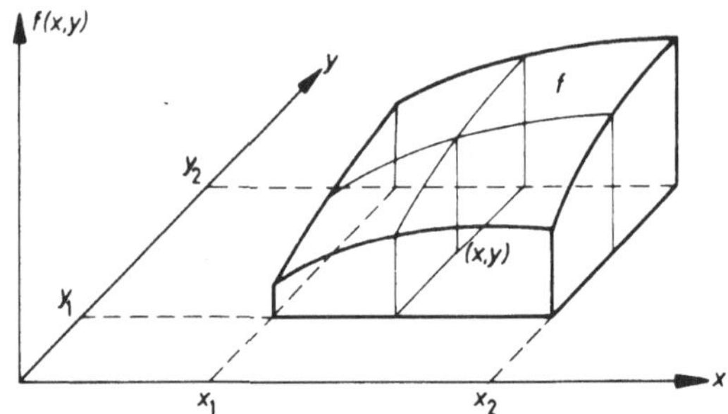

Bild 4-23. Dichte f(x, y) einer zweidimensionalen stetigen Zufallsvariablen (X, Y). Die Funktion f stellt über der x-y-Ebene, in der die Werte von (X, Y) liegen, eine Fläche dar. Die Wahrscheinlichkeit $P(x_1 \leq X \leq x_2, y_1 \leq Y \leq y_2)$, mit der (X, Y) Werte aus dem Rechteck $\{(x, y) \,|\, x_1 \leq x \leq x_2; y_1 \leq y \leq y_2\}$ annimmt, ist gleich dem Volumen des eingezeichneten Körpers, den die Funktion f über diesem Rechteck mit der x-y-Ebene bildet.

Das Volumen des von dieser Fläche und der x-y-Ebene berandeten Körpers sei gleich 1. Dann kann durch die Funktion f unter gewissen Voraussetzungen, auf die wir in diesem Rahmen nicht näher eingehen können, die aber im folgenden erfüllt sein sollen, ein Paar (X, Y) von Zufallsvariablen folgendermaßen beschrieben werden. Für ein fest vorgegebenes Zahlenpaar $(x, y) \in \mathbb{R} \times \mathbb{R}$ sei $(-\infty, x] \times (-\infty, y]$ die Teilebene, welche aus allen Punkten $(u, v) \in \mathbb{R} \times \mathbb{R}$ besteht mit $u \leq x$ und $v \leq y$. In Bild 4-24 ist ein Teil davon graphisch dargestellt. Das Volumen des von f über dieser Teilebene aufgespannten Körpers bezeichnen wir mit $\displaystyle\int_{-\infty}^{x} \int_{-\infty}^{y} f(u, v)\, dv\, du$. Damit setzen wir für die zweidimensionale Verteilungsfunktion des Paares (X, Y)

$$F(x, y) = P(X \leq x, Y \leq y) = \int_{-\infty}^{x} \int_{-\infty}^{y} f(u, v)\, dv\, du, \quad (x, y) \in \mathbb{R} \times \mathbb{R}.$$

In Analogie zu den stetigen Zufallsvariablen geben wir die folgende Definition.

Definition 4-20
Dichte einer zweidimensionalen
Zufallsvariablen

Die zweidimensionale Zufallsvariable (X, Y) heißt stetig, wenn es eine nichtnegative Funktion f: $\mathbb{R} \times \mathbb{R} \to \mathbb{R}$ gibt, so daß für jedes Paar reeller Zahlen (x, y) die Beziehung

$$F(x, y) = P(X \leq x, Y \leq y) = \int_{-\infty}^{x} \int_{-\infty}^{y} f(u, v)\, dv\, du \tag{4.61}$$

gilt. Die Funktion f nennt man gemeinsame Dichte *der Zufallsvariablen X und Y.*

Da die zweidimensionale Zufallsvariable (X, Y) mit Wahrscheinlichkeit 1 Werte aus $\mathbb{R} \times \mathbb{R}$ annimmt, muß natürlich

$$\int_{-\infty}^{+\infty} \int_{-\infty}^{+\infty} f(u, v)\, dv\, du = 1 \qquad \text{gelten.} \tag{4.62}$$

Ähnlich wie den Satz 4-5 beweist man den Satz 4-11.

160

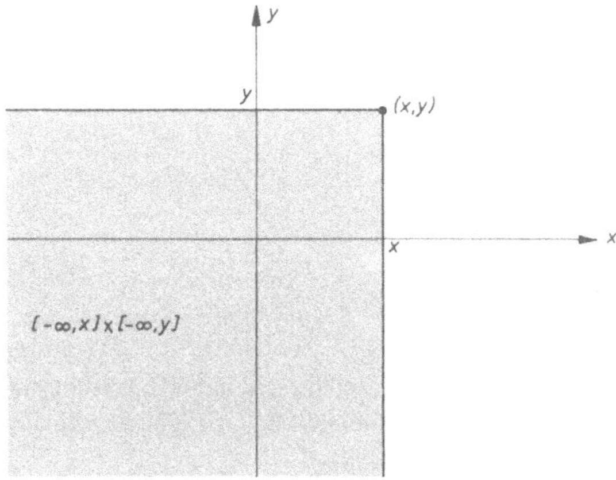

Bild 4-24. Darstellung des Integrationsbereiches $(-\infty, x] \times (-\infty, y]$. Dieser Bereich besteht aus allen Punkten $(u, v) \in \mathbb{R} \times \mathbb{R}$ mit $u \leq x$ und $v \leq y$. Bei der Integralbildung $\displaystyle\int\limits_{-\infty}^{x} \int\limits_{-\infty}^{y} f(u, v)\, dv\, du$ muß über diesen Bereich integriert werden.

(X, Y) sei stetig mit der Dichte f. Dann gilt

$$P(X = x, Y = y) = 0 \quad \text{für alle Paare } (x, y) \in \mathbb{R} \times \mathbb{R}.$$

Satz 4-11
Funktionswerte
einer Dichte lassen
sich nicht als Wahr-
scheinlichkeiten
interpretieren

Ist die Dichte f an der Stelle $(\hat{x}, \hat{y})$ stetig, so gilt

$$\frac{\partial^2 F(\hat{x}, \hat{y})}{\partial x\, \partial y} = f(\hat{x}, \hat{y}). \tag{4.63}$$

Man erhält also $f(\hat{x}, \hat{y})$ durch Differentiation der Verteilungsfunktion nach x und anschließender Differentiation nach y oder umgekehrt an der Stelle $(\hat{x}, \hat{y})$.

Für stetige Zufallsvariablen (X, Y) erhält man ferner die Darstellung

$$P(x_1 < X \leq x_2, y_1 < X \leq y_2) = \int\limits_{x_1}^{x_2} \int\limits_{y_1}^{y_2} f(u, v)\, dv\, du, \quad x_1 < x_2, y_1 < y_2. \tag{4.64}$$

Die Wahrscheinlichkeit $P(x_1 < X \leq x_2, y_1 < X \leq y_2)$ ist also gleich dem Volumen des von der Fläche f über dem Rechteck $(x_1, x_2] \times (y_1, y_2]$ erzeugten Körpers (siehe Bild 4-23). Wie bei stetigen eindimensionalen Zufallsvariablen können auch hier die Randpunkte weggelassen oder hinzugenommen werden, ohne daß sich die entsprechenden Wahrscheinlichkeiten ändern.

Randdichten

Im diskreten Fall erhielten wir die Verteilungen von X bzw. Y aus der gemeinsamen Verteilung durch Summation. Im stetigen Fall gilt entsprechend der folgende Satz.

(X, Y) sei stetig mit der Dichte f. Dann besitzt die Zufallsvariable X die Dichte

$$f_1(x) = \int\limits_{-\infty}^{+\infty} f(x,y)\,dy \tag{4.65}$$

und die Zufallsvariable Y die Dichte

$$f_2(y) = \int\limits_{-\infty}^{+\infty} f(x,y)\,dx. \tag{4.66}$$

Beweis

Für das Eintreten des Ereignisses $X \leq x$ sind an die Zufallsvariable Y keine Bedingungen gestellt. Damit erhalten wir für die Verteilungsfunktion F_1 der Zufallsvariablen X die Darstellung

$$F_1(x) = P(X \leq x) = \int\limits_{-\infty}^{x} \left\{ \int\limits_{-\infty}^{+\infty} f(u,v)\,dv \right\} du = \int\limits_{-\infty}^{x} f_1(u)\,du.$$

Die Zufallsvariable X besitzt somit die Dichte $f_1(x) = \int\limits_{-\infty}^{+\infty} f(x,y)\,dy$. Entsprechend zeigt man (4.66). ○

Beispiel 4-29

Man zeige, daß die durch

$$f(x,y) = \begin{cases} 2x + 4y & \text{für } 0 \leq x \leq 1,\ 0 \leq y \leq 0,5 \\ 0 & \text{sonst.} \end{cases}$$

erklärte Funktion f Dichte ist. Man berechne die Verteilungsfunktion F der zweidimensionalen Zufallsvariablen (X, Y), welche die Dichte f besitzt. Ferner bestimme man die Dichten f_1 und f_2 der Zufallsvariablen X bzw. Y.

Zunächst weisen wir nach, daß f Dichte ist. f ist nichtnegativ und es gilt

$$\int\limits_{-\infty}^{+\infty}\int\limits_{-\infty}^{+\infty} f(x,y)\,dx\,dy = \int\limits_{0}^{0,5}\int\limits_{0}^{1}(2x+4y)\,dx\,dy = \int\limits_{0}^{0,5}(x^2+4yx)\Big|_{x=0}^{x=1} dy$$

$$= \int\limits_{0}^{0,5}(1+4y)\,dy = (y+2y^2)\Big|_{0}^{0,5} = 0,5 + 2\cdot 0,25 = 1$$

Für $0 \leq x \leq 1,\ 0 \leq y \leq 0,5$ erhalten wir die Funktionswerte

$$F(x,y) = P(X \leq x, Y \leq y) = \int\limits_{0}^{y}\int\limits_{0}^{x}(2u+4v)\,du\,dv = \int\limits_{0}^{y}(u^2+4vu)\Big|_{u=v}^{u=x} dy$$

$$= \int\limits_{0}^{y}(x^2+4xv)\,dv = (x^2v+2xv^2)\Big|_{v=0}^{v=y}$$

$$= x^2y + 2xy^2 = xy(x+2y).$$

Hieraus ergibt sich

$$P(X \leq 1, \ Y \leq 0{,}5) = 0{,}5 \, (1 + 1) = 1.$$

Die Dichten von X und Y erhalten wir nach Satz 4-12 als

$$f_1(x) = \begin{cases} \displaystyle\int\limits_0^{0{,}5} (2x + 4y)\,dy = (2xy + 2y^2)\Big|_{y=0}^{y=0{,}5} = x + 0{,}5, & \text{für } 0 \leq x \leq 1, \\[2mm] 0 \quad \text{sonst}; \end{cases}$$

$$f_2(y) = \begin{cases} \displaystyle\int\limits_0^{1} (2x + 4y)\,dx = (x^2 + 4yx)\Big|_{x=0}^{x=1} = 1 + 4y & \text{für } 0 \leq y \leq \tfrac{1}{2} \\[2mm] 0 \quad \text{sonst}. \end{cases}$$

Nicht für alle Paare (x, y) mit $0 \leq x \leq 1, 0 \leq y \leq 0{,}5$ gilt die Produktdarstellung

$$f(x, y) = f_1(x) \cdot f_2(y). \qquad \qquad \square$$

(Stochastische) Unabhängigkeit zweier stetiger Zufallsvariablen

<table><tr><td>

Zur Definition der (stochastischen) Unabhängigkeit zweier stetiger Zufallsvariablen benutzen wir den für diskrete Zufallsvariable geltenden Satz 4-10. Dabei werden wir die Definition allgemein für beliebige zweidimensionale Zufallsvariable (X, Y) geben, deren zweidimensionale Verteilungsfunktion gleich F ist.

</td><td>Motivation</td></tr></table>

Die Zufallsvariablen X und Y heißen (stochastisch) unabhängig, *wenn für alle Paare reeller Zahlen (x, y) gilt*

$$F(x, y) = P(X \leq x, \ Y \leq y) = P(X \leq x) \cdot P(Y \leq y) = F_1(x) \cdot F_2(y). \qquad (4.67)$$

Definition 4-21

Für stetige Zufallsvariable zeigen wir den folgenden Satz.

Zwei stetige Zufallsvariable X und Y sind (stochastisch) unabhängig, wenn eine gemeinsame Dichte f von (X, Y) gleich dem Produkt der Dichten der einzelnen Zufallsvariablen X und Y ist, wenn also gilt

$$f(x, y) = f_1(x) \cdot f_2(y) \quad \textit{für alle } x, y \in \mathrm{I\!R}. \qquad (4.68)$$

Satz 4-13
Unabhängigkeitskriterium

X und Y sind nach Definition 4-21 genau dann (stochastisch) unabhängig, wenn gilt

$$F(x, y) = F_1(x) \cdot F_2(y) \quad \text{für alle } x, y \in \mathrm{I\!R}.$$

Beweis

Diese Bedingung ist aber äquivalent mit

$$F(x, y) = P(X \leq x, Y \leq y) = \int\limits_{-\infty}^{x} \int\limits_{-\infty}^{y} f(u, v)\,dv\,du = P(X \leq x) \cdot P(Y \leq y)$$

$$= \int\limits_{-\infty}^{x} f_1(u)\,du \cdot \int\limits_{-\infty}^{y} f_2(v)\,dv \quad \text{für alle } x, y \in \mathrm{I\!R}.$$

Wegen $f(u, v) = f_1(u) \cdot f_2(v)$ folgt hieraus die Behauptung. $\qquad \circ$

Beispiel 4-30

Sei $c \in \mathbb{R}$ und die Funktion $f: \mathbb{R} \times \mathbb{R} \to \mathbb{R}$ sei definiert durch

$$f(x, y) = \begin{cases} c \cdot x(1 + y) & \text{für } 0 \leq x \leq 1, \ 0 \leq y \leq 2 \\ 0 & \text{sonst.} \end{cases}$$

Man bestimme die Zahl c so, daß f Dichte einer zweidimensionalen Zufallsvariablen (X, Y) ist. Ferner bestimme man die Dichten f_1 und f_2 der Zufallsvariablen X und Y.

Zunächst bestimmen wir die Zahl c so, daß f Dichte ist. Aus

$$1 = \int_0^2 \left\{ \int_0^1 c \cdot x(1 + y)\,dx \right\} dy = c \int_0^2 \left(\frac{1}{2} x^2 \Big|_{x=0}^{x=1} \right)(1 + y)\,dy = c \int_0^2 \frac{1}{2}(1 + y)\,dy$$

$$= \frac{c}{2} \left(y + \frac{y^2}{2} \right) \Big|_0^2 = \frac{c}{2}(2 + 2) = 2c \quad \text{folgt} \quad c = \frac{1}{2}.$$

Für die Dichten f_1, f_2 der Zufallsvariablen X bzw. Y erhalten wir

$$f_1(x) = \frac{1}{2} x \int_0^2 (1 + y)\,dy = \frac{1}{2} x \cdot \left(y + \frac{y^2}{2} \right) \Big|_0^2 = 2x \quad \text{für } 0 \leq x \leq 1, \ f_1(x) = 0 \ \text{sonst;}$$

$$f_2(y) = \frac{1}{2}(1 + y) \int_0^1 x\,dx = \frac{1}{2}(1 + y) \frac{x^2}{2} \Big|_0^1 = \frac{1}{4}(1 + y) \quad \text{für } 0 \leq y \leq 2, \ f_2(y) = 0 \ \text{sonst.}$$

Die beiden Zufallsvariablen X und Y sind wegen $f(x, y) = f_1(x) \cdot f_2(y)$ für alle x, y (stochastisch) unabhängig, während die in Beispiel 4-29 beschriebenen Zufallsvariablen nicht (stochastisch) unabhängig sind, da es Zahlenpaare (x, y) gibt mit
$f(x, y) \neq f_1(x) \cdot f_2(y)$. □

*4.8 Mehrdimensionale Zufallsvariable

n-dimensionale Verteilungsfunktion

In diesem Abschnitt betrachten wir eine beliebige Anzahl n von Zufallsvariablen X_1, $X_2, \ldots, X_n$, die alle durch das gleiche Zufallsexperiment bestimmt sind. Zu den reellen Zahlen $x_1, x_2, \ldots, x_n$ betrachten wir die Ereignisse $A_i = \{ a \in M \mid X_i(a) \leq x_i \}$, $i = 1, 2, \ldots, n$.

Das Ereignis, das genau dann eintritt, wenn alle A_i eintreten, bezeichnen wir wie im zweidimensionalen Fall mit $(X_1 \leq x_1, X_2 \leq x_2, \ldots, X_n \leq x_n)$. Für seine Wahrscheinlichkeit erhalten wir

$$P(X_1 \leq x_1, X_2 \leq x_2, \ldots, X_n \leq x_n) = P(A_1 \cap A_2 \cap \ldots \cap A_n). \tag{4.69}$$

Definition

Durch $F(x_1, x_2, \ldots, x_n) = P(X_1 \leq x_1, X_2 \leq x_2, \ldots, X_n \leq x_n)$ wird eine Funktion F in den n Veränderlichen $x_1, x_2, \ldots, x_n$ erklärt, die wir *n-dimensionale Verteilungsfunktion* der Zufallsvariablen $X_1, X_2, \ldots, X_n$ nennen.

Randverteilungen

Läßt man $x_2, \ldots, x_n$ beliebig groß werden, so nähern sich die Funktionswerte $F(x_1, x_2, \ldots, x_n)$ einem festen Zahlenwert $\lim\limits_{x_2, \ldots, x_n \to \infty} F(x_1, \ldots, x_n)$.

Wir benutzen folgende abkürzende Schreibweise

$$F(x_1, \infty, \infty, \ldots, \infty) = \lim\limits_{x_2, \ldots, x_n \to \infty} F(x_1, x_2, \ldots, x_n).$$

Dabei gilt

$$F_1(x_1) = P(X_1 \leq x_1) = F(x_1, \infty, \ldots, \infty) . \tag{4.70}$$

Allgemein erhält man aus F die Verteilungsfunktion F_i der Zufallsvariablen X_i durch die entsprechende Grenzwertbildung

$$F_i(x_i) = P(X_i \leq x_i) = F(\infty, \ldots, \infty, x_i, \infty, \ldots, \infty), \quad i = 1, 2, \ldots, n, \tag{4.71}$$

wobei man alle Veränderlichen außer x_i gegen unendlich gehen läßt.

(Stochastische) Unabhängigkeit von n Zufallsvariablen

Die Zufallsvariablen $X_1, X_2, \ldots, X_n$ mit den Verteilungsfunktionen $F_1, F_2, \ldots, F_n$ heißen (stochastisch) unabhängig, wenn für alle $x_1, x_2, \ldots, x_n \in \mathbb{R}$ gilt

$$P(X_1 \leq x_1, X_2 \leq x_2, \ldots, X_n \leq x_n) = P(X_1 \leq x_1) \cdot P(X_2 \leq x_2) \ldots \cdot P(X_n \leq x_n)$$
$$= F_1(x_1) \cdot F_2(x_2) \cdot \ldots \cdot F_n(x_n).$$

Definition 4-22

Wichtige Spezialfälle von (stochastisch) unabhängigen Zufallsvariablen sind solche mit der gleichen Verteilungsfunktion. Sie dienen zur mathematischen Beschreibung folgender Situation: n unabhängige Wiederholungen eines Zufallsexperiments werden durchgeführt, wobei bei jedem Teilexperiment eine Zufallsvariable beobachtet wird. Dabei sollen alle betrachteten Zufallsvariablen die gleiche Verteilungsfunktion besitzen. Beobachtungen bei unabhängigen Wiederholungen von Zufallsexperimenten können also durch (stochastisch) unabhängige Zufallsvariable beschrieben werden, die alle dieselbe Verteilungsfunktion besitzen.

4.9 Summen und Produkte von Zufallsvariablen

4.9.1 Die Summe zweier Zufallsvariablen

Wir betrachten die in Beispiel 4-28b angegebene gemeinsame Verteilung der beiden Zufallsvariablen X und Y, welche die Gewinne einer Versicherungsgesellschaft aus Verträgen mit zwei 50-jährigen Ehepartnern beschreiben.

Beispiel 4-31
Einführendes
Beispiel

x_i $\diagdown$ y_j	100	$-$ 9.900
100	0,98407	0,00793
$-$ 9.900	0,00793	0,00007

Die Versicherungsgesellschaft wird sich nicht allzu sehr für die einzelnen Verträge, sondern nur für die Gewinnsumme aus beiden Verträgen und hier insbesondere für die Gesamtgewinnerwartung interessieren.

Die Zufallsvariable, welche die Gewinnsumme beschreibt, bezeichnen wir mit $X + Y$. Die Verteilung von $X + Y$ erhalten wir durch folgende Überlegung: Überleben beide Ehepartner, so gewinnt die Versicherungsgesellschaft DM 200,–; die Wahrscheinlichkeit hierfür ist 0,98407. Überlebt nur einer der Partner, so erzielt die Gesellschaft aus einem Vertrag einen Gewinn von DM 100,–, während sie aus dem zweiten Vertrag einen Verlust von DM 9.900,– und damit einen Gesamtverlust von DM 9.800,– erleidet; die Wahrscheinlichkeit dafür ist

$$P(X + Y = -9.800) = P(X = 100, Y = -9.900) + P(X = -9.900, Y = 100)$$
$$= 0,00793 + 0,00793 = 0,01586.$$

Sterben während des Jahres beide Ehepartner, so beträgt der Verlust $2 \cdot 9.900 =$ DM 19.800,–; die entsprechende Wahrscheinlichkeit ist 0,00007. Damit haben wir aus der gemeinsamen Verteilung der Zufallsvariablen X und Y die Verteilung einer einzelnen Zufallsvariablen, der Summe $X + Y$ abgeleitet. Diese Zufallsvariable besitzt also folgende Verteilung

Werte von $X + Y$	200	-9.800	-19.800
Wahrscheinlichkeiten	0,98407	0,01586	0,00007

Für den Erwartungswert von $X + Y$ gilt

$$E(X + Y) = 200 \cdot 0,98407 - 9.800 \cdot 0,01586 - 19.800 \cdot 0,00007$$
$$= 196,814 - 155,428 - 1,386 = 40.$$

Nach Beispiel 4-9 gilt $E(X) = E(Y) = 20$ und damit für diesen Spezialfall die Gleichung

$$E(X + Y) = E(X) + E(Y). \tag{4.72}$$

Diese Eigenschaft gilt allgemein für beliebige Zufallsvariable X und Y. Für den diskreten Fall werden wir sie in Satz 4-14 beweisen. □

Summe zweier diskreter Zufallsvariablen

Ist $(x_i, y_j, P(X = x_i, Y = y_j))$, $i = 1, 2, \ldots, j = 1, 2, \ldots$, die gemeinsame Verteilung der diskreten Zufallsvariablen X und Y, so besteht der Wertebereich W der Summenvariablen $X + Y$ aus allen möglichen Summen $x_i + y_j$. Dabei kann der Fall eintreten, daß verschiedene Wertepaare (x_i, y_j) denselben Summenwert liefern. In Beispiel 4-29 war dies für $(-9.000, 100)$ und $(100; -9.900)$ der Fall. Zur Berechnung der Wahrscheinlichkeit dafür, daß die Summe $X + Y$ einen festen Wert c annimmt, müssen alle Wahrscheinlichkeiten $P(X = x_i, Y = y_j)$ mit $x_i + y_j = c$ addiert werden.

Wir bezeichnen den Wertebereich der Zufallsvariablen $Z = X + Y$ mit $W = \{z_1, z_2, \ldots\}$. Ein Punkt z_k gehört genau dann zum Wertebereich W, wenn es mindestens ein Zahlenpaar (x_i, y_j) gibt mit $x_i + y_j = z_k$. Für ein bestimmtes k ist dann die entsprechende Wahrscheinlichkeit gegeben durch

$$P(Z = z_k) = \sum_{i,j : x_i + y_j = z_k} P(X = x_i, Y = y_j) = \sum_i P(X = x_i, Y = z_k - x_i). \tag{4.73}$$

Die Summation erstreckt sich dabei über alle Paare (x_i, y_j) mit $x_i + y_j = z_k$. Durch (4.73) ist die Verteilung der diskreten Zufallsvariablen $X + Y$ bestimmt.

Sind die Zufallsvariablen X und Y stetig mit der gemeinsamen Dichte f, so erhalten wir für die Verteilungsfunktion von $Z = X + Y$:

$$F(z) = P(X + Y \leq z) = \iint\limits_{x + y \leq z} f(x, y)\, dy\, dx. \qquad (4.74)$$

Dabei muß über alle Punkte (x, y) mit $x + y \leq z$ integriert werden (= Rasterfläche in Bild 4-25). Diese Bedingung ist aber gleichwertig mit $y \leq z - x$, x beliebig.

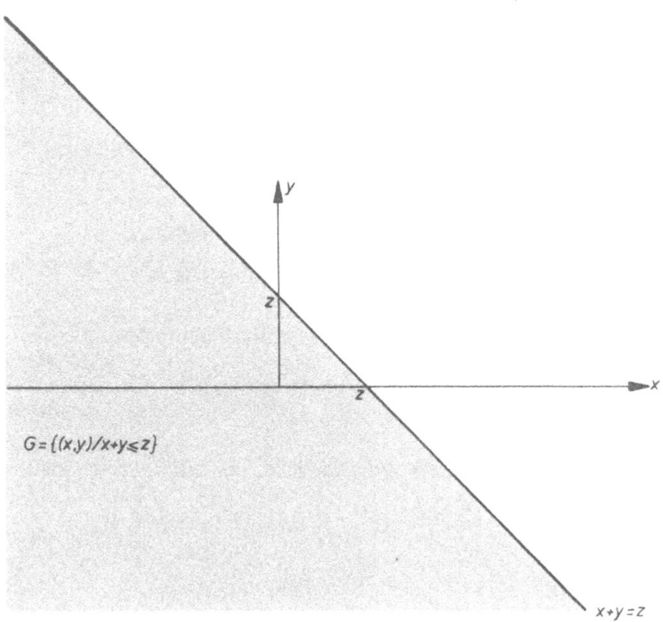

Bild 4-25. Integrationsbereich zur Berechnung der Wahrscheinlichkeiten
$P(X + Y \leq z) = \iint\limits_{G} f(x, y)\, dy\, dx$. Das Ereignis $(X + Y \leq z)$ tritt genau dann ein, wenn das Paar (X, Y) Werte aus dem gerasterten Bereich annimmt. Die Begrenzungsgerade besitzt dabei die Darstellung $x + y = z$.

Damit gilt

$$F(z) = \int\limits_{-\infty}^{+\infty} \left(\int\limits_{-\infty}^{z-x} f(x, y)\, dy \right) dx.$$

Mit der Substitution $y = t - x$ geht diese Gleichung über in

$$F(z) = \int\limits_{-\infty}^{+\infty} \left(\int\limits_{-\infty}^{z} f(x, t - x)\, dt \right) dx.$$

Vertauschung der Integrationsreihenfolge ergibt

$$F(z) = \int\limits_{-\infty}^{z} \left(\int\limits_{-\infty}^{+\infty} f(x, t - x)\, dx \right) dt.$$ (4.75)

Die Zufallsvariable $Z = X + Y$ ist somit stetig mit der Dichte

$$h(z) = \int\limits_{-\infty}^{+\infty} f(x, z - x)\, dx.$$ (4.76)

Vertauschung der Integrationsreihenfolge in (4.74) liefert entsprechend

$$h(z) = \int\limits_{-\infty}^{+\infty} f(z - y, y)\, dy.$$ (4.77)

4.9.2 Der Erwartungswert der Summe zweier Zufallsvariablen

Für den Erwartungswert der Summe $X + Y$ gilt allgemein der folgende Satz.

Satz 4-14

Sind X und Y zwei beliebige Zufallsvariable mit den Erwartungswerten E(X) und E(Y), so gilt

$$E(X + Y) = E(X) + E(Y).$$ (4.78)

Beweis

Wir beweisen die Behauptung für diskrete Zufallsvariable. Im stetigen Fall verläuft der Beweis entsprechend.

Aus (4.73) folgt

$$E(X + Y) = E(Z) = \sum_{k} z_k\, P(Z = z_k) = \sum_{k} z_k \sum_{x_i + y_j = z_k} P(X = x_i, Y = y_j).$$

Für alle Wertepaare, über die bei festem z_k in der letzten Summe summiert wird, gilt $x_i + y_j = z_k$. Daraus folgt

$$E(X + Y) = \sum_{k} \sum_{x_i + y_j = z_k} (x_i + y_j)\, P(X = x_i, Y = y_j).$$

Auf der rechten Seite wird somit über alle möglichen Wertepaare (x_i, y_j) summiert. Zusammen mit $\sum_j P(X = x_i, Y = y_j) = P(X = x_i)$ und $\sum_i P(X = x_i, Y = y_j) = P(Y = y_j)$ erhalten wir schließlich

$$\begin{aligned}
E(X + Y) &= \sum_i \sum_j (x_i + y_j)\, P(X = x_i, Y = y_j) \\
&= \sum_i \sum_j x_i\, P(X = x_i, Y = y_j) + \sum_i \sum_j y_j\, P(X = x_i, Y = y_j) \\
&= \sum_i x_i \sum_j P(X = x_i, Y = y_j) + \sum_j y_j \sum_i P(X = x_i, Y = y_j) \\
&= \sum_i x_i\, P(X = x_i) + \sum_j y_j\, P(Y = y_j) \\
&= E(X) + E(Y).
\end{aligned}$$

4.9.3 Der Erwartungswert einer Summe mehrerer Zufallsvariablen

Gleichung (4.78) läßt sich ohne Schwierigkeiten auf eine beliebige Anzahl n von Summanden übertragen. Es gilt also der Satz 4-15.

Besitzen die Zufallsvariablen X_i den Erwartungswert $E(X_i)$, $i = 1, 2, \ldots, n$, so gilt   *Satz 4-15*

$$E\left(\sum_{i=1}^{n} X_i \right) = \sum_{i=1}^{n} E(X_i). \qquad (4.79)$$

4.9.4 Das Produkt zweier Zufallsvariablen

Das *Produkt* zweier Zufallsvariablen wird in anologer Weise wie die Summe zweier Zufallsvariablen erklärt. Im diskreten Fall nimmt die Produktvariable $X \cdot Y$ als Werte die Produkte $x_i \cdot y_j$ an, wobei auch hier wieder manche der Werte $x_i \cdot y_j$ gleich sein können. Zur Berechnung der Wahrscheinlichkeit dafür, daß $X \cdot Y$ einen bestimmten Wert des Wertevorrats annimmt, müssen wieder die entsprechenden Wahrscheinlichkeiten aus der gemeinsamen Verteilung addiert werden. Es gilt also

Produkt zweier
diskreter Zufalls-
variablen

$$P(X \cdot Y = z_k) = \sum_{x_i \cdot x_j = z_k} P(X = x_i, Y = y_j). \qquad (4.80)$$

Ist (X, Y) stetig, so erhält man die Verteilungsfunktion der Produktvariablen $X \cdot Y$ aus

Produkt zweier
stetiger Zufalls-
variablen

$$F(z) = P(X \cdot Y \leq z) = \int\int_{x \cdot y \leq z} f(x, y)\, dy\, dx, \qquad (4.81)$$

wobei über alle Punkte (x, y) mit $x \cdot y \leq z$ integriert werden muß.

Daß für das Produkt die Gleichung $E(X \cdot Y) = E(X) \cdot E(Y)$ nicht immer gilt, sieht man an dem folgenden Beispiel.

Ein „idealer" Würfel werde geworfen. Die Ergebnismenge ist dabei $M = \{1, 2, 3, 4, 5, 6\}$.   *Beispiel 4-32*
Die Zufallsvariablen X und Y seien folgendermaßen definiert

$$X(i) = \begin{cases} i, & \text{falls i ungerade} \\ 0, & \text{falls i gerade} \end{cases}; \qquad Y(i) = \begin{cases} 0, & \text{falls i ungerade} \\ i, & \text{falls i gerade} \end{cases} \text{für } i = 1, 2, \ldots, 6.$$

Für ihre Erwartungswerte erhalten wir

$$E(X) = (1 + 3 + 5) \cdot \tfrac{1}{6} = 1{,}5\,; \qquad E(Y) = (2 + 4 + 6) \cdot \tfrac{1}{6} = 2.$$

Die Produktvariable $X \cdot Y$ nimmt hier stets den Wert 0 an, da bei jedem Versuchsausgang einer der Faktoren Null ist. Damit ist $E(X \cdot Y) = 0$, während $E(X) \cdot E(Y) \neq 0$ ist. Der Grund dafür, daß die Gleichung $E(X \cdot Y) = E(X) \cdot E(Y)$ nicht gilt, liegt in der (stochastischen) Abhängigkeit der beiden Zufallsvariablen X und Y; es gilt z.B. $P(X = 0, Y = 0) = 0$, aber $P(X = 0) \cdot P(Y = 0) = \tfrac{1}{4}$. Für (stochastisch) unabhängige Zufallsvariablen gilt der folgende Satz.

Für (stochastisch) unabhängige Zufallsvariablen X, Y mit den Erwartungswerten E(X) und E(Y) gilt

$$E(X \cdot Y) = E(X) \cdot E(Y). \tag{4.82}$$

Beweis

Wir beweisen den Satz für diskrete Zufallsvariable. Die stochastische Unabhängigkeit bedeutet $P(X = x_i, Y = y_j) = P(X = x_i) P(Y = y_j)$. Damit erhalten wir zusammen mit den im Beweis von Satz 4-14 angestellten Überlegungen die Gleichungen

$$E(X \cdot Y) = \sum_i \sum_j x_i \cdot y_j \, P(X = x_i, Y = y_j) = \sum_i \sum_j x_i \cdot y_j \, P(X = x_i) \, P(Y = y_j)$$

$$= \sum_i x_i \, P(X = x_i) \cdot \sum_j y_j \, P(Y = y_j) = E(X) \cdot E(Y). \qquad \circ$$

Satz 4-14 kann bei der Berechnung der Varianz der Zufallsvariablen $X + Y$ benutzt werden. Dazu betrachten wir die Definitionsgleichung

$$\text{Var}(X + Y) = E[X + Y - E(X + Y)]^2 = E[X - E(X) + Y - E(Y)]^2. \tag{4.83}$$

Dabei gilt

$$[X + Y - E(X + Y)]^2 = [(X - E(X)) + (Y - E(Y))]^2$$

$$= [X - E(X)]^2 + [Y - E(Y)]^2 + 2[X - E(X)] \cdot [Y - E(Y)]$$

$$= [X - E(X)]^2 + [Y - E(Y)]^2 + 2[X \cdot Y - X \cdot E(Y) - Y \cdot E(X) + E(X) \cdot E(Y)].$$

Bilden wir von den auf beiden Seiten stehenden Zufallsvariablen den Erwartungswert, so erhalten wir nach den Rechenregeln für den Erwartungswert

$$\text{Var}(X + Y) = \text{Var}(X) + \text{Var}(Y) + 2[E(X \cdot Y) - E(X) \cdot E(Y) - E(Y) \, E(X) + E(X) \, E(Y)].$$

$$\text{Var}(X + Y) = \text{Var}(X) + \text{Var}(Y) + 2[E(X \cdot Y) - E(X) \cdot E(Y)]. \tag{4.84}$$

Aus Satz 4-16 folgt aus (4.75) unmittelbar der Satz 4-17.

Sind X, Y zwei (stochastisch) unabhängige Zufallsvariable mit den Varianzen Var(X), Var(Y), so gilt

$$Var(X + Y) = Var(X) + Var(Y). \tag{4.85}$$

Gleichung (4.85) kann man wieder auf eine beliebige Anzahl n von paarweise (stochastisch) unabhängigen Summanden übertragen. Es gilt also der Satz 4-18.

Sind die Zufallsvariablen X_i mit den Varianzen $Var(X_i)$, $i = 1, 2, \ldots, n$, paarweise unabhängig, d.h. sind alle daraus ausgewählten Paare X_i, X_j mit $i \neq j$ (stochastisch) unabhängig, so gilt

$$Var(X_1 + X_2 + \ldots + X_n) = Var(X_1) + \ldots + Var(X_n). \tag{4.86}$$

Die Summe von paarweise unabhängigen Zufallsvariablen besitzt als Varianz somit die Summe der Einzelvarianzen. Dies ist ein Grund dafür, daß wir als Abweichungsmaß die Standardabweichung und nicht $E(|X - E(X)|)$ eingeführt haben.

Zum Abschluß dieses Abschnitts berechnen wir Erwartungswert und Varianz einer binomialverteilten Zufallsvariablen (vgl. Beispiel 4-10).

Die Zufallsvariable X sei $B(n, p)$-verteilt. Sie ist daher die Summe von n (stochastisch) unabhängigen Zufallsvariablen X_i, die alle den gleichen Wertevorrat $W = \{0,1\}$ besitzen mit $P(X_i = 0) = 1 - p$, $P(X_i = 1) = p$, $i = 1, 2, \ldots, n$. Es gilt also

Beispiel 4-33
Erwartungswert
und Varianz einer
binomialverteilten
Zufallsvariablen

$$X = \sum_{i=1}^{n} X_i .$$

Für jede Zufallsvariable X_i gilt somit

$$E(X_i) = 1 \cdot p + 0(1 - p) = p;$$
$$Var(X_i) = E[X_i - p]^2 = (1 - p)^2 \cdot p + (0 - p)^2 (1 - p)$$
$$= (1 - p)^2 p + (1 - p) p^2 = (1 - p) p[1 - p + p] = p(1 - p).$$

Aus Satz 4-15 bzw. Satz 4-18 folgt dann

$$E(X) = \sum_{i=1}^{n} E(X_i) = p + p + \ldots + p = np;$$

$$Var(X) = \sum_{i=1}^{n} Var(X_i) = p(1 - p) + \ldots + p(1 - p) = np(1 - p). \qquad \square$$

Im Falle $E(X \cdot Y) \neq E(X) \cdot E(Y)$ muß nach (4.84) bei der Berechnung von $Var(X + Y)$ der Term $2[E(X \cdot Y) - E(X) \cdot E(Y)]$ berücksichtigt werden. Wir werden uns daher im nächsten Abschnitt mit dieser Größe näher beschäftigen.

4.10 Der Korrelationskoeffizient

Wie im diskreten Fall (siehe Definition 4-11) läßt sich jede Zufallsvariable X mit $Var(X) > 0$ standardisieren. Aus ihr läßt sich eine neue Zufallsvariable

$$\widetilde{X} = \frac{X - E(X)}{\sqrt{Var(X)}}$$

ableiten mit $E(\widetilde{X}) = 0$ und $Var(\widetilde{X}) = 1$. Entsprechend betrachten wir die Standardisierung einer zweiten Zufallsvariablen Y mit $Var(Y) > 0$

$$\widetilde{Y} = \frac{Y - E(Y)}{\sqrt{Var(Y)}} .$$

Den Erwartungswert des Produktes $\widetilde{X} \cdot \widetilde{Y}$ bezeichnen wir als *Korrelationskoeffizient*. Dazu die folgende Definition.

Definition 4-23

Sind X und Y zwei Zufallsvariable mit nichtverschwindenden Varianzen, so heißt

$$Korr(X, Y) = \frac{E\{[X - E(X)] \cdot [Y - E(Y)]\}}{\sqrt{Var(X) \cdot Var(Y)}} \tag{4.87}$$

der Korrelationskoeffizient zwischen X und Y. *Gilt Korr(X, Y) = 0, so heißen X und Y unkorreliert.*

Bemerkung

Es läßt sich allgemein zeigen, daß der Korrelationskoeffizient zwischen -1 und $+1$ liegt, und daß er genau dann $+1$ oder -1 ist, wenn zwischen X und Y mit Wahrscheinlichkeit 1 ein linearer Zusammenhang besteht, d.h. wenn mit zwei reellen Zahlen a und b gilt

$$P(Y = aX + b) = 1.$$

Der Korrelationskoeffizient ist das Analogon zum empirischen Korrelationskoeffizienten r einer zweidimensionalen Stichprobe (siehe Definition 2-9). Beide Parameter liegen zwischen -1 und $+1$. Sie sind genau dann gleich ± 1, wenn eine lineare Abhängigkeit vorliegt.

Für den Zähler in (4.87) erhalten wir aus den Rechenregeln für den Erwartungswert

$$\begin{aligned} E[(X - E(X)) \cdot (Y - E(Y))] &= E[X \cdot Y - X \cdot E(X) - Y \cdot E(Y) + E(X) \cdot E(Y)] \\ &= E(X \cdot Y) - E(X) \cdot E(Y) - E(X) \cdot E(Y) + E(X) \cdot E(Y) \\ &= E(X \cdot Y) - E(X) \cdot E(Y). \end{aligned}$$

Dieser Ausdruck ist nach Satz 4-16 insbesondere dann gleich 0, wenn die beiden Zufallsvariablen X und Y (stochastisch) unabhängig sind. Es gilt also der Satz 4-19.

Satz 4-19
Aus der Unabhängigkeit folgt die Unkorreliertheit

Sind die Zufallsvariablen X und Y (stochastisch) unabhängig, so gilt Korr(X, Y) = 0. (Stochastisch) unabhängige Zufallsvariable sind also auch unkorreliert.

Daß aus der Unkorreliertheit nicht die (stochastische) Unabhängigkeit folgen muß, zeigt das folgende Beispiel.

Beispiel 4-34

Aus der Unkorreliertheit folgt nicht die Unabhängigkeit

Die gemeinsame Verteilung der Zufallsvariablen X und Y sei in folgender Tabelle angegeben.

x_i $\diagdown$ y_j	1	2	3	$P(X = x_i)$
1	0	$\frac{1}{4}$	0	$\frac{1}{4}$
2	$\frac{1}{4}$	0	$\frac{1}{4}$	$\frac{1}{2}$
3	0	$\frac{1}{4}$	0	$\frac{1}{4}$
$P(Y = y_j)$	$\frac{1}{4}$	$\frac{1}{2}$	$\frac{1}{4}$	

Wegen $P(X = 1, Y = 1) = 0 \neq P(X = 1) P(Y = 1) = \frac{1}{4} \cdot \frac{1}{4}$ sind X und Y nicht (stochastisch) unabhängig. Für die Erwartungswerte gilt

$$E(X) = E(Y) = \frac{1}{4} + 2 \cdot \frac{1}{2} + 3 \cdot \frac{1}{4} = 2; \quad E(X) \cdot E(Y) = 4;$$

$$E(X \cdot Y) = 2 \cdot \frac{1}{4} + 2 \cdot \frac{1}{4} + 2 \cdot 3 \cdot \frac{1}{4} + 3 \cdot 2 \cdot \frac{1}{4} = 4.$$

Wegen $E(X \cdot Y) = E(X) \cdot E(Y)$ sind X und Y unkorreliert, obwohl sie nicht (stochastisch) unabhängig sind.

□

5 Grenzwertsätze und Normalverteilung

von Karl Bosch, Braunschweig

Erster Schritt: Zunächst wird eine Folge $X_1, X_2, \ldots$ (stochastisch) unabhängiger Zufallsvariabler betrachtet, die alle dieselbe Verteilungsfunktion besitzen. Dabei stellt sich heraus, daß die Folge der Verteilungsfunktionen der standardisierten Partialsummen gegen eine Funktion F_0 konvergiert.

Zweiter Schritt: Der zentrale Grenzwertsatz besagt, daß unter sehr allgemeinen Bedingungen, die Folge der Verteilungsfunktionen standardisierter Partialsummen von (stochastisch) unabhängigen Zufallsvariablen gegen die Verteilungsfunktion F_0 einer $N(0,1)$-verteilten Zufallsvariablen konvergieren.

Dritter Schritt: Es wird die allgemeine Normalverteilung eingeführt. Nach dem zentralen Grenzwertsatz sind oft Summen (stochastisch) unabhängiger Zufallsvariabler asymptotisch normalverteilt.

Vierter Schritt: In den schwachen Gesetzen der großen Zahlen werden Zusammenhänge zwischen der Wahrscheinlichkeit und der relativen Häufigkeit, dem Erwartungswert einer Zufallsvariablen und dem Mittelwert einer Zufallsstichprobe abgeleitet. Dabei zeigt es sich, daß die Interpretationsregel II aus der Interpretationsregel I abgeleitet werden kann.

5.1 Der zentrale Grenzwertsatz und die $N(0,1)$-Normalverteilung

5.1.1 Verteilungsfunktionen standardisierter Summenvariabler

Häufig ist eine Zufallsvariable X die Summe vieler einzelner Zufallsvariabler. Sind z.B. in einem Gebiet, das von einem Elektrizitätswerk mit Strom versorgt wird, 2.700.000 Stromverbraucher vorhanden, so läßt sich der Stromverbrauch eines bestimmten Kunden durch eine Zufallsvariable beschreiben. Werden die Kunden durchnumeriert, so erhält man 2.700.000 Zufallsvariable X_i, i = 1, 2, …, 2.700.000. Für das Elektrizitätswerk ist jedoch nicht der Einzelverbrauch des i-ten Kunden interessant, sondern der Gesamtverbrauch, also die Summe aus allen einzelnen Zufallsvariablen X_i, d.h.

$$S = \sum_{i=1}^{2.700.000} X_i \, .$$

Andere Beispiele für einen solchen Zusammenhang sind der Gesamtgewinn, den eine Versicherungsgesellschaft aus allen Verträgen zusammen erzielt, der Gesamterlös beim Verkauf einer Rinderherde, der von der Summe der Gewichte der einzelnen Tiere abhängt.

Der Erwartungswert und die Varianz einer Summe von Zufallsvariablen läßt sich einfach berechnen, wenn die Zufallsvariablen $X_1, X_2, \ldots, X_n$ unabhängig sind und alle dieselbe Verteilungsfunktion und damit denselben Erwartungswert μ und dieselbe Varianz σ^2 besitzen, wenn also die Zufallsvariablen X_i durch unabhängige Wiederholungen desselben Zufallsexperiments beschrieben werden. Für diesen Fall erhält man aus (4.79) und (4.86) für die Summe $S_n = X_1 + \ldots + X_n$ die Parameter

$$E(S_n) = n \cdot \mu; \quad \mathrm{Var}(S_n) = n \cdot \sigma^2 . \tag{5.1}$$

Wir betrachten folgendes Zufallsexperiment: Eine „ideale" Münze werde n-mal geworfen. Für jeden Einzelwurf setzen wir (vgl. Beispiel 4-33)

$$X_i = \begin{cases} 0, & \text{wenn beim i-ten Wurf „Zahl" eintritt,} \\ 1, & \text{wenn beim i-ten Wurf „Wappen" eintritt.} \end{cases}$$

Wir setzen voraus, daß es sich dabei um ein Bernoulli-Experiment handelt (siehe Abschnitt 3.5.1), daß also die Zufallsvariablen $X_1, X_2, \ldots, X_n$ (stochastisch) unabhängig sind mit

$$P(X_i = 0) = P(X_i = 1) = \tfrac{1}{2} \quad \text{für } i = 1, 2, \ldots, n.$$

Die Summenvariable $S_n = X_1 + X_2 + \ldots + X_n$, welche die Anzahl der Versuche beschreibt, bei denen Wappen eintrat, ist $B(n, \tfrac{1}{2})$-verteilt. Sie besitzt den Wertevorrat $W = \{0, 1, 2, \ldots, n\}$ mit den Wahrscheinlichkeiten $P(S_n = i) = \binom{n}{i} \frac{1}{2^n}$ für $i = 0, 1, 2, \ldots, n$. Die Verteilungsfunktion F_n der Zufallsvariablen S_n ist eine Treppenfunktion, die nur an den Stellen $0, 1, \ldots, n$ einen Sprung der jeweiligen Höhe $P(S_n = i) = \binom{n}{i} \frac{1}{2^n}$ hat.

Für $n = 4; 10; 20$ haben wir die Funktionswerte $F_n(i) = P(S_n \leq i)$ für $i = 0, 1, \ldots, n$ in den folgenden Tabellen zusammengestellt, wobei die Werte auf drei Stellen genau angegeben, also gerundet wurden.

n = 4:

$x = i$	0	1	2	3	4
$F_4(x)$	0,062	0,312	0,688	0,938	1,000

n = 10:

$x = i$	0	1	2	3	4	5	6	7	8	9	10
$F_{10}(x)$	0,001	0,011	0,055	0,172	0,377	0,623	0,828	0,945	0,989	0,999	1,000

n = 20:

$x = i$	0	1	2	3	4	5	6	7	8	9	10
$F_{20}(x)$	0,000	0,000	0,000	0,001	0,006	0,021	0,058	0,132	0,252	0,412	0,588

$x = i$	11	12	13	14	15	16	17	18	19	20
$F_{20}(x)$	0,748	0,868	0,942	0,979	0,994	0,999	1,000	1,000	1,000	1,000

Für die Werte $n = 4, 10$ und 20 sind die Graphen der Verteilungsfunktionen in Bild 5-1 dargestellt.

Da S_n eine $B(n, \tfrac{1}{2})$-verteilte Zufallsvariable ist, erhalten wir aus der in Beispiel 4-33 angegebenen Formel mit $p = \tfrac{1}{2}$

$$E(S_n) = \frac{n}{2}; \quad Var(S_n) = \frac{n}{4}. \tag{5.2}$$

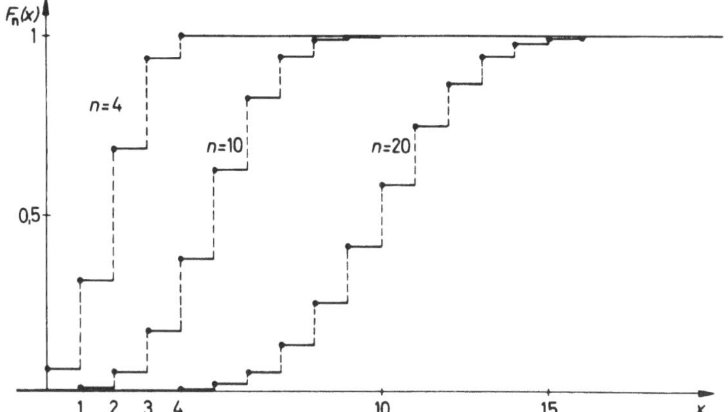

Bild 5-1. Verteilungsfunktionen von Zufallsvariablen, die $B(n,\frac{1}{2})$-binomialverteilt sind für n = 4, 10 und 20. Mit wachsendem n werden die Verteilungsfunktionen F_n flacher.

Wird n größer, so auch der Erwartungswert und die Varianz (und damit die Streuung) von S_n. Der Erwartungswert $E(S_n)$ rückt bei wachsendem n nach rechts, während der Graph der Verteilungsfunktion F_n flacher wird. Aus diesem Grund ist es unmöglich, für große Werte n (z.B. für n = 1000) die entsprechende Verteilungsfunktion F_n in das Bild 5-1 einzuzeichnen. Gehen wir jedoch zur Standardisierung über, betrachten wir also die Zufallsvariable (siehe Definition 4-11)

$$\widetilde{S}_n = \frac{S_n - \frac{n}{2}}{\sqrt{\frac{n}{4}}} \tag{5.3}$$

mit $E(\widetilde{S}_n) = 0$ und $Var(\widetilde{S}_n) = 1$ für alle n, so stellen wir fest, daß die Graphen ihrer Verteilungsfunktionen $\widetilde{F}_n$ (siehe Bild 5-2 für n = 10 und n = 20) sich sehr ähnlich sind.

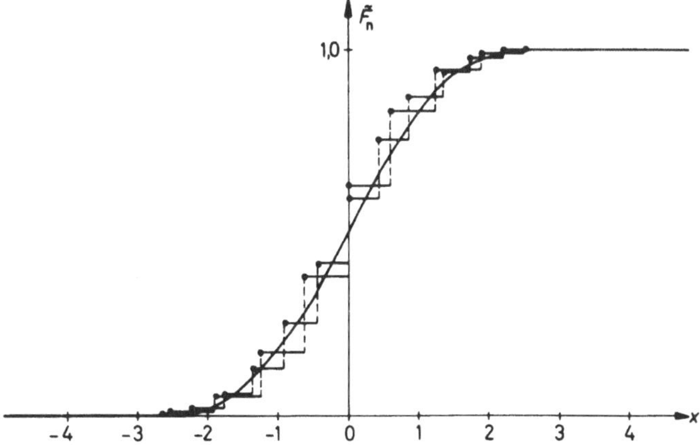

Bild 5-2. Verteilungsfunktionen standardisierter binomialverteilter Zufallsvariabler für n = 10 und 20 und $p = \frac{1}{2}$. Die Verteilungsfunktionen $\widetilde{F}_n$ der standardisierten $B(n,\frac{1}{2})$-verteilten Zufallsvariablen sehen sehr ähnlich aus. Sie nähern sich mit wachsendem n einer bestimmten Verteilungsfunktion F_0.

Grenzfunktion F_0

Legt man durch die Mittelpunkte der „Treppenstufen" der Graphen der Verteilungsfunktionen $\widetilde{F}_n$ Kurven T_n, so stellt man fest, daß sich diese Kurven T_n mit wachsendem n immer mehr dem Graphen einer Funktion F_0 nähern. Wir vermuten, daß gilt

$$\lim_{n \to \infty} T_n = F_0 \, .$$

In Bild 5-3 haben wir den Graphen dieser Grenzfunktion F_0 eingezeichnet.

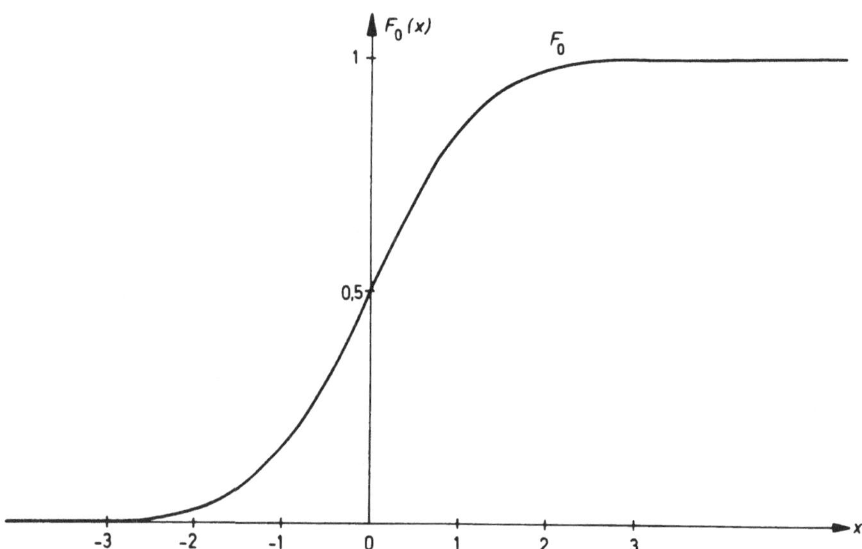

Bild 5-3. Die Verteilungsfunktion F_0 als Grenzfunktion der Funktionenfolge $\widetilde{F}_n$, n = 1, 2, ... Dieser Funktion nähern sich die Verteilungsfunktionen $\widetilde{F}_n$ standardisierter $B(n, \frac{1}{2})$-verteilter Zufallsvariabler mit wachsendem n. Die Verteilungsfunktion F_0 ist drehsymmetrisch zum Punkt P mit den Koordinaten 0 und $\frac{1}{2}$.

Beispiel 5-2
Standardisierungen

Beim Werfen eines idealen Würfels beschreibe X die Augenzahl mit $\mu = E(X) = 3{,}5$ und $\sigma^2 = \mathrm{Var}(X) = \frac{35}{6}$. Sind $X_1, X_2, \ldots, X_n$ unabhängige Wiederholungen der Zufallsvariablen X, so beschreibt $S_n = \sum_{i=1}^{n} X_i$ die Augensumme beim Werfen von n Würfeln mit dem Erwartungswert $E(S_n) = n \cdot 3{,}5$ und der Varianz $\mathrm{Var}(S_n) = n \cdot \frac{35}{6}$. Die standardisierte Zufallsvariable lautet

$$\widetilde{S}_n = \frac{S_n - n \cdot 3{,}5}{\sqrt{n \cdot \frac{35}{6}}} \, . \tag{5.4}$$

Die Werte der Verteilungsfunktionen $\widetilde{F}_n$ an den linken Endpunkten der „Treppenstufen" von $\widetilde{S}_n$ haben wir für n = 1, 2, 3 in folgenden Tabellen zusammengestellt.

n = 1:

x	-1,46	-0,88	-0,29	0,29	0,88	1,46
$\widetilde{F}_1(x)$	0,166	0,333	0,500	0,666	0,833	1,000

n = 2:

x	-2,07	-1,66	-1,24	-0,83	-0,41	0	0,41	0,83	1,24	1,66	2,07
$\widetilde{F}_2(x)$	0,028	0,084	0,167	0,278	0,417	0,583	0,722	0,833	0,916	0,972	1,000

n = 3:

x	-2,54	-2,20	-1,86	-1,52	-1,18	-0,84	-0,51	-0,17
$\widetilde{F}_3(x)$	0,005	0,018	0,046	0,093	0,162	0,259	0,375	0,500

x	0,17	0,51	0,84	1,18	1,52	1,86	2,20	2,54
$\widetilde{F}_3(x)$	0,625	0,741	0,838	0,907	0,954	0,982	0,995	1,000

Auch hier erscheint dieselbe Funktion F_0 als „Grenzfunktion" der Folge der Verteilungsfunktionen der standardisierten Zufallsvariablen $\widetilde{S}_n$ wie in Beispiel 5-1 (vgl. Bild 5-4).

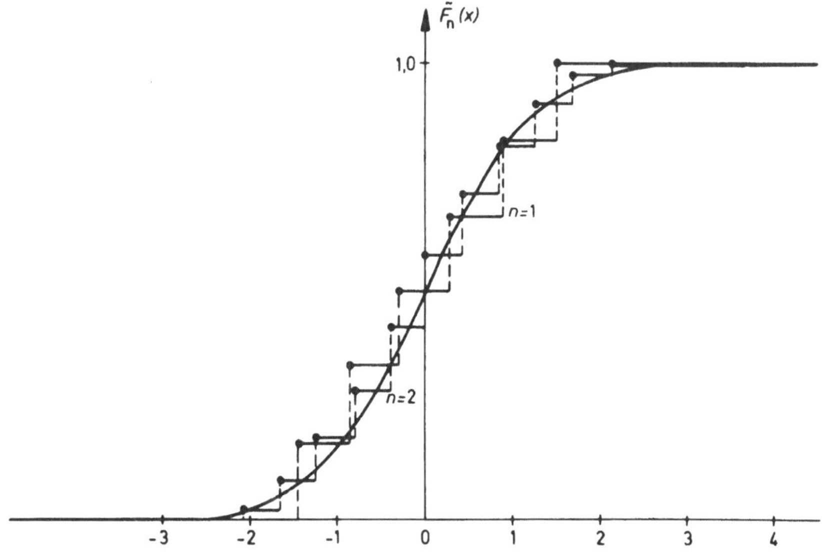

Bild 5-4. $\widetilde{F}_1$ ist die Verteilungsfunktion der Standardisierung derjenigen Zufallsvariablen, welche die mit einem idealen Würfel geworfene Augenzahl beschreibt. Die Standardisierung der Zufallsvariablen der Augensumme zweier idealer Würfel besitzt die Verteilungsfunktion $\widetilde{F}_2$. Diese beiden Verteilungsfunktionen stimmen bereits sehr gut mit F_0 aus Bild 5-3 überein. Ist $\widetilde{F}_n$ allgemein die Verteilungsfunktion der standardisierten Augensummen n idealer Würfel, so gilt auch hier
$\widetilde{F}_n(x) \to F_0(x)$ für jedes $x \in \mathbb{R}$.

Beispiel 5-3

Die Zufallsvariable X sei im Intervall [0, 1] gleichverteilt mit der Dichte

$$f(x) = \begin{cases} 1 & \text{für } 0 \leq x \leq 1, \\ 0 & \text{sonst,} \end{cases}$$

und der Verteilungsfunktion

$$F(x) = \begin{cases} 0 & \text{für } x \leq 0, \\ x & \text{für } 0 \leq x \leq 1, \\ 1 & \text{für } x \geq 1. \end{cases}$$

Für die Parameter der Zufallsvariablen X folgt aus (4.40) mit $a = 0$ und $b = 1$

$$E(X) = \tfrac{1}{2} \quad \text{und} \quad Var(X) = \tfrac{1}{12}.$$

Die Standardisierung

$$\widetilde{X} = \frac{X - \frac{1}{2}}{\sqrt{\frac{1}{12}}}$$

besitzt wegen

$$P(\widetilde{X} \leq x) = P\left(\frac{X - \frac{1}{2}}{\sqrt{\frac{1}{12}}} \leq x \right) = P\left(X - \frac{1}{2} \leq \frac{1}{\sqrt{12}} x \right) = P\left(X \leq \frac{1}{2} + \frac{1}{\sqrt{12}} x \right)$$

die Verteilungsfunktion

$$\widetilde{F}(x) = F\left(\frac{1}{2} + \frac{1}{\sqrt{12}} x \right).$$

Sind die Zufallsvariablen $X_1, X_2, ..., X_n$ (stochastisch) unabhängig und besitzen sie alle die gleiche Verteilungsfunktion F, so lauten die Parameter der Summenvariablen $S_n = X_1 + ... + X_n$

$$E(S_n) = \frac{n}{2} \quad \text{und} \quad Var(S_n) = \frac{n}{12}.$$

Die Verteilungsfunktionen $\widetilde{F}_n$ der standardisierten Zufallsvariablen

$$\widetilde{S}_n = \frac{S_n - \frac{n}{2}}{\sqrt{\frac{n}{12}}} \tag{5.5}$$

nähern sich mit wachsendem n ebenfalls der Funktion F_0. Die Approximation ist hier bereits für $n = 2$ so gut, daß sich der Graph von $\widetilde{F}_2$ (siehe Bild 5-5) von dem der Grenzfunktion F_0 kaum unterscheidet.

Asymptotisches Verhalten der Verteilungsfunktion von $\widetilde{S}_n$

Ist n groß, so gilt für alle drei in (5.3), (5.4) und (5.5) definierten standardisierten Summenvariablen $\widetilde{S}_n$ die Approximation

$$P(\widetilde{S}_n \leq z) \approx F_0(z) \quad \text{für große n und jedes } z \in \mathbb{R}. \tag{5.6}$$

178

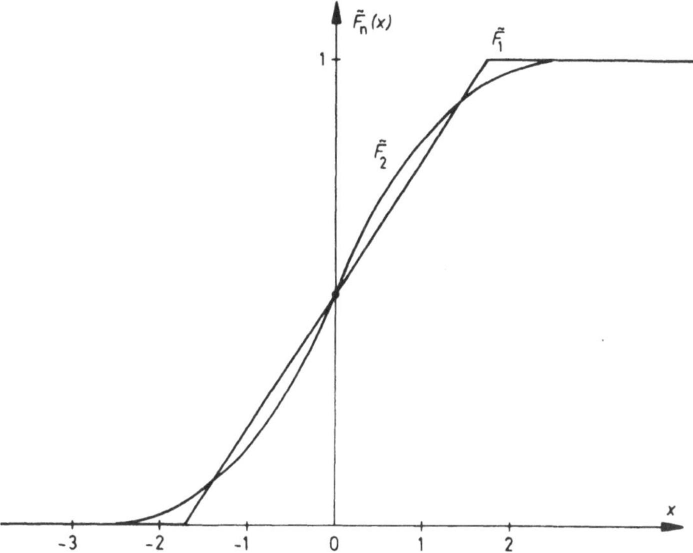

Bild 5-5. $\tilde{F}_1$ ist die Verteilungsfunktion der Standardisierung einer im Intervall $[0;1]$ gleichverteilten Zufallsvariablen, $\tilde{F}_2$ die Verteilungsfunktion der standardisierten Summe zweier (stochastisch) unabhängiger, in $[0,1]$ gleichverteilter Zufallsvariabler aus Beispiel 5-3. Dabei stimmt $\tilde{F}_2$ bereits sehr gut mit der Verteilungsfunktion F_0 aus Bild 5-3 überein.

Diese Näherung wird umso besser, je größer n ist. Die Differenzen $|P(\tilde{S}_n \leq z) - F_0(z)|$ werden beliebig klein, wenn man nur n hinreichend groß wählt. Erstaunlich hierbei ist die Tatsache, daß in allen drei Beispielen dieselbe Grenzfunktion F_0 auftritt. Die Näherung (5.6) gilt allgemein für standardisierte Summen von Zufallsvariablen $X_1, \ldots, X_n$, welche unabhängige Wiederholungen einer festen Zufallsvariablen X mit $\mu = E(X)$ und $\sigma^2 = Var(X)$ sind. Wegen (5.1) gilt für große n

$$P\left(\frac{\sum_{i=1}^{n} X_i - n \cdot \mu}{\sigma \cdot \sqrt{n}} \leq z\right) \approx F_0(z). \tag{5.7}$$

Wir werden später sehen, daß man F_0 auch als Grenzfunktion der Verteilungsfunktionen anderer standardisierter Summen erhält. Die Funktion F_0 spielt daher in der Wahrscheinlichkeitsrechnung eine zentrale Rolle.

Die Funktion F_0 ist Verteilungsfunktion mit folgenden *Eigenschaften*:

a) F_0 hat keine Sprungstellen,

b) F_0 ist streng monoton wachsend, d.h. aus $z_1 < z_2$ folgt $F(z_1) < F(z_2)$,

c) Der Graph von F_0 ist symmetrisch zum Punkt mit den Koordinaten $x = 0$ und $y = \frac{1}{2}$.

Eigenschaften
der Funktion F_0

5.1.2 Die N(0,1)-Verteilung

Eine Zufallsvariable Z, deren Verteilungsfunktion F_0 ist, besitzt wie die Zufallsvariablen $\widetilde{S}_n$ den Erwartungswert 0 und die Varianz 1.

Wir nennen dann Z *normalverteilt* mit dem Erwartungswert 0 und der Varianz 1 oder abkürzend *N(0,1)-verteilt*.

Für nichtnegative z-Werte sind Funktionswerte $F(z)$ gerundet in der Tabelle 1 (Anhang) dargestellt. Aus dieser Tabelle erhält man für eine N(0,1)-verteilte Zufallsvariable Z z.B. folgende Wahrscheinlichkeiten.

$$P(Z \leq 0) = F_0(0) = \tfrac{1}{2}; \qquad\qquad P(Z \leq 0{,}3) = F_0(0{,}3) = 0{,}6179;$$

$$P(Z \leq 1) = F_0(1) = 0{,}8413; \qquad\qquad P(Z \leq 3) = F_0(3) = 0{,}9987.$$

Für einen negativen Wert $-z$ kann der Funktionswert $F_0(-z)$ direkt aus $F_0(z)$ berechnet werden. Dazu benutzt man die Symmetrie des Graphen der Verteilungsfunktion F_0 bezüglich des Punktes $(0; \tfrac{1}{2})$. Aus Bild 5-6 folgt unmittelbar

$$F_0(-z) = 1 - F_0(z) \quad \text{für alle } z \in \mathbb{R}.$$

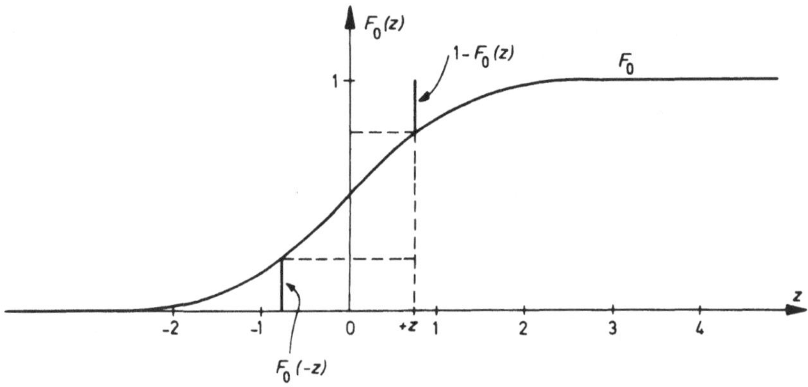

Bild 5-6. Verteilungsfunktion F_0 einer N(0,1)-verteilten Zufallsvariablen Z. Wegen der Drehsymmetrie der Funktion F_0 zum Drehpunkt mit den Koordinaten 0 und $\tfrac{1}{2}$ gilt die Eigenschaft $F_0(-z) = 1 - F_0(z)$ für alle $z \in \mathbb{R}$.

So erhalten wir z.B. die Funktionswerte

$$P(Z \leq -1) = F_0(-1) = 1 - F_0(1) = 1 - 0{,}8413 = 0{,}1587;$$

$$P(Z \leq -3) = F_0(-3) = 1 - F_0(3) = 1 - 0{,}9987 = 0{,}0013.$$

Für jede positive Zahl c gilt

$$P(-c \leq Z \leq c) = F_0(c) - F_0(-c) = F_0(c) - [1 - F_0(c)] = 2F_0(c) - 1,$$

und speziell für $c = 1$

$$P(-1 \leq Z \leq +1) = 2F_0(1) - 1 = 2 \cdot 0{,}8413 - 1 = 0{,}6826 \approx \tfrac{2}{3}.$$

Eine N(0,1)-verteilte Zufallsvariable nimmt also Werte zwischen -1 und $+1$ mit einer Wahrscheinlichkeit von ungefähr $\tfrac{2}{3}$ an.

180

Wegen der Eigenschaften a) und b) der Verteilungsfunktion F_0 sind die q-Quantile einer N(0,1)-verteilten Zufallsvariablen Z eindeutig bestimmt. Das q-Quantil z_q (siehe Definition 4-16) ist die einzige Lösung der Gleichung

$$F_0(z_q) = q. \tag{5.8}$$

Für $q \geq \frac{1}{2}$ sind die Werte z_q tabelliert. Für $q < \frac{1}{2}$ folgt aus der Symmetrie von F_0 bezüglich des Punktes $(0, \frac{1}{2})$ (siehe Bild 5-7) unmittelbar die Identität

$$z_q = -z_{1-q}. \tag{5.9}$$

Daraus lassen sich die Quantile für $q < \frac{1}{2}$ berechnen.

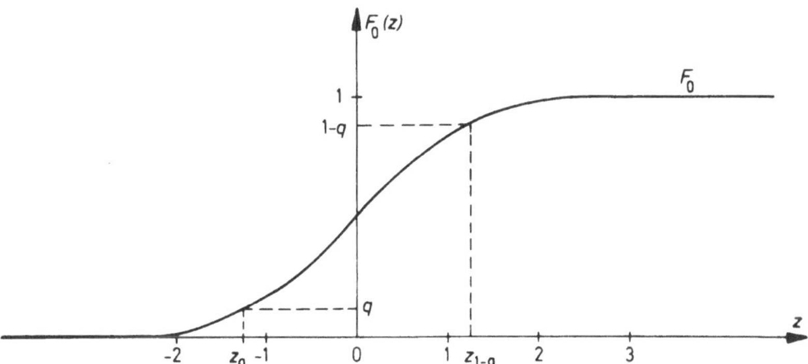

Bild 5-7. q-Quantile einer N(0,1)-verteilten Zufallsvariablen Z. Zwischen den q-Quantil z_q mit $F_0(z_q) = q$ und dem $(1-q)$-Quantil z_{1-q} mit $F_0(z_{1-q}) = 1-q$ gilt die Beziehung $F_0(z_q) = 1 - F_0(z_{1-q})$, die unmittelbar aus der Drehsymmetrie von F_0 folgt.

5.1.3 Dichte einer N(0,1)-verteilten Zufallsvariablen

Eine N(0,1)-verteilte Zufallsvariable Z besitzt eine Dichte. Zur graphischen Darstellung der Dichtefunktion betrachten wir folgendes Experiment: Ein in Bild 5-8 dargestelltes Gerät besteht im Wesentlichen aus drei Teilen: Einer Schiene, welche die Gestalt des Graphen der Verteilungsfunktion F_0 hat, einem Wagen und einem Zylinder, welcher mit Flüssigkeit gefüllt ist. Wird der Wagen entlang dieser Schiene geschoben, so drückt der Kolben das Wasser oben aus dem Zylinder und zwar immer gerade soviel, wie die Schiene, also der Graph von F_0 vorgibt. Die Flüssigkeit, die aus dem Kolben gedrückt wird, wird in einem Behälter aufgefangen, der in viele kleine Fächer unterteilt ist. Durch diese Unterteilung wird deutlich, wieviel Flüssigkeit an den verschiedenen Stellen des Graphen von F_0 aus dem Zylinder gepreßt wird. Zu Anfang ist die Kurve ganz flach, der Kolben wird also verhältnismäßig wenig hochgedrückt und demzufolge fließt auch nur wenig Flüssigkeit aus dem Zylinder. In der Mitte ist die Kurve sehr steil, es wird also relativ viel Flüssigkeit entströmen, während am rechten flacheren Teil wieder weniger Flüssigkeit ausströmt.

Es ist also zu erwarten, daß der Flüssigkeitsspiegel in den einzelnen Fächern von links her bis zur Mitte steigt, um dann wieder zu fallen, wobei eine Symmetrie bezüglich des mittleren Faches zu erwarten ist. Bei einer Versuchsdurchführung ergab sich die Darstellung aus Bild 5-9.

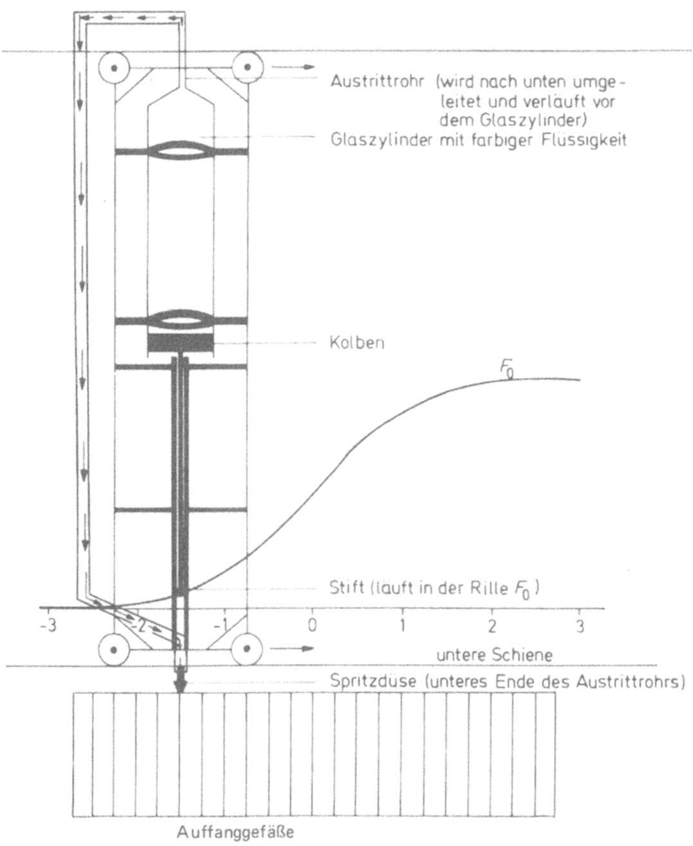

Bild 5-8. Experiment zur Gaußdichte. Wird der Wagen entlang der Schiene, welche die Gestalt des Graphen der Verteilungsfunktion F_0 hat, mit konstanter Geschwindigkeit geschoben, so drückt der Kolben das Wasser oben aus dem Zylinder. Dabei ist die Flüssigkeitsmenge, die ausströmt, nicht zeitlich konstant, sie hängt von dem Graphen von F_0 ab. Ist die Kurve F_0 steil, so wird viel Flüssigkeit herausgedrückt, an flachen Stellen dagegen wenig. Um diese Unterschiede feststellen zu können, ist der Behälter in viele kleine Gefäße unterteilt. Der Flüssigkeitsspiegel in den einzelnen Gefäßen wird von links her bis zur Mitte steigen und nach rechts wieder fallen.

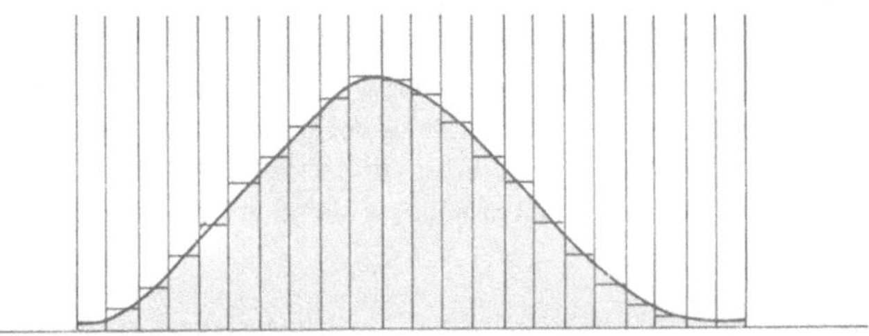

Bild 5-9. Experiment zur Gaußdichte. Durch die Mittelpunkte der bei der Durchführung des Experiments entstandenen Flüssigkeitsspiegel der einzelnen Auffanggefäße geht eine Kurve, die der Dichte f_0 einer $N(0,1)$-verteilten Zufallsvariablen sehr ähnlich ist.

Legt man durch die Mittelpunkte eine Kurve, so ist diese Kurve dem Graphen der Dichte f_0 einer $N(0,1)$-verteilten Zufallsvariablen sehr ähnlich. Die Übereinstimmung wird umso besser, je schmaler die einzelnen Fächer gemacht werden.

Der Graph der Dichte f_0 heißt auch *Gaußsche Glockenkurve*. Ihre Funktionswerte lauten

$$f_0(z) = \frac{1}{\sqrt{2\pi}}\, e^{-\frac{z^2}{2}}, \quad z \in \mathbb{R}. \tag{5.10}$$

Dabei ist die Zahl $\pi = 3{,}14159\ldots$ der halbe Umfang eines Kreises mit dem Radius 1 (= Einheitskreises), während $e = 2{,}71828\ldots$ eine nach *Euler* benannte Zahl ist.

Damit gilt

$$F_0(z) = \int_{-\infty}^{z} f_0(t)\,dt = \frac{1}{\sqrt{2\pi}} \int_{-\infty}^{z} e^{-\frac{t^2}{2}}\,dt, \quad z \in \mathbb{R}. \tag{5.11}$$

In Bild 5-10 haben wir nochmals die Dichte f_0 und die Verteilungsfunktion F_0 graphisch dargestellt. Dabei ist der Funktionswert $F_0(z_0)$ gleich dem Inhalt der gerasterten Fläche.

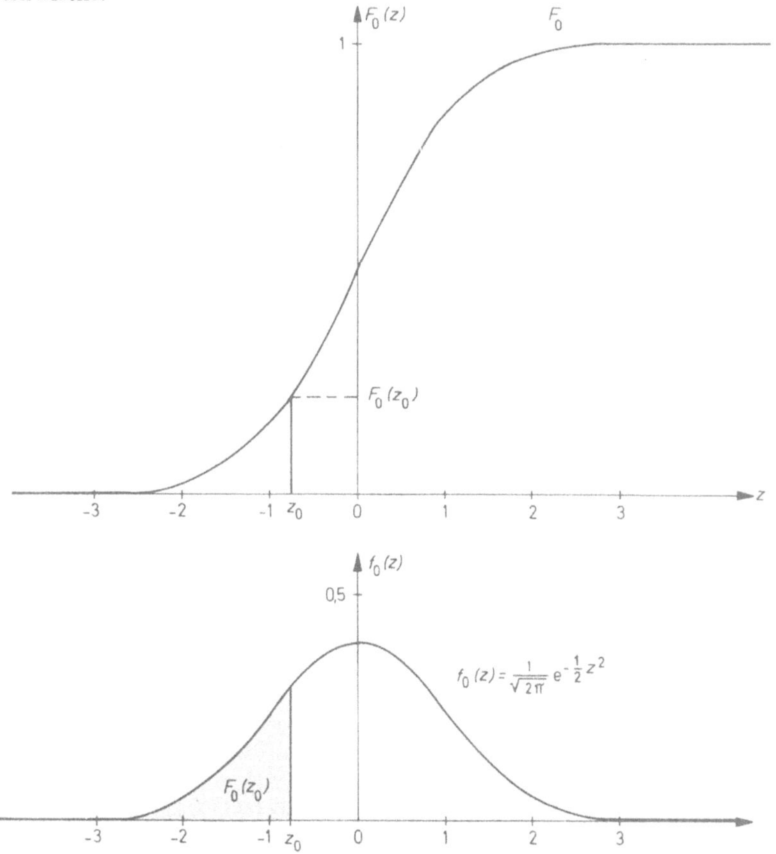

Bild 5-10. Verteilungsfunktion F_0 und Dichte f_0 einer $N(0,1)$-verteilten Zufallsvariablen. Die Dichte f_0 ist symmetrisch zur Achse $x = 0$. Der Funktionswert $F_0(z_0)$ ist gleich dem Inhalt der gerasterten Fläche, welche die Verteilungsfunktion f_0 mit der x-Achse links vom Punkt z_0 bildet.

5.1.4 Zentraler Grenzwertsatz

Die Konvergenz der Verteilungsfunktionen der standardisierten Summen $\widetilde{S}_n$ gegen die Verteilungsfunktion F_0 besteht nicht nur in dem oben erwähnten Fall, wo die X_i unabhängige Wiederholungen einer Zufallsvariablen X sind. Sie tritt unter sehr allgemeinen Bedingungen auch dann noch auf, wenn die Zufallsvariablen X_i verschiedene Verteilungsfunktionen besitzen und (stochastisch) unabhängig sind.

Voraussetzungen

Anschaulich lassen sich diese Voraussetzungen folgendermaßen interpretieren: Keine einzelne Zufallsvariable hat auf die Summenbildung einen zu starken Einfluß und kann somit der Verteilungsfunktion der Summenvariablen ihren Charakter nicht aufprägen. Diese Bedingungen sind sicherlich in dem oben erwähnten Fall erfüllt, in dem alle X_i unabhängige Wiederholungen einer festen Zufallsvariablen X sind, deren Erwartungswert und Varianz existieren sollen.

Der beschriebene Sachverhalt heißt in der Wahrscheinlichkeitstheorie der *zentrale Grenzwertsatz*.

Wir wollen ihn nochmals formulieren im folgenden Satz.

Satz 5-1

Zentraler Grenzwertsatz

Sind $X_1, \ldots, X_n$ (stochastisch) unabhängige Zufallsvariable, deren Erwartungswert und Varianzen alle existieren sollen, und ist $S_n = X_1 + X_2 + \ldots + X_n$ ihre Summenvariable, so ist (unter sehr allgemeinen Bedingungen) für genügend großes n die Verteilungsfunktion F_n der standardisierten Variablen $\widetilde{S}_n = \dfrac{S_n - E(S_n)}{\sqrt{Var(S_n)}}$ näherungsweise gleich F_0, d. h. es gilt für alle $z \in \mathbb{R}$

$$\lim_{n \to \infty} F_n(z) = \lim_{n \to \infty} P\left(\frac{S_n - E(S_n)}{\sqrt{Var(S_n)}} \le z \right) = F_0(z). \tag{5.12}$$

Bemerkungen

a) Man sagt auch, die standardisierte Summenvariable $\widetilde{S}_n$ ist näherungsweise N(0,1)-verteilt.

b) Für die zusätzlichen allgemeinen Bedingungen, unter denen der zentrale Grenzwertsatz gilt, sei auf die Fachliteratur verwiesen.

Abschließend betrachten wir das folgende Beispiel.

Beispiel 5-4

Die Wahrscheinlichkeit dafür, daß eine der Produktion zufällig entnommene Glühbirne defekt ist, sei p = 0,1. Gesucht ist die Wahrscheinlichkeit dafür, daß von 100 zufällig ausgewählten Glühbirnen höchstens 16 unbrauchbar sind.

Die Zufallsvariable X, welche die Anzahl der fehlerhaften Stücke beschreibt, ist B(100, 0,1)-verteilt. Ist A das Ereignis, daß unter den 100 ausgewählten Birnen höchstens 16 fehlerhafte sind, so tritt A ein, wenn von den 100 ausgewählten Birnen entweder 0 oder 1 oder 2 ... oder genau 16 Birnen fehlerhaft sind. Die jeweiligen Wahrscheinlichkeiten sind $P(X = i) = \binom{100}{i} 0{,}1^i \cdot 0{,}9^{100 - i}$. Mit Hilfe der Binomialverteilung könnte man daher die Wahrscheinlichkeit für das Ereignis A direkt berechnen durch

$$P(A) = \sum_{i=0}^{16} \binom{100}{i} \cdot 0{,}1^i \cdot 0{,}9^{100 - i} . \tag{5.13}$$

Für die praktische Berechnung ist diese Formel kaum geeignet, da die Anzahl der durchzuführenden Rechenoperationen sehr groß ist. Daher werden wir für P(A) mit Hilfe des zentralen Grenzwertsatzes eine Näherung berechnen. Es gilt

$$E(S_{100}) = 100 \cdot 0{,}1 = 10; \quad \mathrm{Var}(S_{100}) = 100 \cdot 0{,}1 \cdot 0{,}9 = 9 \,.$$

Gesucht ist die Wahrscheinlichkeit für das Ereignis $S_{100} \leq 16$. Um zur Standardisierung $\widetilde{S}_{100}$ überzugehen, muß in der Ungleichung $S_{100} \leq 16$ auf beiden Seiten die Zahl 10 subtrahiert werden. Anschließend sind beide Seiten durch 3 zu dividieren.

Daher ist $S_{100} \leq 16$ gleichwertig mit $\frac{S_{100}-10}{3} \leq \frac{16-10}{3} = 2$. Für die gesuchte Wahrscheinlichkeit erhalten wir daher

$$P(S_{100} \leq 16) = P\left(\frac{S_{100}-10}{3} \leq 2\right) = P(\widetilde{S}_{100} \leq 2) = F_{100}(2) \approx F_0(2) = 0{,}977. \qquad \square$$

Die Approximation ist für $np(1-p) \geq 9$ bereits so gut, daß dafür Quantile der $B(n,p)$-Verteilung in Tafeln nicht mehr zu finden sind. Sie sind dann gemäß dieser Approximation aus den Quantilen der $N(0,1)$-Verteilung zu berechnen.   *Bemerkung*

5.2 Allgemeine Normalverteilung

Wir beginnen mit dem Beispiel:

S_{100} sei die $B(100, 0,1)$-verteilte Zufallsvariable aus Beispiel 5-4 mit der Standardisierung $\widetilde{S}_{100} = \frac{S_{100}-10}{3}$. Wegen   *Beispiel 5-5 Einführendes Beispiel*

$$S_{100} = 3 \cdot \widetilde{S}_{100} + 10 \tag{5.14}$$

können die Werte der Verteilungsfunktion der Zufallsvariablen S_{100} aus denen der standardisierten Zufallsvariablen $\widetilde{S}_{100}$ nach folgender Formel näherungsweise berechnet werden.

$$P(S_{100} \leq z) = P(3 \cdot \widetilde{S}_{100} + 10 \leq z) = P(\widetilde{S}_{100} \leq \tfrac{z-10}{3}) = F_{100}(\tfrac{z-10}{3}) \approx F_0(\tfrac{z-10}{3}). \tag{5.15}$$

$F_0(\frac{z-10}{3})$ ist dabei der Wert der $N(0,1)$-Verteilungsfunktion an der Stelle $\frac{z-10}{3}$. Die Approximation, die hier schon sehr gut ist, gilt nach dem zentralen Grenzwertsatz.

Durch $F(z) = F_0(\frac{z-10}{3})$, $z \in \mathbb{R}$, wird eine Verteilungsfunktion F erklärt. Sie besitzt folgende Funktionswerte, die auf zwei Stellen gerundet sind.   *Transformation*

z	1	4	5	6	7	8	9	10	11	12	13	14	15	16	19
$F(z) = F_0(\frac{z-10}{3})$	0,00	0,02	0,05	0,09	0,16	0,25	0,37	0,50	0,63	0,74	0,84	0,91	0,95	0,98	1,00

In Bild 5-11 ist der Graph von F dargestellt.

Die in Bild 5-11 gezeichnete Kurve ist symmetrisch zum Punkt $(10, \frac{1}{2})$, während der Graph der Verteilungsfunktion F_0 zum Punkt $(0, \frac{1}{2})$ symmetrisch ist. Verschiebt man den Graphen von F_0 um 10 Einheiten nach rechts, so besitzt dieser verschobene Graph eine ähnliche Gestalt wie der von F, wobei letzterer wesentlich flacher verläuft als der erste.

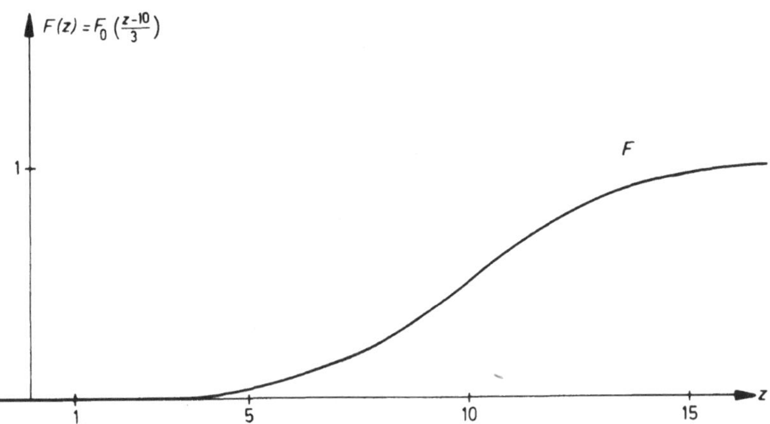

Bild 5-11. Verteilungsfunktion F einer $N(0,3)$-verteilten Zufallsvariablen. Ist F_0 die Verteilungsfunktion einer $N(0,1)$-verteilten Zufallsvariablen, so gilt für jedes $z \in \mathbb{R}$ die Beziehung

$$F(z) = F_0 \left(\frac{z-10}{3} \right)$$

<table>
<tr><td>

Normalverteilte
Zufallsvariable

</td><td>

Ist Z eine Zufallsvariable mit der Verteilungsfunktion F, so besitzt sie wie S_{100} den Erwartungswert 10 und die Varianz 9. Da die Verteilungsfunktion $F(z) = P(Z \leq z)$ aus der Verteilungsfunktion F_0 einer $N(0,1)$-verteilten Zufallsvariablen hervorgeht, nennen wir auch Z *normalverteilt*. Da die Zufallsvariable Z den Erwartungswert 10 und die Varianz 3^2 besitzt, heißt sie auch *$N(10, 3^2)$-verteilt*. Die aus Z gewonnene standardisierte Zufallsvariable $\widetilde{Z}$ ist somit $N(0,1)$-verteilt. $\qquad\square$

Wir betrachten nun ein Beispiel, in dem die Verteilung der einzelnen Zufallsvariablen X_i, $i = 1, 2, \ldots, n$ nicht so einfach darstellbar sind wie bei den Beispielen 5-1 bis 5-4.

</td></tr>
<tr><td>

Beispiel 5-6

</td><td>

In einem Halbkreis seien Reagenzgläser aufgestellt und werden von einem Rasensprenger überstrichen. Wenn der Rasensprenger die aufgestellten Gläser überstreicht, fallen ein paar Wassertropfen in die Gläser. Dabei werden die einzelnen Gläser bei einem Umlauf im allgemeinen verschiedene Wassermengen aufnehmen. Die von einem bestimmten Glas bei einem Umlauf aufgenommene Wassermenge kann durch eine Zufallsvariable X beschrieben werden.

In unserem Beispiel laufe der Sprenger 8 Stunden und überstreiche dabei die Gläser 1003-mal. Die in einem Glas während der 8 Stunden aufgefangene Wassermenge kann durch die Summe von 1003 Zufallsvariablen X_i, die alle Wiederholungen der festen Zufallsvariablen X sind, beschrieben werden. Es gilt also

$$S_{1003} = \sum_{i=1}^{1003} X_i \,.$$

</td></tr>
</table>

186

Die Standardisierung $\widetilde{S}_{1003}$ dieser Zufallsvariablen ist nach dem zentralen Grenzwertsatz ungefähr $N(0,1)$-verteilt. Daher ist S_{1003} ebenfalls ungefähr normalverteilt mit einem Erwartungswert μ und einer Varianz σ^2. Sind μ und σ^2 bekannt, so erhält man für die Werte der Verteilungsfunktion G der Zufallsvariablen S_{1003} durch Subtraktion von μ und anschließender Division durch σ auf beiden Seiten der Ungleichung $S_{1003} \leq x$ die Näherung

$$G(x) = P(S_{1003} \leq x) = P\left(\frac{S_{1003} - \mu}{\sigma} \leq \frac{x - \mu}{\sigma}\right)$$

$$= P\left(\widetilde{S}_{1003} \leq \frac{x - \mu}{\sigma}\right) \approx F_0\left(\frac{x - \mu}{\sigma}\right) = F(x).$$

(5.16)   Standardisierung

Die Verteilungsfunktion F, welche die Verteilungsfunktion G approximiert, ist durch die beiden Parameter μ und σ^2 eindeutig bestimmt. Ihr Graph hat eine ähnliche Form wie der in Bild 5-11 dargestellte Graph. Hier ist der Punkt $(\mu, \frac{1}{2})$ Symmetriepunkt. Ist σ groß, so ist der Graph von F flach, da die entsprechende Zufallsvariable eine große Standardabweichung besitzt.

Besitzt die Zufallsvariable Z die durch $F(z) = F_0(\frac{z-\mu}{\sigma})$, $z \in \mathbb{R}$, definierte Verteilungsfunktion F, so nennen wir Z eine $N(\mu, \sigma^2)$-verteilte Zufallsvariable.   □

Bei den Anwendungen ist es meist sehr schwer, einem beobachteten Merkmal im mathematischen Modell eine geeignete Zufallsvariable zuzuordnen. Ist das Merkmal jedoch eine Summe von vielen unabhängigen Einzeleffekten, wie z.B. der Wasserverbrauch einer Stadt während einer bestimmten Zeit, so können wir bei seiner Beschreibung im mathematischen Modell die Summe (stochastisch) unabhängiger Zufallsvariabler nehmen, deren Standardisierung nach dem zentralen Grenzwertsatz näherungsweise $N(0,1)$-verteilt ist. Die Zufallsvariable selbst ist dann ebenfalls *näherungsweise normalverteilt* mit einem Erwartungswert μ und einer Varianz σ^2, also $N(\mu, \sigma^2)$-*verteilt*. Ist also ein Merkmal aus einer großen Anzahl von unabhängigen Merkmalen *additiv* zusammengesetzt, so kann es mathematisch sehr genau durch eine normalverteilte Zufallsvariable beschrieben werden. Zur wahrscheinlichkeitstheoretischen Behandlung des Modells muß man allerdings die beiden Parameter μ und σ^2 kennen. Diese Werte ungefähr zu bestimmen, ist eine Aufgabe der Statistik.

Zufallsvariable,
die normalverteilt
sind

Durch näherungsweise normalverteilte Zufallsvariable können z.B. beschrieben werden: Die Körpergröße oder das Gewicht eines zufällig ausgewählten Menschen, das Gewicht eines Zuckerpaketes, der Durchmesser eines Autokolbens oder die Meßfehler bei einem naturwissenschaftlichen Experiment. Zahlreiche weitere Beispiele können noch aufgezählt werden.

Beispiele

Die Verteilungsfunktion F einer $N(\mu, \sigma^2)$-verteilten Zufallsvariablen Z hat die Darstellung

Verteilungsfunktion

$$F(z) = F_0\left(\frac{z-\mu}{\sigma}\right) = \int\limits_{-\infty}^{\frac{z-\mu}{\sigma}} f_0(t)\,dt = \frac{1}{\sqrt{2\pi}} \int\limits_{-\infty}^{\frac{z-\mu}{\sigma}} e^{-\frac{t^2}{2}}\,dt.$$

Mit der Substitution $t = \frac{u - \mu}{\sigma}$ erhalten wir hieraus

$$F(z) = \frac{1}{\sqrt{2\pi} \cdot \sigma} \int\limits_{-\infty}^{z} e^{-\frac{(u-\mu)^2}{2\sigma^2}} \, du = \int\limits_{-\infty}^{z} f(u) \, du. \qquad (5.17)$$

Dichte

Eine $N(\mu, \sigma^2)$-verteilte Zufallsvariable ist somit stetig mit der Dichte

$$f(z) = \frac{1}{\sqrt{2\pi} \cdot \sigma} \, e^{-\frac{(z-\mu)^2}{2\sigma^2}}, \quad z \in \mathbb{R}. \qquad (5.18)$$

Die Dichte f ist symmetrisch zur Achse $z = \mu$.

In Bild 5-12 haben wir Graphen verschiedener Dichten gezeichnet, wobei die Erwartungswerte μ konstant gehalten und nur die Standardabweichungen σ geändert wurden. Ist σ groß, so verläuft der Graph der Kurve f sehr flach. Für kleine Werte σ ist der Funktionswert $f(\mu)$ sehr groß. Bei Vergrößerung bzw. Verkleinerung von z gehen die Funktionswerte $f(z)$ schnell gegen Null. Diese Eigenschaften sind unmittelbar einleuchtend, wenn man beachtet, daß σ die Standardabweichung der entsprechenden Zufallsvariablen ist.

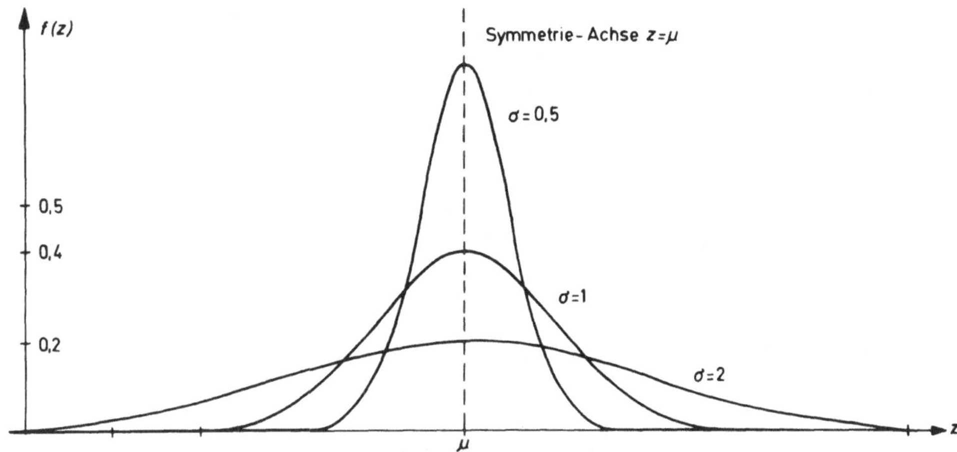

Bild 5-12. Dichten verschiedener $N(\mu, \sigma^2)$-verteilter Zufallsvariablen bei festem μ. Je größer σ ist, umso flacher verlaufen die Dichten. Bei kleinem σ ist der Funktionswert an der Stelle $x = \mu$ sehr groß. Die Dichte fällt dann sehr schnell gegen Null.

Wahrscheinlichkeiten von Ereignissen, die durch $N(\mu, \sigma^2)$-verteilte Zufallsvariable beschrieben sind, lassen sich nach den Formeln des folgenden Satzes einfach berechnen.

Satz 5-2
Standardisierung

Die Zufallsvariable Z sei $N(\mu, \sigma^2)$-verteilt. Ist F_0 die (tabellierte) Verteilungsfunktion einer $N(0,1)$-verteilten Zufallsvariablen, so gelten folgende Gleichungen

$$P(Z \leq z) = F_0\left(\frac{z - \mu}{\sigma}\right);$$

$$P(a \leq Z \leq b) = F_0\left(\frac{b - \mu}{\sigma}\right) - F_0\left(\frac{a - \mu}{\sigma}\right); \qquad (5.19)$$

$$P(Z \geq z) = 1 - F_0\left(\frac{z - \mu}{\sigma}\right).$$

Durch den Übergang zur Standardisierung $\widetilde{Z} = \dfrac{Z - \mu}{\sigma}$ erhält man eine $N(0,1)$-verteilte Zufallsvariable $\widetilde{Z}$. Damit gilt

Beweis

$$P(Z \le z) = P\left(\frac{Z-\mu}{\sigma} \le \frac{z-\mu}{\sigma}\right) = P\left(\widetilde{Z} \le \frac{z-\mu}{\sigma}\right) = F_0\left(\frac{z-\mu}{\sigma}\right) ;$$

$$P(a \le Z \le b) = P\left(\frac{a-\mu}{\sigma} \le \widetilde{Z} \le \frac{b-\mu}{\sigma}\right) = F_0\left(\frac{b-\mu}{\sigma}\right) - F_0\left(\frac{a-\mu}{\sigma}\right) ;$$

$$P(Z \ge z) = 1 - P(Z \le z) = 1 - F_0\left(\frac{z-\mu}{\sigma}\right) .$$

Die Formeln (5.19) wenden wir in folgenden Beispielen an:

Das Gewicht (in Gramm) eines Zuckerpaketes sei ungefähr normalverteilt mit dem Erwartungswert $\mu = 1000$ und der Standardabweichung $\sigma = 5$. Man berechne die Wahrscheinlichkeit dafür, daß ein zufällig ausgewähltes Zuckerpaket ein Gewicht von mindestens 995 hat.

Beispiel 5-7

Ist Z eine $N(1000, 5^2)$-verteilte Zufallsvariable, so erhalten wir für die gesuchte Wahrscheinlichkeit p den Näherungswert

$$p \approx P(Z \ge 995) = P\left(\frac{Z - 1000}{5} \ge \frac{995 - 1000}{5}\right)$$

$$= P(\widetilde{Z} \ge -1) = 1 - P(\widetilde{Z} \le -1) = 1 - F_0(-1) = 1 - [1 - F_0(+1)] = F_0(1) = 0{,}84.$$

F_0 ist dabei die Verteilungsfunktion der $N(0,1)$-verteilten Standardisierung $\widetilde{Z}$.

Der Durchmesser (in mm) eines Kolbens sei durch die $N(48; (0,1)^2)$-verteilte Zufallsvariable Z beschrieben. Ein produzierter Kolben ist brauchbar, wenn sein Durchmesser um höchstens 0,2 Einheiten vom Soll-Wert 48 (= Erwartungswert) abweicht. Wie groß ist die Wahrscheinlichkeit, daß ein zufällig der Produktion entnommener Kolben brauchbar ist?

Beispiel 5-8

Ist A das Ereignis, daß ein Kolben brauchbar ist, so erhalten wir aus (5.19) die Näherung

$$P(A) = P(48 - 0{,}2 \le Z \le 48{,}2) = P\left(\frac{47{,}8 - 48}{0{,}1} \le \widetilde{Z} \le \frac{48{,}2 - 48}{0{,}1}\right)$$

$$= F_0(2) - F_0(-2) = F_0(2) - [1 - F_0(2)] = 2F_0(2) - 1 = 0{,}95.$$

Nach der Interpretationsregel II wird also ungefähr 95 % der Gesamtproduktion brauchbar sein.

Nach dem zentralen Grenzwertsatz ist für große n die Standardisierung einer $B(n,p)$-verteilten Zufallsvariablen ungefähr $N(0,1)$-verteilt. Um das einzusehen, braucht man nur die $B(n,p)$-verteilte Zufallsvariable X, wie in Beispiel 5-1, als Summe von n unabhängigen Einzelvariablen X_i darzustellen, wobei X_i den Wert 1 annimmt, wenn beim i-ten Versuch das Ereignis A mit $P(A) = p$ eintritt, während sonst $X_i = 0$ ist. Daraus folgt wegen $E(X) = np$ und $Var(X) = np(1 - p)$ unmittelbar der Satz 5-3.

Binomial- und
Normalverteilung

Für große n ist eine $B(n, p)$-verteilte Zufallsvariable X näherungsweise $N(np, np(1 - p))$-verteilt.

Satz 5-3

Eigenschaften der Normalverteilung

Lineare
Transformation.

Ist Z eine $N(\mu, \sigma^2)$-verteilte Zufallsvariable, so besitzt die Zufallsvariable $aZ + b$, $a, b \in \mathbb{R}$, nach Satz 4-6 den Erwartungswert $E(aZ + b) = aE(Z) + b = a\mu + b$ und nach Satz 4-7 die Varianz $\text{Var}(aZ + b) = a^2 \text{Var}(Z) = a^2 \sigma^2$. Wenn die Zufallsvariable $aZ + b$ ebenfalls normalverteilt ist, so muß sie notwendigerweise $N(a\mu + b, a^2 \sigma^2)$-verteilt sein.

Summe $Z_1 + Z_2$

Z_1 sei $N(\mu_1, \sigma_1^2)$-verteilt und Z_2 $N(\mu_2, \sigma_2^2)$-verteilt. Sind Z_1 und Z_2 (stochastisch) unabhängig, so gilt

$$E(Z_1 + Z_2) = E(Z_1) + E(Z_2) = \mu_1 + \mu_2 \,,$$

$$\text{Var}(Z_1 + Z_2) = \text{Var}(Z_1) + \text{Var}(Z_2) = \sigma_1^2 + \sigma_2^2 \,.$$

Sofern die Summe $Z_1 + Z_2$ normalverteilt ist, muß sie $N(\mu_1 + \mu_2, \sigma_1^2 + \sigma_2^2)$-verteilt sein. Tatsächlich sind $aZ + b$ und $Z_1 + Z_2$ normalverteilt. Diese Eigenschaften werden wir im folgenden Satz formulieren, wobei wir auf den Beweis verzichten und auf die weiterführende Literatur verweisen.

Satz 5-4

a) Ist Z eine $N(\mu, \sigma^2)$-verteilte Zufallsvariable, so ist die Zufallsvariable $aZ + b$ $N(a\mu + b, a^2 \sigma^2)$-verteilt.

b) Sind die (stochastisch) unabhängigen Zufallsvariablen Z_i jeweils $N(\mu_i, \sigma_i^2)$-verteilt, $i = 1, \ldots, n$, so ist die Summe $Z = \sum_{i=1}^{n} Z_i$ eine $N\left(\sum_{i=1}^{n} \mu_i, \ \sum_{i=1}^{n} \sigma_i^2 \right)$-verteilte Zufallsvariable.

Bemerkung
Unabhängige
Wiederholungen

Stellen insbesondere die Zufallsvariablen $Z_1, \ldots, Z_n$ unabhängige Wiederholungen einer $N(\mu, \sigma^2)$-verteilten Zufallsvariablen dar, so ist nach b) die Summe $S = \sum_{i=1}^{n} Z_i$ eine $N(n\mu, n\sigma^2)$-verteilte Zufallsvariable. Das arithmetische Mittel $\overline{Z} = \dfrac{1}{n} \sum_{i=1}^{n} Z_i = \dfrac{S}{n}$ ist dann nach Teil a) des Satzes 5-4 $N(\mu, \dfrac{\sigma^2}{n})$-verteilt. Damit erhalten wir die Folgerung:

Folgerung
Verteilung des
arithmetischen
Mittels $\overline{Z}$

Sind $Z_1, \ldots, Z_n$ stochastisch unabhängige, identisch $N(\mu, \sigma^2)$-verteilte Zufallsvariable, so ist das arithmetische Mittel $\overline{Z}$ eine $N(\mu, \dfrac{\sigma^2}{n})$-verteilte Zufallsvariable.

Der Erwartungswert des arithmetischen Mittels $\overline{Z}$ ist zwar gleich dem Erwartungswert der einzelnen Zufallsvariablen Z_i. Die Varianz $\dfrac{\sigma^2}{n}$ wird jedoch beliebig klein, wenn nur n hinreichend groß wird. Für große n wird daher die Zufallsvariable $\overline{Z}$ mit großer Wahrscheinlichkeit Werte in der unmittelbaren Nähe des Erwartungswertes μ annehmen.

190

5.3 Das schwache Gesetz der großen Zahlen

5.3.1 Bernoullisches Gesetz der großen Zahlen

Die Verteilungsfunktion F_0 einer $N(0,1)$-verteilten Zufallsvariablen Z ist stetig und streng monoton wachsend. Daher ist (vgl. Abschnitt 5.1) das α-Quantil $(0 < \alpha < 1)$ der Zufallsvariablen Z bestimmt durch die Gleichung

$$P(Z \leq z_\alpha) = F_0(z_\alpha) = \alpha.$$

Diese Quantile treten in der Statistik häufig auf. Für $\alpha = 0{,}6$ ist nach Tabelle 1 im Anhang das $0{,}6$-Quantil $z_{0,6}$ ungefähr gleich $0{,}25$. Mit einer Wahrscheinlichkeit von ungefähr $0{,}6$ nimmt also eine $N(0,1)$-verteilte Zufallsvariable Z Werte an, die nicht größer als $0{,}25$ sind. Für $\alpha = 0{,}99$ erhalten wir $z_{0,99} \approx 2{,}34$ und für $\alpha = 0{,}9999$ $z_{0,9999} \approx 3{,}80$.

A sei das Ereignis $Z \leq 3{,}80$. Dann ist die Wahrscheinlichkeit des Ereignisses A nahezu gleich 1, d.h. $P(A) \approx 1$.

Nach der *Interpretationsregel I* des Abschnitts 3.2.3 können wir so handeln, als ob das Eintreten von A gesichert wäre. Dabei werden wir in der Regel in den seltensten Fällen falsch handeln. Das Ereignis A heißt dann *„praktisch sicher"*. Die *Interpretationsregel II* macht Aussagen über nicht nur solche Ereignisse, deren Wahrscheinlichkeit fast Eins ist. Sie lautet: Wird ein Zufallsexperiment nur genügend oft (unabhängig) durchgeführt, dann liegt die relative Häufigkeit des Ereignisses A bei dieser Serie von Experimenten nahe bei $P(A)$. Dabei haben wir die Unabhängigkeit der einzelnen Versuchsdurchführungen vorausgesetzt. Die Versuchsausgänge sollten sich also gegenseitig nicht „beeinflussen". Diese Bedingung ist sicherlich verletzt, wenn z.B. die Geschwindigkeiten von 100 hintereinander fahrenden Autos gemessen werden. Diese Geschwindigkeiten werden im allgemeinen voneinander abhängig sein, ja bei Kolonnenfahrten werden sie sogar alle ungefähr gleich groß sein.

Durch diese beiden Interpretationsregeln konnten wir uns unter den Zahlen $P(A)$ etwas vorstellen. Sie bekamen einen Sinn, der unserem Gefühl für das Problem entsprach. Dabei hatten wir unsere Aussagen nicht sehr exakt formuliert. Was heißt denn „die relative Häufigkeit $h_n(A)$ liegt nahe bei $P(A)$"? Sind größere Abweichungen dabei überhaupt möglich, wenn das Experiment nur genügend oft durchgeführt wird? Diesen Fragestellungen sind wir damals bewußt aus dem Weg gegangen, weil wir darauf noch keine genauere Antwort geben konnten. Eine erste Antwort auf unsere Frage wollen wir zunächst an dem einfachen Beispiel des Münzwurfs geben.

Handelt es sich beim Münzwurf um ein Laplace-Experiment, so besitzen die beiden Ereignisse W (= Wappen) und Z (= Zahl) jeweils die Wahrscheinlichkeit $\frac{1}{2}$. Es gilt also

$$P(W) = P(Z) = \tfrac{1}{2}.$$

Nach der Interpretationsregel II müßte die relative Häufigkeit, mit der Wappen oben liegt, ungefähr $\frac{1}{2}$ sein, wenn wir oft genug werfen. Es ist aber denkbar — und auch möglich, daß wir 100-mal hintereinander Wappen werfen. Die relative Häufigkeit $h_{100}(W)$ wäre dann gleich 1, während $h_{100}(Z)$ gleich 0 wäre. Die Wahrscheinlichkeit für eine solche mögliche Serie ist allerdings sehr klein, nämlich gleich $\frac{1}{2^{100}}$; sie ist praktisch gleich 0. Somit wird eine solche Serie fast nie auftreten, wobei wir allerdings ihr Auftreten nie ganz ausschließen können. Wenn man bedenkt, daß die relative Häufigkeit $h_n(A)$ ein Wert ist, der aufgrund eines Zufallsexperiments zustande kommt, so ist es einleuchtend, daß in einer speziellen Versuchsreihe durchaus größere Abweichungen von $\frac{1}{2}$ vorkommen können, auch wenn n noch so groß ist. Man wird aber sofort vermuten, daß größere Abweichungen seltener vorkommen, je größer n als Umfang der Versuchsreihe gewählt wird, was gleichbedeutend ist mit der Tatsache, daß die Wahrscheinlichkeiten für größere Abweichungen mit wachsendem n immer kleiner werden. Zur Berechnung der entsprechenden Wahrscheinlichkeiten betrachten wir die in

Beispiel 5-1 behandelte Zufallsvariable $S_n = \sum\limits_{i=1}^{n} X_i$, welche die Anzahl der Versuche

angibt, bei denen Wappen eintritt. Diese Zufallsvariable ist $B(n, \frac{1}{2})$-verteilt mit dem Wertevorrat $W(S_n) = \{0, 1, 2, \ldots, n\}$.

Die aus S_n abgeleitete Zufallsvariable $\frac{S_n}{n}$ beschreibt die relative Häufigkeit $h_n(W)$ und besitzt den Wertevorrat $W(\frac{S_n}{n}) = \{0, \frac{1}{n}, \frac{2}{n}, \ldots, \frac{n-1}{n}, 1\}$. Bei festem n kann daher $\frac{S_n}{n}$ jeden Wert $\frac{k}{n}$, $k = 0, 1, \ldots, n$ annehmen, die relative Häufigkeit $h_n(A)$ kann also sehr stark von der Wahrscheinlichkeit $P(W) = \frac{1}{2}$ abweichen. Diese Abweichung kann im Extremfall gleich $\frac{1}{2}$ sein, wenn $\frac{S_n}{n}$ den Wert 0 oder 1 annimmt. Wir berechnen

nun die Wahrscheinlichkeit dafür, daß $\frac{S_{100}}{100}$ von $\frac{1}{2}$ um mindestens 0,1 abweicht. Das entsprechende Ereignis tritt genau dann ein, wenn die Werte der Zufallsvariablen $\frac{S_{100}}{100}$ mindestens gleich 0,6 oder höchstens gleich 0,4 sind, d.h. wenn das Ereignis $0,4 < \frac{S_{100}}{100} < 0,6$ nicht eintritt. Nach Satz 5-3 ist S_{100} ungefähr $N(50, 25)$-verteilt und nach Satz 5-4 ist $\frac{S_{100}}{100}$ ungefähr $N(0,5, \frac{1}{400})$-verteilt mit dem Erwartungswert 0,5 und der Standardabweichung $\sigma = \frac{1}{20}$. Daraus folgt über die Standardisierung

$$P\left(0,4 < \frac{S_{100}}{100} < 0,6\right) = P\left(0,4 - 0,5 < \frac{S_{100}}{100} - 0,5 < 0,6 - 0,5\right)$$

$$= P\left(\frac{0,4 - 0,5}{\frac{1}{20}} < \frac{\frac{S_{100}}{100} - 0,5}{\frac{1}{20}} < \frac{0,6 - 0,5}{\frac{1}{20}}\right)$$

$$= P\left(20 \cdot (-0,1) < \left(\widetilde{\frac{S_{100}}{100}}\right) < 20 \cdot 0,1\right) \approx F_0(2) - F_0(-2) = 2F_0(2) - 1,$$

wobei F_0 die Verteilungsfunktion einer $N(0;1)$-verteilten Zufallsvariablen ist. Somit gilt

$$P\left(\left|\frac{S_{100}}{100} - \frac{1}{2}\right| \geq 0,1\right) = 1 - P\left(\left|\frac{S_{100}}{100} - \frac{1}{2}\right| < 0,1\right) \approx 2 \cdot (1 - F_0(2))$$

$$= 2 \cdot 0,023 = 0,046.$$

Die Wahrscheinlichkeit dafür, daß bei 100 Versuchen die Zufallsvariable $\frac{S_{100}}{100}$ Werte annimmt, die von der Wahrscheinlichkeit $P(W) = \frac{1}{2}$ um mehr als 0,1 abweichen, ist ungefähr gleich 0,046. Eine solche Abweichung ist also möglich, sie besitzt aber eine sehr kleine Wahrscheinlichkeit. Werden viele derartige Versuchsreihen der Länge $n = 100$ durchgeführt, so wird nach der Interpretationsregel II in etwa 4,6 % der Fälle die relative Häufigkeit $h_{100}(W)$ von der Wahrscheinlichkeit um mindestens 0,1 abweichen.

Wird 400-mal gewürfelt, so sind ebenfalls größere Abweichungen der relativen Häufigkeit $h_{400}(W)$ von der Wahrscheinlichkeit $P(W) = \frac{1}{2}$ möglich. Die Wahrscheinlichkeiten dafür sind aber bereits wesentlich kleiner als im Falle $n = 100$.

Die Zufallsvariable $\frac{S_{400}}{400}$ ist ungefähr $N(0,5, \frac{1}{1600})$-verteilt. Sie besitzt den gleichen Erwartungswert wie $\frac{S_{100}}{100}$, aber nur die halbe Streuung. Daher wird die Zufallsvariable $\frac{S_{400}}{400}$ mit größerer Wahrscheinlichkeit Werte in der Nähe ihres Erwartungswertes $P(W) = \frac{1}{2}$ annehmen als $\frac{S_{100}}{100}$. Die Standardisierung der Zufallsvariablen $\frac{S_{400}}{400}$ lautet $(\frac{S_{400}}{400} - 0,5) \cdot 40$ und ist ungefähr $N(0,1)$-verteilt. Damit gilt

$$P\left(\left|\frac{S_{400}}{400} - \frac{1}{2}\right| \geq 0,1\right) = 1 - P\left(0,4 < \frac{S_{400}}{400} < 0,6\right)$$

$$= 1 - P\left(-0,1 \cdot 40 < \left(\frac{S_{400}}{400} - 0,5\right) \cdot 40 < 0,1 \cdot 40\right) \approx 1 - F_0(4) - F_0(-4)$$

$$= 2(1 - F_0(4)) = 2 \cdot 0,00005 = 0,0001 \,.$$

Würfelt man 400-mal, so kann zwar die relative Häufigkeit $h_{400}(W)$ von der Wahrscheinlichkeit $P(W) = \frac{1}{2}$ um 0,1 oder mehr abweichen. Solche Abweichungen werden jedoch sehr selten vorkommen.

Vergrößern wir n nochmals, so sind zwar prinzipiell immer noch große Abweichungen möglich, ihre Wahrscheinlichkeiten werden jedoch noch kleiner. Wesentliche Abweichungen der relativen Häufigkeit von der Wahrscheinlichkeit können also nie ganz ausgeschlossen werden, sie werden aber, da ihre Wahrscheinlichkeiten fast Null sind, sehr selten, also praktisch nie auftreten, wenn nur n hinreichend groß ist.

An die Stelle der Abweichung 0,1 können wir jede noch so kleine Zahl $\epsilon > 0$ setzen und erhalten entsprechend die Aussage, daß die Wahrscheinlichkeit dafür, daß die Zufallsgröße, welche die relative Häufigkeit $h_n(W)$ beschreibt, von der Wahrscheinlichkeit $P(W) = \frac{1}{2}$ um mindestens ϵ abweicht, beliebig klein wird, wenn nur n genügend groß gewählt wird. Für diesen Sachverhalt schreiben wir

Grenzwert
für $n \to \infty$

$$P\left(\left|\frac{S_n}{n} - P(W)\right| \geq \epsilon\right) \xrightarrow{n \to \infty} 0$$
oder
$$\lim_{n \to \infty} P\left(\left|\frac{S_n}{n} - P(W)\right| \geq \epsilon\right) = 0. \tag{5.20}$$

Wendet man dasselbe Verfahren für die Wahrscheinlichkeit $p = P(A)$ eines beliebigen Ereignisses A an — S_n ist dann $B(np, np(1-p))$-verteilt — so erhalten wir dasselbe Ergebnis, d.h. für jede Zahl $\epsilon > 0$ wird die Wahrscheinlichkeit dafür, daß sich in einem Bernoulli-Versuch die Werte der Zufallsvariablen $\frac{S_n}{n}$ von der Wahrscheinlichkeit $P(A)$ um ϵ oder mehr unterscheiden, beliebig klein, wenn man nur n genügend groß wählt.

Es gilt also

$$P\left(\left|\frac{S_n}{n} - P(A)\right| \geq \epsilon\right) \xrightarrow{n \to \infty} 0 \qquad \text{für jedes } \epsilon > 0. \tag{5.21}$$

Die Wahrscheinlichkeit des Komplementäreignisses $|\frac{S_n}{n} - P(A)| < \epsilon$ kommt dabei
Der Zahl 1 beliebig nahe. Für jedes $\epsilon > 0$ ist somit $|\frac{S_n}{n} - P(A)| < \epsilon$ praktisch sicher,
wenn nur n hinreichend groß ist. Ausnahmeserien sind jedoch nie ganz auszuschließen,
auch wenn n noch so groß gewählt wird, sie kommen jedoch höchst selten vor.
Diesen Sachverhalt nennt man das *„Bernoullische Gesetz der großen Zahlen"*.

<table>
<tr><td>

Beispiel zur Anwendung des Bernoullischen Gesetzes der großen Zahlen

</td><td>

Ist ein Würfel aus homogenem Material gearbeitet, so kann man davon ausgehen, daß keine Augenzahl bevorzugt auftritt, d.h. daß alle Augenzahlen mit derselben Wahrscheinlichkeit $p = \frac{1}{6}$ auftreten. Diese Gleichverteilung ist bei einem verfälschten Würfel sicherlich nicht mehr gegeben. Ist z.B. ein Würfel wie in Bild 5-13 skizziert aus Holz und Stahl so gefertigt, daß an der Seite, auf der die Zahl 1 steht, eine Stahlplatte eingearbeitet ist, so wird die Zahl 6 bevorzugt auftreten, während die 1 relativ selten geworfen werden wird. Die Wahrscheinlichkeit dafür, daß bei einem Wurf eine 6 geworfen wird, ist hier sicher größer als $\frac{1}{6}$. Die Frage, wie groß sie für diesen speziellen Würfel ist, können wir jedoch nicht beantworten. Wir können höchstens einen Näherungswert angeben. Dazu hilft uns die Interpretationsregel II.

</td></tr>
</table>

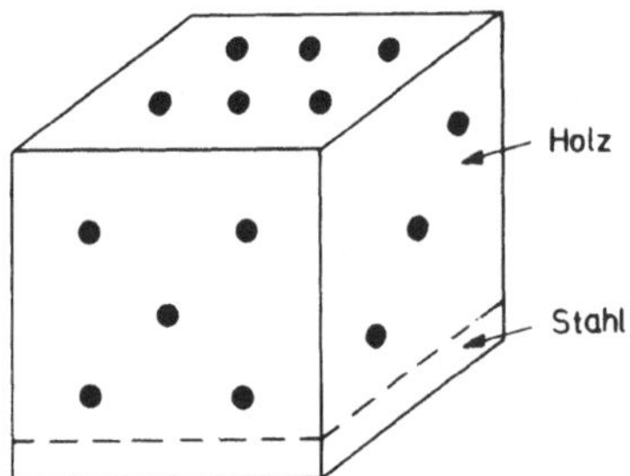

Bild 5-13. Verfälschter Würfel. Durch die Einarbeitung einer Stahlplatte in einen Holzwürfel wird der Würfel so verfälscht, daß die Wahrscheinlichkeit, mit ihm eine Sechs zu werfen, größer als $\frac{1}{6}$ ist.

Wir führen eine große Anzahl n von Würfen mit dem Würfel durch und wählen als Näherungswert für die Wahrscheinlichkeit die relative Häufigkeit, mit der die 6 auftritt, also

$$P(\{6\}) \approx h_n(\{6\}) \,. \tag{5.22}$$

Die Zufallsvariable $\frac{S_n}{n}$, welche die relative Häufigkeit der geworfenen Sechsen beschreibt, nimmt nach dem Bernoullischen Gesetz der großen Zahlen, mit sehr großer Wahrscheinlichkeit Werte in der unmittelbaren Umgebung der Zahl $P(\{6\})$ an, wenn nur n hinreichend groß ist. Damit liefert (5.22) nach der Interpretationsregel I in den meisten Fällen einen sehr guten Näherungswert. Da die Zufallsvariable $\frac{S_n}{n}$ bei großem n nur mit sehr kleiner Wahrscheinlichkeit Werte annimmt, die stark von $P(\{6\})$ abweichen, kann man zwar in (5.22) schlechte Näherungswerte erhalten. Solche Fälle werden jedoch für große n höchst selten vorkommen.

Mit Hilfe des Bernoullischen Gesetzes der großen Zahlen folgt die Interpretationsregel II aus der Interpretationsregel I.

Wir wollen das Bernoullische Gesetz der großen Zahlen nochmals mathematisch formulieren.

A sei ein Ereignis mit der Wahrscheinlichkeit p = P(A). Für jedes n sei S_n eine B(n, p)-verteilte Zufallsvariable. Die Zufallsvariable $\frac{S_n}{n}$ beschreibt somit die relative Häufigkeit $h_n(A)$ des Ereignisses A in der Versuchsreihe vom Umfang n. Dann wird für jede noch so kleine, positive Zahl ϵ die Wahrscheinlichkeit dafür, daß $\frac{S_n}{n}$ von p um mindestens ϵ abweicht, beliebig klein, wenn nur n hinreichend groß gewählt wird. Es gilt also

$$P\left(\left|\frac{S_n}{n} - p\right| \geq \epsilon\right) \xrightarrow{n \to \infty} 0 \quad \textit{bzw.} \tag{5.23}$$

$$P\left(\left|\frac{S_n}{n} - p\right| < \epsilon\right) \xrightarrow{n \to \infty} 1 \quad \textit{für jedes } \epsilon > 0. \tag{5.24}$$

Die Zufallsvariable S_n ist B(n, p)-verteilt. Ihre Standardisierung lautet daher

$$\widetilde{S}_n = \frac{S_n - np}{\sqrt{np(1-p)}}.$$

Damit gilt

$$P\left(\left|\frac{S_n}{n} - p\right| < \epsilon\right) = P\left(p - \epsilon < \frac{S_n}{n} < p + \epsilon\right)$$

$$= P(n(p - \epsilon) < S_n < n(p + \epsilon))$$

$$= P\left(\frac{n(p - \epsilon) - np}{\sqrt{np(1-p)}} < \frac{S_n - np}{\sqrt{np(1-p)}} < \frac{n(p + \epsilon) - np}{\sqrt{np(1-p)}}\right)$$

$$= P\left(\frac{-n\epsilon}{\sqrt{np(1-p)}} < \widetilde{S}_n < \frac{n\epsilon}{\sqrt{np(1-p)}}\right) \approx 2F_n\left(\frac{n\epsilon}{\sqrt{np(1-p)}}\right) - 1.$$

Dabei ist F_n die Verteilungsfunktion der standardisierten Zufallsvariablen $\widetilde{S}_n$, die nach dem zentralen Grenzwertsatz für $n \to \infty$ gegen die Verteilungsfunktion F_0 der N(0, 1)-Verteilung konvergiert. Je größer n ist, umso besser ist diese Näherung. Sie wird für $n \to \infty$ beliebig genau. Aus $n \to \infty$ folgt

$$\frac{n\epsilon}{\sqrt{np(1-p)}} = \frac{\sqrt{n} \cdot \epsilon}{\sqrt{p(1-p)}} \to \infty.$$

Daraus folgt

$$\lim_{n \to \infty} P\left(\left|\frac{S_n}{n} - p\right| < \epsilon\right) = 2 \lim_{x \to \infty} F_0(x) - 1 = 1 \quad \text{wegen} \quad \lim_{x \to \infty} F_0(x) = 1.$$

Damit ist (5.24) nachgewiesen. (5.23) folgt hieraus direkt durch Übergang zum komplementären Ereignis $|\frac{S_n}{n} - p| \geq \epsilon$, womit der Satz bewiesen ist. ○

Durch dieses Ergebnis ist auch unser bisheriges Vorgehen gerechtfertigt. Wir waren davon ausgegangen, daß es zu einem Ereignis A einen Zahlenwert P(A) geben muß, der ein Maß für die Chance des Eintretens von A ist. Daß dieser Zahlenwert dann mit der relativen Häufigkeit des Eintretens von A bei unabhängigen Versuchswiederholungen etwas zu tun haben muß, war uns von Anfang an klar. Welcher Zusammenhang zwischen Wahrscheinlichkeiten und relativen Häufigkeiten besteht, ist mit diesem Ergebnis geklärt.

5.3.2 Das schwache Gesetz der großen Zahlen für den Erwartungswert μ

Bei den bisherigen Überlegungen in diesem Abschnitt hatten wir nur Summen von unabhängigen Zufallsvariablen X_i betrachtet, welche jeweils nur die beiden Werte 0 oder 1 annehmen konnten, nämlich Zufallsvariablen der Gestalt

$$X_i = \begin{cases} 1, \text{ wenn im i-ten Versuch A eintritt}, \\ 0, \quad \text{sonst} \end{cases}$$

und hatten darauf den zentralen Grenzwertsatz angewandt. Wegen $E(X_i) = p = P(A)$ erhielten wir hieraus Aussagen über die Wahrscheinlichkeit $P(A)$. An Stelle dieser elementaren Zufallsvariablen betrachten wir beliebige (stochastisch) unabhängige Zufallsvariablen $X_1, \ldots, X_n$, welche denselben Erwartungswert μ und dieselbe Varianz σ^2 besitzen. Die Standardisierung der Summenvariablen $S_n = X_1 + \ldots + X_n$ ist

$$Y_n = \frac{S_n - n\mu}{\sqrt{n\sigma^2}}. \tag{5.25}$$

Sie ist nach dem zentralen Grenzwertsatz näherungsweise $N(0,1)$-verteilt.

Ableitung des schwachen Gesetzes der großen Zahlen für μ

Bezeichnen z_α und $z_{1-\alpha}$ die α- bzw. $(1-\alpha)$-Quantile $(0 < \alpha < 1)$ einer $N(0,1)$-verteilten Zufallsvariablen, so gilt für große n näherungsweise

$$P(z_\alpha < Y_n < z_{1-\alpha}) \approx (1-\alpha) - \alpha = 1 - 2\alpha. \tag{5.26}$$

$\overline{X}$ sei das arithmetische Mittel der Zufallsvariablen $X_i, \ldots, X_n$, d.h.

$$\overline{X} = \frac{1}{n} \sum_{i=1}^{n} X_i = \frac{1}{n} S_n. \tag{5.27}$$

Wegen

$$E(\overline{X}) = \mu; \quad Var(\overline{X}) = \frac{\sigma^2}{n} \tag{5.28}$$

folgt dann aus (5.25)

$$Y_n = \left(\frac{S_n}{n} - \mu \right) \sqrt{\frac{n}{\sigma^2}} = (\overline{X} - \mu) \sqrt{\frac{n}{\sigma^2}}.$$

Aus $z_\alpha = - z_{1-\alpha}$ folgt hieraus zusammen mit (5.26)

$$P\left(|\overline{X} - \mu| < z_{1-\alpha} \cdot \frac{\sigma}{\sqrt{n}} \right) = P(|Y_n| < z_{1-\alpha}) \approx 1 - 2\alpha.$$

Für kleines α ist diese Wahrscheinlichkeit fast gleich 1. Nach der Interpretationsregel I sind daher die Ereignisse $(|\overline{X} - \mu| < z_{1-\alpha} \cdot \frac{\sigma}{\sqrt{n}})$ als praktisch sicher anzusehen. Es ist also praktisch sicher, daß das arithmetische Mittel $\overline{X}$ vom Erwartungswert μ um weniger als $z_{1-\alpha} \cdot \frac{\sigma}{\sqrt{n}}$ ab. Dabei wird mit wachsendem n die „Abweichungsgröße" $z_{1-\alpha} \cdot \frac{\sigma}{\sqrt{n}}$ kleiner, ja sie wird beliebig klein, wenn man nur n genügend groß wählt. Das arithmetische Mittel $\overline{X}$ „konvergiert praktisch sicher" gegen den Erwartungswert μ.

Ist umgekehrt $d > 0$ fest vorgegeben, so gilt

$$P(|\overline{X} - \mu| \geq d) = 1 - P(|\overline{X} - \mu| < d)$$

$$= 1 - P\left(|\overline{X} - \mu|\ \sqrt{\frac{n}{\sigma^2}} < d \cdot \sqrt{\frac{n}{\sigma^2}}\right) = 1 - P\left(|Y_n| < d \cdot \sqrt{\frac{n}{\sigma^2}}\right)$$

$$\approx 1 - \left(2F_0\left(d \cdot \sqrt{\frac{n}{\sigma^2}}\right) - 1\right) = 2\left(1 - F_0\left(d \cdot \sqrt{\frac{n}{\sigma^2}}\right)\right)$$

Wegen $F_0(d\sqrt{\frac{n}{\sigma^2}}) \to 1$ für $n \to \infty$ (siehe Bild 5-6) strebt diese Wahrscheinlichkeit gegen Null. Die Wahrscheinlichkeit dafür, daß $\overline{X}$ von μ um mindestens d abweicht, wird somit beliebig klein, wenn nur n genügend groß gewählt wird. Dieser Sachverhalt $P(|\overline{X} - \mu| \geq d) \to 0$ für $n \to \infty$ heißt *schwaches Gesetz der großen Zahlen für den Erwartungswert* μ.

Es sieht formal genauso aus wie das Bernoullische Gesetz der großen Zahlen, nur mit dem Unterschied, daß an die Stelle der Wahrscheinlichkeit p der Erwartungswert $\mu = E(X_i)$ tritt, während die Zufallsvariable $\frac{S_n}{n}$ mit $E(\frac{S_n}{n}) = p$ durch das arithmetische Mittel $\overline{X}$ mit $E(\overline{X}) = \mu$ ersetzt werden muß. Damit besteht für das arithmetische Mittel $\overline{X}$ und den Erwartungswert μ dieselbe Interpretationsregel II: Ist n groß, so nimmt $\overline{X}$ mit hoher Wahrscheinlichkeit Werte in der Nähe des Erwartungswertes μ an. Anwendung Wenn man also den Erwartungswert μ einer beliebigen Zufallsvariablen X nicht kennt, so führe man das der Zufallsvariablen X zugrunde liegende Zufallsexperiment n-mal unabhängig durch. Die beim i-ten Schritt betrachtete Zufallsvariable bezeichnen wir mit X_i, $i = 1, \ldots, n$. Die i-te Versuchsdurchführung liefert als Realisierung der Zufallsvariablen X_i den Zahlenwert x_i. Für den unbekannten Erwartungswert eignet sich dann die Näherung

$$\mu \approx \overline{x} = \frac{1}{n} \Sigma\, x_i \, . \tag{5.29}$$

Dabei treten größere Abweichungen höchst selten auf. Damit ist auch unser Vorgehen bei der Einführung des Erwartungswertes gerechtfertigt. Wir hatten auch dort einen Zusammenhang zwischen dem Mittelwert und dem Erwartungswert vermutet, der durch das Ergebnis des schwachen Gesetzes der großen Zahlen geklärt ist.

Dieses Gesetz wollen wir in einem Satz formulieren.

Das schwache Gesetz der großen Zahlen für μ
Für alle natürliche Zahlen n seien $X_1, X_2, \ldots, X_n$ *(stochastisch) unabhängige Zufallsvariable, die alle denselben Erwartungswert* μ *und dieselbe Varianz* σ^2 *besitzen, es gelte also* $E(X_i) = \mu$, $Var(X_i) = \sigma^2$ *für alle i. Ferner sei* $\overline{X} = \frac{1}{n} \sum_{i=1}^{n} X_i$. *Dann wird für jede noch so kleine Zahl* $\epsilon > 0$ *die Wahrscheinlichkeit* $P(|\overline{X} - \mu| \geq \epsilon)$ *beliebig klein, wenn n nur hinreichend groß gewählt wird.*

Satz 5-6
Mathematische
Formulierung
des schwachen
Gesetzes der
großen Zahlen

Das Bernoullische Gesetz der großen Zahlen stellt einen Zusammenhang dar zwischen der Wahrscheinlichkeit $P(A)$ eines Ereignisses A und dessen relativen Häufigkeit $h_n(A)$

in einem Bernoulli-Experiment. Derselbe Zusammenhang besteht nach dem schwachen Gesetz der großen Zahlen zwischen dem Erwartungswert μ einer beliebigen Zufallsvariablen X und dem arithmetischen Mittel $\overline{X} = \frac{1}{n} \sum_{i=1}^{n} X_i$ von n unabhängigen Wiederholungen X_i, $i = 1, \ldots, n$ der Zufallsvariablen X, wobei also alle X_i die gleiche Verteilungsfunktion wie die Zufallsvariable X besitzen.

<table>
<tr><td>

Zweiter Beweis des schwachen Gesetzes der großen Zahlen für den Erwartungswert

</td><td>

Das schwache *Gesetz der großen Zahlen* für den Erwartungswert μ kann auch mit Hilfe der *Tschebyscheffschen Ungleichung* (Satz 4-9) bewiesen werden.

Sind für alle natürliche Zahlen n die Zufallsvariablen $X_1, X_2, \ldots, X_n$ (stochastisch) unabhängig mit $E(X_i) = \mu$ und $Var(X_i) = \sigma^2$ für alle i, so folgt wegen $E(\overline{X}) = \mu$ und $Var(\overline{X}) = \frac{\sigma^2}{n}$ aus der Tschebyscheffschen Ungleichung für jede Zahl $\epsilon > 0$ die Abschätzung

</td></tr>
</table>

$$P(|\overline{X} - \mu| \geq \epsilon) \leq \frac{\sigma^2}{n\epsilon^2} . \tag{5.30}$$

Für ein fest vorgegebenes $\epsilon > 0$ wird $\frac{\sigma^2}{n\epsilon^2}$ und damit $P(|\overline{X} - \mu| \geq \epsilon)$ beliebig klein, wenn n nur genügend groß gewählt wird, was ja den Sachverhalt des schwachen Gesetzes der großen Zahlen darstellt.

*5.3.3 Das schwache Gesetz der großen Zahlen für die Varianz σ^2

Empirische Varianz

Neben dem arithmetischen Mittel $\overline{x} = \frac{1}{n} \sum_{i=1}^{n} x_i$ der n Beobachtungsergebnisse $x_1, \ldots, x_n$ hatten wir in der beschreibenden Statistik (siehe Definition 2-7) das Streuungsmaß $s^2 = \frac{1}{n-1} \sum_{i=1}^{n} (x_i - \overline{x})^2$ eingeführt. Dabei wurde die Summe der Abweichungsquadrate bewußt nicht durch n, sondern durch $n-1$ dividiert, obwohl doch zunächst im Hinblick auf die Definition von $\overline{x}$ eine Division durch n sinnvoller erscheinen würde.

Die Begründung, weshalb bei der Definition von s^2 eine Division durch $n-1$ „besser" ist als eine Division durch n, wollen wir jetzt geben. σ^2 sei die Varianz einer Zufallsvariablen X und $X_1, \ldots, X_n$ unabhängige Wiederholungen der Zufallsvariablen X. Als Zahlenwert, der durch das Zufallsexperiment bestimmt ist, ist s^2 eine Realisierung (= möglicher Wert) der Zufallsvariablen $\frac{1}{n-1} \sum_{i=1}^{n} (X_i - \overline{X})^2$, wobei $\overline{X}$ wieder das arithmetische Mittel der Zufallsvariablen $X_1, \ldots, X_n$ ist. Man wird auch hier wieder die Vermutung aufstellen, daß s^2 bei großem Stichprobenumfang n in der Nähe der Varianz σ^2 liegt. Dann kann eine unbekannte Varianz σ^2 durch den Zahlenwert s^2 „geschätzt" werden. Von einer „guten Schätzung" wird man aber verlangen, daß man wenigstens „im Mittel" den richtigen Parameter erhält und daß für große n größere Abweichungen höchst selten vorkommen. Wegen der ersten Forderung, der sogenannten „Erwartungstreue", sind wir gezwungen, durch $n-1$ zu dividieren. Man kann nämlich zeigen, daß der Erwartungswert der Zufallsvariablen $\frac{1}{n-1} \sum_{i=1}^{n} (X_i - \overline{X})^2$ gleich σ^2 ist.

Es gilt also folgender Satz.

$X_1, \ldots, X_n$ seien paarweise (stochastisch) unabhängige Zufallsvariable, welche alle den gleichen Erwartungswert μ und die gleiche Varianz σ^2 besitzen. Dann gilt

$$E\left[\frac{1}{n-1}\sum_{i=1}^{n}(X_i - \bar{X})^2\right] = \sigma^2.$$

Satz 5-7
Erwartungswert
der Zufallsvariablen

$$\frac{1}{n-1}\sum_{i=1}^{n}(X_i - \bar{X})^2$$

Beweis

Es ist

$$\frac{1}{n-1}\sum_{i=1}^{n}(X_i - \bar{X})^2 = \frac{1}{n-1}\sum_{i=1}^{n}[X_i^2 - 2X_i\bar{X} + \bar{X}^2]$$

$$= \frac{1}{n-1}\left[\sum_{i=1}^{n}X_i^2 - 2\bar{X}\sum_{i=1}^{n}X_i + n\bar{X}^2\right]$$

$$= \frac{1}{n-1}\left[\sum_{i=1}^{n}X_i^2 - 2\cdot\bar{X}\cdot n\cdot\bar{X} + n\bar{X}^2\right]$$

$$= \frac{1}{n-1}\left[\sum_{i=1}^{n}X_i^2 - n\bar{X}^2\right].$$

Die Zufallsvariablen X_i^2 besitzen alle denselben Erwartungswert. Da der Erwartungswert einer Summe von Zufallsvariablen gleich der Summe der einzelnen Erwartungswerte ist, folgt hieraus

$$E\left[\frac{1}{n-1}\sum_{i=1}^{n}(X_i - \bar{X})^2\right] = \frac{1}{n-1}\left[\sum_{i=1}^{n}E(X_i^2) - n E(\bar{X}^2)\right] = \frac{n}{n-1}E(X_i^2) - \frac{n}{n-1}E(\bar{X}^2).$$

$$(5.31)$$

Ferner gilt

$$E(\bar{X}^2) = E\left[\frac{1}{n}\sum_{i=1}^{n}X_i\right]^2 = \frac{1}{n^2}E\left[\sum_{i=1}^{n}X_i\right]^2 = \frac{1}{n^2}E\left[\left(\sum_{i=1}^{n}X_i\right)\left(\sum_{j=1}^{n}X_j\right)\right]$$

$$= \frac{1}{n^2}E\left(\sum_{i=1}^{n}X_i^2 + \sum_{i\neq j}X_i X_j\right) = \frac{1}{n^2}\left[\sum_{i=1}^{n}E(X_i^2) + \sum_{i\neq j}E(X_i X_j)\right]$$

$$= \frac{1}{n^2}\left[n E(X_i^2) + \sum_{i\neq j}E(X_i)\cdot E(X_j)\right].$$

Dabei folgt die Identität $E(X_i \cdot X_j) = E(X_i) E(X_j)$ für $i \neq j$ aus der vorausgesetzten (stochastischen) Unabhängigkeit von X_i und X_j. Insgesamt gibt es $n(n-1)$ verschiedene Paare. Daher gilt wegen $E(X_i) = E(X_j) = E(X_1)$

$$E(\bar{X}^2) = \frac{1}{n}E(X_i^2) + \frac{n-1}{n}[E(X_1)]^2.$$

Hiermit folgt

$$E\left[\frac{1}{n-1}\sum_{i=1}^{n}(X_i-\bar{X})^2\right] = \frac{n}{n-1}\,E(X_i^2) - \frac{n}{n-1}\left[\frac{1}{n}\,E(X_i^2) + \frac{n-1}{n}\,[E(X_1)]^2\right]$$

$$= \left(\frac{n}{n-1}-\frac{1}{n-1}\right)E(X_i^2) - [E(X_1)]^2 = E(X_i^2) - [E(X_1)]^2 = E(X_i^2) - \mu^2.$$

Es gilt aber nach Kapitel 4

$$\sigma^2 = E[(X_1-\mu)^2] = E[X_1^2 - 2\mu X_1 + \mu^2] = E(X_1^2) - 2\mu E(X_1) + \mu^2 = E(X_i^2) - \mu^2,$$

woraus schließlich die Behauptung folgt.　　　　　　　　　　　　　　　　　　○

Dividiert man die Summe der Abweichungsquadrate nicht durch $n-1$, sondern durch n, so ergibt sich aus Satz 5-7

$$E\left[\frac{1}{n}\sum_{i=1}^{n}(X_i-\bar{X})^2\right] = E\left[\frac{n-1}{n}\cdot\frac{1}{n-1}\sum_{i=1}^{n}(X_i-\bar{X})^2\right]$$

$$\tag{5.32}$$

$$= \frac{n-1}{n}\,E\left[\frac{1}{n-1}\sum_{i=1}^{n}(X_i-\bar{X})^2\right] = \frac{n-1}{n}\,\sigma^2 < \sigma^2.$$

Im Mittel bekäme man also einen zu kleinen „Schätzwert" für σ. Allerdings würde der entsprechende Unterschied bei wachsendem n immer kleiner werden.

Wie für den Erwartungswert μ gilt auch für die Varianz σ^2 ein schwaches Gesetz der großen Zahlen. Wir wollen es exakt formulieren, allerdings auf den Beweis verzichten.

Dazu sei auf die Fachliteratur verwiesen.

<table>
<tr><td>

Satz 5-8
Schwaches Gesetz der
großen Zahlen für die
Varianz σ^2.

</td><td>

Für alle natürlichen Zahlen n seien $X_1,\ldots,X_n$ (stochastisch) unabhängige Zufallsvariable, die alle die gleiche Verteilungsfunktion und die gleiche Varianz σ^2 besitzen. Dann gilt im Falle der Existenz von $E(X_i^4)=\mu_4$ für jedes $\epsilon>0$

$$P\left(\left|\frac{1}{n-1}\sum_{i=1}^{n}(X_i-\bar{X})^2-\sigma^2\right|\geq\epsilon\right)\to 0 \quad \textit{für } n\to\infty. \tag{5.33}$$

</td></tr>
<tr><td>

Interpretation

</td><td>

Die Zufallsvariable $\frac{1}{n-1}\sum_{i=1}^{n}(X_i-\bar{X})^2$ nimmt also für große n mit hoher Wahrscheinlichkeit Werte in der Nähe ihres Erwartungswertes σ^2 an. Größere Abweichungen werden immer seltener, je größer n gewählt wird. Allerdings können größere Abweichungen nie ganz ausgeschlossen werden. Sie werden bei großem n höchst selten, also fast nie vorkommen. Wird das entsprechende Experiment n-mal unabhängig durchgeführt und nehmen die Zufallsvariablen X_i die Werte x_i an, so wird mit großer Wahrscheinlichkeit der erhaltene Wert $s^2 = \frac{1}{n-1}\sum_{i=1}^{n}(x_i-\bar{x})^2$ in der Nähe der Varianz σ^2 liegen. Zwischen s^2 und σ^2 besteht also ein der Interpretationsregel II entsprechender Zusammenhang.

</td></tr>
</table>

*5.3.4 Das schwache Gesetz der großen Zahlen für die Kovarianz

Definition 5-1
Kovarianz und
Korrelations-
koeffizient

Sind X und Y zwei beliebige Zufallsvariable, so heißt im Falle der Existenz der Erwartungswert

$$Kov(X, Y) = E\left[(X - E(X))(Y - E(Y))\right] = E(X \cdot Y) - E(X) \cdot E(Y)$$

die Kovarianz *der Zufallsvariablen X und Y. Division der Kovarianz durch*
$\sqrt{Var(X) \cdot Var(Y)}$ *liefert den in Abschnitt 4.10 behandelten Korrelationskoeffizienten.*

Auch für die Kovarianz gilt ein schwaches Gesetz der großen Zahlen. Zunächst zeigen wir die sog. Erwartungstreue im folgenden Satz.

Satz 5-9
Nachweis der
Erwartungstreue

X und Y seien zwei beliebige Zufallsvariable mit der Kovarianz $Kov(X, Y)$. Sind $(X_1, Y_1), \ldots, (X_n, Y_n)$ (stochastisch) unabhängige Paare, welche dieselbe Verteilungsfunktion wie die zweidimensionale Zufallsvariable (X, Y) besitzen, so gilt

$$E\left[\frac{1}{n-1} \sum_{i=1}^{n} (X_i - \bar{X})(Y_i - \bar{Y})\right] = Kov(X, Y). \tag{5.34}$$

Beweis

Es gelten folgende Gleichungen

$$\sum_{i=1}^{n} (X_i - \bar{X})(Y_i - \bar{Y}) = \sum_{i=1}^{n} X_i Y_i - \bar{X} \sum_{i=1}^{n} Y_i - \sum_{i=1}^{n} X_i \bar{Y} + n\,\bar{X}\,\bar{Y}$$

$$= \sum_{i=1}^{n} X_i Y_i - n\,\bar{X}\,\bar{Y} - n\,\bar{X}\,\bar{Y} + n\,\bar{X}\,\bar{Y} = \sum_{i=1}^{n} X_i Y_i - n\,\bar{X}\,\bar{Y}$$

$$= \sum_{i=1}^{n} X_i Y_i - \frac{1}{n} \sum_{i=1}^{n} X_i \sum_{j=1}^{n} Y_j = \sum_{i=1}^{n} X_i Y_i - \frac{1}{n} \sum_{i=1}^{n} X_i Y_i - \frac{1}{n} \sum_{i \ne j} X_i Y_j .$$

Wegen der vorausgesetzten Unabhängigkeit der Paare (X_i, Y_i), $i = 1, \ldots, n$ gilt

$$E(X_i Y_j) = E(X_i) \cdot E(Y_j) = E(X) \cdot E(Y) \quad \text{für } i \ne j.$$

Da es $n(n-1)$ Paare (i, j) mit $i \ne j$ gibt, folgt wegen der Additivität des Erwartungswertes

$$E\left(\sum_{i=1}^{n} (X_i - \bar{X})(Y_i - \bar{Y})\right) = (n-1)\,E(X \cdot Y) - (n-1)\,E(X) \cdot E(Y).$$

Division dieser Gleichung durch $(n-1)$ liefert mit (5.33) die Behauptung.   ○

Bemerkung

Für $X = Y$ gilt

$$Kov(X, X) = Var(X).$$

Die Varianz ist also eine spezielle Kovarianz. Daher ist Satz 5-7 ein Spezialfall von Satz 5-9.

Das Analogon zu Satz 5-8 lautet

Für alle natürlichen Zahlen n seien $(X_1, Y_1), \ldots, (X_n, Y_n)$ (stochastisch) unabhängige Paare von Zufallsvariablen, die alle die gleiche gemeinsame Verteilungsfunktion und die gleiche Kovarianz $Kov(X, Y) = E[(X_i - E(X_i))(Y_i - E(Y_i))]$ besitzen. Dann gilt im Falle der Existenz von $E(X_i^2 \cdot Y_i^2)$ für jedes $\epsilon > 0$

$$\lim_{n \to \infty} P\left(\left| \frac{1}{n-1} \sum_{i=1}^{n} (X_i - \bar{X})(Y_i - \bar{Y}) - Kov(X, Y) \right| \geq \epsilon \right) = 0. \tag{5.35}$$

Wegen des Beweises sei wiederum auf die weiterführende Literatur verwiesen.

6 Anwendungen

von Karl Bosch, Braunschweig

In diesem Abschnitt werden wir mit den in Kapitel 5 gewonnenen Ergebnissen Aussagen über unbekannte Wahrscheinlichkeiten machen. Dabei werden einige der in der mathematischen Statistik gebräuchlichen Verfahren benutzt.

Schätzen von Wahrscheinlichkeiten und Erwartungswerten

Die aus dem Bernoullischen Gesetz der großen Zahlen folgende Näherungsformel $h_n(A) \approx P(A)$ soll präzisiert werden. Dazu wird ein Konfidenzintervall abgeleitet, ein Intervall, dessen Grenzen Zufallsvariable sind, und zwar so, daß es den unbekannten Zahlenwert $P(A)$ mit einer Konfidenzwahrscheinlichkeit von $1 - \alpha$ enthält. Bei der Durchführung des Zufallsexperiments erhält man ein gewöhnliches Intervall als Realisierung dieses Zufallsintervalls. Wegen der Interpretationsregel II für Wahrscheinlichkeiten werden ungefähr $100 \cdot (1 - \alpha)\,\%$ der so berechneten Intervalle den unbekannten Wert $P(A)$ enthalten.

Anschließend werden Konfidenzintervalle für einen unbekannten Erwartungswert μ einer Zufallsvariablen abgeleitet.

Sendung 12

6.1 Schätzen einer unbekannten Wahrscheinlichkeit p = P(A)

Wir beginnen mit dem einführenden Beispiel 6-1.

Ein Hersteller von Glühbirnen interessiert sich für die Wahrscheinlichkeit dafür, daß die Brenndauer einer zufällig ausgewählten Glühbirne mindestens 1000 Stunden beträgt. Die unbekannte Wahrscheinlichkeit für dieses Ereignis A bezeichnen wir mit $p = P(A)$. Um Aussagen über den unbekannten Zahlenwert p zu machen, ist es naheliegend, n Glühbirnen zufällig auszuwählen und nachzuprüfen, wieviele dieser Glühbirnen eine Brenndauer von mindestens 1000 Stunden besitzen. Wir wählen hier $n = 400$ und nehmen an, daß von den 400 ausgewählten Glühbirnen 324 mindestens 1000 Stunden gebrannt haben. Als relative Häufigkeit des Ereignisses A (Brenndauer beträgt mindestens 1000 Stunden) erhalten wir somit

$$h_{400}(A) = \frac{324}{400} = 0{,}81.$$

Wir nehmen an, daß es sich beim Prüfen der Glühbirnen um ein Bernoulli-Experiment handelt, daß also für jede der ausgewählten Glühbirnen die Wahrscheinlichkeit dafür, daß sie mindestens 1000 Stunden brennt, gleich p (also konstant) ist, und daß die Zufallsvariablen, welche die Brenndauer der einzelnen Glühbirnen beschreiben, paarweise (stochastisch) unabhängig sind. Diese Annahme ist z.B. dann nicht gerechtfertigt, wenn systematische Fabrikationsfehler auftreten, wenn z.B. die Qualität des Glühfadens im Laufe der Produktion abnimmt.

Beispiel 6-1
Begriffsbildung

Nach dem Bernoullischen Gesetz der großen Zahlen, nimmt die Zufallsvariable X, welche die relative Häufigkeit des Ereignisses A beschreibt, mit großer Wahrscheinlichkeit Werte in der unmittelbaren Umgebung der (unbekannten) Wahrscheinlichkeit p an. Diese unbekannte Wahrscheinlichkeit p gleich der erhaltenen relativen Häufigkeit 0,81 zu setzen, wäre jedoch aus folgenden Grund nicht sinnvoll: Bei einer neuen Versuchsdurchführung würde die Zufallsvariable X vermutlich einen anderen Wert annehmen. Durch die Festsetzung $p = h_{400}(A)$ erhielte man damit bei zwei Versuchsdurchführungen zwei verschiedene Werte für p. Das widerspricht aber unserer Annahme, daß die Wahrscheinlichkeit $p = P(A)$ ein fester Zahlenwert ist. Wir haben mehrere Versuchsreihen mit jeweils 400 Versuchen durchgeführt und dabei für die relativen Häufigkeiten $h_{400}(A)$ die in Bild 6-1 eingezeichneten Werte erhalten.

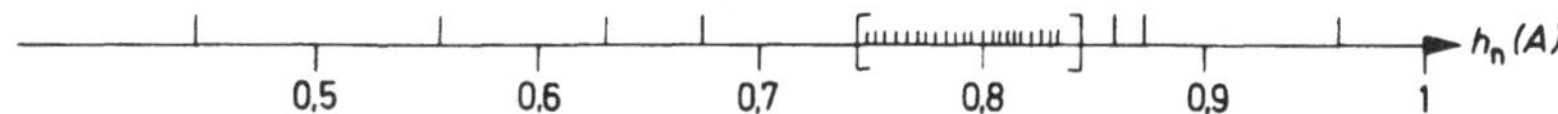

Bild 6-1. Relative Häufigkeiten eines Ereignisses A bei verschiedenen Bernoulliexperimenten vom Umfang n. Die meisten der erhaltenen Zahlenwerte liegen im eingezeichneten Intervall. Daher wird vermutet, daß auch die Wahrscheinlichkeit $p = P(A)$ in diesem Intervall liegt.

Die meisten dieser Werte liegen in dem eingezeichneten Intervall. Daher wird man vermuten, daß auch der für uns unbekannte Zahlenwert $p = P(A)$ in diesem Intervall liegt, wobei diese Vermutung durch das Bernoullische Gesetz der großen Zahlen bestärkt wird. Hier tauchen allerdings sofort zwei Fragen auf:

a) Wie soll das Intervall konstruiert werden (Festlegung der Endpunkte)?
b) Liegt der unbekannte Parameter p wirklich in dem konstruierten Intervall?

Dabei ist wohl selbstverständlich, daß die Lage und die Länge eines solchen Intervalls entscheidend dafür ist, ob es den unbekannten Zahlenwert p enthält oder nicht. Daher werden wir die beiden Fragen nicht getrennt beantworten können.

Bei der Lösung des Problems gehen wir nicht von mehreren Versuchsreihen, sondern von einer einzelnen Versuchsreihe mit der relativen Häufigkeit $h_n(A)$ aus. Dazu könnte man z.B. alle durchgeführten Versuchsserien zu einer einzigen Versuchsreihe zusammenfassen. Mit Hilfe der relativen Häufigkeit $h_n(A)$ soll dann das Intervall bestimmt werden. Da solche Intervalle mit Hilfe von Zufallsexperimenten gewonnen werden, werden verschiedene Versuchsserien i.A. auch verschiedene Intervalle ergeben, von denen manche den unbekannten Zahlenwert p enthalten werden und manche nicht. Wenn man schon nicht erreichen kann, daß sämtliche Intervalle den unbekannten Parameter p enthalten, so wird man jedoch fordern, daß in möglichst vielen dieser Intervalle p tatsächlich liegt. Man muß sich daher vor der Konstruktion eines solchen Intervalls überlegen, mit welcher Wahrscheinlichkeit es p enthalten soll.

Würde man diese sogenannte *Sicherheitswahrscheinlichkeit* gleich 1 wählen, so müßte p absolut sicher in jedem der so konstruierten Intervalle liegen. Für diesen Fall würde man in unserem Beispiel das Intervall [0,1] erhalten. Wir wüßten dann mit Sicherheit, daß p in diesem Intervall liegt. Doch diese Information ist wertlos, da p als Wahrscheinlichkeit diese Bedingung immer erfüllt. Ganz allgemein gilt: Eine große Sicherheitswahrscheinlichkeit hat eine unpräzise Information zur Folge. Wenn man aber diese Sicherheitswahrscheinlichkeit schon nicht gleich 1 setzen kann, so wird man doch versuchen, sie möglichst groß zu wählen. Für unser Beispiel soll sie mindestens gleich 0,95 sein.

Das gesuchte Intervall legen wir so fest, daß es die Zufallsvariable S_n/n, welche die relative Häufigkeit $h_n(A)$ beschreibt, als Mittelpunkt besitzt. Damit müssen wir noch eine Zahl $d > 0$ bestimmen, so daß die Ungleichung

$$P\left(\frac{S_n}{n} - d \le p \le \frac{S_n}{n} + d\right) \ge 0,95 \tag{6.1}$$

erfüllt ist. Der Mittelpunkt und damit die Grenzen des Intervalls sind also Zufallsvariable. Das Ereignis $(S_n/n - d \le p \le S_n/n + d)$ tritt dabei genau dann ein, wenn die beiden Ereignisse $S_n/n \le p + d$ und $S_n/n \ge p - d$ eintreten.

Zur Bestimmung der Zahl d gehen wir wieder wie bei der Ableitung des Bernoullischen Gesetzes der großen Zahlen von der $B(n, p)$-verteilten Zufallsvariablen S_n aus, welche die Anzahl derjenigen Versuche beschreibt, bei denen A eintritt. Ihre Standardisierung

$$\widetilde{S}_n = \frac{S_n - np}{\sqrt{np(1-p)}}$$

ist für große n näherungsweise $N(0,1)$-verteilt. Aus der Tabelle der Normalverteilung erhalten wir

$$P(-1,96 \le \widetilde{S}_n \le 1,96) \approx 0,95 \tag{6.2}$$

und hieraus für die Wahrscheinlichkeit des Ereignisses $-2 \le \widetilde{S}_n \le 2$

$$P(-2 \le \widetilde{S}_n \le 2) \ge 0,95. \tag{6.3}$$

Aus $-2 \le \dfrac{S_n - np}{\sqrt{np(1-p)}} \le 2$

folgt durch Multiplikation mit $\dfrac{\sqrt{np(1-p)}}{n}$ die Ungleichung

$$\frac{-2\sqrt{np(1-p)}}{n} \le \frac{S_n - np}{n} \le \frac{2\sqrt{np(1-p)}}{n}$$

bzw.

$$-2\sqrt{\frac{p(1-p)}{n}} \le \frac{S_n}{n} - p \le 2\sqrt{\frac{p(1-p)}{n}}. \tag{6.4}$$

Aus Bild 6-2 läßt sich ersehen, daß der Ausdruck $p(1-p)$ für $p = \frac{1}{2}$ am größten ist und an dieser Stelle den Wert $\frac{1}{4}$ annimmt.

Für die möglichen Werte von p gilt somit

$$-\frac{1}{\sqrt{n}} \le -2\sqrt{\frac{p(1-p)}{n}} \quad \text{und} \quad 2\sqrt{\frac{p(1-p)}{n}} \le \frac{1}{\sqrt{n}}.$$

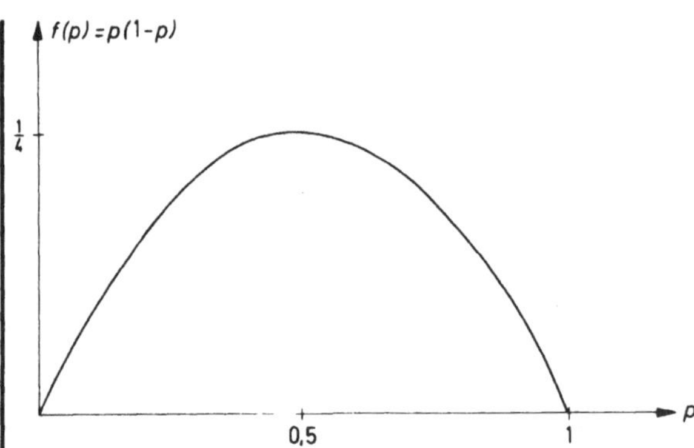

Bild 6-2. Die Funktion f(p) = p(1 – p) stellt eine nach unten geöffnete Parabel dar. An der Stelle p = $\frac{1}{2}$ nimmt f den größten Wert an mit f($\frac{1}{2}$) = $\frac{1}{4}$.

Tritt also das Ereignis $-2 \leq \widetilde{S}_n \leq 2$ ein, so insbesondere auch das Ereignis

$$-\frac{1}{\sqrt{n}} \leq \frac{S_n}{n} - p \leq \frac{1}{\sqrt{n}} \qquad (6.5)$$

oder, anders geschrieben, das Ereignis

$$\frac{S_n}{n} - \frac{1}{\sqrt{n}} \leq p \leq \frac{S_n}{n} + \frac{1}{\sqrt{n}} \ . \qquad (6.6)$$

Aus (6.3) folgt

$$P\left(\frac{S_n}{n} - \frac{1}{\sqrt{n}} \leq p \leq \frac{S_n}{n} + \frac{1}{\sqrt{n}}\right) \geq P(-2 \leq \widetilde{S}_n \leq +2) \geq 0{,}95. \qquad (6.7)$$

Damit erhalten wir das Zufallsintervall $\frac{S_n}{n} - \frac{1}{\sqrt{n}} \leq p \leq \frac{S_n}{n} + \frac{1}{\sqrt{n}}$. Für seine Wahrscheinlichkeit gilt

$$P\left(\frac{S_n}{n} - \frac{1}{\sqrt{n}} \leq p \leq \frac{S_n}{n} + \frac{1}{\sqrt{n}}\right) \geq 0{,}95. \qquad (6.8)$$

Die Wahrscheinlichkeit dafür, daß die Zufallsvariable S_n/n Werte annimmt, die sich von dem (unbekannten) Wert p um höchstens $1/\sqrt{n}$ unterscheidet, ist mindestens gleich 0,95. Die Wahrscheinlichkeit dafür, daß die Abweichung mehr als $1/\sqrt{n}$ beträgt, ist somit höchstens gleich 0,05, es gilt also

$$P\left(\left|\frac{S_n}{n} - p\right| > \frac{1}{\sqrt{n}}\right) \leq 0{,}05. \qquad (6.9)$$

Bedeutung des Zufallsintervalls

Nach der Interpretationsregel II wird die Zufallsvariable S_n/n in Mittel in mindestens 95 % der Fälle Werte annehmen, deren Abstand vom Punkt p höchstens $1/\sqrt{n}$ beträgt. In Beispiel 6.1, wo 324 mal das Ereignis A eintrat, erhielten wir für den Wert der Zufallsvariablen $S_{400}/400$ die Zahl $\frac{324}{400} = 0{,}81$.

206

Gemäß (6.6) behaupten wir jetzt

Schlußfolgerung

$$0{,}76 \leq p \leq 0{,}86. \tag{6.10}$$

Diese Behauptung kann richtig oder falsch ein. Wenn wir oft gemäß (6.6) Behauptungen der Form (6.10) aufstellen, so werden wir dabei im Mittel in mindestens 95 % der Fälle eine richtige Aussage, also im Mittel in höchstens 5 % der Fälle eine falsche Aussage erhalten.

Die Länge des zufälligen Intervalls $\left[\dfrac{S_n}{n} - \dfrac{1}{\sqrt{n}},\ \dfrac{S_n}{n} + \dfrac{1}{\sqrt{n}}\right]$, in dem p mit einer Wahrscheinlichkeit von mindestens 0,95 liegt, wird mit wachsendem n kleiner.

Länge des Zufalls-
intervalle in Abhängig-
keit von n

Sie kann beliebig klein gemacht werden, wenn n als die Anzahl der Versuche nur genügend groß gewählt wird. Diese Eigenschaft ist unmittelbar einleuchtend, da man durch Vergrößerung der Anzahl der Versuche über eine unbekannte Wahrscheinlichkeit offensichtlich bessere Aussagen erwarten kann. Den Beweis dafür liefert das Bernoullische Gesetz der großen Zahlen.

Wie groß ist n zu wählen, damit die Wahrscheinlichkeit dafür, daß die Zufallsvariable S_n/n der relativen Häufigkeit höchstens um 0,01 von der Wahrscheinlichkeit $p = P(A)$ abweicht, mindestens 0,95 ist?

Beispiel 6-2
Bestimmung von n
aus einer vorgegebenen
Intervallänge

Aus (6.9) erhalten wir die Bedingung

$$\frac{1}{\sqrt{n}} \leq 0{,}01 \quad \text{und hieraus} \quad \sqrt{n} \geq 100 \quad \text{und} \quad n \geq 10\,000. \qquad \square$$

Liegt p mit einer Wahrscheinlichkeit von mindestens 0,95 in einem Zufallsintervall, so können wir nach der Interpretationsregel I „praktisch sicher" annehmen, daß p in dem Intervall liegt. Die Wahrscheinlichkeit, daß man dabei eine falsche Annahme macht, ist höchstens 0,05. Häufig ist jedoch die sog. Sicherheitswahrscheinlichkeit von 0,95 viel zu klein, insbesondere, wenn eine Fehlentscheidung schwerwiegende Folgen nach sich zieht. In einem solchen Fall ist die gemachte Aussage nicht sicher genug. Man wird daher die Sicherheitswahrscheinlichkeit größer wählen. Wir rechnen das behandelte Problem mit einer Sicherheitswahrscheinlichkeit von mindestens 0,99 durch und erhalten anstelle der Gleichungen (6.2) bis (6.9) folgende Gleichungen

Interpreationsregel

Wahl der Sicherheits-
wahrscheinlichkeit

$$P(-2{,}6 \leq \widetilde{S}_n \leq 2{,}6) \geq 0{,}99;$$

$$P\left(-2{,}6 \cdot \sqrt{\frac{1}{4n}} \leq \frac{S_n}{n} - p \leq 2{,}6 \cdot \sqrt{\frac{1}{4n}}\right) \geq 0{,}99,$$

$$P\left(-1{,}3 \cdot \sqrt{\frac{1}{n}} \leq \frac{S_n}{n} - p \leq 1{,}3 \cdot \sqrt{\frac{1}{n}}\right) =$$

$$= P\left(\frac{S_n}{n} - \frac{1{,}3}{\sqrt{n}} \leq p \leq \frac{S_n}{n} + \frac{1{,}3}{\sqrt{n}}\right) \geq 0{,}99;$$

$$P\left(\left|\frac{S_n}{n} - p\right| \leq \frac{1{,}3}{\sqrt{n}}\right) \geq 0{,}99. \tag{6.11}$$

Das „zufällige" Intervall $\left[\dfrac{S_n}{n} - \dfrac{1{,}3}{\sqrt{n}}; \dfrac{S_n}{n} + \dfrac{1{,}3}{\sqrt{n}}\right]$, in dem p mit einer Wahrscheinlichkeit von mindestens 0,99 liegt, hat eine Länge von $2{,}6/\sqrt{n}$; es ist also länger als das mit einer Sicherheitswahrscheinlichkeit von mindestens 0,95 berechnete Intervall. Es ist hier so, daß bei gleichen Versuchsbedingungen eine größere Sicherheit dadurch erreicht werden kann, daß man zu unpräziseren Aussagen übergeht.

p sei die Wahrscheinlichkeit, mit einem bestimmten Würfel bei einem Wurf eine Sechs zu werfen. Zur Bestimung eines Intervalls, das mit einer Sicherheitswahrscheinlichkeit von mindestens 0,99 den Wert p enthält, wurde der Würfel 4000-mal geworfen, wobei 978-mal eine Sechs erschien.

Für die relative Häufigkeit $h_{4000}(\{6\})$ erhalten wir hier den Zahlenwert $\frac{978}{4000} = 0{,}2445$.

Wegen $\dfrac{1{,}3}{\sqrt{n}} = \dfrac{1{,}3}{200} = 0{,}0065$ folgt aus (6.11) als Realisierung des zufälligen Intervalls, in dem p mit einer Wahrscheinlichkeit von mindestens 0,99 liegt, das Intervall

$$[0{,}2445 - 0{,}0065; \; 0{,}2445 + 0{,}0065] = [0{,}238; \; 0{,}251].$$

Der Wert $\frac{1}{6} = 0{,}1666\ldots$ liegt nicht in diesem Intervall. Man wird daher den Verdacht schöpfen, daß es sich um einen verfälschten Würfel handelt. □

Zum Abschluß dieses Abschnitts konstruieren wir allgemein zu einer beliebig vorgegebenen Sicherheitswahrscheinlichkeit $1 - \alpha$ ein Zufallsintervall, in dem p mit einer Wahrscheinlichkeit von mindestens $1 - \alpha$ liegt.

Ist $z_{1-\alpha/2}$ das $(1-\alpha/2)$-Quantil einer $N(0,1)$-verteilten Zufallsvariablen, so erhalten wir für die standardisierte Summenvariable $\widetilde{S}_n$, die näherungsweise $N(0,1)$-verteilt ist für große n, die Näherungsformel

$$P(-z_{1-\alpha/2} \leq \widetilde{S}_n \leq z_{1-\alpha/2}) \approx 1 - \alpha. \tag{6.12}$$

Durch Umformungen, die wie (6.4) bis (6.7) durchgeführt werden, erhalten wir entsprechend

$$P\left(\frac{S_n}{n} - \frac{1}{2\sqrt{n}} z_{1-\alpha/2} \leq p \leq \frac{S_n}{n} + \frac{1}{2\sqrt{n}} z_{1-\alpha/2}\right) \geq 1 - \alpha \tag{6.13}$$

und daraus das Zufallsintervall

$$\left[\frac{S_n}{n} - \frac{1}{2\sqrt{n}} z_{1-\alpha/2}; \; \frac{S_n}{n} + \frac{1}{2\sqrt{n}} z_{1-\alpha/2}\right],$$

in welchem somit der Wert p mit einer Wahrscheinlichkeit von mindestens $1 - \alpha$ liegt. Wählt man α kleiner, so wird das $(1-\alpha/2)$-Quantil $z_{1-\alpha/2}$ und damit auch die Länge des Intervalls größer. Für $\alpha = 0$ erhält man schließlich $z_1 = \infty$, als entsprechendes Intervall erhält man somit die gesamte Zahlengerade, was keine Information mehr über den unbekannten Wert p liefert.

Für $\alpha \neq 0$ wird durch eine Vergrößerung von n die Länge des Zufallsintervalls kleiner.

Die berechneten Zufallsintervalle nennt man in der Statistik Konfidenzintervalle *und die Zahl $1 - \alpha$* Konfidenzwahrscheinlichkeit *oder* Konfidenzzahl.

Ist $h_n(A)$ die relative Häufigkeit des Ereignisses A in einem Bernoulli-Experiment vom Umfang n, so erhalten wir in

$$\left[h_n(A) - \frac{1}{2\sqrt{n}} z_{1-\alpha/2} ; \ h_n(A) + \frac{1}{2\sqrt{n}} z_{1-\alpha/2} \right] \tag{6.14}$$

eine Realisierung des Zufallsintervalls. Diese Realisierung muß den unbekannten Zahlenwert p nicht unbedingt enthalten. Berechnet man viele solcher Intervalle, so werden nach der Interpretationsregel II ungefähr $100 \cdot (1 - \alpha)$ dieser Intervalle p wirklich enthalten.

6.2 Schätzen eines unbekannten Erwartungswertes $\mu = E(X)$

Zur Berechnung eines Konfidenzintervalls für eine unbekannte Wahrscheinlichkeit $p = P(A)$ benutzten wir das Bernoullische Gesetz der großen Zahlen. Daher ist es naheliegend, zur Berechnung eines Konfidenzintervalls, in dem ein unbekannter Erwartungswert $\mu = E(X)$ einen Zufallsvariablen X mit einer Wahrscheinlichkeit von mindestens $1 - \alpha$ liegt, das schwache Gesetz der großen Zahlen zu benutzen.

Wir nehmen an, daß der Erwartungswert $\mu = E(X)$ einer Zufallsvariablen X unbekannt, die Varianz $\sigma^2 = Var(X)$ jedoch bekannt sei. Sind $X_1, \ldots, X_n$ (stochastisch) unabhängige Zufallsvariable, welche alle denselben Erwartungswert μ und dieselbe Varianz σ^2 besitzen, so ist für große n die standardisierte Summenvariable

$$\widetilde{S}_n = \frac{\sum\limits_{i=1}^{n} X_i - n\mu}{\sigma \sqrt{n}}$$

nach dem zentralen Grenzwertsatz näherungsweise $N(0,1)$-verteilt.

Wie in Abschnitt 6.1 geben wir die Konfidenzwahrscheinlichkeit $1 - \alpha$ vor und bestimmen das $(1 - \alpha/2)$-Quantil $z_{1-\alpha/2}$ einer $N(0,1)$-verteilten Zufallsvariablen Z.

Es ist dann

$$P(- z_{1-\alpha/2} \leq \widetilde{S}_n \leq z_{1-\alpha/2}) \approx 1 - \alpha. \tag{6.15}$$

Das Ereignis

$$- z_{1-\alpha/2} \leq \widetilde{S}_n = \frac{\sum\limits_{i=1}^{n} X_i - n\mu}{\sigma \sqrt{n}} \leq z_{1-\alpha/2}$$

läßt sich auch wie folgt schreiben

$$- z_{1-\alpha/2} \cdot \frac{\sigma}{\sqrt{n}} \leq \frac{1}{n} \sum\limits_{i=1}^{n} X_i - \mu \leq z_{1-\alpha/2} \cdot \frac{\sigma}{\sqrt{n}} \tag{6.16}$$

oder wegen $\overline{X} = \frac{1}{n} \sum\limits_{i=1}^{n} X_i$ als

$$\overline{X} - z_{1-\alpha/2} \cdot \frac{\sigma}{\sqrt{n}} \leq \mu \leq \overline{X} + z_{1-\alpha/2} \cdot \frac{\sigma}{\sqrt{n}} . \tag{6.17}$$

Das in (6.17) bzw. (6.16) dargestellte Ereignis besitzt nach (6.15) die Wahrscheinlichkeit

$$P\left(\overline{X} - z_{1-\alpha/2} \cdot \frac{\sigma}{\sqrt{n}} \leq \mu \leq \overline{X} + z_{1-\alpha/2} \cdot \frac{\sigma}{\sqrt{n}} \right) \approx 1 - \alpha. \tag{6.18}$$

Mit einer Wahrscheinlichkeit von ungefähr $1 - \alpha$ liegt also der Erwartungswert μ in dem Konfidenzintervall

$$\left[\overline{X} - z_{1-\alpha/2} \cdot \frac{\sigma}{\sqrt{n}} ; \quad \overline{X} + z_{1-\alpha/2} \cdot \frac{\sigma}{\sqrt{n}} \right] \tag{6.19}$$

Die Endpunkte des Konfidenzintervalls sind Zufallsvariable. Führt man den Zufallsvariablen zugrunde liegenden Experimente durch, so erhält man Zahlenwerte x_1, x_2, ... , x_n. Mit dem Mittelwert $\overline{x} = \frac{1}{n} \sum\limits_{i=1}^{n} x_i$ erhält man in

<table>
<tr><td>

Realisierung des Konfidenzintervalls

</td><td>

$$\left[\overline{x} - z_{1-\alpha/2} \cdot \frac{\sigma}{\sqrt{n}} , \quad \overline{x} + z_{1-\alpha/2} \cdot \frac{\sigma}{\sqrt{n}} \right] \tag{6.20}$$

</td></tr>
</table>

eine Realisierung des „zufälligen" Intervalls (6.19).

Interpretation

Ermittelt man auf Grund von Beobachtungen gemäß (6.20) viele solcher Intervalle, so wird in ungefähr $100 \cdot (1 - \alpha)$ Prozent der Fälle der Wert μ im entsprechenden Intervall liegen. In etwa höchstens $100 \cdot \alpha$ Prozent der Fälle liegt μ nicht darin.

Konfidenzintervall und Konfidenzwahrscheinlichkeit
Beispiel 6-4

Auch hier wird durch eine Verkleinerung von α (= Vergrößerung von $1 - \alpha$) das Konfidenzintervall länger, während es durch eine Vergrößerung von n kürzer wird.

Eine Zufallsvariable X besitze die Varianz $\sigma^2 = 16$. Zur Konfidenzwahrscheinlichkeit 0,99 bestimme man ein Konfidenzintervall für den Erwartungswert μ, falls sich bei der Beobachtung von 400 unabhängigen Wiederholungen der Zufallsvariablen X der Mittelwert $\overline{x} = 60$ ergab. Wegen $\alpha = 0{,}01$ erhalten wir aus Tafel der $N(0,1)$-Verteilung im Anhang das $(1 - \alpha/2)$-Quantil

$$z_{1-\alpha/2} = z_{0,995} = 2{,}58 \text{ mit}$$

$$z_{1-\alpha/2} \cdot \frac{\sigma}{\sqrt{n}} = \frac{2{,}58 \cdot 4}{20} = 0{,}516$$

und hieraus das Konfidenzintervall

$$[59{,}484; \ 60{,}516].$$

Wir haben die Behauptung $59{,}484 \leq \mu \leq 60{,}516$ aufgrund eines Verfahrens ermittelt, das mit einer Wahrscheinlichkeit von 0,99 richtige Behauptungen liefert. $\quad\square$

Aus Erfahrungswerten oder auf Grund gewisser Vermutungen wird für eine Wahrscheinlichkeit P(A) die Hypothese P(A) = p_0 aufgestellt, wobei p_0 ein bestimmter Zahlenwert ist. Die Hypothese wird abgelehnt, falls die relative Häufigkeit $h_n(A)$ des Ereignisses A in einem Bernoulli-Experiment von dem Zahlenwert p_0 um mehr als d abweicht. Dabei wird d berechnet aus α, einer vorgegebenen Irrtumswahrscheinlichkeit 1. Art. Die Wahrscheinlichkeit, eine richtige Hypothese fälschlicherweise abzulehnen, ist dabei gleich α.

Beträgt der Abstand der relativen Häufigkeit $h_n(A)$ von p_0 höchstens d, so wird die Hypothese nicht abgelehnt. Dabei kann allerdings die Wahrscheinlichkeit dafür, daß eine Hypothese nicht abgelehnt wird, obwohl sie falsch ist, sehr groß werden.

6.3 Testen einer Hypothese über eine Wahrscheinlichkeit p

In Abschnitt 6.2 haben wir ein Zufallsintervall bestimmt, in dem ein unbekannter Wahrscheinlichkeitswert p = P(A) mit einer Wahrscheinlichkeit von mindestens $1 - \alpha$ liegt. Im Mittel werden also mindestens ungefähr $100 \cdot (1 - \alpha)$ der Realisierungen dieses Zufallsintervalls den Wert p enthalten.

Oft ist man jedoch an solchen einigermaßen genauen Aussagen gar nicht interessiert, sondern stellt sich nur die Frage, ob P(A) gleich einem fest vorgegebenen Zahlenwert p_0 ist, oder ob P(A) davon abweicht. So wird man sich z.B. bei einem Würfel fragen, ob eine Sechs mit der Wahrscheinlichkeit $\frac{1}{6}$ auftritt. Man wird dann den Würfel durch wiederholtes Werfen daraufhin „testen", ob sich das Ergebnis, das sich bei den Würfen einstellt, mit der Annahme „$P(\{6\}) = \frac{1}{6}$" verträgt oder nicht. Diese Annahme, die überprüft werden soll, heißt in der Testtheorie *„Nullhypothese"*. Der Begriff „Nullhypothese" wird deshalb gewählt, weil es sich a) um eine Hypothese handelt und b) diese Hypothese durch die Formel „P(A) = p_0" aufgestellt wird. Dabei ist p_0 ein fester Zahlenwert.

Wir werden zunächst das Testproblem am Beispiel des Würfels lösen.

Ein Würfel wird 150-mal (unabhängig) geworfen. Aufgrund des Ergebnisses mache man eine Aussage über die Nullhypothese „$P(\{6\}) = \frac{1}{6}$".

Zur Lösung der Aufgabe nehmen wir zunächst an, die Nullhypothese sei richtig. Unter dieser Annahme ist der Erwartungswert der Zufallsvariablen S_{150}, welche die Anzahl der bei 150 Würfen geworfenen Sechsen darstellt, gleich $25 (= 150 \cdot \frac{1}{6})$. Selbstverständlich wird man nicht erwarten können, daß bei der Versuchsserie genau 25 Sechsen erscheinen. Liegt die Anzahl der Sechsen in der Nähe der Zahl 25, so wird man ohne wahrscheinlichkeitstheoretische Überlegungen sagen, das Ergebnis stehe nicht im Widerspruch zur gemachten Annahme. Man wird also die Nullhypothese nicht ablehnen. Weicht die Anzahl der geworfenen Sechsen jedoch stark von 25 ab, so wird man vermuten, die Nullhypothese sei falsch.

Denkschritt 1

Nullhypothese

Beispiel 6-5
Begriffsbildung

Annahme, die
Nullhypothese
sei richtig

Motivation

Um diese beiden Entscheidungsfälle einwandfrei zu trennen, muß eine Zahl d gefunden werden, mit der man folgende Entscheidung trifft:

a) Weicht die Anzahl der geworfenen Sechsen um mehr als d von 25 ab, so wird die Nullhypothese abgelehnt.
b) Beträgt die Abweichung höchstens d, so steht das Ergebnis nicht im Widerspruch zur Nullhypothese. Man lehnt sie daher nicht ab.

Ist die Nullhypothese richtig, so besitzen große Abweichungen nach dem Bernoullischen Gesetz der großen Zahlen zwar eine kleine Wahrscheinlichkeit, sie können jedoch prinzipiell eintreten. Daher ist es möglich, daß im Entscheidungsfall a) eine Fehlentscheidung gemacht, d.h. die Nullhypothese wird abgelehnt, obwohl sie richtig ist. Eine solche Fehlentscheidung wird man nie völlig ausschließen können, auch wenn d noch so groß gewählt wird. Folglich wird man die Wahrscheinlichkeit für einen solchen sog. *Fehler 1. Art* klein halten. Diese Wahrscheinlichkeit bezeichnen wir mit α und nennen sie *Irrtumswahrscheinlichkeit* (Fehlerwahrscheinlichkeit) *1. Art.* Aus einer vorgegebenen Irrtumswahrscheinlichkeit α kann die Zahl d berechnet werden. In unserem Beispiel wählen wir $\alpha = 0{,}03$.

Ist S_{150} die Zufallsvariable, welche die Anzahl der geworfenen Sechsen angibt, so läßt sich die Zahl d aus der folgenden Ungleichung bestimmen.

$$P(\,|S_{150} - 25| > d) \leq 0{,}03 \tag{6.21}$$

bzw.

$$P(25 - d \leq S_{150} \leq 25 + d) \geq 0{,}97. \tag{6.22}$$

Ist die Nullhypothese richtig, so ist die Standardisierung

$$\widetilde{S}_{150} = \frac{S_{150} - 25}{\sqrt{150 \cdot \frac{1}{6} \cdot \frac{5}{6}}}$$

nach dem zentralen Grenzwertsatz näherungsweise N(0,1)-verteilt. Damit gilt nach der Tafel der N(0;1)-Verteilung

$$P\left(-2{,}17 \leq \frac{S_{150} - 25}{\frac{1}{6}\sqrt{750}} \leq 2{,}17\right) =$$

$$= P\left(\frac{-2{,}17 \cdot \sqrt{750}}{6} \leq S_{150} - 25 \leq \frac{2{,}17\sqrt{750}}{6}\right) =$$

$$= P\left(25 - \frac{2{,}17 \cdot \sqrt{750}}{6} \leq S_{150} \leq 25 + \frac{2{,}17\sqrt{750}}{6}\right) \approx 0{,}97.$$

Hieraus folgt

$$P(15 \leq S_{150} \leq 35) \geq 0{,}97. \tag{6.23}$$

Die Zufallsvariable S_{150} nimmt mit einer Wahrscheinlichkeit von mindestens 0,97 einen Wert zwischen 15 und 35 an, wenn die Nullhypothese richtig ist, wenn also die Wahrscheinlichkeit, eine Sechs zu werfen, wirklich gleich $\frac{1}{6}$ ist. Unter dieser Annahme haben wir ja (6.23) abgeleitet.

Bei einer speziellen Versuchsdurchführung sind dann folgende Fälle möglich:

1. Fall: Die Augenzahl Sechs tritt weniger als 15-mal oder mehr als 35-mal auf. Die geworfene Augenzahl fällt somit in einen unter der Annahme der Richtigkeit der Nullhypothese sehr unwahrscheinlichen Bereich. Die Wahrscheinlichkeit dafür ist ja höchstens 0,03. Wir werden daher die Nullhypothese „$P(\{6\}) = \frac{1}{6}$" verwerfen und behaupten, die Wahrscheinlichkeit, eine Sechs zu werfen, sei nicht gleich $\frac{1}{6}$. Die Wahrscheinlichkeit, daß wir uns dabei falsch entscheiden, also die Nullhypothese fälschlicherweise ablehnen, ist höchstens gleich 0,03. Höchstens mit Wahrscheinlichkeit 0,03 begeht man also einen Fehler 1. Art.

2. Fall: Tritt die Augenzahl Sechs 15- bis 35-mal auf, so liegt das Ergebnis, sofern die Nullhypothese richtig ist, in einem sehr wahrscheinlichen Bereich. Daher können wir die Nullhypothese nicht ablehnen. Wir stellen also fest, daß die Beobachtung zur Nullhypothese nicht in „signifikantem" Widerspruch steht. Allerdings kann dabei wieder eine Fehlentscheidung vorgenommen werden, in dem man die Nullhypothese fälschlicherweise nicht ablehnt. Eine solche Fehlentscheidung heißt *Fehler 2. Art.* Der Fehler 2. Art kann im Gegensatz zum Fehler 1. Art sehr groß werden. Unterscheidet sich nämlich die Wahrscheinlichkeit $P(\{6\})$ von $\frac{1}{6}$ nur sehr wenig, gilt z.B. $P(\{6\}) = \frac{1}{6} + \frac{1}{1000}$, so ist die Nullhypothese falsch. Mit sehr großer Wahrscheinlichkeit würde jedoch auch hier die Zufallsvariable S_{150} Werte zwischen 15 und 35 annehmen. Dann würde häufig die Nullhypothese nicht abgelehnt, obwohl sie falsch ist. Die Wahrscheinlichkeit, einen Fehler 2. Art zu begehen, kann also sehr groß werden. Man sollte daher in diesem Fall die Nullhypothese nicht annehmen, sondern ein Konfidenzintervall berechnen. Hiermit kann dann eine Aussage gemacht werden, daß die Wahrscheinlichkeit $P(\{6\})$ in einem berechneten Konfidenzintervall liegt, wobei solche Aussagen zwar ungenau, jedoch meistens richtig sind.

Nach diesem Beispiel testen wir allgemein eine Hypothese über die Wahrscheinlichkeit $P(A)$ eines Ereignisses A. Dazu gehen wir wieder aus von der

Nullyhpothese: $P(A) = p_0$,

wobei p_0 eine fest vorgegebene Zahl ist.

Wir nehmen an, die Nullhypothese sei richtig. Wird das zugrunde liegende Experiment n-mal unabhängig durchgeführt, so hat die Summenvariable S_n, welche die Anzahl der Versuche beschreibt, bei denen A eintritt, den Erwartungswert $E(S_n) = n \cdot p_0$ und die Varianz $\mathrm{Var}(S_n) = np_0(1 - p_0)$. Für große n ist die Standardisierung

$$\widetilde{S}_n = \frac{S_n - np_0}{\sqrt{np_0(1 - p_0)}}$$

näherungsweise $N(0,1)$ verteilt. Zu einer vorgegebenen Irrtumswahrscheinlichkeit α bestimme man das $(1 - \alpha/2)$-Quantil $z_{1-\alpha/2}$ einer $N(0,1)$-verteilten Zufallsvariablen aus der entsprechenden Tafel. Aus

$$P\left(-z_{1-\alpha/2} \leq \frac{S_n - np_0}{\sqrt{np_0(1 - p_0)}} \leq z_{1-\alpha/2}\right) \approx 1 - \alpha$$

erhält man unmittelbar

$$P(np_0 - z_{1-\alpha/2} \cdot \sqrt{np_0(1 - p_0)} \leq S_n \leq np_0 + z_{1-\alpha/2} \cdot \sqrt{np_0(1 - p_0)}) \approx 1 - \alpha.$$

Nach der Durchführung des Experiments trifft man eine Entscheidung gemäß folgender Fallunterscheidung.

| Testentscheidung | *1. Fall:* Die Anzahl der Versuche, bei denen A eingetreten ist, liegt unter $np_0 - z_{1-\alpha/2} \cdot \sqrt{np_0(1-p_0)}$ oder über $np_0 + z_{1-\alpha/2} \cdot \sqrt{np_0(1-p_0)}$. Dann wird die Hypothese „$P(A) = p_0$" verworfen. |

1. Fall: Die Anzahl der Versuche, bei denen A eingetreten ist, liegt unter $np_0 - z_{1-\alpha/2} \cdot \sqrt{np_0(1-p_0)}$ oder über $np_0 + z_{1-\alpha/2} \cdot \sqrt{np_0(1-p_0)}$. Dann wird die Hypothese „$P(A) = p_0$" verworfen.

2. Fall: Die Anzahl der Versuche, bei denen A eingetreten ist, liegt im Intervall $[np_0 - z_{1-\alpha/2} \cdot \sqrt{np_0(1-p_0)};\ np_0 + z_{1-\alpha/2} \cdot \sqrt{np_0(1-p_0)}]$. Die Hypothese wird nicht abgelehnt, allerdings auch nicht angenommen, wobei die Begründung dafür bereits bei der Behandlung des Beispiels 6-5 gegeben wurde.

Bemerkungen
Fehlentscheidungen

Die Wahrscheinlichkeit dafür, daß man bei diesem Vorgehen die Nullhypothese ablehnt, obwohl sie richtig ist, ist ungefähr gleich α, also etwa gleich der Irrtumswahrscheinlichkeit 1. Art. Wird die Nullhypothese irrtümlicherweise nicht abgelehnt, so begeht man einen Fehler 2. Art. Die Wahrscheinlichkeit, einen solchen Fehler 2. Art zu begehen, kann eventuell sehr groß sein, wie wir in Beispiel 6-5 gesehen haben. Entscheidungsvorschriften der beschriebenen Art nennt man in der Mathematischen Statistik einen *Test.*

Test

Zweiseitiger Test

Bei dem bisher behandelten Test wurde die Nullhypothese abgelehnt, wenn die Anzahl der Versuche, bei denen A eintrat, wesentlich unter np_0 oder wesentlich über np_0 lag. Der Ablehnungsbereich (siehe Bild 6-3) setzt sich also aus zwei Teilbereichen zusammen, von denen einer links und einer rechts vom Punkt np_0 liegt. Daher nennt man diese Entscheidungsvorschrift einen *zweiseitigen Test.*

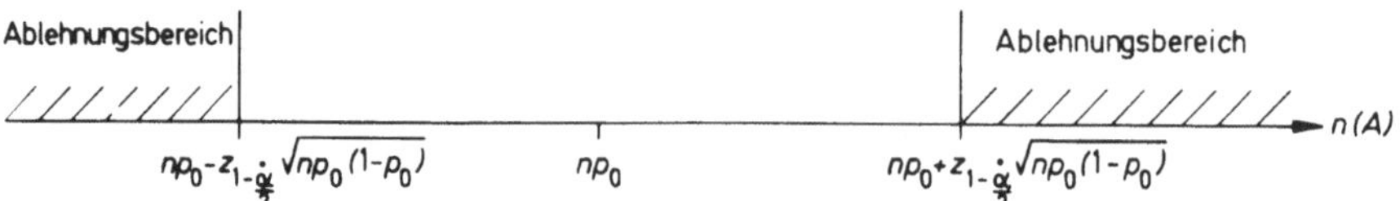

Bild 6-3. Ablehnungsbereich eines zweiseitigen Tests. Fällt bei der Durchführung eines Bernoulli-Experiments vom Umfang n die absolute Häufigkeit n(A) des Ereignisses A in den Ablehnungsbereich, so wird die Nullhypothese $P(A) = p_0$ abgelehnt, man entscheidet sich also für $P(A) \neq p_0$. Die Wahrscheinlichkeit, bei einer solchen Entscheidung eine Fehlentscheidung zu treffen, ist gleich α.

Fällt die absolute Häufigkeit nicht in den Ablehnungsbereich, so wird die Nullhypothese nicht verworfen. Bei einer solchen Entscheidung kann die Wahrscheinlichkeit für eine Fehlentscheidung unter Umständen sehr groß werden.

Einen Test, bei dem der Ablehnungsbereich nur auf einer Seite von np_0 liegt (= *einseitiger Test*), geben wir in folgendem Beispiel.

Beispiel 6-6
Einseitiger Test

Ein Medikament, welches schon lange auf dem Markt ist, habe eine Heilwahrscheinlichkeit von 0,7. Kommt ein neues Medikament auf den Markt, so stellt sich die Frage, ob es besser ist als das alte Medikament; ob also seine Heilwahrscheinlichkeit p größer als 0,7 ist, oder ob es nicht besser als das alte Medikament ist.

Nullhypothese

Zur Beantwortung der Frage stellen wir die *Nullhypothese: p = 0,7* auf, d.h. das neue Medikament ist nicht besser als das alte (daß das neue Medikament auch schlechter sein könnte, wird im Vertrauen auf den wissenschaftlichen Fortschritt in der Pharmazie außer Acht gelassen).

214

Das neue Medikament wird 100 Patienten verabreicht. Hilft es „sehr viel mehr" als 70 Patienten, so verwerfen wir die Nullhypothese p = 0,7.

Wir wählen die Irrtumswahrscheinlichkeit α = 0,05. Die Zufallsvariable S_{100}, welche die Anzahl der Patienten beschreibt, denen das Medikament hilft, besitzt bei Richtigkeit der Nullhypothese den Erwartungswert $E(S_{100})$ = 100 · 0,7 = 70 und die Varianz $\text{Var}(S_{100})$ = 100 · 0,7 · 0,3 = 21.

Für die Standardisierung $\widetilde{S}_{100}$ gilt mit dem 0,95-Quantil 1,64 einer $N(0,1)$-verteilten Zufallsvariablen nach dem zentralen Grenzwertsatz

$$P\left(\widetilde{S}_{100} = \frac{S_{100} - 70}{\sqrt{21}} \geq 1{,}64\right) \approx 0{,}05$$

oder

$$P(S_{100} \geq 70 + 1{,}64 \cdot \sqrt{21}) = P(S_{100} \geq 77{,}5) \approx 0{,}05.$$

Damit gilt

$$P(S_{100} \geq 78) \leq 0{,}05.$$

Der Ablehnungsbereich unseres einseitigen Tests ist daher das Intervall [78, 100]. Der Test wird wie folgt angewandt: Hilft das neue Medikament mindestens 78 von hundert Patienten, so lehnen wir die Nullhypothese ab, d.h. wir halten das neue Medikament für besser. Die Wahrscheinlichkeit, daß wir dabei eine falsche Entscheidung treffen, ist höchstens gleich 0,05. Werden weniger als 78 von hundert Patienten geheilt, so sehen wir es nicht als erwiesen an, daß das neue Medikament besser ist (vgl. Bild 6-4).

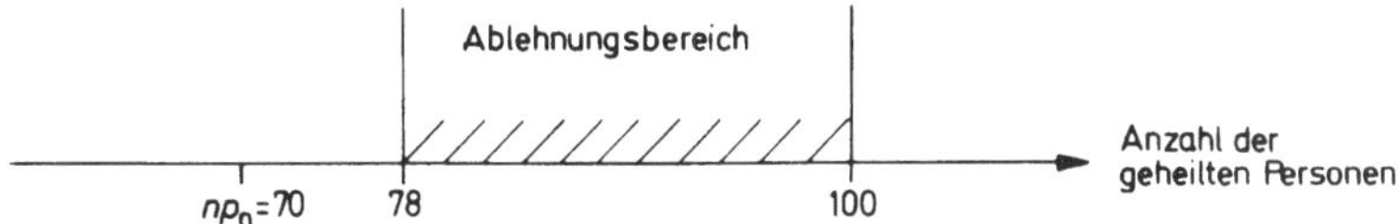

Bild 6-4. Ablehnungsbereich eines einseitigen Tests. Fällt die Anzahl der geheilten Personen in den Ablehnungsbereich, so entscheidet man sich für p = P(A) > 0,7. Die Wahrscheinlichkeit, bei einer solchen Entscheidung eine Fehlentscheidung zu treffen, ist nach Beispiel 6-6 gleich 0,05. Fällt die absolute Häufigkeit nicht in den Ablehnungsbereich, so entscheidet man sich für p ≤ 0,7, wobei in diesem Fall die Irrtumswahrscheinlichkeit sehr groß werden kann.

Testen mehrerer Parameter

In einem Zufallsexperiment gebe es nur k verschiedene Versuchsergebnisse. Dann lassen sich die Ergebnisse darstellen als $M = \{1, 2, \ldots, k\}$. Zu fest vorgegebenen Wahrlichkeiten $p_1, p_2, \ldots, p_k$ mit $p_i > 0$ für alle i und $\sum_{i=1}^{k} p_i = 1$ wird gleichzeitig die Hypothese

$$P(\{1\}) = p_1; \quad P(\{2\}) = p_2; \ldots; \quad P(\{k\}) = p_k$$

getestet. Dabei wird die Chi-Quadrat-Verteilung mit $k - 1$ Freiheitsgraden benutzt.

6.4 Gleichzeitiges Testen mehrerer Wahrscheinlichkeiten

In diesem Abschnitt sollen nicht nur einzelne Wahrscheinlichkeiten, sondern gleichzeitig mehrere Wahrscheinlichkeiten getestet werden. Bevor wir allgemein eine Hypothese für dieses Testproblem formulieren, betrachten wir zwei einführende Beispiele.

Beispiel 6-7
Idealer Würfel

Einen Würfel nennen wir ideal, wenn bei einem Wurf jede der sechs Augenzahlen die gleiche Wahrscheinlichkeit besitzt, geworfen zu werden. Besteht ein Würfel aus homogenem Material, so haben wir wegen der Symmetrie bei der Berechnung von Wahrscheinlichkeiten diese Eigenschaft bisher immer als gültig vorausgesetzt. Sie ist vermutlich verletzt, wenn das Material nicht mehr homogen ist, wenn z.B. in einem Holzwürfel eine Stahlplatte eingearbeitet ist. Um allgemein zu prüfen, ob ein Würfel ideal ist, muß die Hypothese

Hypothese

$$P(\{1\}) = P(\{2\}) = P(\{3\}) = P(\{4\}) = P(\{5\}) = P(\{6\}) = \tfrac{1}{6} \tag{6.24}$$

„getestet" werden. □

Beispiel 6-8
2. Mendelsches Gesetz

Das 2. Mendelsche Gesetz oder das Uniformitätsgesetz besagt, daß bei der Kreuzung zweier Pflanzen mit rosa Blütenfarbe Pflanzen entstehen, deren Blütenfarben rot, rosa oder weiß sind. Dabei besagt diese Spaltungsregel, daß für die Wahrscheinlichkeiten, mit denen eine Pflanze der Tochtergeneration das entsprechende Merkmal trägt, die Verhältnisgleichung

$$P(\text{rot}) : P(\text{rosa}) : P(\text{weiß}) = 1 : 2 : 1 \tag{6.25}$$

gilt.

Aus (6.25) folgt

$$P(\text{rosa}) = 2\,P(\text{rot}) \quad \text{und} \quad P(\text{weiß}) = P(\text{rot}).$$

Da die Summe dieser Wahrscheinlichkeiten gleich Eins sein muß, folgt hieraus die *Hypothese von Mendel*

$$\text{H: } P(\text{rot}) = P(\text{weiß}) = \tfrac{1}{4}; \quad P(\text{rosa}) = \tfrac{1}{2}. \tag{6.26}□$$

Um die Hypothesen (6.24) bzw. (6.26) zu testen, könnte zwar prinzipiell das in Abschnitt 6.3 beschriebene Testverfahren auf die einzelnen Hypothesen

$$P(\{i\}) = \tfrac{1}{6} \quad \text{für } i = 1, 2, \ldots, 6$$

bzw. jeweils für

$$P(\text{rot}) = \tfrac{1}{4}; \quad P(\text{weiß}) = \tfrac{1}{4}; \quad P(\text{rosa}) = \tfrac{1}{2}$$

angewandt werden, was jedoch mit einem großen Rechenaufwand verbunden ist.

Wir werden daher im nachfolgenden Teil ein Verfahren kennenlernen, mit dem die Hypothese (6.24) bzw. (6.26) im ganzen getestet werden kann.

Spezielle
Ergebnismenge

Dazu betrachten wir allgemein ein Zufallsexperiment mit nur k möglichen Ergebnissen, wobei k eine bestimmte natürliche Zahl ist. Durch Umbenennung kann man dann die Ergebnismenge immer durch $M = \{1, 2, \ldots, k\}$ darstellen. In Beispiel 6-8 werden durch die Zuordnung

$$\text{rot} \longleftrightarrow 1; \quad \text{rosa} \longleftrightarrow 2; \quad \text{weiß} \longleftrightarrow 3$$

die Ergebnismengen {rot, rosa, weiß} und $M = \{1, 2, 3\}$ aufeinander abgebildet.

Auf Grund gewisser Vermutungen oder früherer Ergebnisse wird nun eine

Hypothese H: $\mathrm{P}(\{1\}) = \mathrm{p}_1$; $\quad \mathrm{P}(\{2\}) = \mathrm{p}_2$; ...; $\mathrm{P}(\{k\}) = \mathrm{p}_k$ (6.27)

aufgestellt, wobei die Zahlenwerte $\mathrm{p}_1, \mathrm{p}_2, ..., \mathrm{p}_k$ fest vorgegeben sind mit

$$\mathrm{p}_i > 0 \ \text{ für } \ i = 1, 2, ..., k; \quad \sum_{i=1}^{k} \mathrm{p}_i = 1. \tag{6.28}$$

Wir wollen nun die Parameter in (6.27) gleichzeitig testen. Dazu muß vor dem Test die Irrtumswahrscheinlichkeit 1. Art vorgegeben werden.

Als nächstes wird das betrachtete Zufallsexperiment n-mal unabhängig durchgeführt. Aus diesem Bernoulli-Experiment vom Umfang n erhalten wir die absoluten Häufigkeiten $\mathrm{n}_1, \mathrm{n}_2, ..., \mathrm{n}_k$ für die Versuchsergebnisse $1, 2, ..., k$. Da bei jedem der n Versuchsschritte genau eines der k verschiedenen Versuchsergebnisse eintreten muß, erfüllen die absoluten Häufigkeiten die Beziehung

$$\mathrm{n}_1 + \mathrm{n}_2 + ... + \mathrm{n}_k = \mathrm{n}. \tag{6.29}$$

Wir nehmen nun an, die Hypothese (6.27) sei richtig. Beschreibt die Zufallsvariable Y_i die Anzahl derjenigen Versuche in der Gesamtserie vom Umfang n, bei denen das Versuchsergebnis i eintritt, so ist Y_i binomialverteilt mit den Parametern n und p_i, falls (6.27) richtig ist. Sie besitzt dann den Erwartungswert

$$\mathrm{E}(\mathrm{Y}_i) = \mathrm{np}_i \ \text{ für } \ i = 1, 2, ..., k. \tag{6.30}$$

Nach dem Bernoullischen Gesetz der großen Zahlen gilt dann für große n die Approximation

$$\mathrm{n}_i \approx \mathrm{np}_i \ \text{ für } \ i = 1, 2, ..., k, \tag{6.31}$$

d.h. die absoluten Häufigkeiten n_i werden in der Nähe der sog. ,,theoretischen Häufigkeiten'' liegen. Wir betrachten nun folgende Summe

$$\mathrm{y} = \frac{(\mathrm{n}_1 - \mathrm{np}_1)^2}{\mathrm{np}_1} + \frac{(\mathrm{n}_2 - \mathrm{np}_2)^2}{\mathrm{np}_2} + ... + \frac{(\mathrm{n}_k - \mathrm{np}_k)^2}{\mathrm{np}_k} = \sum_{i=1}^{k} \frac{(\mathrm{n}_i - \mathrm{np}_i)^2}{\mathrm{np}_i}. \tag{6.32}$$

y mißt also die Abweichungsquadrate der absoluten Häufigkeiten von den ,,theoretischen Häufigkeiten''. Ist die Hypothese H richtig, so wird man erwarten, daß i.A. in (6.32) die Abweichungsquadrate — und damit y — klein sind. Ist die Hypothese dagegen falsch, so werden vermutlich größere Abweichungsquadrate auftreten, d.h. der Zahlenwert y wird groß.

Da die Häufigkeiten n_i Realisierungen der Zufallsvariablen Y_i sind für $i = 1, 2, ..., k$, ist auch der bei dem Bernoulli-Experiment erhaltene Zahlenwert y Realisierung der Zufallsvariablen

$$\mathrm{Y} = \sum_{i=1}^{k} \frac{(\mathrm{Y}_i - \mathrm{np}_i)^2}{\mathrm{np}_i}. \tag{6.33}$$

Die Zufallsvariable Y kann keine negativen Werte annehmen. Es gilt also

$$\mathrm{P}(\mathrm{Y} < 0) = 0. \tag{6.34}$$

Aufstellung einer Hypothese

Vorgabe der Irrtumswahrscheinlichkeit α
Denkschritt 1

Denkschritt 2

Motivation

Denkschritt 3

Bestimmung des
Ablehnungsbereichs

Ist die Hypothese H richtig, so wird die Zufallsvariable Y mit großer Wahrscheinlichkeit kleine Werte annehmen. Falls bei einer speziellen Versuchsdurchführung der berechnete Zahlenwert y groß ist, wird man die Hypothese H verwerfen (ablehnen). Daher versuchen wir, eine Zahl c so zu bestimmen, daß H abgelehnt wird, falls das Ereignis

$$(Y \geq c) \tag{6.35}$$

eintritt. Zur Bestimmung der Zahl c benutzen wir α, die Irrtumswahrscheinlichkeit 1. Art. Ein Fehler 1. Art wird begangen, wenn das Ereignis $(Y \geq c)$ eintritt und die Hypothese H richtig ist. Da diese Fehlerwahrscheinlichkeit höchstens gleich α sein soll, müssen wir c bestimmen aus

$$P(Y \geq c_\alpha) = \alpha. \tag{6.36}$$

Dazu müßte aber die Verteilungsfunktion der Zufallsvariablen Y bekannt sein, falls die Hypothese H richtig ist. Die Berechnung dieser Verteilung ist jedoch im allgemeinen sehr kompliziert.

Die Chi-Quadrat-
Verteilung als
asymptotische
Verteilung von Y

Für große n ist die Zufallsvariable Y jedoch annähernd so verteilt wie eine Verteilung, die in Tabellen zu finden ist, nämlich annähernd Chi-Quadrat-verteilt mit $k - 1$ Freiheitsgraden. Eine Chi-Quadrat-verteilte Zufallsvariable ist stetig und besitzt somit eine Dichte. In Bild 6-5 ist eine solche Dichte für 6 Freiheitsgrade graphisch dargestellt.

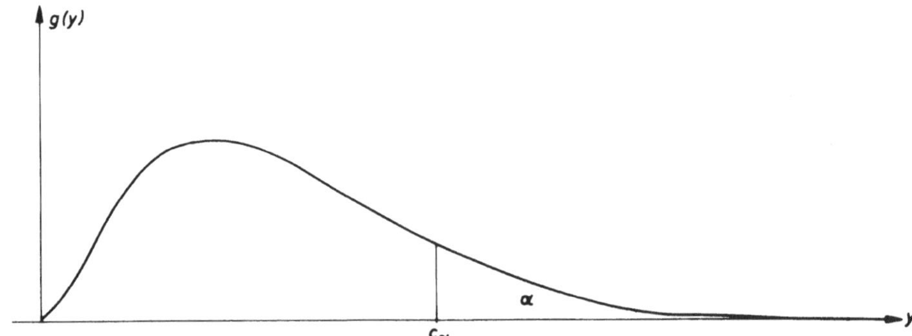

Bild 6-5. Dichte und $(1-\alpha)$-Quantil c_α einer Chi-Quadrat-verteilten Zufallsvariablen mit 6 Freiheitsgraden.

Ist G die Verteilungsfunktion einer Chi-Quadrat-verteilten Zufallsvariablen mit $k - 1$ Freiheitsgraden, so folgt aus (6.36)

$$G(c_\alpha) = P(Y \leq c_\alpha) = 1 - P(Y \geq c_\alpha) = 1 - \alpha. \tag{6.37}$$

Die sogenannte kritische Konstante c_α kann somit zu vorgegebener Irrtumswahrscheinlichkeit α aus der Tabelle der Chi-Quadrat-Verteilung mit $k - 1$ Freiheitsgraden bestimmt werden (Tabelle 2 im Anhang). Mit dieser kritischen Zahl c_α und dem in (6.32) berechneten Wert y gelangen wir dann zur folgenden Testentscheidung

218

1. Fall: $y \geq c_\alpha$. Die Hypothese H wird verworfen.

2. Fall: $y < c_\alpha$. Die Hypothese wird nicht verworfen. Man sagt, das Ergebnis stehe nicht im Widerspruch zur Hypothese.

Eine Verkleinerung von α hat eine Vergrößerung von c_α zur Folge. Je kleiner also α ist, umso seltener wird die Hypothese H insgesamt, und damit auch irrtümlicherweise abgelehnt.

Bei einer solchen Testentscheidung sind wieder zwei Fehler möglich.

Fehler 1. Art: Die Hypothese wird abgelehnt, obwohl sie richtig ist. Ein Fehler 1. Art wird mit Wahrscheinlichkeit α begangen.

Fehler 2. Art: Die Hypothese wird nicht abgelehnt, obwohl sie falsch ist. Die Wahrscheinlichkeit, einen solchen Fehler zu machen, kann unter Umständen sehr groß sein, insbesondere dann, wenn die Hypothese H falsch ist, die Wahrscheinlichkeiten $P(\{i\})$ jedoch in der Nähe der angenommenen Werte p_i liegen.

Zur Aufstellung der Hypothese dürfen die Ergebnisse des dem Test zugrunde liegenden Bernoulli-Experiments nicht benutzt werden. Sonst könnte man z.B. aus einer Stichprobe die Hypothese H: $P(\{i\}) = h_i = n_i/n$ für $i = 1, 2, \ldots, k$ aufstellen, die man wegen $y = 0$ (alle Summanden in (6.32) verschwinden dann) nie verwerfen könnte.

Für die praktische Rechnung bilden wir folgende Umformung

$$y = \sum_{i=1}^{k} \frac{(n_i - np_i)^2}{np_i} = \sum_{i=1}^{k} \frac{n_i^2 - 2\,n n_i p_i + n^2 p_i^2}{np_i} =$$

$$= \sum_{i=1}^{k} \frac{n_i^2}{np_i} - 2 \underbrace{\sum_{i=1}^{k} n_i}_{= n} + n \underbrace{\sum_{i=1}^{k} p_i}_{= 1} =$$

$$= \sum_{i=1}^{k} \frac{n_i^2}{np_i} - 2n + n = \sum_{i=1}^{k} \frac{n_i^2}{np_i} - n.$$

Damit gilt die für die praktische Rechnung nützliche Formel

$$\boxed{\; y = \frac{1}{n} \sum_{i=1}^{k} \frac{n_i^2}{p_i} - n. \;}$$
(6.38)

Um die in Beispiel 6-7 aufgestellte Hypothese

H: $P(\{i\}) = \frac{1}{6}$ für $i = 1, 2, \ldots, 6$

zu testen, werde mit dem Würfel 600-mal geworfen. Dabei ergeben sich die in Tabelle 6-1 angegebenen Häufigkeiten für die einzelnen Augenzahlen.

1. Schritt: Vorgabe von $\alpha = 0{,}05$.

2. Schritt: Bestimmung von c aus G(c) = 0,95, wobei G die Verteilungsfunktion einer mit $6 - 1 = 5$ Freiheitsgraden Chi-Quadrat-verteilten Zufallsvariablen ist. Aus der Tabelle 2 im Anhang folgt c = 11,07.

Testentscheidung

Fehlentscheidungen

Hypothese und
Bernoulli-Experiment

Umformung

Beispiel 6-9
Idealer Würfel
(vgl. Beispiel 6-7)

3. Schritt: Berechnung von y. Wegen $p_i = \frac{1}{6}$ für alle i folgt aus (6.38)

$$y = \frac{1}{n \cdot \frac{1}{6}} \sum_{i=1}^{6} n_i^2 - n = \frac{6}{600} \sum_{i=1}^{6} n_i^2 - 600 = \frac{1}{100} \cdot 61\,378 - 600 = 13{,}78.$$

4. Schritt: Testentscheidung. Wegen $y > c$ wird die Hypothese H mit einer Irrtumswahrscheinlichkeit von $\alpha = 0{,}05$ verworfen.

Augenzahl i	absolute Häufigkeit n_i	n_i^2
1	82	6 724
2	90	8 100
3	98	9 604
4	105	11 025
5	95	9 025
6	130	16 900
	n = 600	$\sum_{i=1}^{6} n_i^2 = 61\,378$

Tabelle 6-1. Praktische Rechnung für die Testdurchführung □

Beispiel 6-10
2. Mendelsches Gesetz
(vgl. Beispiel 6-8)

Um die Mendelsche Hypothese

$$P(\text{rot}) = P(\text{weiß}) = \frac{1}{4}; \quad P(\text{rosa}) = \frac{1}{2}$$

mit $\alpha = 0{,}05$ (Irrtumswahrscheinlichkeit 1. Art) zu testen, wurden 400 Kreuzungsversuche an Pflanzen vorgenommen, deren Blütenfarben rosa sind. Dabei ergaben sich folgende Häufigkeiten

$n_1\,(\text{rot})$	$n_2\,(\text{weiß})$	$n_3\,(\text{rosa})$
96	107	197

Mit diesen Werten folgt aus (6.38)

$$y = \frac{1}{400} [4 \cdot 96^2 + 4 \cdot 107^2 + 2 \cdot 197^2] - 400 = 0{,}695.$$

Aus der Tabelle der Chi-Quadrat-Verteilung mit 2 Freiheitsgraden folgt $c_{0,05} = 5{,}99$. Wegen $y < c_{0,05}$ kann die Hypothese nicht abgelehnt werden. □

6.5 Wahrscheinlichkeitsrechnung und Statistik

Zum Abschluß sei nach der Darstellung der hier behandelten statistischen Verfahren knapp auf den Zusammenhang zwischen Wahrscheinlichkeitsrechnung und Statistik eingegangen.

Rückblick
Wahrscheinlichkeitsrechnung

Der *Wahrscheinlichkeitsbegriff* kann nur axiomatisch eingeführt werden, wobei drei wesentliche Eigenschaften der relativen Häufigkeit als Axiome benutzt werden:

a) $0 \leq P(A) \leq 1$ für jedes Ereignis A,

b) $P(M) = 1$ für das sichere Ereignis M,

c) $P(A \cup B) = P(A) + P(B)$, falls A und B zwei unvereinbare Ereignisse sind.

Dabei erlauben die Axiome selbst nicht die Bestimmung der Wahrscheinlichkeit P(A) eines interessierenden Ereignisses A, sondern sie geben nur Bedingungen an, welche die Wahrscheinlichkeiten verschiedener Ereignisse erfüllen müssen.

Aus diesen drei Axiomen können unmittelbar weitere Eigenschaften der Wahrscheinlichkeit gefolgert werden. Auf diesen drei Axiomen fußt die von uns dargestellte Theorie, wobei wir zahlreiche Begriffsbildungen aus den Begriffen der beschreibenden Statistik herleiteten. Eine zentrale Rolle spielten dabei die stochastische Unabhängigkeit und die damit in Verbindung stehenden Bernoulli-Experimente als unabhängige Wiederholungen eines „einfachen" Zufallsexperimentes: Bei der Durchführung eines solchen Zufallsexperimentes interessiert man sich nur dafür, ob ein bestimmtes Ereignis A eintritt oder nicht.

Unbefriedigend war die Tatsache, daß bei fast allen Beispielen, in denen Wahrscheinlichkeiten für spezielle Ereignisse berechnet wurden, zusätzliche Modellannahmen benötigt wurden. Manche dieser Annahmen waren dabei plausibel, z.B. bei den Laplace-Experimenten, wo vorausgesetzt wurde, daß keines der endlich vielen möglichen Versuchsergebnisse bevorzugt auftreten kann. In dem Modell, das zur Beschreibung von Laplace-Experimenten dient, können die Wahrscheinlichkeiten aller interessierender Ereignisse mit Hilfe der *klassischen Wahrscheinlichkeitsrechnung* exakt berechnet werden. Man erhält die Formel

$$P(A) = \frac{\text{Anzahl der für A günstigen Fälle}}{\text{Anzahl der möglichen Fälle}} \, .$$

Damit wird die Berechnung von Wahrscheinlichkeiten auf die Behandlung kombinatorischer Probleme zurückgeführt.

Ein anderes Beispiel einer solchen Modellannahme ist die Voraussetzung, daß eine Zufallsvariable X — wenigstens annähernd — normalverteilt ist. Aufgrund des zentralen Grenzwertsatzes ist diese Annahme zwar bei vielen in der Praxis auftretenden Zufallsvariablen erfüllt. (Bei einem konkreten Beispiel sollte die Eigenschaft nachgeprüft werden.) Eine Normalverteilung ist aber erst dann vollständig gegeben, wenn der Erwartungswert μ und die Varianz σ^2 bekannt sind. Diese Parameter lassen sich im allgemeinen nicht ohne weiteres angeben.

In der Wahrscheinlichkeitstheorie bleiben also häufig „Lücken". Diese müssen vor der Berechnung der gesuchten Wahrscheinlichkeiten geschlossen werden.

Die *beschreibende Statistik* erfüllt einerseits den Zweck der Dokumentation. Andererseits kann sie als „Mathematische Statistik" zur Beantwortung gewisser Fragen herangezogen werden, und zwar von Fragen, die nicht in der beschreibenden Statistik, sondern erst in der Wahrscheinlichkeitsrechnung gestellt werden. Aussagen über Zusammenhänge zwischen den Begriffen der Wahrscheinlichkeitsrechnung und den entsprechenden Begriffen der beschreibenden Statistik werden in den Gesetzen der großen Zahlen gemacht. Dabei spielt die stochastische Unabhängigkeit eine zentrale Rolle. Das Bernoullische Gesetz stellt dabei eine Verbindung her zwischen der Wahrscheinlichkeit P(A) und der relativen Häufigkeit $h_n(A)$ des Ereignisses A in einem Bernoulli-Experiment vom Umfang n. Das (schwache) Gesetz der großen Zahlen macht eine Aussage zwischen dem Erwartungswert μ einer Zufallsvariablen X und dem Mittelwert $\bar{x}$ einer speziellen, aus der Zufallsvariablen X gewonnenen Stichprobe x. Hieraus folgen insbesondere die für die Anwendung wichtigen Interpretationsregeln

$$P(A) \approx h_n(A); \qquad E(X) \approx \bar{x} \, .$$

Beschreibende
Statistik

In der *beurteilenden Statistik* sollen die „Lücken", die die Wahrscheinlichkeitsrechnung läßt, wenigstens teilweise geschlossen werden. Hier werden Aussagen über unbekannte Größen der Wahrscheinlichkeitsrechnung gemacht. Dabei werden einerseits die einzelnen Verfahren mit Hilfe der Wahrscheinlichkeitsrechnung abgeleitet, andererseits betreffen sie Zufallsexperimente. Somit sind die mit Hilfe dieser Verfahren gewonnenen Ergebnisse nur im Rahmen der Wahrscheinlichkeitsrechnung zu beschreiben.

Wird z.B. mit Hilfe eines statistischen Verfahrens ein Schätzwert (Näherungswert) für einen unbekannten Parameter gewonnen, so kann diese Näherung gut, unter Umständen aber auch sehr schlecht sein. Die mit Hilfe eines Schätzverfahrens gewonnene Näherung

$$P(A) \approx p_0$$

sagt noch nichts über die Güte dieser Näherung aus. Bessere Aussagen erhält man durch Bestimmung von Konfidenzintervallen, die einen unbekannten Wahrscheinlichkeitswert mit einer Wahrscheinlichkeit $1 - \alpha$ enthalten. Trifft man aufgrund der Realisierung $[a,b]$ eines Konfidenzintervalls für einen unbekannten Parameter p die Entscheidung $a \leq p \leq b$, so kann diese Entscheidung entweder richtig oder falsch sein. Dieselbe Situation liegt vor, wenn man sich bei einem Test für eine bestimmte Alternative aus endlich vielen möglichen Alternativen entscheidet.

Wie wahrscheinlich es ist, daß solche Antworten falsch sind, wird jedoch meistens präzisiert, z.B. durch Angabe einer Irrtumswahrscheinlichkeit. Dabei ist die entsprechende Irrtumswahrscheinlichkeit nicht durch die einzelne Antwort, sondern durch das gewählte Verfahren bestimmt; eine Vorgabe der Irrtumswahrscheinlichkeit zwingt zu einer beschränkten Genauigkeit der Aussage.

Hat ein Statistiker im Verlauf seines Lebens bei der Anwendung statistischer Verfahren viele Entscheidungen getroffen, denen dieselbe Irrtumswahrscheinlichkeit $\alpha = 0{,}05$ zugrunde liegt, so kann er mit der Beruhigung in Pension gehen, bei etwa 95 % dieser Entscheidungen richtig gehandelt zu haben.

Das Diagramm (Bild 6-6) zeigt schematisch den Zusammenhang zwischen der beschreibenden Statistik und der beurteilenden Statistik einerseits und der Wahrscheinlichkeitsrechnung andererseits.

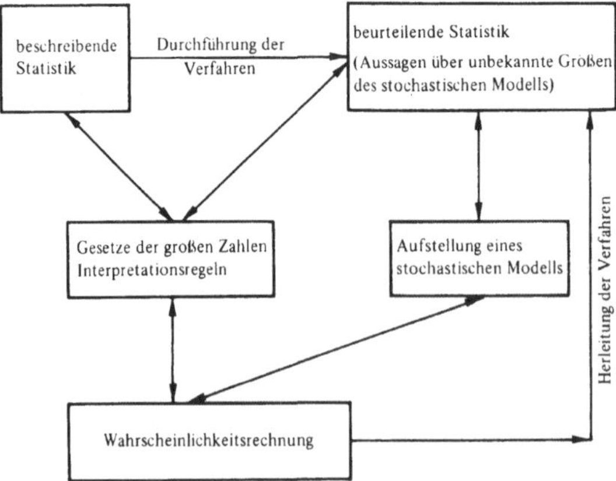

Bild 6-6. Zusammenhang zwischen Wahrscheinlichkeitsrechnung, beschreibender und beurteilender Statistik.

7 Zusammenhänge und Strukturen / Die Sendungen
von Günter R. Klotz, Mainz

Vorbemerkung

Dieses Kapitel dient dazu, dem Kursteilnehmer schon vor dem Sehen der Fernsehsendungen begriffliche Stützpunkte und gliedernde Strukturen zur Aufnahme und Verarbeitung der behandelten Inhalte anzubieten. Damit wird ihm geholfen, den Fernsehsendungen mit größerem Gewinn zu folgen und bereits während des Zuschauens die dargebotenen Inhalte sinnvoll organisiert wahrzunehmen und im Gedächtnis zu speichern. Später stellen Begriffe und Strukturen wirksame Hilfsmittel beim Wiederaufrufen und Erinnern der komplexen Lerninhalte dar.

Insbesondere erleichtert das zu jeder Sendung entwickelte *Strukturdiagramm* die Aufnahme und Verarbeitung der Inhalte der einzelnen Sendungen. Später helfen sie, gesehene Beispiele und Demonstrationen den zugehörigen Sachinhalten zuzuordnen oder den Ablauf der Sendung aus dem Gedächtnis zu rekonstruieren: Beispiele und Demonstrationen auf der Seite links des Diagramms gehören jeweils zu den auf der Seite rechts auf gleicher Höhe stehenden Begriffen.

Die Kurzbeschreibung der Sendungen sind nicht als Wiederholung der Inhalte der vorangegangenen Kapitel des Studientextes zu verstehen. Ihre Lektüre ersetzt vor allem nicht das notwendige intensive Durcharbeiten dieser Kapitel. Mit Hilfe der Kurzbeschreibungen kann sich der Kursteilnehmer auf die einzelne Fernsehsendung rasch in dem Sinne vorbereiten: Es werden ihm hierdurch die wichtigsten Begriffe und Zusammenhänge zwischen diesen wie auch die Hinleitung zu diesen Begriffen und Zusammenhängen bekannt.

Die Begriffswelt der Statistik

Sendung 1

Viele Menschen interessieren sich für Pferderennen nur deshalb, weil sie hier eine Wette abschließen können: Ungewiß ist, welches Pferd Sieger wird. Aber man verfügt über gewisse Informationen — oder glaubt zumindest über diese zu verfügen — so daß man sich ein Urteil über den möglichen Sieger bildet. Man weiß etwa, welches Pferd manchmal oder welches sehr oft oder gar meistens gesiegt hat. Hiernach glaubt man, sich der Richtigkeit der getroffenen Entscheidung ziemlich sicher sein zu dürfen.

Ähnlich liegen die Verhältnisse bei vielen anderen Vorgängen. Wir wissen nicht im vorhinein, wer aus einer Skatrunde — ein ehrliches Spiel vorausgesetzt — gewinnen wird. Wir wissen auch nicht, wo eine Raumkapsel, die von einem Mondflug zurückkehrt, landen wird. Wir können nur eine Aussage über das ungefähre Landegebiet machen.

Zuviele Dinge sind hier „im Spiel". Zuviele Faktoren, die wir nicht kontrollieren können, deren Einfluß wir nicht kennen, ja die wir im einzelnen oft nicht einmal aufzählen können, wirken auf den Vorgang ein:

Hierdurch wird der tatsächliche Ausgang, etwa die Position der Landung, ungewiß. Zwar können wir mit einiger Sicherheit das ungefähre Landegebiet voraussagen. Je sicherer unsere Vorhersage sein soll, auf ein desto größeres Landegebiet muß sie sich beziehen. Für ein relativ kleines Gebiet können wir nur eine relativ unsichere Vorhersage darüber abgeben, daß die Raumkapsel in diesem Gebiet landen wird.

Wir kommen unter keinen Umständen an der Zufälligkeit des Vorganges und deren Konsequenzen vorbei. Wir können nur durch Veränderung der „Schranken", z.B. im genannten Beispiel durch Veränderung der Größe des Landegebietes, die Wahrscheinlichkeit, mit der wir eine richtige Vorhersage machen, entsprechend verändern: erhöhen oder verringern.

Sehr deutlich erfaßt man diese Abhängigkeit, wenn man sich die Verhältnisse beim Elfmeterschießen auf ein mehrere Quadratmeter großes Tor oder beim Schießen auf eine sogenannte Torwand (eine Fläche mit einem Loch etwas größer als ein Fußball) vergegenwärtigt.

Wie sicher sind unter solchen zufallsabhängigen Umständen Vorhersagen? — Offensichtlich hängt unsere Vorhersage davon ab, ob wir das Auftreten eines Ergebnisses erst wenige Male oder schon öfter beobachtet haben.

Werfen wir eine Münze, so werden wir uns nach ein paar Würfen noch nicht sehr sicher sein, daß keine der beiden Seiten bevorzugt oben liegen bleibt. Erst je öfter wir die Münze werfen, desto deutlicher wird, daß die Anzahl der auftretenden „Wappen" ungefähr gleich der Anzahl dem Auftreten von „Zahl" ist. Ähnlich verhält es sich beim Roulette.

Wir erkennen daran, daß die *Häufigkeit* der Beobachtungen von Bedeutung für die von uns gemachte Aussage ist.

Betrachten wir das Beispiel eines städtischen Wasserwerkes. Dieses muß den Wasserbedarf auch in zufällig auftretenden „Stoßzeiten", z.B. bei Eintreten von Hitzeperioden, befriedigen. Hierfür müssen unter Umständen technische Ausbauten vorgenommen werden. Man wird solche Entscheidungen nicht treffen, ohne von den Zahlen des gemessenen Wasserverbrauchs auszugehen. Auf der Grundlage dieser Zahlen muß man eine Zahl *schätzen*, die den möglichen Höchstverbrauch angibt. Man wird dann nicht unter allen Umständen einen auftretenden tatsächlichen maximalen Bedarf befriedigen können. Aber mit einer vorgegebenen Sicherheit wird man den auftretenden Wasserbedarf der Verbraucher befriedigen können.

Ein Händler, der Obst in größeren Mengen einkauft, ist bei der Beurteilung der Ware ebenfalls auf Beobachtungen angewiesen. Seine Beurteilung bezieht sich jedoch nicht auf ein Ereignis, das noch nicht eingetreten ist. Die Ware, die er zu beurteilen hat, existiert und er könnte sie Stück für Stück prüfen. Aber dies ist natürlich sehr zeitraubend, mit relativ hohen Kosten verbunden und oft gar nicht durchführbar.

Der Obsthändler wird hierzu sogenannte Stichproben durchführen: Aus der Prüfung zufällig ausgewählter Stücke auf ihren tatsächlichen Zustand wird er sein Urteil ableiten. Auch er kann sich dann nicht vollständig sicher sein, die so geprüfte Ware zutreffend zu beurteilen.

Ähnlich verhält es sich beispielsweise in einer Fernsehröhrenproduktion. Hier ist es unmöglich, die Lebensdauer der produzierten Röhren festzustellen, ohne die Röhren durch diesen „Test" zu zerstören. Für den Verkauf der Bildröhren ist es jedoch wesentlich, daß ein bestimmter, relativ hoher Prozentsatz der produzierten Röhren eine Mindestlebensdauer erreicht.

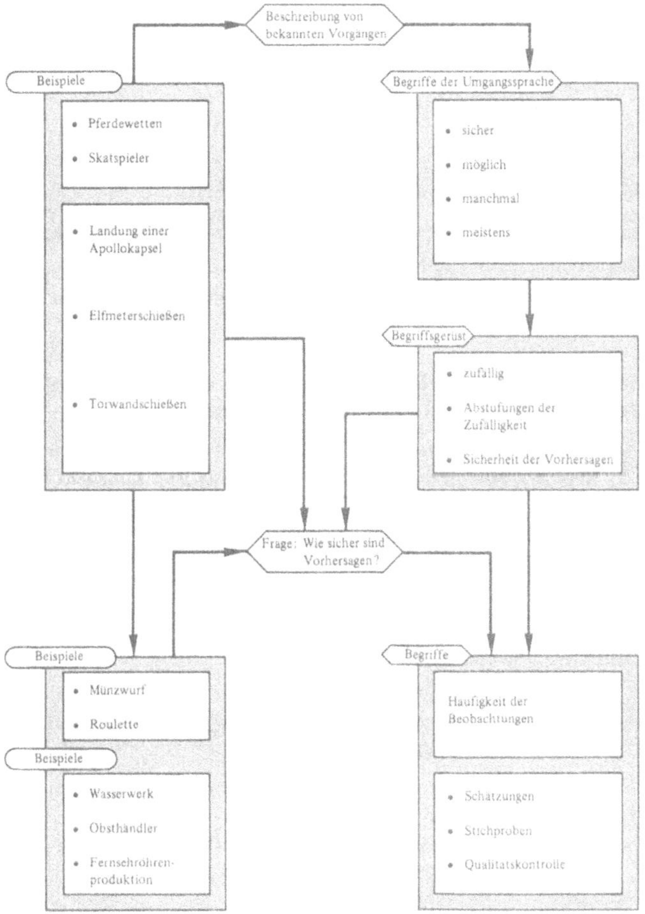

Bild 7-1. **Die Begriffswelt der Statistik**

Auch hier wird im Rahmen sogenannter Qualitätskontrollen von zufällig ausgewählten Röhren deren tatsächliche Lebensdauer festgestellt. Aus dem Ergebnis der Prüfung läßt sich eine beurteilende Aussage über die gesamte Röhrenproduktion ableiten. Aber auch diese Aussage liefert keine vollständig sichere Vorhersage über die Brenndauer jeder einzelnen produzierten Fernsehröhre.

Wenn auch mit Hilfe statistischer Verfahren Aussagen gewonnen werden können, die eine Hilfe bei Entscheidungen darstellen, so können diese Verfahren doch nicht das Eintreten eines bestimmten Ereignisses garantieren.

Sendung 2   **Beobachtungen und Häufigkeitsverteilung**

Verkehrsbefragungen, Haushaltsbefragungen, die Messung von Körpergröße und Körpergewicht bei mehreren Personen sind Beispiele für jenen Vorgang, der am Beginn der statistischen Arbeit steht: die systematische Sammlung ganz bestimmter, ausgewählter Informationen.

Datenerhebung

Man nennt diesen Vorgang: *Datenerhebung*, oder Erhebung des statistischen Datenmaterials. Hierfür werden die folgenden Begriffe benötigt:

Beobachtungseinheit
Beobachtungsmenge

1. Was wird beobachtet, untersucht? – Dies führt zu den Begriffen *„Beobachtungseinheit"* und *„Beobachtungsmenge"* als Gesamtheit aller Beobachtungseinheiten.

Merkmal

2. Worauf richtet sich an einem untersuchten Gegenstand, an der sogenannten Beobachtungseinheit, das Interesse des Beobachters, d.h. was wird erhoben, gemessen? – Dies führt zum Begriff *„Merkmal"*.

Es gibt verschiedene Typen von Merkmalen:

– *quantitative* und *qualitative* Merkmale,
– *diskrete* und *stetige* Merkmale.

Merkmalsausprägung

3. Was wird als Information gesammelt, was sind die statistischen Daten? – Dies führt zum Begriff *„Merkmalsausprägung"*.

Das beobachtete Merkmal tritt in unterschiedlichen Ausprägungen auf. Oft ist es zweckmäßig, voneinander abweichende Merkmalsausprägungen zusammenzufassen, so als wenn es sich um die gleiche Ausprägung handeln würde. Dies nennt man *Klassenbildung*.

Klassenbildung

In welcher Form sammelt man am zweckmäßigsten statistische Daten, wie stellt man sie dar? Das Auszählen von Stimmkarten bei der Wahl eines Vereinsvorstandes, das Auszählen der Streichhölzer mehrerer Streichholzschachteln sind weitere Beispiele für den Vorgang der Datenerhebung.

Datenbeschreibung

Urliste
Strichliste

Die anfallenden Daten werden in Listen erfaßt, wobei die einfachste Form eine *Strichliste* darstellt. Als *Urliste* bezeichnet der Statistiker jene Liste, in der zunächst jede überhaupt gemachte Beobachtung vermerkt ist: Mehrmals vorkommende Merkmalsausprägungen werden bei jedem Auftreten eingetragen.

absolute Häufigkeit

Zählt man das Vorkommen gleicher Merkmalsausprägungen zusammen, so erhält man die Häufigkeit der betreffenden Merkmalsausprägung, und zwar die *absolute Häufigkeit*. Setzt man diese ins Verhältnis zur Gesamtzahl der Beobachtungseinheiten, so ergibt sich die *relative Häufigkeit* der einzelnen unterschiedlichen Merkmalsausprägungen.

relative Häufigkeit

226

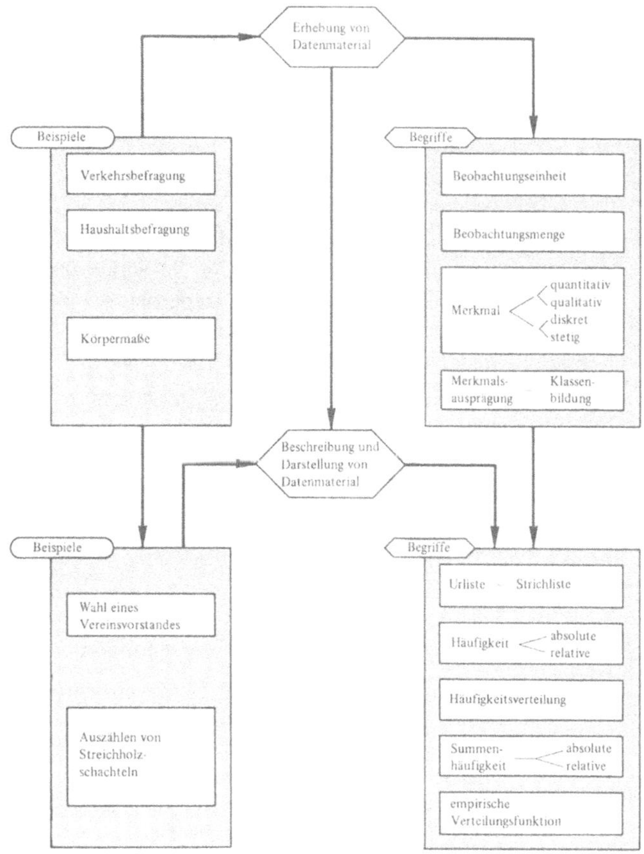

Bild 7-2. Beobachtungen und Häufigkeitsverteilung

Die geordnete Menge der ermittelten Häufigkeiten ergibt die sogenannte *Häufigkeits-verteilung*. An ihr läßt sich ablesen, wie das Auftreten der verschiedenen Merkmals-ausprägungen schwankt.

Bei quantitativen Merkmalen lassen sich die Ausprägungen der Größe nach anordnen. Addiert man für jede Ausprägung die Häufigkeiten der Ausprägungen, die nicht größer sind, so erhält man die absolute *Summenhäufigkeit*. Die relative Summenhäufigkeit ergibt sich aus der Addition der relativen Häufigkeiten.

Stellt man die schrittweise sich ergebenden Summenhäufigkeiten graphisch dar, so ergibt sich eine sogenannte Treppenfunktion. Man nennt sie *empirische Verteilungs-funktion*.

Wesentlich am Vorgang der Datenerhebung und Datenbeschreibung ist die Reduktion der „Informationsmasse", die die Wirklichkeit zur Beobachtung anbietet. Die Be-schränkung auf bestimmte Merkmale, die Zweckmäßigkeit der Auswahl der unter-suchten Merkmale und eventuell die vorgenommene Klasseneinteilung entscheiden über Sinn und Nutzen einer Datenerhebung.

Faßt man gleiche Merkmalsausprägungen zusammen, so geht Information verloren, nämlich die Kenntnis davon, in welcher Reihenfolge die einzelnen Merkmalsausprägun-gen beobachtet wurden. Andererseits stellen aber die relative Häufigkeit, die Verteilung der Häufigkeiten, die Summenhäufigkeit und die empirische Verteilungsfunktion zusätzliche Informationen dar, die die gesammelten Daten nicht unmittelbar liefern. Sie werden erst im Zuge einer Verarbeitung bzw. Auswertung der gesammelten Daten gewonnen.

Sendung 3

Kennzahlen empirischer Verteilungen

Hat man an verschiedenen Beobachtungsmengen gleichartige Daten erhoben, d.h. die-selben Merkmale beobachtet, so möchte man unter Umständen die gesammelten Daten miteinander vergleichen, beispielsweise den Bierverbrauch in verschiedenen Ländern. Daß es nicht sinnvoll ist, die absoluten Zahlen einander gegenüberzustellen, leuchtet sofort ein. — Wie aber kann man die aus verschiedenen Erhebungen stam-mende Daten miteinander vergleichen?

Häufigkeitsverteilungen – z.B. Altersverteilungen – lassen sich unter verschiedenen Gesichtspunkten betrachten. Man kann sich etwa für spezielle Gruppen unter den be-obachteten Merkmalsausprägungen (alle Personen unter 18 Jahren oder über 65 Jahre) oder für die am häufigsten aufgetretene Merkmalsausprägung interessieren. Man ge-langt hierdurch zu zusätzlichen Informationen, die die zu vergleichenden Verteilungen charakterisieren.

Eines der wichtigsten Hilfsmittel zum Vergleich mehrerer Verteilungen sind die soge-nannten *Lagekennzahlen*. Will sich beispielsweise ein Schweinezüchter ein Urteil über die Größe der Würfe in seiner Zucht im Vergleich mit anderen Züchtern bilden, so kann er sich zunächst für folgende Merkmalsausprägungen interessieren: den größten und den kleinsten Wert in den verschiedenen Zuchten.

228

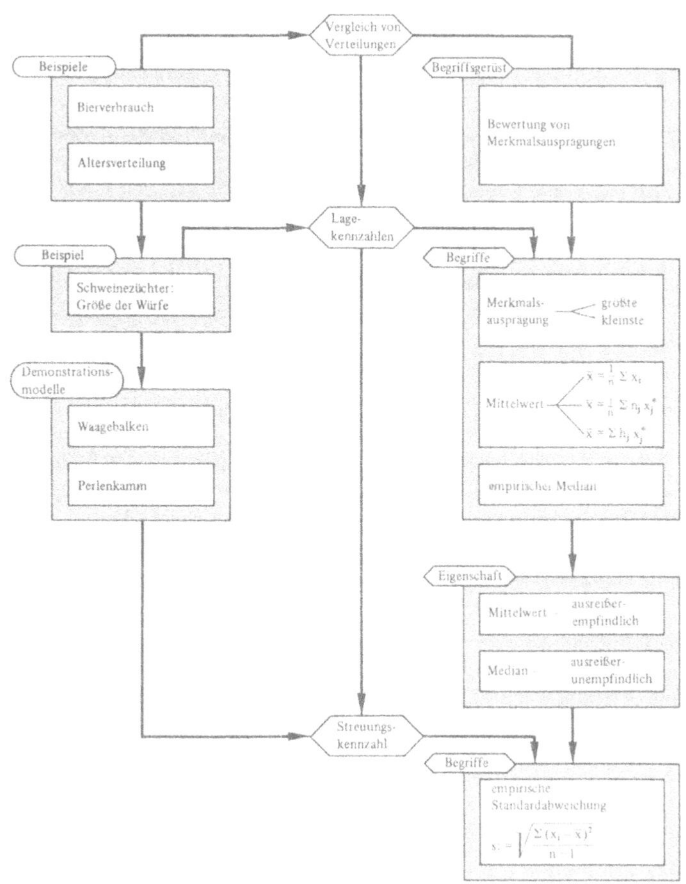

Bild 7-3. Kennzahlen empirischer Verteilungen

Diese Extremwerte stellen normalerweise aber Werte mit nur geringer Häufigkeit dar. Aussagekräftiger im Hinblick auf eine Verteilung muß daher ein Wert sein, der von den Häufigkeiten sämtlicher beobachteten Merkmalsausprägungen abhängt. Ein solcher Wert ist der *Mittelwert*, der den „Schwerpunkt" einer Verteilung bildet. Man kann diese Funktion des Mittelwertes, der die mit ihren Häufigkeiten gewichteten Merkmalsausprägungen „ersetzt", an einem Waagebalken demonstrieren.

Nicht immer stellt der Mittelwert eine zweckmäßige „Kurzbeschreibung" für eine Verteilung dar. Er wird nämlich vom Vorkommen extremer, wenn auch seltener Beobachtungswerte stark beeinflußt. In diesem Fall liefert der *empirische Median* eine angemessenere „Kurzbeschreibung". Er ist „ausreißer-unempfindlich". Die Ermittlung des Medians läßt sich leicht unmittelbar an der empirischen Verteilungsfunktion bzw. an einem Häufigkeitsdiagramm zeigen.

Lagekennzahlen charakterisieren Verteilungen durch einen bestimmten Wert, um den sich die beobachteten Merkmalsausprägungen gruppieren. Es handelt sich also um eine Reduktion der statistischen Daten auf einen charakteristischen Wert. Hierbei geht Information verloren: die Schwankungen der Häufigkeiten der beobachteten Merkmalsausprägungen.

Verteilungen mit unterschiedlich gestreuten Merkmalsausprägungen können denselben Mittelwert haben. Würde man sie nur mit Hilfe des Mittelwerts vergleichen, käme man möglicherweise zu dem falschen Schluß, daß es sich um gleiche Verteilungen handelt. Man braucht deshalb noch weitere Werte zur Charakterisierung von Verteilungen, sogenannte *Streuungskennzahlen*.

Die sogenannte *Standardabweichung* stellt eine solche Streuungskennzahl dar.

Lage- und Streuungskennzahlen werden aus den erhobenen Daten errechnet. Sie sind das Ergebnis von Datenverdichtungen.

Sendung 4   Beziehungen zwischen mehreren Merkmalen

Oft ist es erforderlich, nicht nur ein Merkmal, sondern zwei oder mehrere Merkmale gleichzeitig zu erheben. An einer Person lassen sich z.B. sowohl die Körpergröße als auch das Körpergewicht messen. Jede Beobachtungseinheit liefert hier also jeweils zwei Merkmalsausprägungen.

Es stellt sich die Frage: Wie kann man bei gleichzeitiger Erhebung von zwei Merkmalen die anfallenden Daten darstellen und beschreiben? Wie unterscheiden sich Verteilungen für mehrere Merkmale von Verteilungen für nur ein Merkmal? Sind Kurzbeschreibungen durch Kenngrößen möglich? Wie lassen sich solche Verteilungen miteinander vergleichen?

Bei der gleichzeitigen Erhebung von zwei Merkmalen ergibt sich aus jeder Beobachtung ein Wertepaar. Man erfaßt diese Wertepaare wiederum in einer *Urliste*. Die Wertepaare lassen sich als Punkte in der Ebene (Merkmalsebene) darstellen. Man erhält hierdurch eine *Punktewolke*, auch Punkteschwarm genannt.

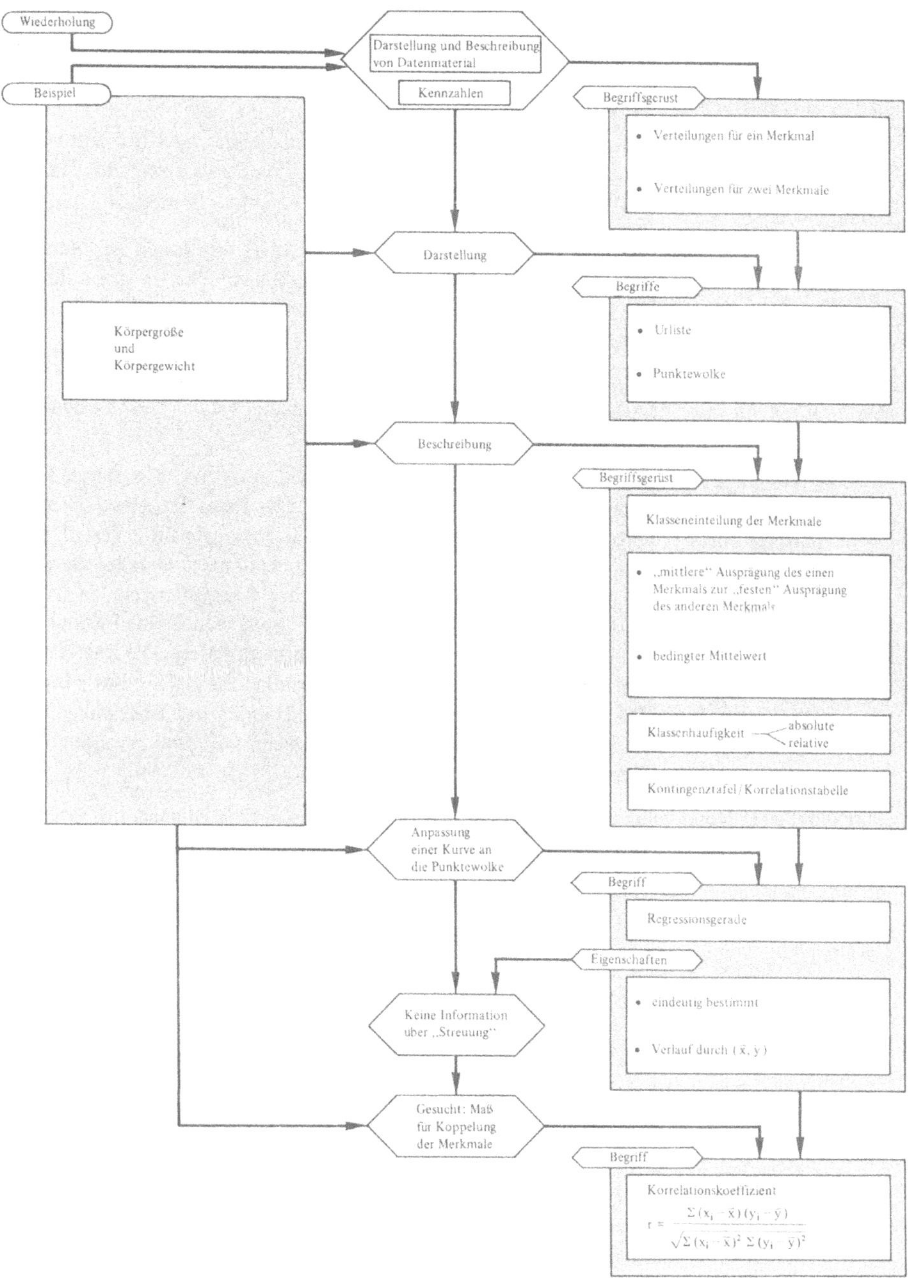

Bild 7-4. Beziehungen zwischen mehreren Merkmalen

Klasseneinteilung

Nimmt man eine *Klasseneinteilung* für die von einander verschiedenen beobachteten Merkmalsausprägungen vor, führt dies zu einer Verdichtung der gesammelten Daten. Bildet man im Falle der Merkmalskombination Körpergröße, Körpergewicht z.B. Größenklassen von je 5 cm und Gewichtsklassen von je 5 kg, so ergibt sich hierdurch eine erhebliche Datenreduktion.

Man kann zu jeder Ausprägungsklasse des einen Merkmals, die man sich fest vorgeben vorstellt, die „mittlere" Ausprägung des anderen Merkmals errechnen. Man erhält auf diese Weise sogenannte *bedingte Mittelwerte*.

bedingter Mittelwert

Klassenhäufigkeit

Auf Grund der Einteilung der Merkmalsausprägungen in Klassen lassen sich *Klassenhäufigkeiten* ermitteln. Die Klassenbildung bei zwei Merkmalen führt zu einem Raster, in dessen Felder die Klassenhäufigkeiten eingetragen werden. Eine solche Tabelle, in der die absoluten Klassenhäufigkeiten eingetragen sind, heißt *Korrelationstabelle*. Ein entsprechendes Schema im Falle qualitativer Merkmale nennt man *Kontingenztafel*.

Korrelationstabelle
Kontingenztafel

Wie kann man Verteilungen für zwei Merkmale miteinander vergleichen? Lassen sich solche Verteilungen durch „Kenngrößen" beschreiben?

Verteilungen für ein Merkmal lassen sich durch einen Zahlenwert, d.h. durch einen Punkt auf der Zahlengeraden charakterisieren. Die Lage dieses Punktes („Schwerpunktes") ist der Verteilung der beobachteten Ausprägungen „angepaßt". Verteilungen von zwei Merkmalen lassen sich durch eine eindeutig bestimmte Gerade, die sogenannte *Regressionsgerade* charakterisieren. Die Lage der Regressionsgeraden ist der Punktewolke „angepaßt". Sie beschreibt deren „Lage", ohne jedoch eine Information über die „Streuung" der Punkte (Wertepaare) in der Wolke zu liefern. Die Regressionsgerade verläuft durch den „Schwerpunkt" der Punktewolke. Sie gleicht die bedingten Mittelwerte aus. (Da sich bedingte Mittelwerte jeweils unter der Bedingung fester Werte eines der beiden Merkmale errechnen lassen, ergeben sich zwei im allgemeinen voneinander verschiedene Regressionsgeraden.)

Regressionsgerade

Bei zwei Merkmalen stellt sich die Frage: Sind die Merkmale voneinander unabhängig oder beeinflussen sie sich gegenseitig? – Man sucht deshalb nach einem *Maß für die Koppelung der Merkmale*. Dieses Maß stellt der sogenannte *Korrelationskoeffizient r* dar. Er nimmt Werte zwischen -1 und $+1$ an. Falls sich für ihn der Wert $+1$ oder -1 ergibt, liegen alle Punkte der Punktewolke auf der Regressionsgeraden.

Korrelations-
koeffizient

Der Korrelationskoeffizient läßt erkennen, wie stark die gleichzeitig beobachteten Merkmale miteinander verkoppelt sind. Er drückt im Falle der Koppelung jedoch keine gegenseitige Steuerung der Merkmale aus.

Sendung 5

Wahrscheinlichkeit

Bei der Beschreibung der verschiedensten Sachverhalte wird das Wort „wahrscheinlich" verwendet. Was ist diesen Sachverhalten gemeinsam? Was drücken wir mit diesem Wort aus? – Schüler fragen: Welches Thema wählt der Lehrer? Sie denken nach, raten und rätseln. Einer der Schüler antwortet: „Wahrscheinlich ..." Andere stimmen ihm zu. Oder: Zwei Frauen erinnern sich an eine Freundin. Sie kommen zu einem Urteil über die Ehe ihrer ehemaligen Freundin und beginnen: „Wahrscheinlich ...". Oder: Wir fragen uns, ob es am nächsten Tag regnet. Unsere Antwort wird bestimmt durch das Wort „wahrscheinlich". Oder: Wir überlegen uns, ob der Schiefe Turm von Pisa, der seit Jahrhunderten steht, demnächst umstürzen wird. Wir kommen zu dem Urteil, daß er wahrscheinlich auch weiterhin nicht umstürzt.

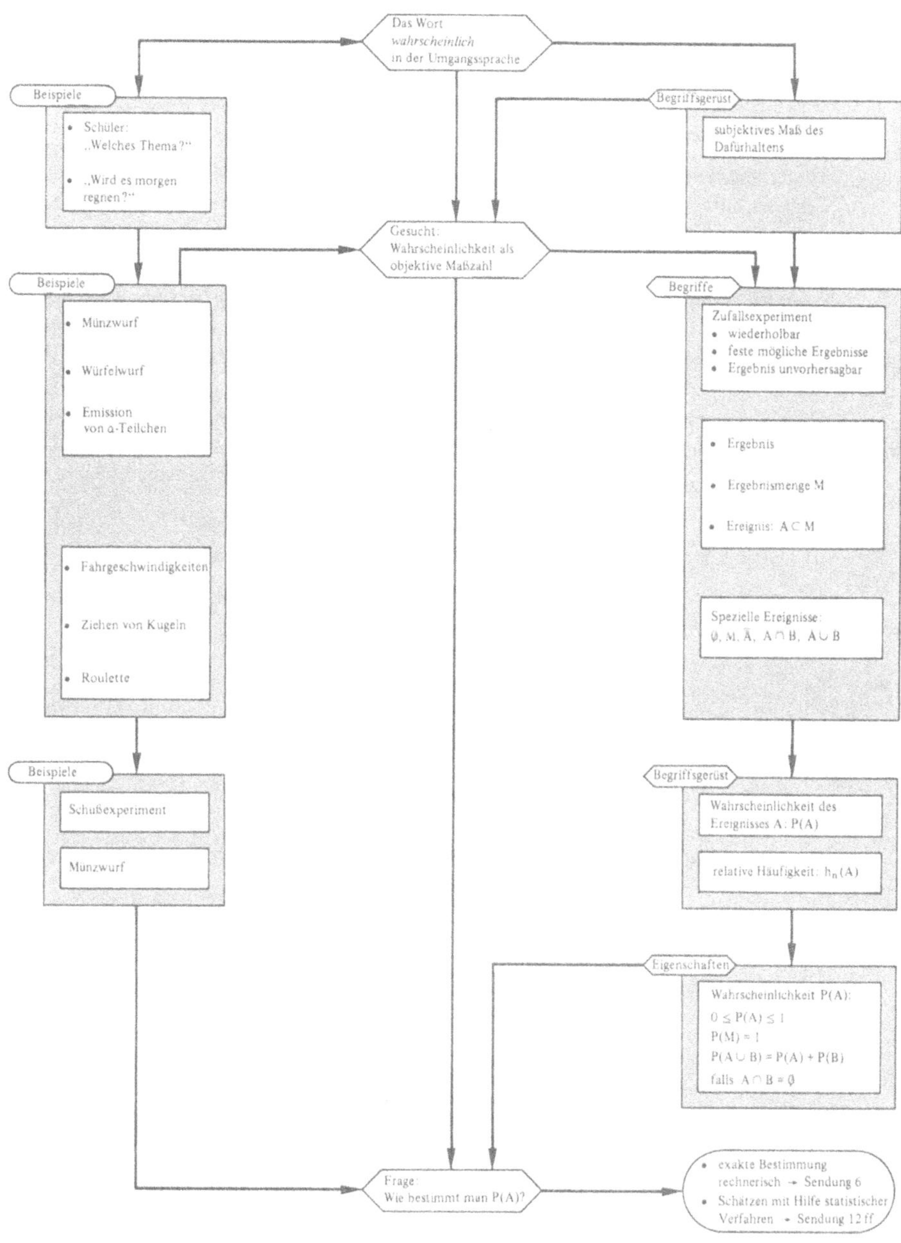

Bild 7-5. Wahrscheinlichkeit

In allen diesen Fällen, in denen zur Beschreibung des Sachverhaltes das Wort „wahrscheinlich" verwendet wird, handelt es sich um Fragen, die nicht mit Sicherheit beantwortet werden können. Ein grundsätzlich vorhandener Mangel an vollständiger Gewißheit ist das Gemeinsame. Das Wort „wahrscheinlich" füllt diesen Mangel aus. Es dient uns dazu, unser subjektives Dafürhalten auszudrücken.

Doch gibt es nicht auch ein objektives Maß, das den Mangel an vollständiger Sicherheit erfassen hilft? — Ein solches *objektives Maß* steht uns im Begriff der *mathematischen Wahrscheinlichkeit* zur Verfügung.

Um diesen Begriff zu entwickeln, muß man sich Vorgängen zuwenden, deren Ausgang vom Zufall abhängt, z.B. dem Werfen einer Münze, dem Werfen von Würfeln, der Emission von α-Teilchen durch ein radioaktives Präparat und ähnlichem. Man nennt solche Vorgänge *Zufallsexperimente*.

Hierunter versteht man nicht jede Art von Vorgängen, bei denen der Zufall mit im Spiele ist, sondern nur solche, die die folgenden *Eigenschaften* aufweisen:

a) Sie lassen sich (praktisch) beliebig oft wiederholen.

b) Die möglichen Ausgänge liegen bereits vor Ablauf der Vorgänge fest.

c) Die im konkreten Fall eintretenden Ergebnisse lassen sich nicht vorhersagen.

Für eine klare Beschreibung der Zusammenhänge bei Zufallsexperimenten benötigt man verschiedene Begriffe, nämlich:

— das *Ergebnis* eines Zufallsexperiments, das als möglicher Ausgang eines Zufallsexperiments auftreten kann;

— die *Ergebnismenge M* eines Zufallsexperiments, die sämtliche möglichen Ergebnisse (Ausgänge) umfaßt;

— das *Ereignis A*, das als Teilmenge der Ergebnismenge M definiert ist.

Beispiele für spezielle Ereignisse, die sich begrifflich von dem Ereignis A unterscheiden lassen, sind:

● $\emptyset$ heißt „unmögliches Ereignis";

● M heißt „sicheres Ereignis";

● $\overline{A}$ ist das Ereignis, das dann eintritt, wenn A nicht eintritt.

● Sind A und B Ereignisse, dann bezeichnet

○ $A \cup B$ dasjenige Ereignis, das dann eingetreten ist, wenn *mindestens eines* der beiden Ereignisse A bzw. B oder wenn beide Ereignisse eingetreten sind.

○ $A \cap B$ dasjenige Ereignis, das dann eingetreten ist, wenn *beide* Ereignisse A und B eingetreten sind.

Beispiele für Ereignisse liefern die Fahrgeschwindigkeiten von Autos, das Ziehen von Kugeln aus einer Urne oder das Roulette.

Die begriffliche Unterscheidung zwischen Ereignissen läßt sich auch durch ein Schußexperiment klarmachen. Dieses kann außerdem dazu dienen, den Begriff der Wahrscheinlichkeit eines Ereignisses A als Maßzahl P(A) einsichtig zu machen:

Schießt man wiederholt auf eine Scheibe, so läßt sich die relative Häufigkeit der Treffer — Ereignis A — zählen. Mit jedem Schuß verändert sich im allgemeinen die ermittelte, relative Häufigkeit des Ereignisses A (Treffer). Je mehr Schüsse man abgibt, desto mehr stabilisieren sich die ermittelten relativen Häufigkeiten $h_n(A)$ um eine Zahl. Es liegt deshalb nahe anzunehmen, daß es eine Zahl $P(A)$ gibt, die ein Maß für das Auftreten des Ereignisses A ist und durch die relativen Häufigkeiten angenähert wird. Diese Maßzahl $P(A)$ ist die *Wahrscheinlichkeit* des Ereignisses A. Da die relativen Häufigkeiten nur Werte zwischen 0 und 1 annehmen können (diese Werte eingeschlossen), gilt auch für die Wahrscheinlichkeit $P(A)$: $0 \leq P(A) \leq 1$.

Außerdem gilt für das sichere Ereignis M: $P(M) = 1$. Und für den Fall, daß das Ereignis $(A \cap B)$ nie eintreten kann, gilt: $P(A \cup B) = P(A) + P(B)$.

Diese Zusammenhänge lassen sich auch an anderen Zufallsexperimenten, z.B. am Münzwurf, demonstrieren.

Nach dieser Hinführung zum Begriff der Wahrscheinlichkeit eines Ereignisses A als einer Maßzahl $P(A)$ stellt sich die Frage: Wie bestimmt man $P(A)$?

Rechenregeln und Interpretation der Wahrscheinlichkeit

Wahrscheinlichkeitsaussagen sollen etwas über die Wirklichkeit aussagen. Die Wahrscheinlichkeit als Maßzahl und der Begriff Ereignis — so wie er in der Wahrscheinlichkeitsrechnung verwendet wird — sind theoretische Begriffe. Man muß deshalb danach fragen, welche Beziehungen bestehen zwischen der Wirklichkeit und einem Modell, das wir mit Hilfe der Begriffe Wahrscheinlichkeit und Ereignis von der Wirklichkeit entwerfen? Was bedeutet es etwa, daß die Wahrscheinlichkeit dafür, daß zwei Buben im Skat liegen, ungefähr 0,012 ist? Oder: Man vergegenwärtige sich zwei Flugreisende, von denen der eine eine Flugroute mit zahlreichen Zwischenlandungen wählt. Flugzeugunglücke passieren vor allem beim Starten und Landen. Die Wahrscheinlichkeit, daß man heil ankommt, ist also etwas größer, wenn die Flugroute möglichst wenige oder gar keine Zwischenstops aufweist. Trotzdem wird auch derjenige, der sich dies überlegt, wegen der verhältnismäßig großen Sicherheit im Flugverkehr nicht zögern, das Flugzeug als Verkehrsmittel zu benutzen.

Um eine sinnvolle Beziehung zwischen Wahrscheinlichkeiten und der Wirklichkeit herzustellen, benötigen wir sogenannte *Interpretationsregeln*. Diese besagen:

a) Liegt die Wahrscheinlichkeit für ein Ereignis A nahe bei 1, so kann man A als fast sicheres Ereignis betrachten. Wie nahe $P(A)$ dem Wert 1 kommen sollte, hängt von der subjektiven Einschätzung des verbleibenden Risikos ab.

b) Kennt man die relative Häufigkeit des Eintretens eines Ereignisses A in hinreichend vielen Fällen, so kann man davon ausgehen, daß die unbekannte Wahrscheinlichkeit für das Eintreten von A ungefähr gleich der bekannten relativen Häufigkeit $h_n(A)$ ist.

Mit Hilfe eines Schußexperimentes kann man zeigen, daß man durch zahlreiche Wiederholungen eines Zufallsexperiments Werte für die relative Häufigkeit z.B. von Treffern erhält, die mit zunehmender Zahl der Schüsse einen festen Wert für $P(A)$ immer deutlicher erkennen lassen. Für die Bestimmung der Anzahl der durchzuführenden Wiederholungen gibt es allerdings keine festen Regeln.

Das Schußexperiment macht auch die beiden folgenden Zusammenhänge verständlich:

a) $P(\overline{A}) = 1 - P(A)$

und

b) $A \subseteq B \rightarrow P(A) \leq P(B)$.

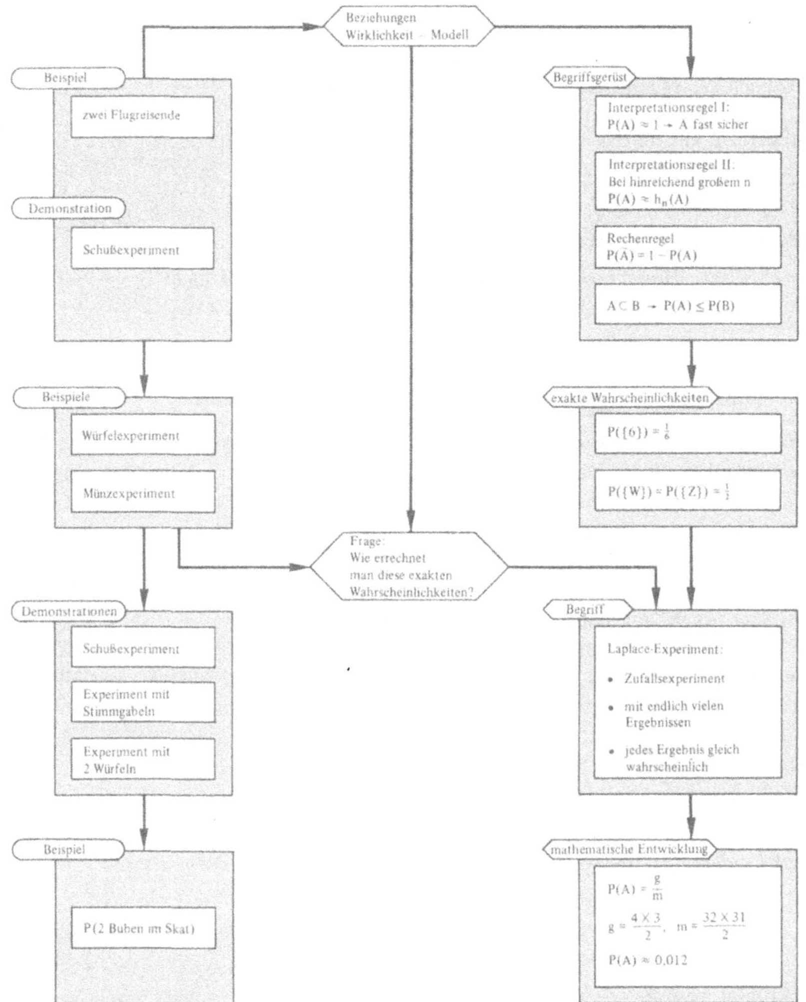

Bild 7-6. Rechenregeln und Interpretation der Wahrscheinlichkeit

Welche Voraussetzungen müssen gegeben sein, damit man Wahrscheinlichkeiten überhaupt exakt berechnen kann? — Zufallsexperimente wie beispielsweise Würfeln oder Werfen einer Münze erlauben, Wahrscheinlichkeiten exakt zu bestimmen. Dies ergibt sich aus folgenden: Es besteht kein Grund zu der Annahme, daß bei einem Würfel eine der sechs Seiten oder bei einer Münze eine der beiden Seiten bevorzugt auftritt. Daraus folgt, daß die Wahrscheinlichkeit für das Auftreten eines der möglichen Ergebnisse jeweils gleich groß ist. Das sichere Ereignis M besteht darin, daß beim Würfeln eine der Zahlen 1...6 bzw. beim Werfen einer Münze „Zahl" oder „Wappen" auftreten. Ist kein Ergebnis bevorzugt, so ergibt sich als Wahrscheinlichkeit für ein Ergebnis beim Würfeln exakt $\frac{1}{6}$ und beim Münzwurf exakt $\frac{1}{2}$, da P(M) = 1 ist.

exakte
Wahrscheinlichkeiten

Bei solchen Zufallsexperimenten lassen sich die gesuchten Wahrscheinlichkeiten genau bestimmen. Dazu müssen jedoch für die Zufallsexperimente folgende Zusatzbedingungen erfüllt sein:

a) Es gibt jeweils nur endlich viele Ergebnisse.

b) Jedes der möglichen, endlich vielen Ergebnisse ist gleich wahrscheinlich.

Man nennt solche Zufallsexperimente *Laplace-Experimente*.

Was Laplace-Experimente sind, läßt sich an verschiedenen Zufallsexperimenten demonstrieren, etwa durch ein Experiment, bei dem Kugeln nach zwei Seiten fallen können (Stimmgabel-Experiment) oder auch durch Würfeln mit zwei Würfeln. Selbstverständlich eignen sich hierfür auch Kartenspiele. Man kann deshalb auch die Wahrscheinlichkeit für das Ereignis A, daß sich zwei Buben im Skat befinden, genau berechnen. Sie ergibt sich exakt als P(A) = $\frac{4 \cdot 3}{32 \cdot 31} \approx 0{,}012$.

Laplace-Experiment

Was bedeutet die Angabe einer exakten Wahrscheinlichkeit? Die Kenntnis einer solchen Wahrscheinlichkeit erlaubt, daß man sein Handeln entsprechend einrichtet. Beispielsweise bedeutet die Angabe P(A) $\approx$ 0,012: Wenn man sehr oft spielt, kommt es etwa bei einem Hundertstel aller Spiele vor, daß zwei Buben im Skat liegen.

Bedingte Wahrscheinlichkeit und Unabhängigkeit

Sendung 7

Treten mehrere Ereignisse nacheinander auf, so liegt es oft nahe anzunehmen, daß das folgende Ereignis vom unmittelbar vorangegangenen abhängt. Denken wir an den Glauben eines Spielers an eine sogenannte Glückssträhne. Lotto und Tombola sind Beispiele dafür, daß Unabhängigkeit oder Abhängigkeit von Ereignissen eine wichtige Rolle spielen.

Das Thema der Unabhängigkeit von zwei Ereignissen führt zunächst zu der Frage: Wie rechnet man überhaupt mit Wahrscheinlichkeiten? Da Wahrscheinlichkeiten Zahlen sind, muß es (weitere) Regeln für das Rechnen mit diesen Zahlen geben.

Zwei wichtige Rechenregeln sind:

a) Die Wahrscheinlichkeit des Ereignisses, das darin besteht, daß A oder B eintritt, ist gleich der Summe der Einzelwahrscheinlichkeiten P(A) und P(B), falls das zusammengesetzte Ereignis $(A \cap B)$ das unmögliche Ereignis darstellt:

Rechenregeln

$$P(A \cup B) = P(A) + P(B), \quad \text{falls } (A \cap B) = \emptyset .$$

b) Die Wahrscheinlichkeit für das zusammengesetzte Ereignis $(A \cap B)$, d.h. dafür daß A und B eintritt, ist null, falls dieses das unmögliche Ereignis ist:

$$P(A \cap B) = 0, \quad \text{falls } (A \cap B) = \emptyset.$$

Wie bestimmt sich jedoch die Wahrscheinlichkeit für das zusammengesetzte Ereignis $(A \cap B)$, falls dieses Ereignis nicht unmöglich ist, sondern eintreten kann?

An einer Urne, gefüllt mit verschiedenfarbigen Kugeln, läßt sich demonstrieren, welche Problematik hier vorliegt: Entnehmen wir der Urne nacheinander die Kugeln, *ohne* vor jedem Ziehen einer neuen Kugel die entnommene zurückzulegen, so verändern sich mit jedem Ziehen die Wahrscheinlichkeiten für die in der Urne verbliebenen Kugeln.

Den Vorgang kann man durch ein *Baumdiagramm* veranschaulichen.

Die Wahrscheinlichkeiten für das Ziehen einer Kugel einer bestimmten Farbe hängt davon ab, wieviel Kugeln und welche Kugeln sich noch in der Urne befinden, d.h. wieviele Kugeln von welcher Farbe bereits entnommen wurden. Man wird hierdurch zur Definition der *bedingten Wahrscheinlichkeit* $P(A|B)$ geführt. Dies ist die Wahrscheinlichkeit dafür, daß das Ereignis A eintritt unter der Bedingung, daß schon das Ereignis B eingetreten ist.

Ein Radrennen, bei dem der Fahrer an der Spitze stürzt, was den Sturz der unmittelbar nachfolgenden Fahrer zur Folge hat, ist ein Beispiel für die bedingte Wahrscheinlichkeit, und zwar die Wahrscheinlichkeit für den Sturz der Fahrer hinter dem Fahrer an der Spitze: Die nachfolgenden Fahrer stürzen (Ereignis A) unter der Bedingung, daß der vorausfahrende Fahrer bereits gestürzt ist (Ereignis B).

Der Begriff der bedingten Wahrscheinlichkeit wird benötigt, um die Frage nach der Wahrscheinlichkeit für das zusammengesetzte Ereignis $(A \cap B)$ zu beantworten, falls dies ein mögliches Ereignis ist. Die Wahrscheinlichkeit $P(A \cap B)$ des zusammengesetzten Ereignisses: $P(A \cap B)$ ist nämlich gleich dem Produkt aus der bedingten Wahrscheinlichkeit $P(A|B)$ und der Wahrscheinlichkeit $P(B)$:

$$P(A \cap B) = P(A|B) \cdot P(B).$$

Dieser Zusammenhang läßt sich für spezielle Ereignisse an einem Schußexperiment klarmachen: Man schießt auf zwei hintereinander angebrachte rotierende Scheiben. Beide Scheiben besitzen einen Ausschnitt, die hintere Scheibe einen etwas größeren als die vordere. Die Ausschnitte befinden sich unmittelbar hintereinander. Die Scheiben laufen synchron miteinander. Man kann sicher sein, daß der Schuß durch den Ausschnitt der hinteren Scheibe fliegt (Ereignis A), falls er bereits durch den Ausschnitt der vorderen Scheibe geflogen ist (Ereignis B). Dann ist A unter der Bedingung B das sichere Ereignis, und es gilt $P(A|B) = 1$. Die Wahrscheinlichkeit für das zusammengesetzte Ereignis $(A \cap B)$ – d.h. daß die Kugel durch beide Ausschnitte fliegt – ist also dem Wert nach gleich der Wahrscheinlichkeit für das Ereignis B, d.h. der Wahrscheinlichkeit dafür, daß die Kugel durch den Ausschnitt der vorderen Scheibe fliegt. Verändert man die Position des Ausschnitts der hinteren Scheibe gegenüber dem Ausschnitt der vorderen, ergibt sich für $P(A \cap B)$ ein Wert kleiner als $P(B)$, da durch die Positionsänderung der Wert $P(A|B)$ notwendig kleiner wird als 1. Denn daß die Kugel auch durch den Ausschnitt der hinteren Scheibe fliegt, also Ereignis A eintritt, nachdem B eingetreten ist, ist nicht mehr völlig sicher.

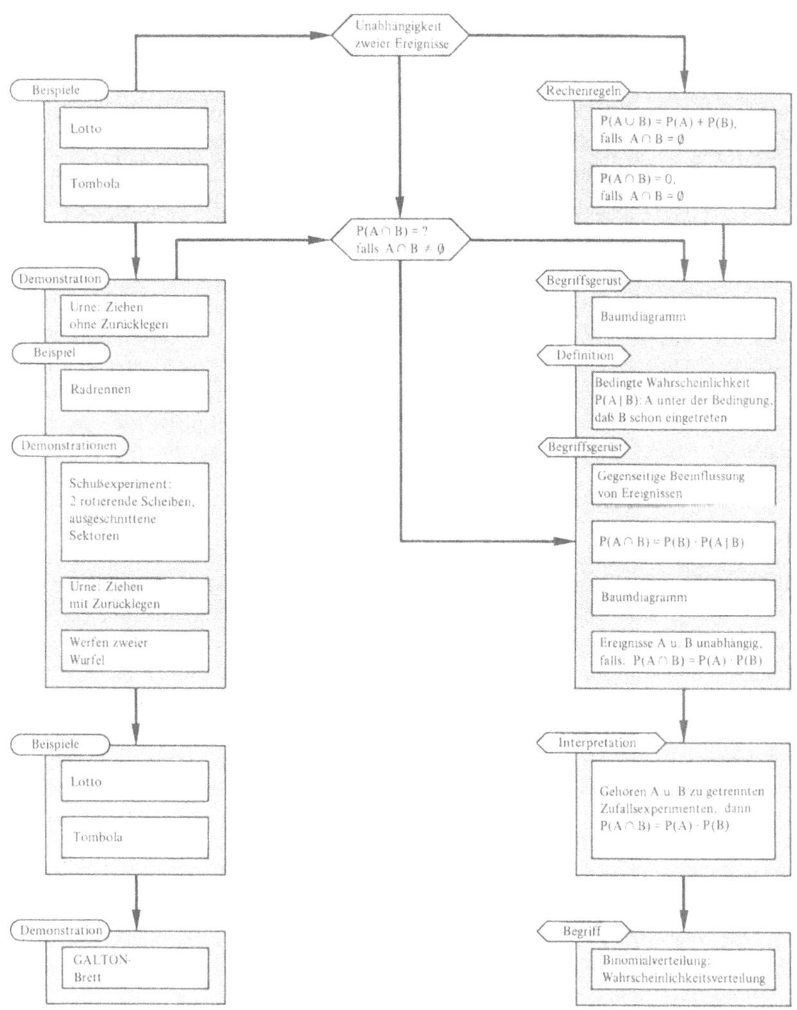

Bild 7-7. Bedingte Wahrscheinlichkeit und stochastische Unabhängigkeit

Urne: Ziehen mit
Zurücklegen

Wann jedoch können Ereignisse als unabhängig gelten? — An einer Urne mit verschiedenfarbigen Kugeln kann man sich klar machen, was Unabhängigkeit zweier Ereignisse bedeutet. Voraussetzung ist, daß nach jedem Ziehen die entnommene Kugel wieder in die Urne zurückgelegt wird (Ziehen *mit* Zurücklegen).

Baumdiagramm

Ein *Baumdiagramm* veranschaulicht den Vorgang.

„Wahrscheinlichkeit
für das zusammen-
gesetzte Ereignis"
bei Unabhängigkeit

Wie die Wahrscheinlichkeit für das zusammengesetzte Ereignis $(A \cap B)$ im Falle der *Unabhängigkeit* zu berechnen ist, läßt sich durch Würfeln mit zwei Würfeln zeigen. Hierfür ergibt sich nämlich, daß die Wahrscheinlichkeit des zusammengesetzten Ereignisses $(A \cap B)$ gleich dem Produkt der Wahrscheinlichkeiten der Einzelereignisse $P(A)$ und $P(B)$ ist:

$$P(A \cap B) = P(A) \cdot P(B).$$

spezielle Wahrschein-
lichkeitsverteilung

Binomial-Verteilung

Führt man Zufallsexperimente durch, die aus unabhängigen Wiederholungen eines Zufallsexperiments mit zwei möglichen Ergebnissen bestehen, so ergibt sich eine spezielle *Verteilung der Wahrscheinlichkeiten*. Man bezeichnet diese Verteilung als *Binomial-Verteilung*. Eine solche Verteilung erhält man beispielsweise, wenn man Kugeln durch ein Galton-Brett fallen läßt.

Sendung 8

Zufallsvariable

Binomialverteilung

Galton-Brett

Läßt man Kugeln durch ein Galton-Brett fallen, so erhält man in den Fächern unter den Stiftreihen eine charakteristische Verteilung. Man nennt sie *Binomialverteilung*. Die Wahrscheinlichkeit, daß eine Kugel in ein bestimmtes Fach fällt, läßt sich berechnen. Treffen die Kugeln zentral auf die Stifte auf, dann ist die Wahrscheinlichkeit, daß eine Kugel nach der einen oder nach der anderen Seite fällt $\frac{1}{2}$. In der nachfolgenden Stiftreihe ist die Wahrscheinlichkeit, daß eine Kugel zum zweiten Mal etwa nach links fällt, $\frac{1}{2} \cdot \frac{1}{2} = \frac{1}{4}$. Da auf die Stifte in der Mitte des Bretts Kugeln von zwei Seiten her kommend auftreffen können, muß man in diesen Fällen die Wahrscheinlichkeiten zusammenzählen, um die Wahrscheinlichkeit für das Auftreffen auf dem jeweils darunter angebrachten Stift zu bestimmen.

Dasselbe kann man an einem sogenannten Römischen Brunnen demonstrieren, bei dem die Schalen nach beiden Seiten überlaufen, in der Mitte liegende Schalen aber stets von zwei darüber befindlichen Schalen Wasser erhalten. Notwendigerweise muß sich in den untenstehenden Gefäßen in der Mitte des Brunnens das meiste Wasser, in den äußeren Gefäßen jedoch das wenigste Wasser sammeln.

Zuordnung von
Zahlen zu den
Ergebnissen eines
Zufallsexperiments

Man kann die Wassermenge in den Sammelgefäßen messen. Man kann auch die Höhe des Wasserstandes in den Gefäßen messen. — Wie man sieht, lassen sich den Ergebnissen eines Zufallsexperiments Zahlen zuordnen. Deren Auftreten ist vom Zufall abhängig.

Mißt man die Körperlänge, das Körpergewicht, den Blutdruck, die Temperatur von Personen, die zufällig ausgewählt worden sind, so erhält man bestimmte, zufallsabhängige Zahlenwerte.

Ein anderes Beispiel: Wählt man eine Menge Glühlampen aus, so ist die Brenndauer der einzelnen Glühlampen vom Zufall bestimmt. Die gemessenen Zeiten stellen Zahlenwerte dar, die den Ergebnissen dieses Zufallsexperiments zugeordnet sind.

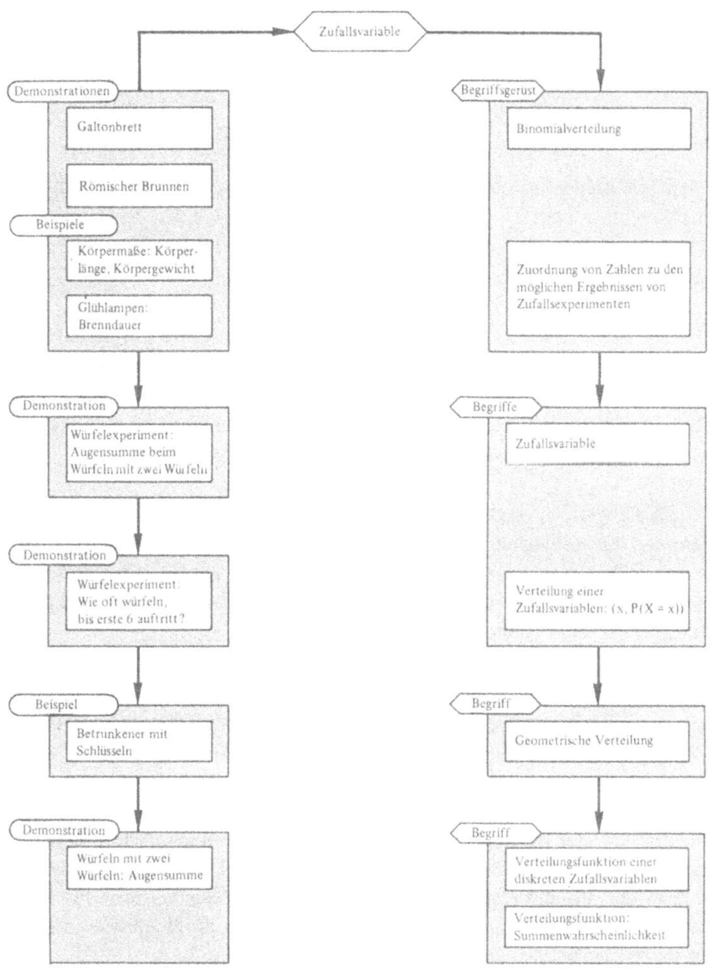

Bild 7-8. Zufallsvariable

<table>
<tr><td valign="top" width="28%">

Augenzahl
beim Würfeln

</td><td valign="top">

Vertraut mit der Zuordnung von Zahlen zu den Ergebnissen von Zufallsexperimenten ist jeder, der schon einmal gewürfelt hat: Die „Augen" die man beim Würfeln erreicht, stellen solche, den verschiedenen möglichen Ergebnissen zugeordnete Zahlen dar. Beim Würfeln mit einem Würfel sind es die Zahlen 1 bis 6. Interessiert man sich beim Würfeln mit zwei Würfeln für die Augensumme, dann sind es die Zahlen 2 bis 12, die den 36 möglichen Ergebnissen zugeordnet sind.

Diese Zuordnung von Zahlen zu den Ergebnissen von Zufallsexperimenten stellt einen wichtigen Abstraktionsschritt dar. Man braucht sich hiernach nämlich zunächst nur noch mit diesen Zahlen und vorläufig nicht mehr mit dem konkreten Zufallsexperiment und seinen möglichen Ergebnissen selbst zu beschäftigen.

</td></tr>
</table>

Für $x = 2$ ergibt sich die Wahrscheinlichkeit $F(2) = \frac{1}{36}$.

Die Wahrscheinlichkeit für das Auftreten der Augensumme 3 ist doppelt so groß:

$$P(X = 3) = \frac{2}{36}.$$

Nun ist die Verteilungsfunktion $F(x)$ so definiert, daß sie die Wahrscheinlichkeit dafür angibt, daß $X \leq x$ ist. Also ergibt sich

für $x = 3$: $F(3) = P(X = 2) + P(X = 3) = \frac{3}{36}$.

Wir erkennen, daß die Verteilungsfunktion aus den Summenwahrscheinlichkeiten gebildet wird und die Gestalt einer Treppenfunktion hat.

Beispiele für den Nutzen der Verteilungsfunktion liefern Fragen wie: Wie groß ist die Wahrscheinlichkeit dafür, daß beim Würfeln 100-mal hintereinander keine 6 auftritt? Mit Hilfe der Verteilungsfunktion lassen sich unterschiedlich verteilte Zufallsvariable vergleichen.

Parameter einer Zufallsvariablen

Sendung 9

In der beschreibenden Statistik verwendet man Kennzahlen wie z.B. den Mittelwert oder die empirische Standardabweichung, zur Kurzbeschreibung von Häufigkeitsverteilungen. Die Frage liegt nahe: Lassen sich auch Verteilungen von Zufallsvariablen in einer verdichteten Form durch eine oder mehrere Zahlen — sogenannte Parameter — beschreiben?

Das Sterbealter eines Menschen ist eine Zufallsvariable. Wie groß ist seine Lebenserwartung? — Diese Frage führt zum Begriff des mathematischen *Erwartungswertes* — eines Zahlenwertes zur Kurzbeschreibung einer Zufallsvariablen.

Erwartungswert

Wie ist ein solcher Zahlenwert zu verstehen? — Nehmen wir an, wir würden den Erwartungswert für die Funktionsdauer eines technischen Gebrauchsartikels kennen. Er betrage 2 Jahre. Dürfen wir dann erwarten, daß der Gegenstand nach genau 2 Jahren defekt wird? Sicher nicht, denn er kann beispielsweise bei unsachgemäßer Behandlung schon beim ersten Benutzen unbrauchbar werden. Es ist durchaus auch möglich, daß der Gegenstand länger als 2 Jahre funktioniert. — Der Erwartungswert liefert offensichtlich eine Information, die wir anders interpretieren müssen.

Würden wir ein Zufallsexperiment, dessen mögliche Ergebnisse durch die Zufallsvariable X beschrieben werden, sehr oft wiederholen, wobei die Wiederholungen unabhängig sein sollen, dann würde uns der Erwartungswert der Zufallsvariablen X angeben, welchen Wert wir „im Mittel" als Lebensdauer zu erwarten haben. Der Erwartungswert von X liefert also eine Aussage über die „Lage" der Verteilung von X.

Interpretation des
Erwartungswertes

Zur Kurzbeschreibung von Häufigkeitsverteilungen verwendet man den Mittelwert. Der Erwartungswert $E(X)$ erfüllt einen entsprechenden Zweck: Er dient zur Kurzbeschreibung der Verteilung einer Zufallsvariablen X.

Man definiert daher sinnvollerweise den Erwartungswert einer Zufallsvariablen analog zum Mittelwert $\bar{x}$ einer Häufigkeitsverteilung:

Ist $(x_j, P(X = x_j))$ mit $1 \leq j \leq k$ die Verteilung der diskreten Zufallsvariablen X, dann heißt

$$(*) \quad E(X) = \sum_{j=1}^{k} x_j \cdot P(X = x_j)$$

der Erwartungswert von X.

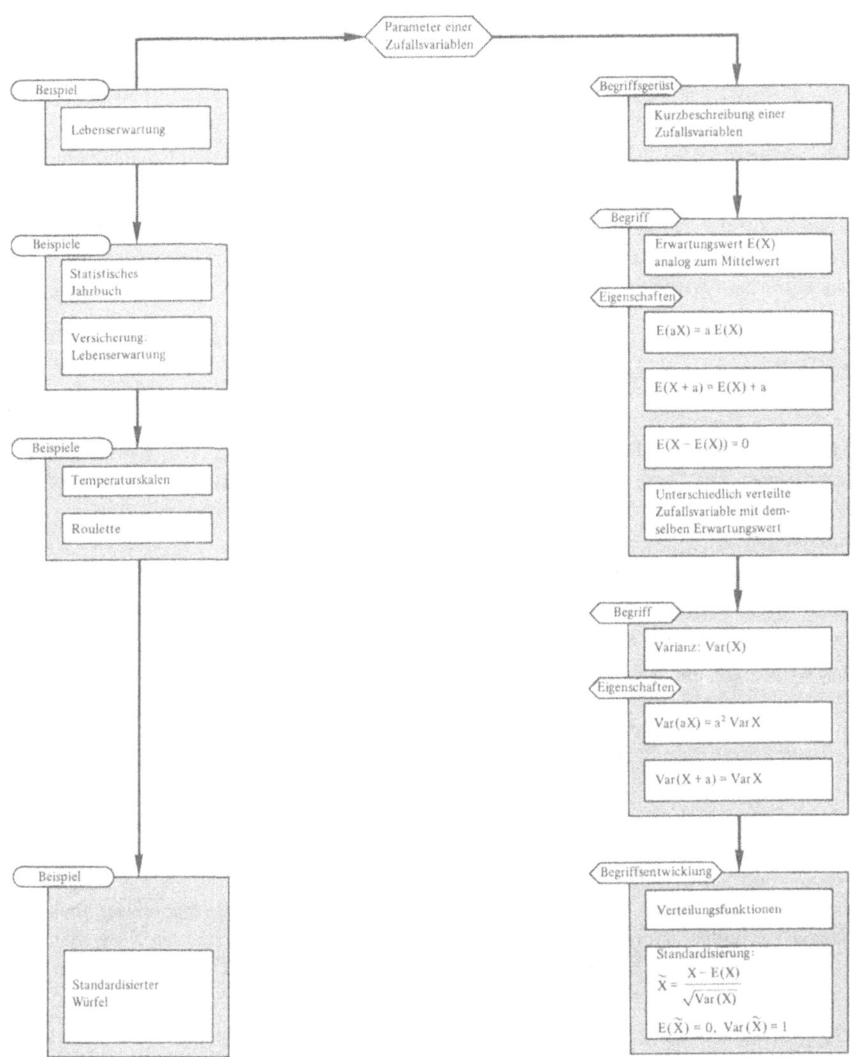

Bild 7-9. Parameter einer Zufallsvariablen

Der Erwartungswert besitzt eine Reihe von Eigenschaften:

a) Der Erwartungswert einer Zufallsvariablen X', deren mögliche Werte die Produkte aus den möglichen Werten einer Zufallsvariablen X mit einem Faktor a sind, ist das Produkt aus dem Faktor a und dem Erwartungswert von X.

b) Der Erwartungswert einer Zufallsvariablen X'', deren mögliche Werte die Summen der möglichen Werte einer Zufallsvariablen X mit einem Summanden a sind, ist die Summe von a und dem Erwartungswert von X.

c) Der Erwartungswert einer Zufallsvariablen X''', deren mögliche Werte die Differenzen zwischen den möglichen Werten einer Zufallsvariablen X und deren Erwartungswert E(X) sind, ist null.

Die Eigenschaft c) folgt aus der Eigenschaft b). Man ersetze hierzu in b) die Zahl a durch $-E(X)$. Die Eigenschaften a) und b) sind von Bedeutung, wenn den Werten der Zufallsvariablen verschiedene Skalen zugrundeliegen, wie dies z.B. bei Temperaturmessungen in ° Celsius bzw. ° Fahrenheit der Fall ist.

So wie unterschiedliche Häufigkeitsverteilungen denselben Mittelwert haben können, können unterschiedlich verteilte Zufallsvariable denselben Erwartungswert besitzen. Ähnlich dem Mittelwert gibt der Erwartungswert keine Auskunft darüber, wie stark die möglichen Werte der Zufallsvarialben „streuen".

Ein Parameter, der diese „Streuung" beschreibt, ist die *Varianz* einer Zufallsvariablen. Sie ist für die diskrete Zufallsvariable X definiert durch:

$$(**)\quad \mathrm{Var}(X) := \sum_{j=1}^{k} (x_j - E(X))^2 \cdot P(X = x_j)$$

Auch die Varianz besitzt eine Reihe von Eigenschaften. Zusammen mit den Eigenschaften des Erwartungswertes ermöglichen sie, zu jeder Zufallsvariablen X eine spezielle Standardform $\widetilde{X}$, die sogenannte *Standardisierung von X,* zu bilden.

Die Standardisierung ist dadurch gekennzeichnet, daß ihr Erwartungswert null und ihre Varianz gleich 1 sind.

Die Standardisierung $\widetilde{X}$ der Zufallsvariablen X ist ebenfalls eine Zufallsvariable.

Sie ist definiert durch:

$$(***)\quad \widetilde{X} := \frac{X - E(X)}{\sqrt{\mathrm{Var}(X)}} \quad \text{mit}\quad E(\widetilde{X}) = 0 \quad \text{und}\quad \mathrm{Var}(\widetilde{X}) = 1.$$

Die Standardisierung ist für den Vergleich zweier Zufallsvariablen oder für die angenäherte Berechnung der Verteilung einer Zufallsvariablen durch eine andere von großem Nutzen.

Mehrere Zufallsvariable Sendung 10

Bereits in der beschreibenden Statistik stellte sich die Frage: Wie läßt sich die Abhängigkeit zwischen mehreren Merkmalen erfassen? Analog ergibt sich bei mehreren Zufallsvariablen die Frage nach ihrer Koppelung.

Körpergröße, Körpergewicht, Blutdruck und Körpertemperatur eines zufällig ausgewählten Patienten sind beispielsweise Zufallsvariable, bei denen man annimmt, daß sich zumindest Körpergröße und Körpergewicht gegenseitig beeinflussen. — Ein anderes

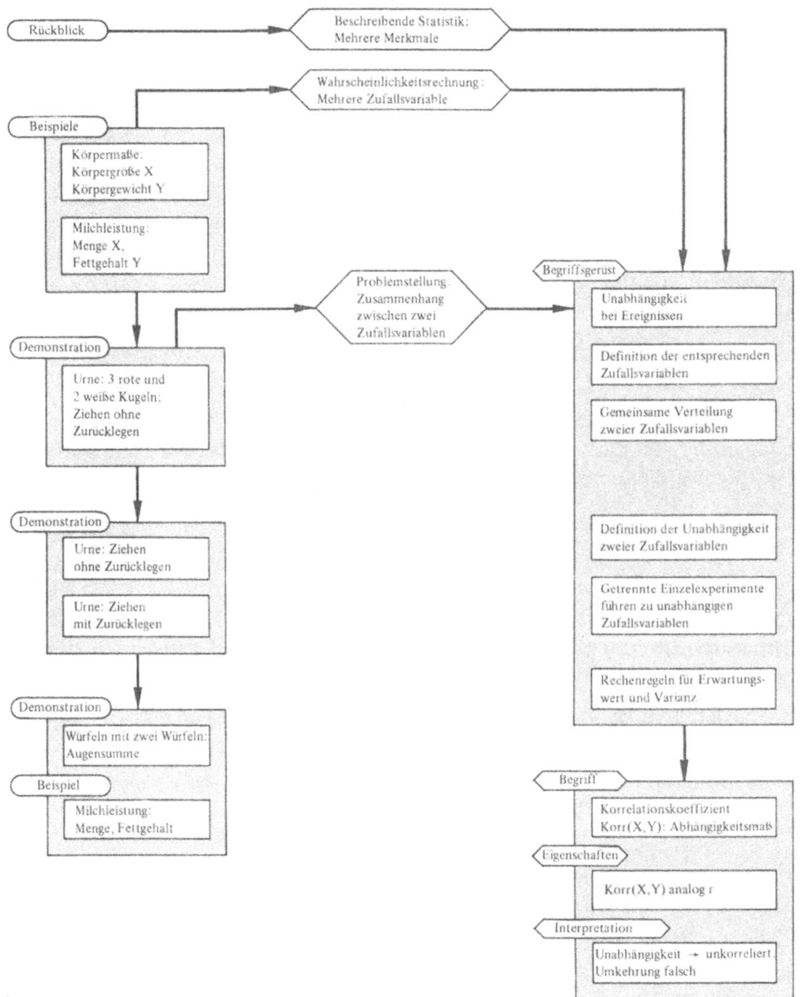

Bild 7-10. **Mehrere Zufallsvariable**

Beispiel: Jahresmilchmenge und Fettgehalt der Milch einer zufällig ausgewählten Kuh sind ebenfalls zwei Zufallsvariable. Auch von ihnen vermuten wir, daß sie aneinander gekoppelt sind.

Dies führt uns zu der Frage: Wann können zwei Zufallsvariable als *unabhängig* gelten?

Die Unabhängigkeit hatten wir bereits für zwei Ereignisse formuliert: Zwei Ereignisse A und B heißen unabhängig, wenn gilt:

$$P(A \cap B) = P(A) \cdot P(B).$$

Sind X und Y zwei Zufallsvariable mit möglichen Werten a bzw. b, so kann $(X = a)$ das Ereignis A und $(Y = b)$ das Ereignis B sein. Das Ereignis $(A \cap B)$ ist also dann eingetreten, wenn $X = a$ und $Y = b$ ist. Hieraus ergibt sich als Unabhängigkeitsdefinition:

<table>
<tr><td>

Die diskreten Zufallsvariablen X und Y heißen unabhängig, wenn für alle möglichen Werte a von X und alle möglichen Werte b von Y gilt:

$$(*) \quad P(X = a, Y = b) = P(X = a) \cdot P(Y = b).$$

</td><td>

Definition der Unabhängigkeit zweier Zufallsvariablen

</td></tr>
</table>

Wesentlich ist die folgende Interpretation des Begriffs „Unabhängigkeit" bei Zufallsvariablen. Sind X und Y Zufallsvariable, die die Ergebnisse „getrennter" Zufallsexperimente beschreiben – z.B. zweier Zufallsexperimente, die in räumlichem und zeitlichem Abstand voneinander ausgeführt wurden – so darf man annehmen, daß X und Y unabhängige Zufallsvariable sind. Sofern die Einzelwahrscheinlichkeiten $P(X = a)$ und $P(Y = b)$ bekannt sind, kann man die Formel (*) anwenden, um die gemeinsame Wahrscheinlichkeit $P(X = a, Y = b)$ zu berechnen.

<table>
<tr><td>

$P(X = a, Y = b)$ ist die Wahrscheinlichkeit dafür, daß X den Wert a und Y den Wert b annimmt.

</td><td>

Gemeinsame Wahrscheinlichkeit zweier *unabhängiger* Zufallsvariablen

</td></tr>
<tr><td>

Analog zum Korrelationskoeffizienten r in der beschreibenden Statistik führt man in der Wahrscheinlichkeitsrechnung einen entsprechenden Parameter ein: den Korrelationskoeffizienten $\text{Korr}(X, Y)$ zweier Zufallsvariablen X und Y.

</td><td>

Korrelationskoeffizient zweier Zufallsvariablen

</td></tr>
</table>

Er ist ein Maß für die Abhängigkeit zweier Zufallsvariablen X und Y. Er gibt Auskunft über ihre Koppelung. Zu seiner Definition werden die Standardisierungen von X und Y verwendet. Auch $\text{Korr}(X, Y)$ ist eine Zahl zwischen -1 und $+1$.

<table>
<tr><td>

Zentraler Grenzwertsatz und Normalverteilung

</td><td>

Sendung 11

</td></tr>
</table>

Will man zwei Zufallsvariable vergleichen, so ist es zweckmäßig, beide Zufallsvariable zu standardisieren. Sie lassen sich danach leichter miteinander vergleichen. Stehen nämlich zwei Zufallsvariablen X, Y in der Beziehung $Y = aX + b$ (a, b fest) zueinander, dann gilt für ihre Standardisierungen $\widetilde{X}$ und $\widetilde{Y}$: $\widetilde{X} = \widetilde{Y}$.

Mißt man z.B. Temperaturen einmal in °Celsius (Zufallsvariable X) und einmal in °Fahrenheit (Zufallsvariable Y), dann unterscheiden sich zwar die Zufallsvariablen, aber nicht ihre Standardisierungen.

Häufig ist eine Zufallsvariable die *Summe anderer Zufallsvariablen*: So setzt sich der Stromverbrauch einer Stadt aus dem Stromverbrauch sämtlicher einzelnen Abnehmer, wie Haushalte, Gewerkstreibende, öffentliche Einrichtungen usw., zusammen. Wird der Stromverbrauch der einzelnen Abnehmer an einem bestimmten Tag im nächsten Jahr durch die Zufallsvariablen X_j beschrieben, so beschreibt die Zufallsvariable $S := \Sigma X_j$ den Gesamtverbrauch dieser Stadt an demselben Tage. Oder: Der Weizenertrag auf einem Bauernhof ist die Summe der Erträge von den verschiedenen Weizenfeldern. Die Anzahl der geworfenen Sechsen bei n-maligem Würfeln mit zwei Würfeln ist gleich der Summe der Sechsen, die bei den n einzelnen Würfeln erzielt wurden. Addiert man, wie oft man bei n einzelnen Münzwürfen „Wappen" erzielt hat, so ergibt die Summe die Anzahl der Ergebnisse „Wappen" die man beim n-fachen Münzwurf geworfen hat.

Die Zufallsvariable, die man auf diese Weise erhält, heißt *Summenvariable S_n*.

Benutzt man eine „faire" Münze und sind die n Würfe unabhängige Wiederholungen des ersten Münzwurfs, handelt es sich also um ein Laplace-Experiment, dann ist S_n eine Zufallsvariable mit einer Binomialverteilung, d.h. eine $B(n, \frac{1}{2})$-verteilte Zufallsvariable.

Trägt man für wachsendes n die Verteilungsfunktionen F_n von S_n in der Ebene an, dann sieht man, daß

a) die Erwartungswerte immer größer und
b) die Funktionen immer flacher werden.

Dadurch wird ein direkter Vergleich sehr erschwert. Geht man jedoch zu den Standardisierungen $\tilde{S}_n$ der Zufallsvariablen S_n über, dann erkennt man:

a) Für wachsendes n unterscheiden sich die Verteilungsfunktionen F_n von $\tilde{S}_n$ immer weniger voneinander.
b) Die Bilder der Verteilungsfunktionen F_n nähern sich schließlich einer Kurve, die ebenfalls die graphische Darstellung einer Verteilungsfunktion F_0 ist; und zwar der Verteilungsfunktion einer Zufallsvariablen mit Erwartungswert 0 und Varianz 1.

Man sagt, eine Zufallsvariable X ist $N(0, 1)$-verteilt, d.h.: *normal*verteilt mit Erwartungswert 0 und Varianz 1, wenn ihre Verteilungsfunktion F mit der Funktion F_0 übereinstimmt.

Die Beschreibung der Funktion F_0 durch eine Formel ist nicht elementar. Für den praktischen Gebrauch ist es jedoch nicht erforderlich, sich die jeweils benötigten Funktionswerte von F_0 zu berechnen. Zur Funktion F_0 gibt es Tabellen, in denen für sehr viele Werte von z die entsprechenden Zahlen $F_0(z)$ aufgelistet sind.

Der Zusammenhang zwischen den Funktionen F_n und F_0 spielt für das *Schätzen* und das *Testen* eine wichtige Rolle. Dieser Zusammenhang wird durch den „*Zentralen Grenzwertsatz*" ausgedrückt:

Sind $X_1, \ldots, X_n$ unabhängige Zufallsvariable mit standardisierter Summenvariable $\tilde{S}_n$ und ist F_n die Verteilungsfunktion von $\tilde{S}_n$, dann gilt unter sehr allgemeinen Bedingungen, die für unseren Gebrauch praktisch immer erfüllt sind:

Für jede Zahl z ist der Grenzwert von $F_n(z)$ für $n \to \infty$ gleich $F_0(z)$.

Es ist nicht nötig, daß die Zufallsvariablen S_n — wie dies beim Münzwurf der Fall ist — $B(n, \frac{1}{2})$-verteilt sind. Es sind auch andere Einzelwahrscheinlichkeiten p mit $p \neq \frac{1}{2}$ zugelassen.

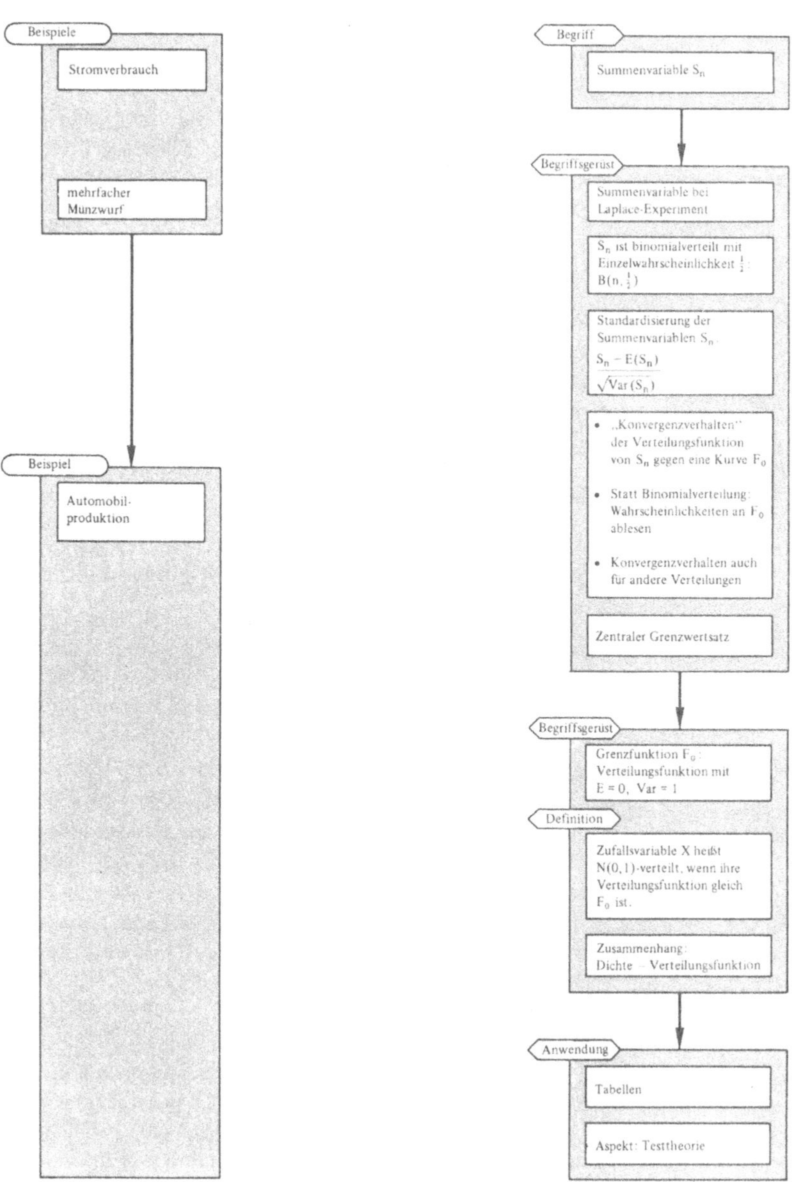

Bild 7-11. Zentraler Grenzwertsatz und Normalverteilung

Schätzen von Wahrscheinlichkeiten und Erwartungswerten

Bei vielen Zufallsexperimenten sind die Wahrscheinlichkeiten für gewisse Ereignisse nicht bekannt. Beispielsweise ist einem Hersteller von Glühlampen nicht bekannt, wie groß die Wahrscheinlichkeit dafür ist, daß eine zufällig ausgewählte Glühlampe mindestens 1.000 Stunden brennt (Ereignis A, Wahrscheinlichkeit $P(A) = p$).

Der Hersteller kann n Glühlampen zufällig auswählen und feststellen, wieviele davon länger als 1.000 Stunden brennen. Diese Anzahl der „Treffer" haben wir mit $n(A)$ bezeichnet. Als relative Häufigkeit der Glühlampen, die länger als 1.000 Stunden brennen, ergibt sich: $h_n(A) = \dfrac{n(A)}{n}$.

Interpretations-
regel II

Wie wir wissen, stabilisieren sich mit wachsenden n die relativen Häufigkeiten $h_n(A)$ in der Nähe der gesuchten Wahrscheinlichkeit $P(A) = p$. Wir wissen aber auch, daß die als relative Häufigkeiten errechneten Zahlen im allgemeinen nicht mit p übereinstimmen. Die als *Interpretationsregel II* formulierte Aussage, daß $P(A)$ ungefähr gleich $h_n(A)$ bei hinreichend großem n sei, ist im alltäglichen Gebrauch ausreichend, für weitergehende Schlußweisen jedoch zu ungenau. Man muß deshalb nach einer Präzisierung suchen. Hier hilft der folgende gedankliche Ansatz:

relative Häufigkeit
als „Richtwert"

1. Bei n Beobachtungen steht als „Richtwert" für die gesuchte Wahrscheinlichkeit p die relative Häufigkeit $h_n(A)$ zur Verfügung.

2. Zwar läßt sich nicht sagen, wie nahe $h_n(A)$ dem gesuchten Wert p kommt. Aber bilden wir um den Wert $h_n(A)$ ein Intervall I, das den Bereich von 0 bis 1 überdeckt, so können wir mit Sicherheit aussagen, daß p in diesem Intervall liegt. Denn die gesuchte Wahrscheinlichkeit p muß eine Zahl zwischen 0 und 1 sein.

Konstruktion
eines Intervalls

3. Wählen wir ein kleineres, symmetrisch um $h_n(A)$ gelegenes Intervall I aus, dann können wir nicht mehr vollständig sicher sein, daß I den gesuchten Wert p enthält.

4. Je kleiner wir das Intervall I wählen, desto genauer wird unsere Angabe für p. Aber umso geringer ist die Wahrscheinlichkeit dafür, daß p in I liegt. Das heißt, umso größer ist die Wahrscheinlichkeit dafür, daß wir uns mit unserer Angabe für p irren.

Sicherheits-
wahrscheinlichkeit

5. Um die Größe der Intervalle I zweckmäßig zu bestimmen, gibt man sich eine sogenannte „*Sicherheitswahrscheinlichkeit*" vor. Diese garantiert, daß p mit der vorgegebenen Wahrscheinlichkeit in dem konstruierten Intervall liegt.

Schätzen eines
Parameters

Das Ergebnis unserer Überlegungen besteht also darin: Will man einen unbekannten Parameter p schätzen, bestimmt man ein Intervall I, ein sogenanntes *Konfidenzintervall*, für das gilt, daß der gesuchte Parameter p mit vorgegebener Sicherheitswahrscheinlichkeit in diesem Intervall I liegt. Je höher man die Sicherheitswahrscheinlichkeit ansetzt, desto größer fällt notwendigerweise das zu bestimmende Intervall aus.

Konfidenz-
intervall

Wie berechnet man das Intervall I?

Man geht hierzu von der Verteilungsfunktion einer Zufallsvariablen X aus. Ist X eine $N(0,1)$-verteilte Zufallsvariable, dann besitzt sie die Verteilungsfunktion F_0, und somit gilt für alle reellen Zahlen z:

$$F_0(z) = P(X < z)$$

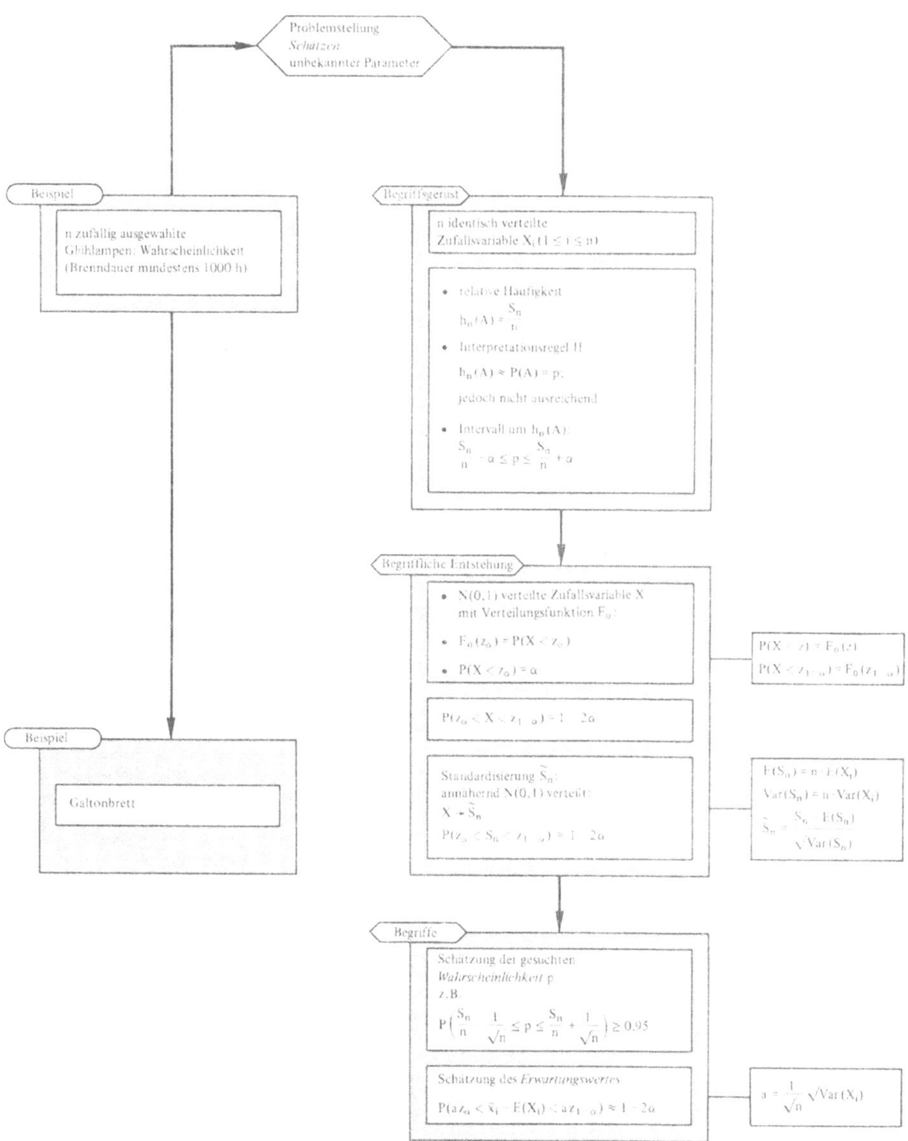

Bild 7-12. Schätzen von Wahrscheinlichkeiten und Erwartungswerten

Aus der strengen Monotonie von F_0 und der Symmetrie dieser Funktion zum Punkt $(0, \frac{1}{2})$ folgt ferner: Zu jeder Zahl α mit $0 < \alpha < 1$ gibt es eine eindeutig bestimmte Zahl z_α, für die gilt:

$$F_0(z_\alpha) = P(X < z_\alpha) = \alpha.$$

α-Quantil

Diese Zahl z_α heißt das α-*Quantil* der $N(0,1)$-verteilten Zufallsvariablen X.

Außerdem gilt für $0 < \alpha < \frac{1}{2}$:

$$(*) \quad P(z_\alpha < X < z_{1-\alpha}) = 1 - 2\alpha.$$

Die Wertepaare (z_α, α) kann man dabei wieder aus Tabellen für die Normalverteilung entnehmen. In konkreten Fällen wird man es allerdings nicht mit normalverteilten Zufallsvariablen zu tun haben.

Bei der Überprüfung von n Glühlampen ergeben sich n Zufallsvariable X_i ($1 \leq i \leq n$), die die zwei Werte 1 oder 0 annehmen, je nachdem, ob die untersuchte Glühlampe länger als 1.000 Stunden gebrannt hat oder nicht.

Ist S_n die Summenvariable der Zufallsvariablen X_i, dann beschreibt die Zufallsvariable $\dfrac{S_n}{n}$

die relative Häufigkeit $h_n(A)$. Sind überdies die Zufallsvariablen X_i unabhängig, dann ist S_n eine $B(n,p)$-verteilte Zufallsvariable. Dabei ist die Wahrscheinlichkeit p nicht bekannt. Sie soll geschätzt werden.

Die Standardisierung $\widetilde{S}_n$ von S_n ist nach dem zentralen Grenzwertsatz annähernd $N(0,1)$-verteilt. Ohne einen großen Fehler zu begehen, kann man in Gleichung (*) X durch S_n ersetzen. Man erhält:

$$(**) \quad P(z_\alpha < \widetilde{S}_n < z_{1-\alpha}) \approx 1 - 2\alpha.$$

Unter Verwendung einer Tabelle für die $N(0,1)$-Verteilung kann man nach einer Umformung aus obiger Gleichung entsprechend der vorgegebenen Sicherheitswahrscheinlichkeit die Grenzen des *Konfidenzintervalls* bestimmen. Beispielsweise gilt:

Beispiel für
Konfidenz-
intervall

$$P\left(\frac{S_n}{n} - \frac{1}{\sqrt{n}} \leq p \leq \frac{S_n}{n} + \frac{1}{\sqrt{n}} \right) \geq 0{,}95.$$

Dies bedeutet: Gibt man eine Sicherheitswahrscheinlichkeit von höchstens 0,95 vor, so unterscheidet sich p von

$$h_n(A) = \frac{S_n}{n} \quad \text{um weniger als} \quad \frac{1}{\sqrt{n}}.$$

Schätzen des
Erwartungswertes

Durch Umformung von Gleichung (**) kann man auch für den Erwartungswert ein Konfidenzintervall konstruieren. Der *Schätzwert für den Erwartungswert* liegt dann in einem entsprechend bestimmten Konfidenzintervall um den Mittelwert einer beobachteten Häufigkeitsverteilung.

Testen von Wahrscheinlichkeiten

Schätzen von Wahrscheinlichkeiten bzw. Parametern und Testen von Hypothesen stellen zwei wichtige statistische Verfahren dar. Schätzt man eine unbekannte Wahrscheinlichkeit bzw. einen unbekannten Parameter, so ermittelt man ein Intervall, in dem mit vorgegebener Wahrscheinlichkeit die gesuchte Wahrscheinlichkeit bzw. der gesuchte Parameter liegt. Beim Testen geht man von einer Hypothese über eine Wahrscheinlichkeit p aus, z.B. von der Hypothese

$$H_0 : p = \tfrac{1}{6}$$

für eines der möglichen Ergebnisse beim Würfeln mit einem bestimmten Würfel. Der Test soll dann darüber entscheiden, ob die Hypothese zu verwerfen ist oder nicht.

Eine Situation, in der man eine Hypothese über eine Wahrscheinlichkeit bildet, ergibt sich beispielsweise bei einem Spielautomaten, der einem Spieler als ein regelrechtes „Groschengrab" erscheint, wenn er trotz zahlreicher Wiederholungen in keinem einzigen Spiel einen Gewinn erzielt. Diese Beobachtung legt die Vermutung nahe, daß der Spielautomat nicht in Ordnung ist. Dies bedeutet in unserer Sprechweise: Der Spieler bildet die Hypothese, die Wahrscheinlichkeit für einen Gewinn sei gleich null. Nach dieser Schlußfolgerung wird sich der Spieler — im allgemeinen freilich, ohne die aufgestellte Hypothese getestet zu haben — entscheiden, mit dem Spielen aufzuhören.

Ein anderes Beispiel: Betrachtet man das Werfen eines Würfels als ein Laplace-Experiment, dann ist die Wahrscheinlichkeit p, eine Sechs zu werfen, gleich $\tfrac{1}{6}$. Bei einem Spiel mit einem unverfälschten Würfel, bei dem keine Augenzahl bevorzugt auftritt, darf man von dieser Hypothese ausgehen. Ist aber ein Würfel, den man in einem Warenhaus gekauft hat, tatsächlich ein „echter" Würfel? Um dies beurteilen zu können, kann man die Hypothese

$$H_0 : p = \tfrac{1}{6}$$

testen. Hierzu würfelt man wiederholt mit dem Würfel und stellt die Anzahl der geworfenen Sechsen fest. Außerdem legt man sich vorher auf einen „Annahmebereich" — etwa bei 150 Würfelwürfen mindestens 15 und höchstens 35 Sechsen — fest. (Wie man zu dem Annahmebereich kommt, wird noch erläutert.) Liegt dann die beobachtete Anzahl innerhalb des vorgegebenen Annahmebereichs, so wird man weiterhin von der aufgestellten Hypothese ausgehen und diese nicht verwerfen. Liegt dagegen die beobachtete Anzahl außerhalb der vorgegebenen „kritischen Schranken", dann wird man die Hypothese für falsch halten und sie verwerfen.

An dieser Stelle ergeben sich zwei Fragen:

1. Wie gelangt man zu den „kritischen Schranken", die den Annahmebereich bestimmen?
2. Wie groß ist die Wahrscheinlichkeit, daß man sich täuscht und eine Fehlentscheidung trifft, also die Hypothese irrtümlich verwirft bzw. irrtümlich beibehält.

Besonders die zweite Frage verdient großes Interesse. Sie muß noch präzisiert werden.

Wenn man einen Würfel 150-mal wirft und dabei von der Hypothese $H_0 : p = \tfrac{1}{6}$ ausgeht, ist der Erwartungswert der Zufallsvariablen S_{150}, die die zufallsabhängige Gesamtzahl der bei 150 Würfen aufgetretenen Sechsen angibt, gleich 25. Nun wird eine Zahl d bestimmt und festgestellt, ob die Anzahl der tatsächlich geworfenen Sechsen zwischen

$$25 - d \quad \text{und} \quad 25 + d$$

liegt. Ist dies der Fall, so wird man die Hypothese H_0 nicht verwerfen.

Liegt dagegen die Anzahl der geworfenen Sechsen außerhalb dieser Schranken, so wird man H_0 verwerfen.

Sinnvollerweise verbindet man mit den Aussagen, daß man die Hypothese für falsch bzw. daß man sie nicht für falsch hält, eine Wahrscheinlichkeit. Denn man kann sich auch täuschen. Zwei Fehlentscheidungen sind möglich:

1. Man verwirft die Hypothese, obwohl sie richtig ist.
2. Man verwirft die Hypothese nicht, obwohl sie falsch ist.

Man nennt diese Fehlentscheidungen „*Fehler erster Art*" bzw. „*Fehler zweiter Art*".

In der Praxis geht man so vor, daß man sich zunächst für den „Fehler erster Art" eine Wahrscheinlichkeit α vorgibt. Aus Tabellen kann man dann zu dieser vorgegebenen „*Irrtumswahrscheinlichkeit*" die entsprechenden kritischen Schranken entnehmen. (Die Standardisierung der Summenvariablen S_{150} ist näherungsweise $N(0,1)$-verteilt.)

Wählt man z.B. für das Testen der Hypothese $H_0 : p = \frac{1}{6}$ am Würfel die Irrtumswahrscheinlichkeit $\alpha = 0,03$, so erhält man als „Annahmebereich" den Bereich zwischen $25 - 10 = 15$ und $25 + 10 = 35$.

Dies bedeutet: Verwirft man die Hypothese H_0, nachdem bei 150 Würfelwürfen weniger als 15 oder mehr als 35 Sechsen aufgetreten sind, so wird man sich höchstens mit einer Wahrscheinlichkeit von 0,03 irren. D.h. mit einer Wahrscheinlichkeit von 0,03 ist die verworfene Hypothese trotz der Beobachtungsergebnisse richtig.

Ist die Anzahl der geworfenen Sechsen dagegen größer als 15, aber kleiner als 35, so wird man die Hypothese H_0 nicht für falsch halten und H_0 nicht verwerfen. Aber auch hiermit kann man einen Fehler, den „Fehler zweiter Art", begehen: Man verwirft die Hypothese nicht, obwohl sie falsch ist. Dieser Fehler kann unabhängig von „Fehler erster Art" sehr groß werden. Der „Fehler erster Art" hat auf den „Fehler zweiter Art" keinen Einfluß.

Tabelle 7-1. Testen von *Hypothesen.*

Das Schema zeigt den Zusammenhang zwischen Beobachtung, getroffener Entscheidung und den möglichen Fehlern (Hypothese H_0: $p = \frac{1}{6}$, $\alpha = 0,03$ beim Würfel).

Beobachtung	getroffene Entscheidung	Hypothese H_0 ist richtig	ist falsch
Anzahl Sechsen *außerhalb* „Annahmebereich"	H_0 wird *verworfen*	Hypothese H_0 verworfen, obwohl richtig →*Fehler 1. Art: falsche* Entscheidung mit Wahrscheinlichkeit $\alpha = 0,03$	*richtige* Entscheidung
Anzahl Sechsen *zwischen* 15 und 35	H_0 wird *nicht verworfen*	*richtige* Entscheidung mit Wahrscheinlichkeit $1 - \alpha = 0,97$	Hypothese H_0 nicht verwerfen, obwohl falsch →*Fehler 2. Art: falsche* Entscheidung

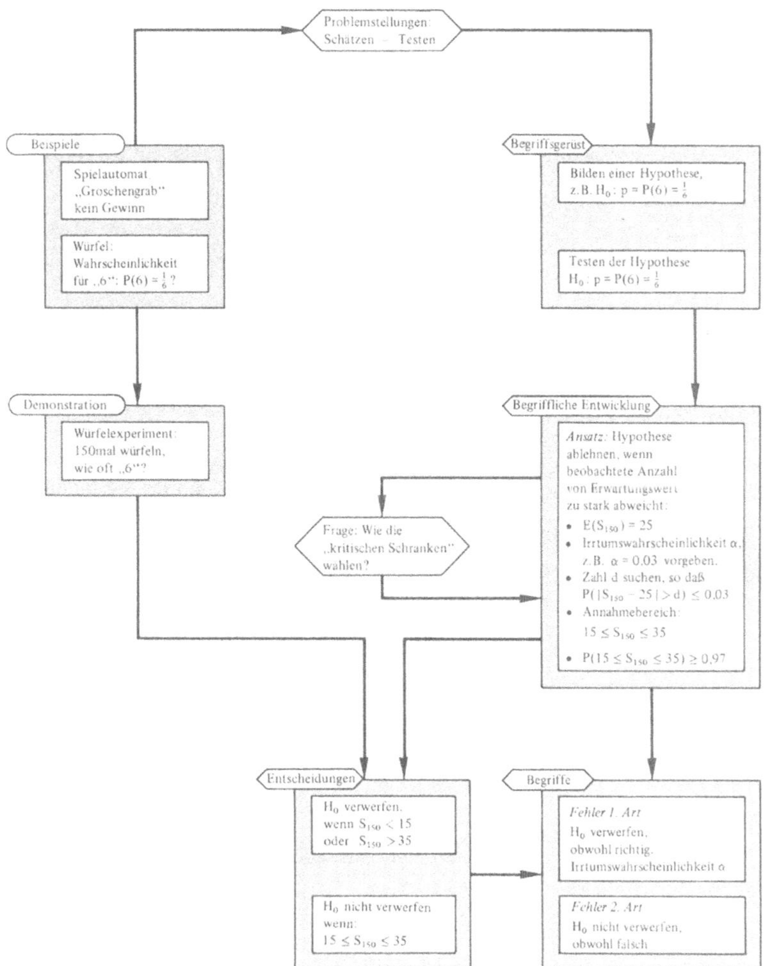

Bild 7-13. Testen von Wahrscheinlichkeiten

Testen mehrerer Parameter

In der Praxis besteht häufig die Notwendigkeit, Hypothesen über mehrere Parameter zu testen. Beispielsweise liefert der Test der Hypothese $p = \frac{1}{6}$, eine Sechs zu würfeln, noch keine Grundlage für ein Urteil darüber, daß der untersuchte Würfel „echt", unverfälscht ist. Hierzu muß man für alle möglichen Würfelergebnisse die Hypothesen $P(1) = \frac{1}{6}, \ldots, P(6) = \frac{1}{6}$ testen.

Ein anderes Beispiel: Die MENDEL'schen Gesetze. Bei Kreuzungen zwischen gewissen Pflanzenarten mit roten und weißen Blüten sind die Blüten der Abkömmlinge entweder rot oder weiß oder gemischt rosa. Sehr zahlreiche Versuche haben zu den Hypothesen

$$P(\text{rot}) = P(\text{weiß}) = \frac{1}{4} \qquad \text{und} \qquad P(\text{rosa}) = \frac{1}{2}$$

geführt.

Sowohl beim Beispiel des Würfels als auch bei dem Beispiel der MENDEL'schen Kreuzungen handelt es sich darum, mehrere Hypothesen zu testen. Dabei kann man jede der Hypothesen einzeln testen. Man kann aber auch einen „symmetrischen" Test über alle Parameter gleichzeitig durchführen. Hierbei geht man folgendermaßen vor:

Erster Schritt: Den k möglichen Ergebnissen eines Zufallsexperiments ordnet man die Zahlen $1, \ldots, k$ zu. Dadurch erhält man die Zufallsvariable X mit der Verteilung

$$(i, P(X = i) = p_i) \quad \text{mit} \quad 1 \le i \le k.$$

Dabei gilt $\sum\limits_i p_i = 1$.

Beim Würfelbeispiel läuft i von 1 bis 6 entsprechend den möglichen Augenzahlen $1, \ldots, 6$. Beim Beispiel der MENDEL'schen Kreuzungen ist $i = 1, 2, 3$ entsprechend den drei verschiedenen Blütenfarben rot, rosa, weiß.

Zweiter Schritt: Führt man das Zufallsexperiment n mal durch, wobei jede Wiederholung unabhängig sein soll, dann erhält man n unabhängige, jedoch identisch verteilte Zufallsvariable $X_1, \ldots, X_n$. Dabei bezeichnet n(i) die absolute Häufigkeit des Ergebnisses i $(1 \le i \le k)$.

Dritter Schritt: Um einen gemeinsamen Test aller Parameter durchzuführen, bildet man die Zufallsvariable

$$Y := \sum_{i=1}^{k} \frac{(n(i) - n \cdot p_i)^2}{n \cdot p_i} \; .$$

Diese Zufallsvariable Y mißt die Abweichungen (genauer: die Quadrate der Abweichungen) der absoluten Häufigkeiten von den theoretisch gebildeten „Häufigkeiten" $n \cdot p_i$.

Die Zufallsvariable Y kann keine negativen Werte annehmen. Y wird klein, wenn die Abweichungen der beobachteten Häufigkeiten von den „theoretischen Häufigkeiten" klein werden.

Vierter Schritt: Die aus den Einzelhypothesen bestehende gemeinsame Hypothese wird verworfen, wenn die Zufallsvariable „Y zu groß" ist.

Dieser letzte Schritt muß präzisiert werden. Hierzu bestimmt man eine Zahl c. Falls $Y > c$ ist, wird die gemeinsame Hypothese verworfen.

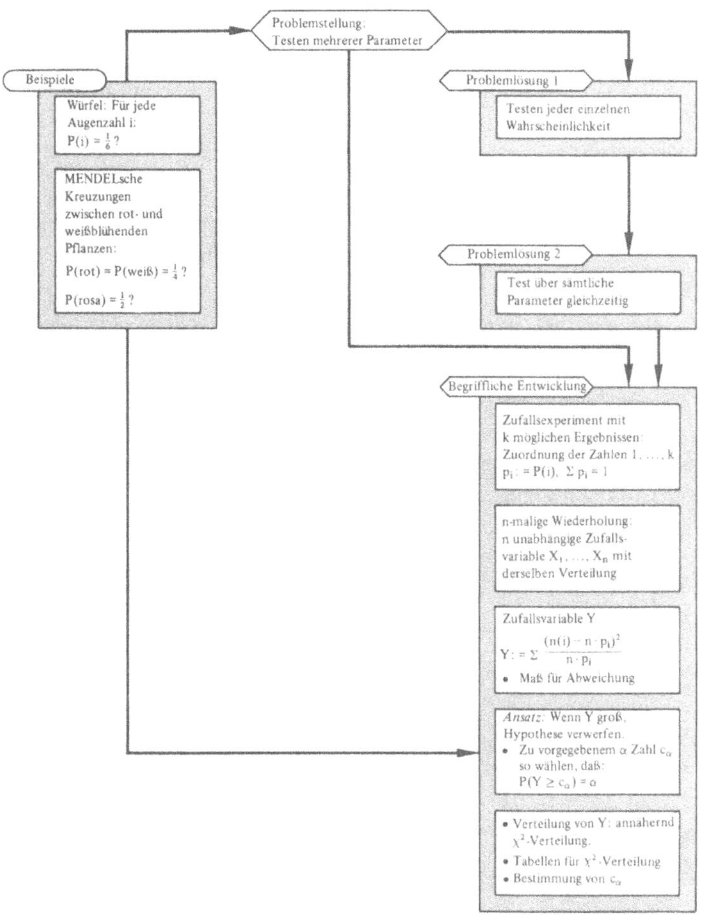

Bild 7-14. Testen mehrerer Parameter

Fünfter Schritt: Zur Bestimmung von c gibt man sich wieder eine Irrtumswahrscheinlichkeit α (für den Fehler 1. Art) vor. In Abhängigkeit davon bestimmt man eine Zahl c_α, so daß

$$P(Y \geq c_\alpha) = \alpha$$

ist.

Sechster Schritt: Um c_α bestimmen zu können, müßte man die Verteilung der Zufallsvariablen Y kennen. Hierbei handelt es sich aber um eine sehr komplizierte Verteilung. Man sucht deshalb nach einer einfach zu beschreibenden Verteilung, der sich die Verteilung von Y annähert.

Siebenter Schritt: Eine mittelbare Folgerung aus dem Zentralen Grenzwertsatz ist, daß Y annähernd so verteilt ist, wie die sogenannte χ^2-Verteilung (Chi-Quadrat-Verteilung) mit $k-1$ Freiheitsgraden. Diese ist ähnlich wie die Normalverteilung in Tabellen beschrieben.

Achter Schritt: Aus den Tabellen kann man zur Irrtumswahrscheinlichkeit α die Zahl c_α entnehmen.

Neunter Schritt: Man vergleicht den tatsächlich auftretenden Wert von Y, der aus den Beobachtungsergebnissen zu berechnen ist, mit dem aus der Tabelle entnommenen c_α. Ist $Y \geq c_\alpha$, so wird die gemeinsame Hypothese verworfen. Die Wahrscheinlichkeit, daß man mit dieser Entscheidung einen Fehler (Fehler 1. Art) begeht, ist höchstens gleich α.

Anhang

8 Mathematische Begriffe

von Gisela Jordan-Engeln, Aachen

In diesem Kapitel werden mathematische Begriffe, Aussagen und Beziehungen zusammengestellt, die zum Verständnis der voranstehenden Kapitel benötigt werden.

8.1 Grundbegriffe der Mengenlehre

8.1.1 Definition und Schreibweise

Der Begründer der Mengenlehre Georg Cantor (1845 bis 1918) gab die folgende Erklärung des Begriffs Menge:

Eine Menge *ist eine Zusammenfassung bestimmter, wohlunterschiedener Objekte unserer Anschauung oder unseres Denkens zu einem Ganzen. Diese Objekte heißen die* Elemente der Menge.

Definition 8-1
Menge

Diese recht anschauliche Erklärung des Mengenbegriffs ist nach heutigen Maßstäben keine strenge Definition, ist jedoch für unsere Zwecke ausreichend. Man bezeichnet Mengen mit großen Buchstaben, ihre Elemente i.a. mit kleinen Buchstaben.

Schreibweise

Für die grundlegende *Elementbeziehung* der Mengenlehre „a ist Element von M" oder „a ist in M enthalten" schreibt man mit dem Zeichen $\in$: $a \in M$. Die Negation dieser Elementbeziehung ist: $a \notin M$: „a ist nicht Element von M" oder „a ist nicht in M enthalten".

Elementbeziehung

Man unterscheidet zwischen *endlichen Mengen* (Mengen mit endlich vielen Elementen) und *unendlichen Mengen* (Mengen mit unendlich vielen Elementen).

Endliche und
unendliche Mengen

Eine Menge ist bekannt, wenn ihre Elemente bekannt sind, d.h.

(i) einzeln aufgezählt werden können:

    a) $M = \{a_1, a_2, a_3, \ldots, a_n\}$ = endliche Menge aus den Elementen $a_1, a_2, \ldots, a_n$;

    b) $M = \{a_1, a_2, a_3, \ldots\}$ = unendliche Menge aus den Elementen $a_1, a_2, a_3, \ldots$;

oder

(ii) durch eine definierende Eigenschaft E festgelegt werden können:

    $M = \{x \mid x$ besitzt die Eigenschaft $E(x)\}$.

1. $M = \{4, -2, 7, 8, 10\}$ ist eine aus 5 Elementen bestehende endliche Menge.

Beispiele 8-1
zu (i)

2. $\mathbb{N} = \{1, 2, 3, \ldots\}$ ist die aus unendlich vielen Elementen bestehende Menge aller natürlichen Zahlen („Zahlen des Zählens").   □

1. $M = \{x \mid x \in \mathbb{R}$ und $-1 < x < +1\}$ ist die (unendliche) Menge aller reellen Zahlen zwischen -1 und $+1$ (ohne -1, ohne $+1$).

2. $\mathbb{Q} = \{x \mid x = \frac{p}{q}$ und p, q ganzzahlig, $q \neq 0\}$ ist die (unendliche) Menge aller rationalen Zahlen, d.h. aller ganzen Zahlen und Brüche.

3. $M = \{x \mid x$ ist Fernsehteilnehmer der BRD$\}$ ist die (endliche) Menge aller Fernsehteilnehmer in der BRD. □

Zur uneingeschränkten Ausführbarkeit der Mengenoperationen (8.1.3, siehe Beispiel 8.5.2) wird die Einführung der leeren Menge erforderlich.

Definition 8-2
Leere Menge

Die Menge, die kein Element besitzt, heißt leere Menge; *sie wird mit $\emptyset$ bezeichnet.*

8.1.2 Beziehungen zwischen Mengen

Definition 8-3
Gleichheit

Zwei Mengen A und B heißen gleich, wenn A dieselben Elemente wie B besitzt. Man schreibt: $A = B$ (Negation $A \neq B$).

Es gilt $A = B$, falls $x \in A \Leftrightarrow x \in B$ für jedes $x \in A$.

Definition 8-4
Teilmenge,
echte Teilmenge

A heißt Teilmenge (Untermenge) *von B, wenn jedes Element von A auch Element von B ist. B ist dann* Obermenge *von A. Man schreibt: $A \subset B$ bzw. $B \supset A$ (Negation $A \not\subset B$ bzw. $B \not\supset A$). Gilt $A \subset B$ und $A \neq B$, so heißt A* echte Teilmenge *von B.*

Es gilt $A \subset B$, falls aus $x \in A \Rightarrow x \in B$ für jedes $x \in A$.

Die leere Menge ist Teilmenge jeder Menge.

Eine Menge aus n Elementen besitzt 2^n Teilmengen.

Beispiel 8-3
Teilmengen

Die Menge $A = \{1, 2, 3\}$ besitzt die $2^3 = 8$ Teilmengen $A_1 = \emptyset$, $A_2 = \{1\}$, $A_3 = \{2\}$, $A_4 = \{3\}$, $A_5 = \{1, 2\}$, $A_6 = \{1, 3\}$, $A_7 = \{2, 3\}$, $A_8 = \{1, 2, 3\}$. Dabei sind A_1 bis A_7 echte Teilmengen von A. □

8.1.3 Mengenoperationen

Für je zwei Mengen führen wir die Begriffe Vereinigung, Durchschnitt, Differenz und Produkt ein.

Definition 8-5
Vereinigung

Unter der Vereinigung S *(Summe) zweier Mengen A und B versteht man die Menge aller Elemente, die mindestens in einer der beiden Mengen A, B enthalten sind. Man schreibt: $S = A \cup B$.*

Es gilt: $x \in A \cup B \Leftrightarrow x \in A$ oder $x \in B$ (nichtausschließendes „oder"). Elemente, die sowohl in A als auch in B vorkommen, werden nur einmal in die Vereinigung $A \cup B$ aufgenommen.

$$A = \{1, 2, 3, 4\}, \quad B = \{1, 2, 5\} \;\Rightarrow\; S = A \cup B = \{1, 2, 3, 4, 5\}.$$

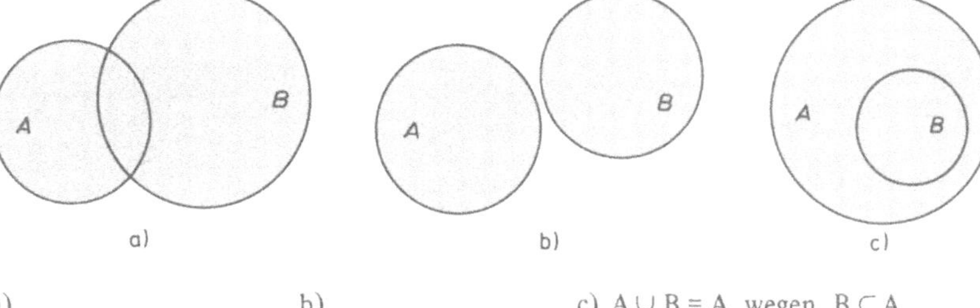

a)

b)

c) $A \cup B = A$ wegen $B \subset A$

Beispiel 8-4
Veranschaulichung
der Vereinigung
zweier Mengen
durch Venndia-
gramme

Bild 8-1. Venndiagramme zur Veranschaulichung der Vereinigung je zweier Mengen. Die Vereinigungsmenge ist jeweils durch Rasterung gekennzeichnet.

Unter dem Durchschnitt D *zweier Mengen A und B versteht man die Menge derjenigen Elemente, die beiden Mengen gleichzeitig angehören. Man schreibt: $A \cap B$.*

Es gilt: $x \in A \cap B \iff x \in A$ und $x \in B$.

Definition 8-6
Durchschnitt

1. $A = \{1, 2, 3, 4\}, \qquad B = \{1, 2, 5\} \;\Rightarrow\; D = A \cap B = \{1, 2\}$.
2. $A = \{1, 2, 3\}, \qquad B = \{4, 5\} \quad \Rightarrow\; D = A \cap B = \emptyset$.

Beispiel 8-5

Hier erkennt man, daß sich ohne die Einführung der leeren Menge die Operation „Durchschnitt" nicht uneingeschränkt ausführen ließe.

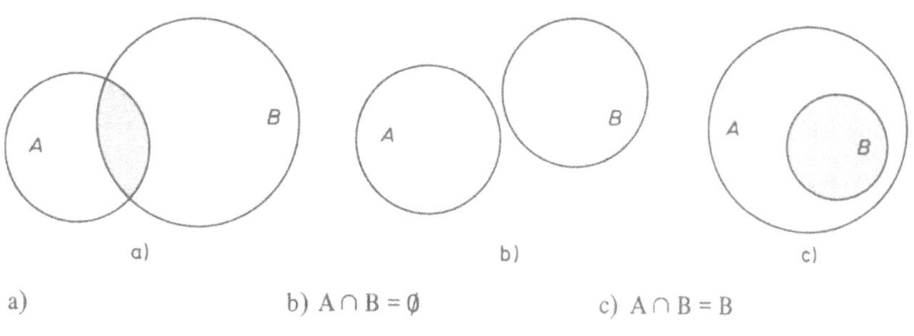

a)

b) $A \cap B = \emptyset$

c) $A \cap B = B$

Veranschaulichung
des Durchschnitts
zweier Mengen durch
Venndiagramme

Bild 8-2. Venndiagramme zur Veranschaulichung des Durchschnitts je zweier Mengen. Im Fall (b) sind A und B elementfremd (disjunkt). Der Durchschnitt ist jeweils durch Rasterung gekennzeichnet.

Die Differenz *zweier Mengen A und B ist die Menge, die man erhält, wenn aus A alle Elemente entfernt werden, die auch in B enthalten sind. Man schreibt: $A \setminus B$ (lies: A ohne B).*

$A \setminus B$ heißt auch die zu B komplementäre Menge von A oder die Restmenge von A zu B.

Es gilt: $x \in A \setminus B \iff x \in A$ und $x \notin B$.

Definition 8-7
Differenz

261

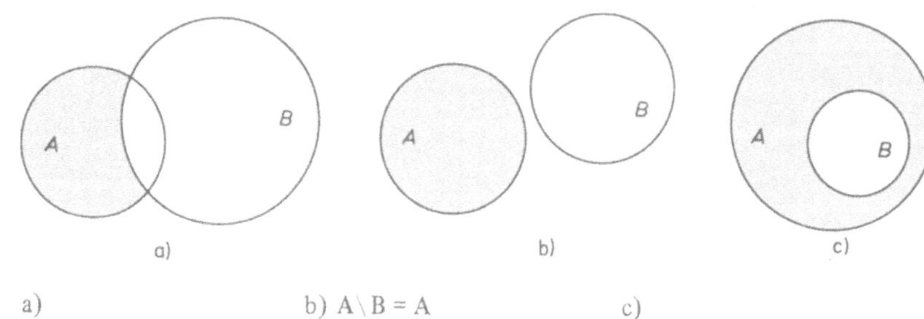

a)   b) $A \setminus B = A$ c)

Bild 8-3. Venndiagramme zur Veranschaulichung der Differenz je zweier Mengen. Die Differenz ist jeweils durch Rasterung gekennzeichnet.

Regeln und Gesetze für die Vereinigungs- und Durchschnittsbildung

Vereinigung von
mehr als zwei, aber
endlich vielen
Mengen

1. $M_1 \cup M_2 \cup M_3 \cup \ldots \cup M_n = \bigcup\limits_{i=1}^{n} M_i = \{x \mid x \in M_1 \text{ oder } x \in M_2 \text{ oder } \ldots \text{ oder } x \in M_n\}$

ist die Menge aller x, die zu mindestens einer der Mengen M_i gehören.

Durchschnitt von
mehr als zwei, aber
endlich vielen
Mengen

2. $M_1 \cap M_2 \cap M_3 \cap \ldots \cap M_n = \bigcap\limits_{i=1}^{n} M_i = \{x \mid x \in M_i \text{ für alle } i = 1, 2, \ldots, n\}$

ist die Menge aller x, die zu jeder der Mengen M_i gehören.

Assoziativ-
gesetze

3. $M_1 \cup (M_2 \cup M_3) = (M_1 \cup M_2) \cup M_3 = M_1 \cup M_2 \cup M_3$.

4. $M_1 \cap (M_2 \cap M_3) = (M_1 \cap M_2) \cap M_3 = M_1 \cap M_2 \cap M_3$.

Kommutativ-
gesetze

5. $M_1 \cup M_2 = M_2 \cup M_1$.

6. $M_1 \cap M_2 = M_2 \cap M_1$.

Distributiv-
gesetze

7. $(A \cup B) \cap C = (A \cap C) \cup (B \cap C)$.

8. $(A \cap B) \cup C = (A \cup C) \cap (B \cup C)$.

Definition 8-8
Mengenprodukt,
Kreuzprodukt

Unter der Produktmenge (Kreuzprodukt, kartesisches Produkt) *zweier Mengen A und B versteht man die Menge aller geordneten Paare (a, b) mit a ∈ A und b ∈ B. Man schreibt: A × B (lies: A Kreuz B).*

Es gilt: $A \times B = \{(a,b) \mid a \in A, b \in B\}$.

„Geordnet" heißt hier, daß bei der Bildung der Paare (a, b) an erster Stelle immer ein Element der ersten Menge des Kreuzproduktes, an zweiter Stelle ein Element aus der zweiten Menge steht.

Das Mengenprodukt ist i.a. nicht kommutativ, d.h. i.a. ist

$A \times B \neq B \times A$.

A = {1,2},   B = {1,2,3} ⇒

A × B = {(1,1), (1,2), (1,3), (2,1), (2,2), (2,3)},

B × A = {(1,1), (1,2), (2,1), (2,2), (3,1), (3,2)};

es ist A × B ≠ B × A.

8.1.4 Zahlenmengen und Punktmengen

Zahlenmengen sind Mengen, deren Elemente Zahlen sind, *Punktmengen* sind Mengen, deren Elemente Punkte sind. Zahlenmengen lassen sich als *lineare* Punktmengen, Produkte zweier Zahlenmengen als *ebene* Punktmengen darstellen.

Lineare Punktmengen: Sind z.B. die Menge der ganzen Zahlen

$$\mathbb{Z} = \{\ldots, -3, -2, -1, 0, 1, 2, 3, \ldots\}$$

und eine horizontale Gerade g gegeben, so kann auf g ein Punkt 0 (Nullpunkt) festgelegt werden und rechts von 0 ein Punkt E (Einheitspunkt). Dem Punkt 0 ordnen wir die Zahl $0 \in \mathbf{Z}$ zu und dem Punkt E die Zahl $1 \in \mathbf{Z}$. Die Strecke $\overline{OE}$ ist die Einheitsstrecke. Dann kann jedem Element $m \in \mathbf{Z}$ ein Punkt P_m der Geraden zugeordnet werden, indem im Falle $m > 0$ die Einheitsstrecke $\overline{OE}$ vom Nullpunkt aus m-mal nach rechts abgetragen wird, im Falle negativer m entsprechend m-mal nach links. Der Pfeil gibt die Orientierung an, d.h. die Richtung, in der die Gerade durchlaufen wird.

Lineare Punktmengen

Einführung der Zahlengeraden

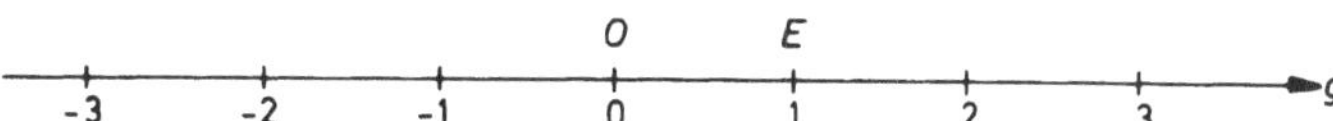

Bild 8-4. Zuordnung von Punkten einer Geraden g zu den ganzen Zahlen

Die (orientierte) Gerade g heißt Achse. Die Halbgerade rechts vom Nullpunkt 0 wird so zur positiven Halbachse erklärt, die andere zur negativen Halbachse.

Man kann nun auf die gleiche Weise jeder reellen Zahl umkehrbar eindeutig einen Punkt auf einer Achse zuordnen. Einer positiven (negativen) reellen Zahl x wird auf der positiven (negativen) Halbachse ein Punkt im Abstand $|x| \cdot \overline{OE}$ vom Nullpunkt 0 zugeordnet. Die reelle Zahl x, die einem Punkt P auf der Achse zugeordnet ist, heißt *Koordinate* des Punktes P. Der gesamten Menge $\mathbb{R}$ der reellen Zahlen entspricht umkehrbar eindeutig die Gesamtheit der Punkte einer Achse (lineare Punktmenge). Eine solche Achse wird als *Koordinatenachse* bezeichnet.

Koordinate eines Punktes

Koordinatenachse

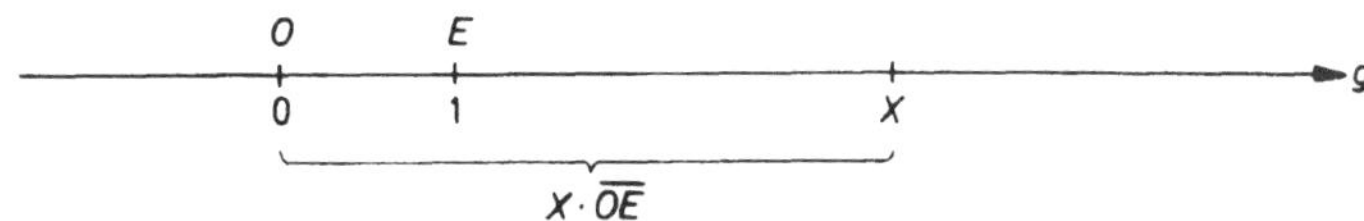

Bild 8-5. Zuordnung der Punkte einer Geraden zu den reellen Zahlen

Definition 8-9 Intervall, Länge eines Intervalls	*Die Menge aller reellen Zahlen x zwischen zwei festen reellen Zahlen a, b mit a < b heißt* Intervall; *a und b heißen die Endpunkte dieses Intervalls. Man nennt die Menge*

$$[a,b] = \{x \mid a \leq x \leq b, \ x \in \mathbb{R}\} \quad \textit{abgeschlossenes,}$$
$$(a,b) = \{x \mid a < x < b, \ x \in \mathbb{R}\} \quad \textit{offenes,}$$
$$[a,b) = \{x \mid a \leq x < b, \ x \in \mathbb{R}\} \quad \textit{links abgeschlossenes,}$$
$$(a,b] = \{x \mid a < x \leq b, \ x \in \mathbb{R}\} \quad \textit{rechts abgeschlossenes}$$

Intervall. Die Zahl $b - a$ *heißt* Länge des Intervalls.

Jeder Zahlenmenge „Intervall" entspricht eine lineare Punktmenge auf einer Achse, bestehend aus sämtlichen Punkten zwischen den den Zahlen a und b zugeordneten Punkten auf der Achse.

Uneigentliche Intervalle	Die Mengen

$$[a, \infty) = \{x \mid x \geq a, \ x \in \mathbb{R}\},$$
$$(a, \infty) = \{x \mid x > a, \ x \in \mathbb{R}\},$$
$$(-\infty, a] = \{x \mid x \leq a, \ x \in \mathbb{R}\},$$
$$(-\infty, a) = \{x \mid x < a, \ x \in \mathbb{R}\},$$
$$(-\infty, \infty) = \{x \mid -\infty < x < \infty, \ x \in \mathbb{R}\} = \mathbb{R}$$

heißen *uneigentliche Intervalle*; für diese Intervalle wird eine Länge nicht definiert.

Teilintervalle	Teilmengen der als Intervalle bezeichneten Mengen heißen *Teilintervalle*.

Ebene Punktmengen:

Definition 8-10 Ebenes kartesisches Koordinatensystem, Abszissenachse, Ordinatenachse	*Zwei aufeinander senkrechte und sich in ihren Nullpunkten schneidende Koordinatenachsen bilden ein ebenes kartesisches Koordinatensystem. Die Koordinaten der Punkte der einen Achse* (Abszissenachse) *werden mit x bezeichnet, die der anderen* (Ordinatenachse) *mit y. Das Koordinatensystem ist i.a. so orientiert, daß die positive x-Achse durch eine Drehung um 90° im Gegensinn des Uhrzeigers (mathematisch positiver Drehsinn) in die positive y-Achse übergeführt wird. Ein solches System heißt Rechtssystem.*

Ebenes kartesisches Koordinatensystem	

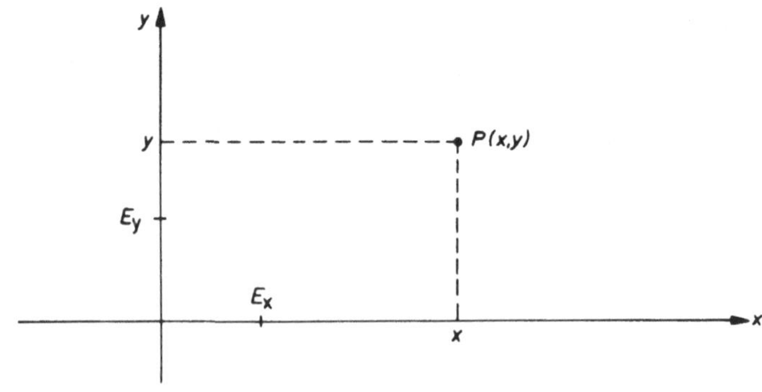

Bild 8-6. Ebenes kartesisches Koordinatensystem

Durch ein geordnetes Zahlenpaar (x, y) ist eindeutig ein Punkt P der x,y-Ebene festgelegt, umgekehrt sind durch einen Punkt P eindeutig die Zahlen x,y festgelegt, die Koordinaten von P.

Dem kartesischen Produkt $\mathbb{R} \times \mathbb{R} = \{(x,y) \mid x \in \mathbb{R} \text{ und } y \in \mathbb{R}\}$ entspricht die Menge aller Punkte der x,y-Ebene.

Ist $A = [a,b]$ und $B = [c,d]$, so werden dem Mengenprodukt (kartesischen Produkt)

$$A \times B = \{(x,y) \mid x \in [a,b] \text{ und } y \in [c,d]\} \subset \mathbb{R} \times \mathbb{R}$$

alle Punkte im Innern und auf dem Rande des Rechtecks in Bild 8-7 zugeordnet; sie bilden einen *Rechteckbereich*.

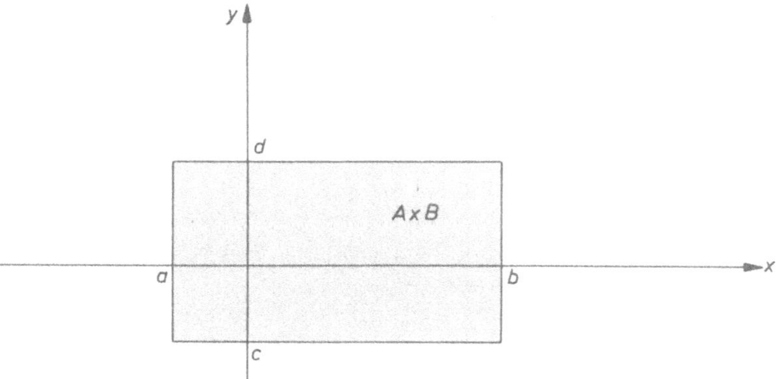

Bild 8-7. Veranschaulichung eines Rechteckbereichs (ebene Punktmenge), der dem kartesischen Produkt $A \times B$ zugeordnet ist

Rechteckbereich

8.1.5 Der Begriff der Abbildung

Man spricht von einer *Abbildung*, wenn jeweils einem Element einer Menge A genau ein Element einer Menge B zugeordnet wird. Die Zuordnung eines Elementes $b \in B$ zu einem Element $a \in A$ bedeutet die Bildung des Paares (a,b). Bei einer Abbildung entsteht also eine Menge von Elementpaaren.

Sind A und B zwei Mengen, dann heißt f: A → B eine Abbildung aus A in B, wenn f eine Teilmenge der Produktmenge $A \times B$ ist, für die gilt: Aus $(a, b_1) \in f$ und $(a, b_2) \in f$ folgt $b_1 = b_2$.

Definition 8-11
Abbildung

$$A = \{a_1, a_2, a_3, a_4\}, \quad B = \{b_1, b_2, b_3\},$$
$$f_1 = \{(a_1, b_2), (a_2, b_1), (a_3, b_1)\} \subset A \times B,$$
$$f_2 = \{(a_1, b_2), (a_2, b_1), (a_3, b_3)\} \subset A \times B. \qquad \square$$

Beispiel 8-7

Die Menge aller $a \in A$, die ein Bild $b \in B$ haben, heißt Definitionsbereich D_f *der Abbildung f. Es ist* $D_f = \{a \mid a \in A \text{ und } (a,b) \in f\}$.

In Beispiel 8-7 ist $D_{f_1} = \{a_1, a_2, a_3\}$, $D_{f_2} = \{a_1, a_2, a_3\}$.

Definition 8-12
Definitionsbereich
einer Abbildung

265

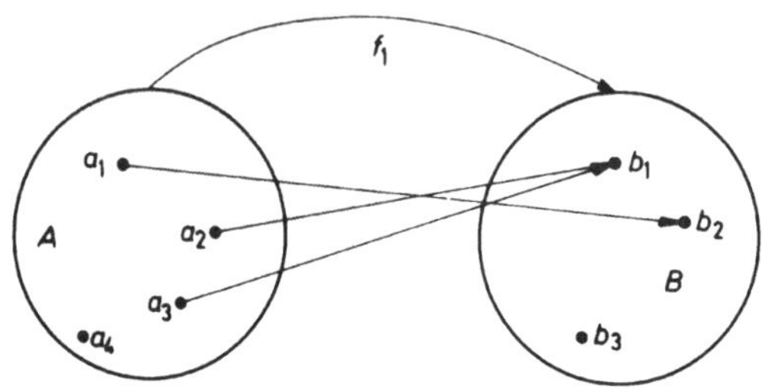

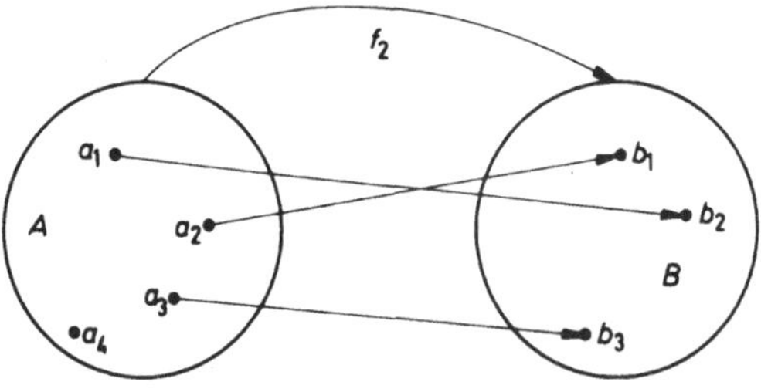

Bild 8-8. Veranschaulichung der Abbildungen f_1, f_2 durch Pfeildiagramme. Jeder Pfeil weist vom Urbild zum Bild. Von jedem Element von A geht höchstens ein Pfeil aus.

Definition 8-13
Wertebereich
einer Abbildung

Die Menge aller $b \in B$, die Bild eines $a \in A$ sind, heißt Wertebereich W_f *der Abbildung f. Es ist $W_f = \{b \mid b \in B$ und $(a,b) \in f\}$.*

In Beispiel 8-7 ist $W_{f_1} = \{b_1, b_2\}$, $W_{f_2} = \{b_1, b_2, b_3\}$.

Definition 8-14
Eineindeutige
Abbildung

Eine Abbildung f heißt eineindeutig, *wenn gilt: Aus $(a_1, b) \in f$ und $(a_2, b) \in f$ folgt $a_1 = a_2$; d. h. jedes Element von W_f besitzt höchstens ein Urbild in D_f.*

In Beispiel 8-7 ist f_2 eineindeutig, nicht aber f_1, da b_1 die verschiedenen Urbilder a_2, a_3 hat. Bei einer eineindeutigen Abbildung f haben D_f und W_f dieselbe Anzahl von Elementen.

Definition 8-15
Inverse Abbildung

Ist $f = \{(a,b) \mid a \in D_f$ und $b \in W_f\}$ eine eineindeutige Abbildung, so ist die Menge $f^{-1} := \{(b,a) \mid b \in W_f, a \in D_f\}$ ebenfalls eine Abbildung mit $D_{f^{-1}} = W_f$ und $W_{f^{-1}} = D_f$. f^{-1} heißt die zu f inverse Abbildung.

In Beispiel 8-7 ist die zu f_2 gehörige inverse Abbildung

$$f_2^{-1} = \{(b_2, a_1), (b_1, a_2), (b_3, a_3)\}.$$

8.2 Funktionen einer unabhängigen Veränderlichen

8.2.1 Der Funktionsbegriff

Definition 8-16
Funktion

Ist $f = \{(x,y) \mid x \in D_f$ und $y \in W_f\}$ eine Abbildung, deren Definitionsbereich D_f und Wertebereich W_f Teilmengen der Menge $\mathbb{R}$ der reellen Zahlen sind, d. h. $D_f \subset \mathbb{R}$ und $W_f \subset \mathbb{R}$, so nennt man diese Abbildung f eine reellwertige Funktion einer reellen Veränderlichen. Man schreibt auch $f: D_f \to W_f$ mit $x \mapsto y = f(x)$. $x \in D_f$ heißt die unabhängige Veränderliche, $y = f(x) \in W_f$ heißt die abhängige Veränderliche.

8.2.2 Darstellung von Funktionen

Die wichtigsten Formen der Darstellung von Funktionen sind: Darstellungsformen für Funktionen

1. Darstellung als Menge von Wertepaaren bzw. durch eine Wertetabelle:

$$f = \{(x_1, y_1), (x_2, y_2), (x_3, y_3), \ldots\}$$

Wertetabelle:

x	x_1	x_2	x_3	...
$y = f(x)$	y_1	y_2	y_3	...

In der Praxis werden Wertetabellen i.a. dann angegeben, wenn der Zusammenhang zwischen x und y durch Beobachtungen oder Messungen ermittelt ist. Auch Funktionstafeln (Tabellen) fallen unter diese Darstellungsform.

2. Darstellung durch den Graphen der Funktion:

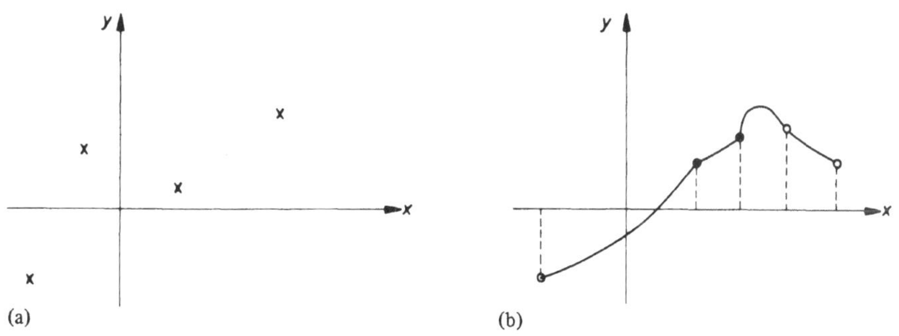

(a)   (b)

Bild 8-9. Veranschaulichung einer Funktion mit Hilfe ihres Graphen. Im Falle (a) sind D_f und W_f endliche Mengen, im Falle (b) sind es unendliche Mengen (Intervalle).

Unter dem *Graphen* der Funktion f verstehen wir die Menge aller Punkte der (x, y)-Ebene, die den Zahlenpaaren (x, y = f(x)) zugeordnet sind. Graph einer Funktion

3. Darstellung durch eine Funktionsgleichung: $y = f(x)$.

   Die Abbildung f wird hier mit Hilfe einer mathematischen Formel erklärt. Für jedes $x \in D_f$ kann mit der Formel $y = f(x)$ das zugehörige $y \in W_f$ ermittelt werden. Beispiel: $f = \{(x,y) \mid x \in D_f,\ y = x + 3\}$.

Oft ist die Funktionsgleichung nicht in der *expliziten Form* $y = f(x)$, sondern in *impliziter Form* $F(x,y) = 0$ gegeben. So stellen z.B. die Gleichungen Explizite und implizite Form der Funktionsgleichung

$$y = f(x) = x + 3 \quad \text{und} \quad F(x,y) = y - x - 3 = 0 \quad \text{dieselbe Funktion f dar.}$$

8.2.3 Funktionentypen

1. *Monotone Funktionen.* f in D_f sei eine Funktion. f heißt für je zwei Zahlen $x_1, x_2 \in D_f$ mit $x_1 < x_2$ streng monoton wachsend, falls $f(x_1) < f(x_2)$ gilt; monoton wachsend (oder monoton nicht fallend), falls $f(x_1) \leq f(x_2)$ gilt; streng monoton fallend, falls $f(x_1) > f(x_2)$ gilt; monoton fallend (oder monoton nicht wachsend), falls $f(x_1) \geq f(x_2)$ gilt. f heißt in D_f (streng) monoton, falls f entweder (streng) monoton wachsend oder (streng) monoton fallend ist. Monotone Funktionen

2. *Beschränkte Funktionen.* Eine reelle Funktion f heißt nach oben beschränkt, wenn ihre Werte f(x) eine bestimmte Zahl nicht übersteigen, und nach unten beschränkt, wenn ihre Werte f(x) nicht kleiner als eine bestimmte Zahl sind.

8.2.4 Lineare Funktionen

Definition 8-17
Lineare Funktion,
lineare
Transformation

Eine Funktion f mit der Funktionsgleichung

$$y = f(x) = mx + b, \quad x \in D_f, \quad m, b \ \textit{Konstanten,} \tag{8.1}$$

heißt lineare Funktion. *Sie charakterisiert eine* lineare Transformation.

Monotonie der
linearen Funktion

Für alle $x_1, x_2 \in D_f$ mit $x_1 < x_2$ gilt wegen (8.1)

$$f(x_2) - f(x_1) = mx_2 - mx_1 = m(x_2 - x_1) \quad \begin{cases} > 0 & \text{für } m > 0\,, \\ = 0 & \text{für } m = 0\,, \\ < 0 & \text{für } m < 0\,. \end{cases}$$

Daraus folgt mit der Definition der monotonen Funktion in Abschnitt 8.2.3, daß eine lineare Funktion f für $m > 0$ streng monoton wachsend ($f(x_1) < f(x_2)$), für $m = 0$ monoton nicht fallend und monoton nicht wachsend und für $m < 0$ streng monoton fallend ($f(x_1) > f(x_2)$) ist; d.h. jede lineare Funktion ist streng monoton bzw. monoton.

Graph einer
linearen Funktion;
Kartesische Normal-
form der Geraden-
gleichung

Der Graph einer linearen Funktion ist eine Gerade, deren Lage durch die Konstanten m und b in (8.1) bestimmt ist, (8.1) ist die *Gleichung der Geraden.* Die Darstellungsform (8.1) der Geradengleichung heißt *kartesische Normalform.*

Geometrische Bedeutung von m:

Dazu zeichnen wir den Graphen der linearen Funktion f mit $y = mx + b$, $b = 0$, $x \in \mathbb{R}$ auf für $m = \frac{1}{2}$, 1, 2, $-\frac{1}{2}$, -1, -2.

Veranschaulichung
der geometrischen
Bedeutung von m

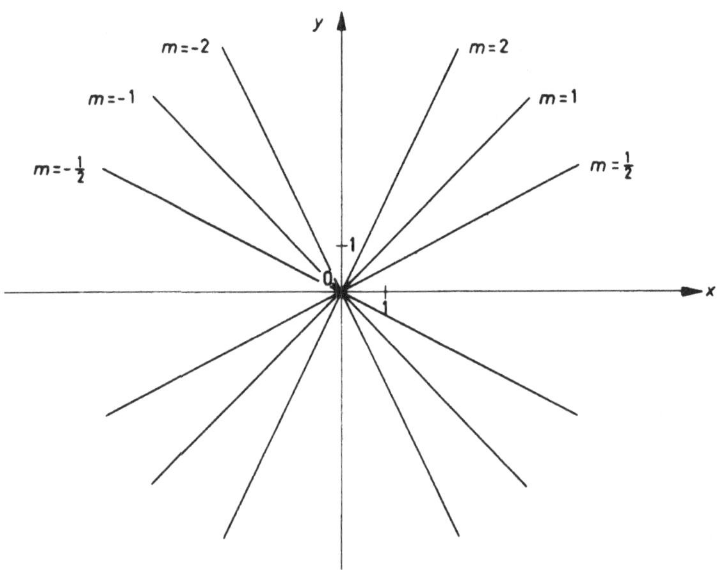

Bild 8-10. Graphen linearer Funktionen mit der Funktionsgleichung $y = mx$ für verschiedene Werte von m

Folgerungen:

1. $m > 0$: Mit zunehmendem x steigt die Gerade an. Sie steigt umso stärker an, je
   größer m ist.

2. $m < 0$: Mit zunehmendem x fällt die Gerade. Sie fällt umso stärker, je kleiner m
   ist, d.h. je größer der Betrag von m ist.

3. $m = 0$: Die Gerade fällt mit der x-Achse zusammen.

Man bezeichnet deshalb die Konstante m in der Funktionsgleichung als *Steigung des*   Steigung m
Graphen der linearen Funktion.

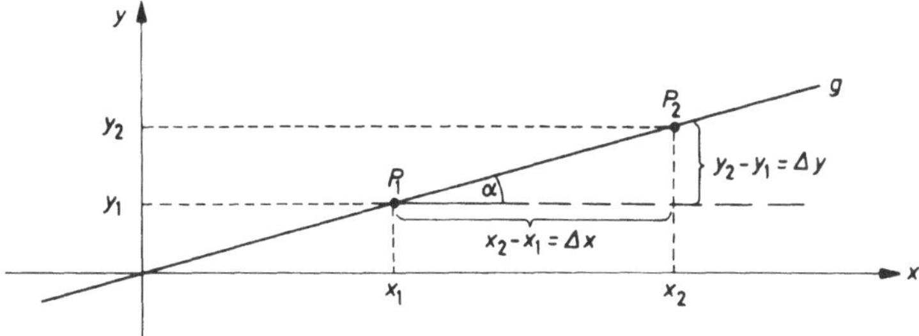

Bild 8-11. Veranschaulichung des Begriffs „Steigung" einer Geraden

Die Punkte $P_1(x_1, y_1) \neq P_2(x_2, y_2)$ liegen auf der Geraden g mit der Gleichung
$y = mx + b$. Es müssen folglich die Gleichungen gelten:

$$y_1 = mx_1 + b, \qquad y_2 = mx_2 + b,$$

woraus sich die Beziehung ergibt

$$\frac{\Delta y}{\Delta x} = \frac{y_2 - y_1}{x_2 - x_1} = \frac{mx_2 + b - (mx_1 + b)}{x_2 - x_1} = \frac{m(x_2 - x_1)}{x_2 - x_1} = m = \tan \alpha \,,$$

für alle $x_1, x_2 \in D_f$ mit $x_1 \neq x_2$. Man kann nun Δy als Höhenunterschied und Δx als
Horizontalentfernung deuten, woraus sich für $\Delta y / \Delta x$ die Bezeichnung Steigung ergibt.
Die Steigung m ist also der Tangens des Neigungswinkels α der Geraden gegen die
x-Achse.

Geometrische Bedeutung von b:

Wenn man bei der Geraden mit der Gleichung $y = mx$ durch $(0,0)$ an der Stelle x zur   Bedeutung von b
Ordinate y noch den festen Wert $|b|$ hinzufügt oder abzieht, so bedeutet das eine
Parallelverschiebung der Geraden $y = mx$ durch den Punkt $(0,b)$ auf der y-Achse.
Setzt man andererseits $x = 0$ in der Gleichung $y = mx + b$, so erhält man $y = b$, d.h.
die Konstante b gibt den Schnittpunkt der Geraden mit der y-Achse an.

Zwei zueinander parallele Geraden haben die gleiche Steigung m, jedoch unterschied-   Parallele und sich
liche Konstanten b, sofern die Geraden nicht aufeinanderfallen. Zwei sich schneidende   schneidende Geraden
Geraden besitzen immer unterschiedliche Steigung.

Gegeben sind die drei Geraden g_1, g_2, g_3 mit den Gleichungen $g_1: y = -2x + 1$,   *Beispiel 8-8*
$g_2: y = -2x - 1$, $g_3: y = x - 1{,}5$.

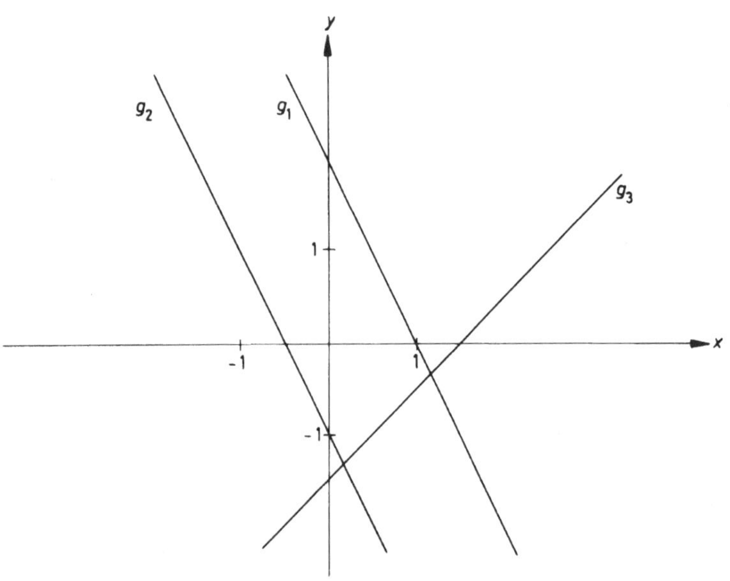

Bild 8-12. Darstellung der Graphen paralleler und sich schneidender Geraden. Die parallelen Geraden g_1 und g_2 besitzen die Steigung $m_1 = m_2 = -2$.

8.2.5 Grenzwert und Stetigkeit einer Funktion

Definition 8-18
Grenzwert für x
gegen unendlich

Es sei f in $D_f = [a, \infty)$ eine Funktion. Eine Zahl G heißt Grenzwert *der Funktion f für x gegen unendlich, falls es zu jedem $\epsilon > 0$ eine Zahl $Z(\epsilon)$ gibt, so daß*

$$|f(x) - G| < \epsilon$$

für alle $x \in D_f$ mit $x > Z(\epsilon)$ gilt. Man schreibt:

$$\lim_{x \to \infty} f(x) = G \quad oder \quad f(x) \to G \quad für \quad x \to \infty.$$

Analog läßt sich auch der Grenzwert einer Funktion f in $D_f = (-\infty, a]$ für x gegen minus unendlich definieren; man schreibt

$$\lim_{x \to -\infty} f(x) = G \quad oder \quad f(x) \to G \quad für \quad x \to -\infty.$$

Beispiel 8-9

Es sei f in $D_f = [1, \infty)$ mit $f(x) = \frac{1}{x}$ gegeben. Dann gilt

$$\lim_{x \to +\infty} f(x) = \lim_{x \to +\infty} \frac{1}{x} = 0,$$

d.h. die Funktionswerte von f nähern sich für wachsendes x immer mehr dem Wert Null, d.h. der Graph von f nähert sich der x-Achse. □

In analoger Weise wollen wir das Symbol

$$\lim_{x \to x_0} f(x) = G$$

verwenden.

f in D_f mit $\{x \mid 0 < |x - x_0| < \delta\} \subset D_f$ sei eine Funktion. Eine Zahl G heißt Grenzwert der Funktion f, wenn x gegen x_0 strebt, falls es zu jedem $\epsilon > 0$ eine Zahl $\delta(\epsilon, x_0) > 0$ so gibt, daß

$$|f(x) - G| < \epsilon$$

für alle $x \in D_f$ mit $0 < |x - x_0| < \delta(\epsilon, x_0)$. Man schreibt:

$$\lim_{x \to x_0} f(x) = G \quad oder \quad f(x) \to G \quad für \quad x \to x_0.$$

Wenn man sich mit x immer mehr der Zahl x_0 nähert, so nähern sich die Funktionswerte f(x) von f immer mehr der Zahl G.

Funktionen f in D_f, bei denen der Grenzwert $\lim\limits_{x \to x_0} f(x)$ mit dem Funktionswert $f(x_0)$ übereinstimmt, heißen *stetig* in x_0:

$$\lim_{x \to x_0} f(x) = f(x_0).$$

Eine Funktion f heißt in einem Intervall stetig, wenn sie in jedem inneren Punkt des Intervalls stetig ist.

Jede lineare Funktion f in $D_f = (-\infty, \infty)$ mit $f(x) = mx + b$ ist in jedem $x_0 \in D_f$ stetig.

$\square$

8.2.6 Die Ableitung einer Funktion

Wenn für eine Funktion f in D_f mit $(x_0 - \delta, x_0 + \delta) \subset D_f$, $\delta > 0$, der Grenzwert

$$\lim_{h \to 0} \frac{f(x_0 + h) - f(x_0)}{h} = G$$

existiert, heißt f an der Stelle $x_0 \in D_f$ *differenzierbar*. Man schreibt $G = f'(x_0)$; $f'(x_0)$ heißt *Ableitung* von f an der Stelle x_0.

Ist f an jeder Stelle $x \in D_f$ differenzierbar, so nennt man die Funktion f' mit

$$y' = f'(x) = \frac{dy}{dx}$$

die *Ableitung* oder den *Differentialquotienten* der Funktion f. Wenn f' stetig ist, heißt f stetig differenzierbar.

Geometrische Bedeutung:

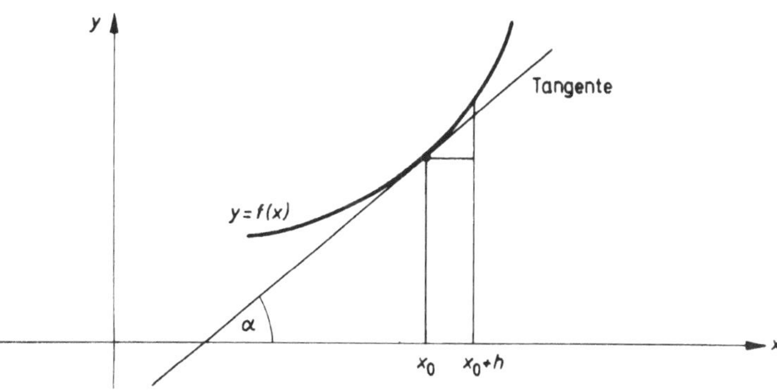

Bild 8-13. $f'(x_0)$ gibt die Steigung der Tangente an den Graphen von f in x_0 an.

Sind f und g in $D_f = D_g$ zwei Funktionen, so gelten die Ableitungsregeln

Ableitungs-regeln

$$\left\{ \begin{array}{l} (f(x) \pm g(x))' = f'(x) \pm g'(x) , \\ (c \cdot f(x))' = c \cdot f'(x) , \\ c' = 0 \quad \text{für} \quad c = \text{const.} \end{array} \right. \tag{8.2}$$

Hier werden nur die Ableitungen von Funktionen f mit

Polynom

$$f(x) = a_n x^n + a_{n-1} x^{n-1} + \ldots + a_2 x^2 + a_1 x + a_0 \tag{8.3}$$

mit reellen Konstanten a_j, $j = 0, 1, 2, \ldots, n$ benötigt. Eine solche Funktion f heißt *Polynom*, die Konstanten a_j heißen die Koeffizienten des Polynoms.

Für die Ableitung der elementaren Funktion g in $\mathbb{R}$ mit $g(x) = x^n$ gilt

$$(x^n)' = nx^{n-1}, \quad n \in \mathbb{N}. \tag{8.4}$$

Mit (8.2) und (8.4) folgt für die Ableitung des Polynoms (8.3)

Ableitung eines Polynoms

$$f'(x) = na_n x^{n-1} + (n-1) a_{n-1} x^{n-2} + \ldots + 2a_2 x + a_1 .$$

Beispiel 8-11

a) $f(x) = x^2 + 4x - 2 \;\Rightarrow\; f'(x) = 2x + 4 ,$

b) $f(x) = -3x + 4 \;\Rightarrow\; f'(x) = -3 .$ □

Extremwerte

Wenn $f'(a) = 0$ und $f''(a) \neq 0$ ist, hat f an der Stelle $x = a$ einen *Extremwert*, und zwar ein *Maximum*, wenn $f''(a) < 0$, ein *Minimum*, wenn $f''(a) > 0$ ist. Dabei bedeutet $f''(a)$ die Ableitung der Funktion f' an der Stelle $x = a$ (genannt: zweite Ableitung von f an der Stelle a).

8.2.7 Unbestimmtes und bestimmtes Integral einer Funktion

Unbestimmtes Integral

f sei eine in dem Intervall I definierte Funktion. Dann heißt eine in I differenzierbare Funktion F *Stammfunktion* zu f in I, falls für jedes $x \in I$ gilt: $F'(x) = f(x)$. Die Menge aller Stammfunktionen zu f in I heißt *unbestimmtes Integral* und wird mit $\int f(x)\,dx$ bezeichnet. Es gilt

Stammfunktion

$$\int f(x)\,dx = F(x) + c, \quad c = \text{konstant.}$$

f heißt auch Integrand. Jede Funktion f in I, die dort eine Stammfunktion besitzt, besitzt dann unendlich viele Stammfunktionen: sie gehen alle aus einer beliebigen unter ihnen durch Addition einer Konstanten hervor. Mit F in I ist also auch $F + c$ ($c = $ konstant) Stammfunktion zu f in I.

Beispiel 8-12

Gegeben sei die Funktion f in $(0, \infty)$ mit $f(x) = x^n$, $n = 0, 1, \pm 2, \pm 3, \ldots$. Dann ist F in $(0, \infty)$ mit

$$F(x) = \frac{x^{n+1}}{n+1} \tag{8.5}$$

eine Stammfunktion von f. Für das unbestimmte Integral gilt folglich

$$\int x^n\,dx = \frac{x^{n+1}}{n+1} + c, \quad c = \text{konstant}, \quad n \neq -1, \ n \text{ ganzzahlig.} \qquad □$$

Es gilt der Satz:

Jede auf einem Intervall I stetige Funktion f besitzt dort eine Stammfunktion; f ist dann integrierbar auf I.

Sind die Funktionen f und g in I stetig, so gelten in I die folgenden Integrationsregeln:

Integrationsregeln

1. $\int (f(x) \pm g(x))\, dx = \int f(x)\, dx \pm \int g(x)\, dx$,

2. $\int \alpha\, f(x)\, dx = \alpha \int f(x)\, dx$ (α beliebige reelle Zahl mit $\alpha \neq 0$)

Bestimmtes Integral

Ist f in I = [a,b] stetig und F dort Stammfunktion zu f, dann heißt $\int\limits_a^b f(x)\, dx$ *bestimmtes Integral* von f in den Grenzen a und b, und es gilt

$$\int\limits_a^b f(x)\, dx = F(b) - F(a) .\tag{8.6}$$

Das Integral von f über [a,b] ist zahlenmäßig gleich dem Flächeninhalt der Fläche, die von der x-Achse mit $a \leq x \leq b$, den Parallelen zur y-Achse durch x = a und x = b und dem Graphen von f für $x \in [a,b]$ begrenzt wird. Der Flächeninhalt wird positiv genommen, wenn $f(x) \geq 0$ für alle $x \in [a,b]$ gilt, und negativ, wenn $f(x) \leq 0$ für alle $x \in [a,b]$ gilt.

Geometrische Deutung

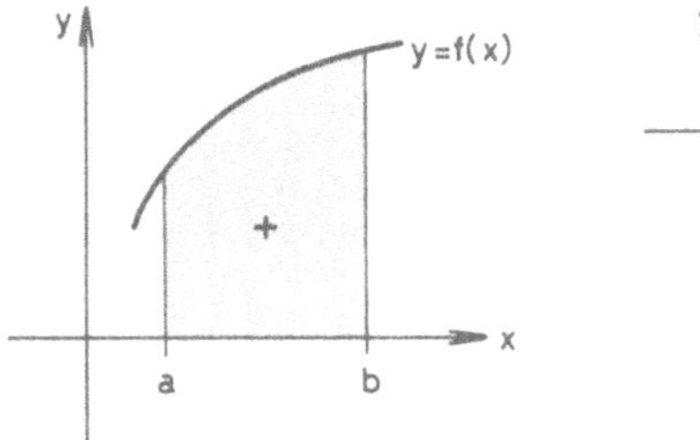

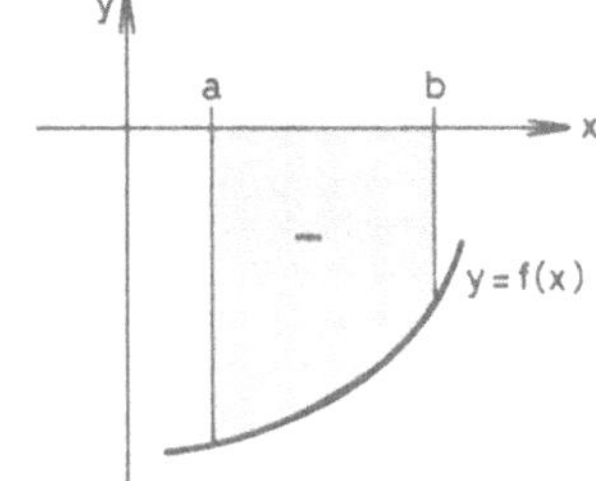

Bild 8-14. Geometrische Deutung des bestimmten Integrals einer stetigen Funktion f über ein Intervall [a, b]

Gegeben ist die Funktion f in [2,3] mit $f(x) = x^2$. Zu bestimmen ist das Integral von f über [2,3]. Wegen (8.5) ist $F(x) = \dfrac{x^3}{3}$ eine Stammfunktion von f. Damit ist auch jede der Funktionen $F(x) + c = \dfrac{x^3}{3} + c$ mit c = konstant Stammfunktion von f. Für das bestimmte Integral erhalten wir mit (8.6) den Wert

Beispiel 8-13

$$\int\limits_2^3 x^2\, dx = \frac{x^3}{3}\bigg|_2^3 = \frac{3^3}{3} - \frac{2^3}{3} = \frac{19}{3} .$$

Rechenregeln

Die Funktionen f und g seien stetig in dem Intervall [a, b]. Dann gelten folgende Rechenregeln:

$$1. \quad \int_a^b f(x)\,dx = -\int_b^a f(x)\,dx \,,$$

$$2. \quad \int_a^c f(x)\,dx + \int_c^b f(x)\,dx = \int_a^b f(x)\,dx \quad \text{für } a \leq c \leq b \,,$$

$$3. \quad \int_a^b (\alpha\, f(x) + \beta\, g(x))\,dx = \alpha \int_a^b f(x)\,dx + \beta \int_a^b g(x)\,dx \,,$$

(α, β beliebige reelle Zahlen).

Integral-
abschätzungen

Es seien f, f_1, f_2 stetige Funktionen in [a, b]. Dann gelten folgende Abschätzungen:

$$1. \quad \text{Ist } f(x) \geq 0 \text{ für alle } x \in [a, b], \text{ dann gilt } \int_a^b f(x)\,dx \geq 0.$$

$$2. \quad \text{Ist } f_1(x) \geq f_2(x) \text{ für alle } x \in [a, b], \text{ dann gilt } \int_a^b f_1(x)\,dx \geq \int_a^b f_2(x)\,dx.$$

$$3. \quad \left| \int_a^b f(x)\,dx \right| \leq \int_a^b |f(x)|\,dx \,.$$

Anhang

Tafel 1. Verteilungsfunktion Φ Normalverteilung

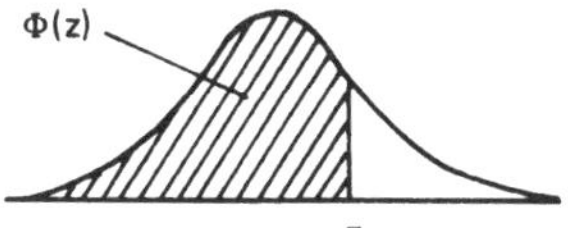

$$\boxed{\Phi(-z) = 1 - \Phi(z)}$$

z	Φ(z)	z	Φ(z)	z	Φ(z)	z	Φ(z)
0,00	0,5000						
0,01	0,5040	0,41	0,6591	0,81	0,7910	1,21	0,8869
0,02	0,5080	0,42	0,6628	0,82	0,7939	1,22	0,8888
0,03	0,5120	0,43	0,6664	0,83	0,7967	1,23	0,8907
0,04	0,5160	0,44	0,6700	0,84	0,7995	1,24	0,8925
0,05	0,5199	0,45	0,6736	0,85	0,8023	1,25	0,8944
0,06	0,5239	0,46	0,6772	0,86	0,8051	1,26	0,8962
0,07	0,5279	0,47	0,6808	0,87	0,8078	1,27	0,8980
0,08	0,5319	0,48	0,6844	0,88	0,8106	1,28	0,8997
0,09	0,5359	0,49	0,6879	0,89	0,8133	1,29	0,9015
0,10	0,5398	0,50	0,6915	0,90	0,8159	1,30	0,9032
0,11	0,5438	0,51	0,6950	0,91	0,8186	1,31	0,9049
0,12	0,5478	0,52	0,6985	0,92	0,8212	1,32	0,9066
0,13	0,5517	0,53	0,7019	0,93	0,8238	1,33	0,9082
0,14	0,5557	0,54	0,7054	0,94	0,8264	1,34	0,9099
0,15	0,5596	0,55	0,7088	0,95	0,8289	1,35	0,9115
0,16	0,5636	0,56	0,7123	0,96	0,8315	1,36	0,9131
0,17	0,5675	0,57	0,7157	0,97	0,8340	1,37	0,9147
0,18	0,5714	0,58	0,7190	0,98	0,8365	1,38	0,9162
0,19	0,5753	0,59	0,7224	0,99	0,8389	1,39	0,9177
0,20	0,5793	0,60	0,7257	1,00	0,8413	1,40	0,9192
0,21	0,5832	0,61	0,7291	1,01	0,8438	1,41	0,9207
0,22	0,5871	0,62	0,7324	1,02	0,8461	1,42	0,9222
0,23	0,5910	0,63	0,7357	1,03	0,8485	1,43	0,9236
0,24	0,5948	0,64	0,7389	1,04	0,8508	1,44	0,9251
0,25	0,5987	0,65	0,7422	1,05	0,8531	1,45	0,9265
0,26	0,6026	0,66	0,7454	1,06	0,8554	1,46	0,9279
0,27	0,6064	0,67	0,7486	1,07	0,8577	1,47	0,9292
0,28	0,6103	0,68	0,7517	1,08	0,8599	1,48	0,9306
0,29	0,6141	0,69	0,7549	1,09	0,8621	1,49	0,9319
0,30	0,6179	0,70	0,7580	1,10	0,8643	1,50	0,9332
0,31	0,6217	0,71	0,7611	1,11	0,8665	1,51	0,9345
0,32	0,6255	0,72	0,7642	1,12	0,8686	1,52	0,9357
0,33	0,6293	0,73	0,7673	1,13	0,8708	1,53	0,9370
0,34	0,6331	0,74	0,7704	1,14	0,8729	1,54	0,9382
0,35	0,6368	0,75	0,7734	1,15	0,8749	1,55	0,9394
0,36	0,6406	0,76	0,7764	1,16	0,8770	1,56	0,9406
0,37	0,6443	0,77	0,7794	1,17	0,8790	1,57	0,9418
0,38	0,6480	0,78	0,7823	1,18	0,8810	1,58	0,9429
0,39	0,6517	0,79	0,7852	1,19	0,8830	1,59	0,9441
0,40	0,6554	0,80	0,7881	1,20	0,8849	1,60	0,9452

z	$\Phi(z)$	z	$\Phi(z)$	z	$\Phi(z)$	z	$\Phi(z)$
1,61	0,9463	2,15	0,9842	2,69	0,9964	3,23	0,9994
1,62	0,9474	2,16	0,9846	2,70	0,9965	3,24	0,9994
1,63	0,9484	2,17	0,9850	2,71	0,9966	3,25	0,9994
1,64	0,9495	2,18	0,9854	2,72	0,9967	3,26	0,9994
1,65	0,9505	2,19	0,9857	2,73	0,9968	3,27	0,9995
1,66	0,9515	2,20	0,9861	2,74	0,9969	3,28	0,9995
1,67	0,9525	2,21	0,9864	2,75	0,9970	3,29	0,9995
1,68	0,9535	2,22	0,9868	2,76	0,9971	3,30	0,9995
1,69	0,9545	2,23	0,9871	2,77	0,9972	3,31	0,9995
1,70	0,9554	2,24	0,9875	2,78	0,9973	3,32	0,9995
1,71	0,9564	2,25	0,9878	2,79	0,9974	3,33	0,9996
1,72	0,9573	2,26	0,9881	2,80	0,9974	3,34	0,9996
1,73	0,9582	2,27	0,9884	2,81	0,9975	3,35	0,9996
1,74	0,9591	2,28	0,9887	2,82	0,9976	3,36	0,9996
1,75	0,9599	2,29	0,9890	2,83	0,9977	3,37	0,9996
1,76	0,9608	2,30	0,9893	2,84	0,9977	3,38	0,9996
1,77	0,9616	2,31	0,9896	2,85	0,9978	3,39	0,9997
1,78	0,9625	2,32	0,9898	2,86	0,9979	3,40	0,9997
1,79	0,9633	2,33	0,9901	2,87	0,9979	3,41	0,9997
1,80	0,9641	2,34	0,9904	2,88	0,9980	3,42	0,9997
1,81	0,9649	2,35	0,9906	2,89	0,9981	3,43	0,9997
1,82	0,9656	2,36	0,9909	2,90	0,9981	3,44	0,9997
1,83	0,9664	2,37	0,9911	2,91	0,9982	3,45	0,9997
1,84	0,9671	2,38	0,9913	2,92	0,9982	3,46	0,9997
1,85	0,9678	2,39	0,9916	2,93	0,9983	3,47	0,9997
1,86	0,9686	2,40	0,9918	2,94	0,9984	3,48	0,9997
1,87	0,9693	2,41	0,9920	2,95	0,9984	3,49	0,9998
1,88	0,9699	2,42	0,9922	2,96	0,9985	3,50	0,9998
1,89	0,9706	2,43	0,9925	2,97	0,9985	3,51	0,9998
1,90	0,9713	2,44	0,9927	2,98	0,9986	3,52	0,9998
1,91	0,9719	2,45	0,9929	2,99	0,9986	3,53	0,9998
1,92	0,9726	2,46	0,9931	3,00	0,9987	3,54	0,9998
1,93	0,9732	2,47	0,9932	3,01	0,9987	3,55	0,9998
1,94	0,9738	2,48	0,9934	3,02	0,9987	3,56	0,9998
1,95	0,9744	2,49	0,9936	3,03	0,9988	3,57	0,9998
1,96	0,9750	2,50	0,9938	3,04	0,9988	3,58	0,9998
1,97	0,9756	2,51	0,9940	3,05	0,9989	3,59	0,9998
1,98	0,9761	2,52	0,9941	3,06	0,9989	3,60	0,9998
1,99	0,9767	2,53	0,9943	3,07	0,9989	3,61	0,9998
2,00	0,9772	2,54	0,9945	3,08	0,9990	3,62	0,9999
2,01	0,9778	2,55	0,9946	3,09	0,9990		
2,02	0,9783	2,56	0,9948	3,10	0,9990		
2,03	0,9788	2,57	0,9949	3,11	0,9991		
2,04	0,9793	2,58	0,9951	3,12	0,9991		
2,05	0,9798	2,59	0,9952	3,13	0,9991		
2,06	0,9803	2,60	0,9953	3,14	0,9992		
2,07	0,9808	2,61	0,9955	3,15	0,9992		
2,08	0,9812	2,62	0,9956	3,16	0,9992		
2,09	0,9817	2,63	0,9957	3,17	0,9992		
2,10	0,9821	2,64	0,9959	3,18	0,9993		
2,11	0,9826	2,65	0,9960	3,19	0,9993		
2,12	0,9830	2,66	0,9961	3,20	0,9993		
2,13	0,9834	2,67	0,9962	3,21	0,9993		
2,14	0,9838	2,68	0,9963	3,22	0,9994		

Tafel 2. Quantile der Chi-Quadrat-Verteilungen

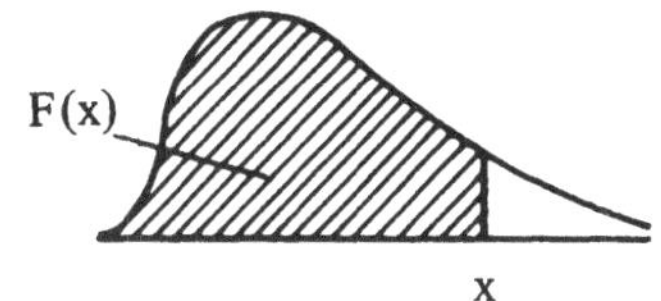

$F(x)$ / Freiheitsgrad f	0,95	0,99	99,9
1	3,84	6,63	10,83
2	5,99	9,21	13,82
3	7,81	11,34	16,27
4	9,49	13,28	18,47
5	11,07	15,09	20,52
6	12,59	16,81	22,46
7	14,07	18,48	24,32
8	15,51	20,09	26,13
9	16,92	21,67	27,88
10	18,31	23,21	29,59
11	19,68	24,73	31,26
12	21,03	26,22	32,91
13	22,36	27,69	34,53
14	23,68	29,14	36,12
15	25,00	30,58	37,70
16	26,30	32,00	39,25
17	27,59	33,41	40,79
18	28,87	34,81	42,31
19	30,14	36,19	43,82
20	31,41	37,57	45,32
21	32,67	38,93	46,80
22	33,92	40,29	48,27
23	35,17	41,64	49,73
24	36,41	42,98	51,18
25	37,65	44,31	52,62
26	38,89	45,64	54,05
27	40,11	46,96	55,48
28	41,34	48,28	56,89
29	42,56	49,59	58,30
30	43,77	50,89	59,70
32	46,19	53,49	62,49
34	48,60	56,06	65,25
36	51,00	58,62	67,99
38	53,38	61,16	70,70
40	55,76	63,69	73,40
42	58,12	66,21	76,08
44	60,48	68,71	78,75
46	62,83	71,20	81,40
48	65,17	73,68	84,04
50	67,51	76,15	86,66
$f > 40$	$\frac{1}{2}\left(\sqrt{f-1} + 1{,}64\right)^2$	$\frac{1}{2}\left(\sqrt{f-1} + 2{,}33\right)^2$	$\frac{1}{2}\left(\sqrt{f-1} + 3{,}09\right)^2$

Für $f > 40$ gilt in guter Näherung $F(x) = \frac{1}{2}\left(\sqrt{f-1} + z_{F(x)}\right)$ mit dem $F(x)$-Quantil $z_{F(x)}$ der Normalverteilung, d.h. mit $\Phi(z_{F(x)}) = F(x)$.

Literatur

Das Studienprogramm **Statistik im Medienverbund** ist so angelegt, daß der Kursteilnehmer neben dem eigens entwickelten Studientext *keine* weitere Literatur benötigt. Für den Leser, der sich noch eingehender mit Statistik und ihren Grundlagen beschäftigen will, sei die folgende Literatur angeführt:

I. Ergänzende Darstellungen

Basler, H.: Grundbegriffe der Wahrscheinlichkeitsrechnung und statistischen Methodenlehre. Physica Verlag, Würzburg/Wien, 1971.

Bosch, K.: Elementare Einführung in die Wahrscheinlichkeitsrechnung. Vieweg/Rowohlt: Braunschweig/Hamburg, 1976.

Bosch, K.: Angewandte Mathematische Statistik. Vieweg/Rowohlt, Braunschweig/Hamburg, 1976.

Dixon, J. R.: Grundkurs in Wahrscheinlichkeitsrechnung. Ein programmiertes Lehrbuch. Oldenbourg, München 1967.

Engel, A.: Wahrscheinlichkeitsrechnung und Statistik. Klett, Stuttgart 1973.

Freudenthal, H.: Wahrscheinlichkeit und Statistik. Oldenbourg, München 1968.

Goldberg, S.: Die Wahrscheinlichkeit. Eine Einführung in Wahrscheinlichkeitsrechnung und Statistik. Vieweg, Braunschweig 1973.

Kreyszig, E.: Statistische Methoden und ihre Anwendungen. Vandenhoeck & Ruprecht, Göttingen 1965.

Menges, G.: Grundriß der Statistik. Teil 1: Theorie; Teil 2: Daten, Westdeutscher Verlag, Opladen, 1972.

Meschkowski, H.: Elementare Wahrscheinlichkeitsrechnung und Statistik. Bibliographisches Institut, Mannheim 1972.

Moroney, M. J.: Einführung in die Statistik I, II. Oldenbourg, München 1970, 1971.

Pfanzagl, I.: Allgemeine Methodenlehre der Statistik I, II. Sammlung Göschen, de Gruyter, Berlin 1964, 1966.

Sachs, L.: Statistische Auswertungsmethoden. Springer, Berlin/Heidelberg/New York 1969.

Walser, W.: Wahrscheinlichkeitsrechnung. Teubner, Stuttgart 1975.

Walter, E.: Statistische Methoden I, II. Springer, Berlin/Heidelberg/New York 1970.

Walter, E.: Biomathematik für Mediziner. Teubner, Stuttgart 1975.

II. Anwendungsorientierte Darstellungen

Heinhold, J., Gaede, K. W.: Ingenieur-Statistik. Oldenbourg, München 1968.

Lindner, A.: Statistische Methoden für Naturwissenschaftler, Physiker und Ingenieure. Birkhäuser, Basel 1964.

Morgenstern, D.: Wahrscheinlichkeitsrechnung und mathematische Statistik. In: Sauer-Szabo, Mathematische Hilfsmittel des Ingenieurs, Teil IV. Springer, Berlin/Heidelberg/New York 1968.

Stange, K.: Angewandte Statistik I, II. Springer, Berlin/Heidelberg/New York 1970, 1971.

III. Mathematische Darstellungen

Bauer, H.: Wahrscheinlichkeitstheorie. De Gruyter, Berlin 1970.

Fisz, M.: Wahrscheinlichkeitsrechnung und mathematische Statistik. VEB Deutscher Verlag der Wissenschaften, Berlin 1973.

Gnedenko, B. W.: Lehrbuch der Wahrscheinlichkeitsrechnung. Akademie-Verlag, Berlin 1965.

Gnedenko, B. W., Chintschin, A. J.: Elementare Einführung in die Wahrscheinlichkeitsrechnung und Statistik. VEB Deutscher Verlag der Wissenschaften, Berlin 1973.

Hinderer, K.: Grundbegriffe der Wahrscheinlichkeitstheorie. Springer, Berlin/Heidelberg/New York 1972.

Krickeberg, K.: Wahrscheinlichkeitstheorie. Teubner, Stuttgart 1963.

Morgenstern, D.: Einführung in die Wahrscheinlichkeitsrechnung und mathematische Statistik. Springer, Berlin/Heidelberg/New York 1968.

Richter, H.: Wahrscheinlichkeitstheorie. Springer, Berlin/Heidelberg/New York 1966.

Schmetterer, L.: Einführung in die mathematische Statistik. Springer, Wien 1956.

Waerden, B. L. v. d.: Mathematische Statistik. Springer, Berlin 1971.

Witting, H.: Mathematische Statistik. Teubner, Stuttgart 1966.

Sachwortverzeichnis

In das Sachwortverzeichnis wurden die Kurzbeschreibungen der Fernsehsendungen (Kapitel 7) nicht
einbezogen. Für das Durcharbeiten des Studientextes können nur Verweise auf Textstellen des
Studientextes, in denen die gesuchten Begriffe entwickelt werden, von Nutzen sein. Eine rasche
und gezielte Suche nach behandelten Begriffen innerhalb der Fernsehsendungen erlauben jedoch
die zahlreichen Stichwörter, die in Kapitel 7 vorwiegend zu diesem Zweck auf dem Rand neben
dem Text aufgeführt sind.

Abbildung 265 f.
–, inverse 266
Abhängigkeit, strenge lineare 68
Ableitung, erste partielle 66
–, Berechnung der partiellen 66
–, zweite 272
Ableitungsregel 272
Abszissenachse 264
Abweichungsmaß 131
abzählbar unendlich viel 20
Achse 263
Additivität, endliche 89
Aufwand 18
Augenzahl 8, 73 f.
Ausgleichsgerade 60
–, empirische Ermittlung 59
Ausgleichskurve 60
Ausprägung 19, 26, 48, 53
–, mittlere 63
Ausreißerempfindlichkeit des Mittel-
    wertes 42
Aussagekraft 18
Auswahl, zufällige 8, 19
Axiom 84
Axiome der Verknüpfung 84
– der Wahrscheinlichkeit, Folgerungen
    85, 88
– aus der Geometrie 84
Axiomensystem 84

Baumdiagramm 97
Bayessche Formel 98 f.
Bayessches Theorem 98
Beobachtung 18, 25
Beobachtungseinheit 18 ff., 22 f., 26 f.,
    40
Beobachtungsergebnis 25, 27
Beobachtungsmenge 18 ff., 22, 27
–, Umfang 49
Beobachtungsmerkmal 18 ff.
Beobachtungspunkt 68
Berechnung der Wahrscheinlichkeit für
    ein beliebiges Ereignis 92
Berechnungsformel 92
Berechnungsvorschrift 37
Bereich, rechteckiger 50
Bereichsmitte 35 f., 38, 40, 44, 47
Bernoulli-Experiment 103, 116
Bernoullisches Gesetz der großen Zahlen
    191, 194 f., 204, 221
Betriebserhebung 17
Binomialkoeffizient 103 f.
–, Berechnung 104

Binomialverteilung 95, 101, 103, 116 f.,
    189
–, Stabdiagramm 105 f.
Binomischer Lehrsatz 117
Bruch 260

Chance 2, 8, 73
– des Eintretens 84
– für das Eintreten von B 95
Chi-Quadrat-verteilt 218
codieren 20, 25

Darstellung, graphische 23
Daten 17
Datenerfassung 71
Datenerhebung 4, 18
Datenmaterial 61, 71
Datenreduktion 5, 7, 28 f., 30, 34,
    50, 60, 64
Datenverdichtung 4 f., 7
Definitionsbereich 265
Denkmodell und Wirklichkeit 86
Dezimalstelle 24
Dichte 136, 139
–, Eigenschaften 136
–, gemeinsame 159 f.
–, symmetrische 144
Differentialquotient 271
Differenz 260 ff.
differenzierbar 271
disjunkt 261
Drehsinn, mathematisch positiver 264
Durchschnitt 260 f.
Durchschnittsbildung 262
Durchschnittsmenge 78

eineindeutig 266
Einheitspunkt 263
Einheitsstrecke 263
Einzelergebnis 91
Element einer Menge 71, 74, 265
Elementarereignis 75, 91 ff., 96
Elementarereignisse, gleichwahrschein-
    liche 100, 105
Elementbeziehung 259
elementfremd 261
Elementpaar 265
endlich viel 20
Ereignis 71, 75 ff., 80, 82, 84
–, durch diskrete Zufallsvariable
    festgelegtes 112
–, komplementäres 76 f.
–, praktisch sicheres 86 ff.

–, relative Häufigkeit für das Eintreten
  80
–, sicheres 71, 76, 80 f., 84, 97
–, stochastisch unabhängiges 100
–, unmögliches 71, 76 f., 80, 88, 90
–, zusammengesetztes 76, 86, 113
Ereignisse, abzählbar unendlich viele 89
–, abzählbar unendlich viele paarweise
  unverträgliche 90
–, mögliche Verknüpfung 77, 79
–, unverträgliche 71, 77, 81, 85, 97
–, Verknüpfung zweier 78
Ergebnis 2, 11 f., 18 ff., 74
– von Beobachtungen 71
Ergebnisse, gleich wahrscheinliche 100
Ergebnismenge 71, 74 ff., 80 f., 84 f.,
  91 ff.
–, endliche 74
– mit abzählbar unendlich vielen
  Elementen 74
–, Darstellungsformen 74
Erhebung 17, 30
–, statistische 34
Erwartungstreue 201
Erwartungswert 15 f., 121 ff., 126, 150
–, Interpretation 123
–, Rechenregeln 128
–, Schätzung 209
Eulersche Zahl 183
explizite Form 267
Extremwert 272

Fehlentscheidung 219
Fehler 1. Art 212 f.
Fehler 2. Art 213
Festsetzung, anschaulich evidente 88
Flächeninhalt 273
Folge von Zahlen 81, 83
Funktion 270
–, Ableitung 271
–, beschränkte 268
–, reellwertige 266
–, stetige 273
– von zwei unabhängigen Veränder-
  lichen 66
Funktionen, Approximation von 66
Funktionsgleichung 267
Funktionstafel 267

Gaußdichte, Experiment 181
Gaußsche Glockenkurve 183
– Fehlerquadratmethode, diskrete 66
Gerade 263
–, bestmögliche 60
Geradengleichung 268
Gesamterhebung 18 f., 35
gleichverteilt 178
Gleichverteilung 141
gleichwahrscheinlich 91 f.
Glücksspiele 2 f.
Graph 267
Graphen von Verteilungen 13 f.
Graphik 82
Grenzfunktion 176
Grenzwert 270 f.
Grenzwertsatz, zentraler 184
Größer-Kleiner-Beziehung 19 f.

Halbachse 263
Halbgerade 263
Häufigkeit 21, 23 f., 31, 53, 59
–, absolute 22, 26 f., 30 f., 37, 57
–, bedingte relative 57, 59
– der Merkmalsausprägung 25
– je Klassenbreite 31
–, prozentuale 22
–, relative 21, 26 f., 29 f., 37, 57, 71,
  80 ff., 87 f., 93, 192, 204
Häufigkeiten, Summe der absoluten 22
–, Summe der relativen 23
Häufigkeitstabelle 26 f., 34 ff., 39,
  52 f., 57 ff.
– für zwei Merkmale 53
Häufigkeitsverteilung 21, 23 f., 26, 30,
  34 f., 37, 40, 43 f., 83
–, bedingte 59
–, Breite 36
–, gemeinsame 48
Haushaltsbefragung 17
Histogramm 29 f., 32, 34, 55 f.

implizite Form 267
Index 22
Information 34
–, relevante 64
Informationsverlust 31 f.
Informationswirkungsgrad 34
Integral, bestimmtes 273
–, unbestimmtes 272
Integralabschätzung 274
Integrand 272
Integrationsregel 273
integrierbar 273
Interpretationsregel 86, 191
–, Spielraum 88
Interpretationsregel I 87 f.
Interpretationsregel II 87 f., 93
Intervall 28, 73, 264
–, abgeschlossenes 264
– der Zahlengeraden 20
–, links abgeschlossenes 264
–, offenes 264
–, rechts abgeschlossenes 264
–, uneigentliches 264
–, unendliches 267
Irrtumswahrscheinlichkeit 10, 222
– 1. Art 212

Kartenblatt, ideales 93
Kenngröße 17
Kennzahl 5 ff., 34
Klasse 29 ff., 38, 50
Klassen, Anzahl 53
– unterschiedlicher Breite 29
–, Zusammenfassen benachbarter 30
Klassenanzahl 31
Klassenbildung 30, 38
Klassenbreite 29 ff.
Klasseneinteilung 28 ff., 34 f., 54 ff., 63
– bezüglich beider Klassen 51
– bezüglich beider Merkmale 50
Klassengrenze 29, 31, 51 f., 54 ff.
Klassenhäufigkeit 57
–, absolute 51 f.
–, relative 52, 54 f.

Klassenmitte 29, 37 f., 50, 52 ff., 57, 60
Klassenmittelpunkt 50, 52
Koeffizient 272
kommutativ 262
Konfidenzintervall 209, 222
–, Realisierung 209
Konfidenzwahrscheinlichkeit 209
Konstanten, Addition einer 133
–, Multiplikation mit einer 133
Kontingenztafel 56
Koordinate 263 ff.
Koordinatenachse 263 f.
Koordinatensystem, ebenes kartesisches
    264
Korrelation 64
Korrelationskoeffizient 69, 171, 201
–, empirischer 48, 64 f., 68
Korrelationstabelle 56, 59
Kovarianz 67, 201
Kreissektordarstellung 23 f.
Kreuzprodukt 262

Laboratoriumsversuche 17
Lageparameter 35, 38, 40, 43 f., 47
Länge 264
Laplace-Experiment 86, 90 ff., 105
 – und Wirklichkeit 94
lineare Funktion 268
 – Transformation 268

mathematisches Denkmodell 73 f., 80,
    84, 86
 – –, Brauchbarkeit 86
 – Modell 71
Maximum 272
Median 42 ff., 47, 148 ff.
–, empirischer 42
–, graphische Bestimmung des
    empirischen 40 f.
Meinungsumfragen 17
Mendelsches Gesetz, erstes 216
 – –, zweites 220
Menge 18, 259 ff., 265 ff.
 – aus nicht abzählbar vielen Punkten
    75
–, Element der 259
–, endliche 259 f., 267
–, komplementäre 261
–, leere 260 f.
–, unendliche 259 f., 267
Mengen, Durchschnitt zweier element-
    fremder 78
Mengenoperation 260
Mengenprodukt 265
Merkmal 4, 18, 21 f., 53
–, diskretes 20 f.
–, diskretes qualitatives 25
–, diskretes quantitatives 73, 75
–, nominales 20
–, ordinales 20, 44
–, qualitatives 19 ff., 23 ff.
–, quantitatives 19, 21, 44, 74
–, stetiges 20 f., 51, 75
–, stetiges quantitatives 73
Merkmale, gemeinsame Häufigkeits-
    verteilung zweier 50

–, Kombination zweier 48 f.
Merkmals, mittlere Ausprägung des 64
–, Verteilung der Ausprägungen eines
    34
–, Verteilung des ersten 53
–, Verteilung des zweiten 53
Merkmalsachse 35, 38, 40
Merkmalsausprägung 18 ff., 35 ff.,
    40 ff., 50, 57, 59, 74
–, bedingte Verteilung der 57
–, beobachtbare 75
–, Häufigkeit der 53
–, Transformation der 47
–, transformierte 42
Merkmalsausprägungen, Anzahl der
    möglichen 20
–, endlich viele 20
Merkmalsebene 49 f., 56, 63
–, Punkteschwarm in der 49
Merkmalskombination 48, 52 ff.
Merkmalspunkt 51, 64
Merkmalstransformation 42
Merkmalstypen 19
Meßergebnis 73
Meßgenauigkeit der Daten 30
Messungen 18
Minimum 66, 272
Mittel, gewichtetes 37
Mittelwert 4 ff., 16, 35 ff., 40, 42 ff.,
    54, 60, 67, 69
–, bedingter 59 ff.
 – der Klasseneinteilung 37
 – der klassifizierten Daten 38
 – der Merkmalsausprägungen 37
Modellvorstellung 77
–, idealisierte 86
monoton 267
 – fallend 267
 – nicht fallend 267
 – nicht wachsend 267
 – wachsend 267
monotone Funktion 267
Münze, ideale 93
Münzwurf 10 ff., 72, 74, 81, 92, 98

Näherungswert 61
negativ korreliert 64, 68
Neigungswinkel 269
nicht invariant 42
 – nahezu gleich 1 87
Normalform, kartesische 268
Normalverteilung 189
–, allgemeine 185
–, Eigenschaften 190
normalverteilt 180
Nullhypothese 211, 213
Nullpunkt 263

Obermenge 260
Ordinatenachse 264
orientiert 264
Orientierung 263

Paar, geordnetes 262
Parameter, Testen mehrerer 215
Pascalsches Dreieck 104
politische Arithmetik 2

Polynom 272
positiv korreliert 64, 68 f.
Produkt 260
–, kartesisches 262, 265
Produktmenge 262
Produktregel 101
–, erweiterte 101
Prozentsatz 23
Punkteschwarm 49, 59, 61, 63
–, Schwerpunkt 64
Punktewolke 49, 51, 57
Punktmenge 263
–, ebene 263 f.
–, lineare 263 f.
Punktmengen, Mengenoperationen mit
    ebenen 78

Quadratgitter 56
Quantil 148, 151, 181
  – der $N(0,1)$-Verteilung 191
–, empirisches 44
Quartil 44

Randdichte 161
Randhäufigkeit 53, 55
–, relative 55 f.
Randverteilung 155
Raster 51
Rechenregeln 86, 88 f.
Rechteckbereich 264
Rechteckdiagramm 23
Rechteckgitter 56
Rechtssystem 264
Reduktion 61
  – des Datenmaterials 32
reelle Funktion 268
  – Zahlen, Menge aller 74
Regression 63 f.
Regressionsgerade 48, 60 ff., 67 f.
–, Lage 65
Regressionskoeffizient, empirischer 63
Regressionskurve 60
Reihenuntersuchung 17
Restmenge 261
Roulettespiel 75, 77, 130, 133
Rundung 24

Scheinkorrelation 64
schwaches Gesetz der großen Zahlen
    191, 209, 221
  – – – – – für den Erwartungs-
    wert μ 196 f.
  – – – – – für die Kovarianz 201
  – – – – – für die Varianz σ^2 198
Schwankung 83
Schwankungsmaß 47
Sicherheit 19
Sicherheitswahrscheinlichkeit 9, 204
Skaleneinteilung 29
Spannweite (Breite) 47
Staatenkunde 2
Stabdiagramm 28 f., 34, 36, 38 f., 46,
    118
Stammfunktion 272 f.
Standardabweichung 132
–, empirische 45 f.
Standardisierung 134, 176

Statistik, beschreibende 4, 17 ff., 221
–, beurteilende 3, 8 f., 222
Steigung des Graphen der linearen
    Funktion 269
stetig differenzierbar 271
Stetigkeit 270 f.
Stichprobe 18, 35
–, systematische 18 f.
Streckenzug 60
streng monoton 267
  – – fallend 267
  – – wachsend 267
Streuung 6
Streuungskennzahl 7
Streuungsmaß 45 ff., 54, 59, 69
Strichliste 26, 28 f., 34
–, „zweidimensionale" 52
Strichspalte 27, 29
subjektives Dafürhalten 72
Summe, Varianz einer 170
Summenhäufigkeit, absolute 26 f.
–, relative 26 ff.
Summentreppe 27 f., 30, 34, 41
Summenvariable, standardisierte 205

Tabelle 23, 267
Teilerhebung 18
Teilintervall 29, 31, 50, 264
Teilmenge 18, 71, 75, 260, 265
–, echte 260
Test 214
–, einseitiger 214
–, zweiseitiger 214
Testentscheidung 212 ff., 219
Transformation, lineare 133
–, streng monotone 42
Treppenfunktion 119
Tschebyscheffsche Ungleichung 146

unabhängig, (stochastisch) 157, 163,
    165
Unabhängigkeit, stochastische 95
Unabhängigkeitskriterium 159, 163
Universitätsstatistik 2
unkorreliert 171
Untermenge 260
Urbild 266
Urliste 25, 28, 34, 38, 51 f., 60 ff., 69,
    74
–, Umordnung der 25
–, zweidimensionale 50
Urne, ideale 93, 95, 98, 102

Varianz 132
–, Eigenschaften 133
–, empirische 45 ff., 198
Venn-Diagramm 77 ff., 261 f.
Veränderliche, abhängige 266
–, unabhängige 266
Verbundstreuung 67
Verdichtung, Daten 4 f.
–, Information 56, 61
Vereinigung 260 f.
Vereinigungsbildung 262
Vereinigungsmenge 78
Verfahren, statistische 3, 7 ff., 203 ff.
Verkehrszählung 17

Verkehrszählungen 17
verschlüsseln 20
Versuchsanordnung 73
Versuchsausführungen, Anzahl 81
Versuchsergebnis 74
Verteilung 38, 41, 105
– der Ausprägungen 48
– der Randhäufigkeiten 56
– einer Zufallsvariablen 12 ff., 105, 115,
   126, 186
–, gemeinsame 154
–, geometrische 115
–, symmetrische 127 f.
–, zweidimensionale 57
Verteilungsfunktion 117 f., 139
–, empirische 27, 40
–, gemeinsame 158 f.
–, n-dimensionale 164
–, zweidimensionale 159
Vorhersagen 8

Wahrscheinlichkeit 3, 8 f., 11 ff., 71 ff.,
   84 f., 204
–, Additivität der 85
– als Zahl 88
–, Axiome der 71, 84
–, bedingte 95 ff.
– der Elementarereignisse 93
– des Ereignisses 84
–, Formel von der totalen 97
–, genaue Berechnung der 91
–, Interpretation der 85
–, Monotonie der 89
–, Rechenregeln der 85
–, Schätzen einer unbekannten 203
–, Testen einer Hypothese 211
Wahrscheinlichkeiten 192
–, Interpretation von 87
–, Testen mehrerer 216
Wahrscheinlichkeitsbegriff 3, 220
Wahrscheinlichkeitsrechnung 2 f., 10
Wahrscheinlichkeitstheorie 3, 71 f., 84
Wappen 72, 74, 81, 92
Wertebereich 266
Wertepaar 267
Wertetabelle 267
Wertevorrat, abzählbar unendlicher 111,
   114
–, endlicher 111
– mit unendlich vielen nichtnegativen
   Werten 125
– mit unendlich vielen positiven und
   negativen Werten 125
Wiederholung 73
–, unabhängige 103, 190
Würfel, idealer 93
Würfeln 3, 8, 14, 73, 77, 82, 91, 93, 98

Zahl 72, 74, 81, 92
–, ganze 260, 263
–, natürliche 74
–, positive reelle 73
–, rationale 260
–, reelle 20, 260, 263 f., 266
Zahlenmenge 74, 263 f.
Zahlenpaar, geordnetes 265
Zufall 8, 10, 71
zufällig 8, 10
zufallsabhängig 3, 7, 10, 12
Zufallsexperiment 3, 71 ff., 80 f., 84, 87
–, Ergebnis 11 ff., 80
–, Ergebnismenge 96
–, n-malige Wiederholung 71
–, r-malige Ausführung 105
–, unabhängige Wiederholung 95, 101
Zufallsintervall 206
–, Bestimmung eines 208
Zufallsstichprobe 19
Zufallsvariable 10 ff., 109, 111
–, diskrete 111
–, geometrisch verteilte 126
–, normalverteilte 186 f.
–, stetige 134, 136
–, (stochastisch) unabhängige 156
–, (stochastisch) unabhängige
   diskrete 157
–, weder stetige noch diskrete 148

Zufallsvariablen, Dichte einer zwei-
   dimensionalen 160
–, Erwartungswert der Summe
   zweier 168
–, Erwartungswert einer binomial-
   verteilten 124, 171
–, Erwartungswert einer stetigen 141
–, Erwartungswert einer Summe
   mehrerer 169
–, Erwartungswert einer symmetrisch
   verteilten 128
–, gemeinsame Verteilung mehrerer 152
–, gemeinsame Verteilung zweier
   diskreter 153
–, Paare stetiger 159
–, Parameter einer 121
–, Produkt zweier stetiger 169
–, Standardisierung einer binomial-
   verteilten 174
–, Standardisierung einer normal-
   verteilten 188
–, Summe zweier 165
–, Summe zweier diskreter 166
–, Summe zweier stetiger 167
–, Summen von 173
–, Varianz einer binomialverteilten 171
–, Varianz einer diskreten 130
–, Varianz einer stetigen 141
–, Verteilung des arithmetischen Mittels
   normalverteilter 190
–, Verteilung einer 115